现代信号处理基础

吉培荣　李海军　邹红波　编著

科学出版社
北京

内 容 简 介

本书按照"信号与系统"课程教学基本要求、"信号分析与处理"课程教学基本要求并扩充相关内容编写而成。书中包括信号与系统的主要内容和数字信号处理的基本内容，并对信号的时频分析理论进行初步介绍。全书共 9 章，分别为：信号与系统的基本概念、连续时间线性时不变系统的时域和 s 域分析、离散时间线性时不变系统的时域和 z 域分析、信号的频域分析、卷积与系统的频域分析、离散傅里叶变换、模拟滤波器、数字滤波器、现代信号分析与处理简介。每章末有习题，并附有习题参考答案。

本书作为教学用书，第 1~5 章可用于相关专业本科生"信号与系统"课程；第 1~8 章可用于相关专业本科生"信号分析与处理"课程；第 1~9 章可用于相关专业硕士研究生"现代信号处理基础"课程。本书对相关专业的工程技术人员也有一定参考价值。

图书在版编目（CIP）数据

现代信号处理基础/吉培荣，李海军，邹红波编著. —北京：科学出版社，2018.8

ISBN 978-7-03-058538-7

Ⅰ.①现⋯　Ⅱ.①吉⋯②李⋯③邹⋯　Ⅲ.①信号处理–教材　Ⅳ.①TN911.7

中国版本图书馆 CIP 数据核字（2018）第 187623 号

责任编辑：余　江　张丽花 / 责任校对：郭瑞芝
责任印制：赵　博 / 封面设计：迷底书装

科学出版社出版
北京东黄城根北街 16 号
邮政编码：100717
http://www.sciencep.com

固安县铭成印刷有限公司印刷
科学出版社发行　各地新华书店经销

*

2018 年 8 月第 一 版　开本：787×1092　1/16
2025 年 1 月第六次印刷　印张：17 1/4
字数：409 000

定价：69.00 元
（如有印装质量问题，我社负责调换）

前　言

当今世界，微电子技术与计算机技术的飞速发展、信息技术的广泛应用正深刻地影响着人类社会的方方面面，人类社会已进入大数据时代。信号分析与处理技术是信息技术的重要组成部分，该方面的系统知识与技能不仅对电子类、通信类、计算机类专业的学生非常重要，对其他类别专业的学生，特别是电气、机械、仪表、材料、生物医学等也有重要意义。

本书按照教育部高等学校电子电气基础课程教学指导分委员会制定的"信号与系统"课程教学基本要求、"信号分析与处理"课程教学基本要求，并扩充相关内容编写而成。书中内容包括线性非时变系统分析、信号频域分析、数字信号处理基本理论、模拟和数字滤波器、信号时频分析等几个方面。

全书共9章，第1~5章内容(可不包含2.2节)可用于相关专业本科生的"信号与系统"课程；第1~8章内容(可不包含2.2节、7.3节、7.4节)可用于相关专业本科生的"信号分析与处理"课程；第1~9章全部内容可用于相关专业硕士研究生"现代信号处理基础"课程。每章末均有习题，并对大部分习题给出了参考答案。

本书结构体系完整，内容全面；概念清晰，系统性强；论述深入浅出，既重视数学原理的系统性和逻辑性，又强调概念的物理意义。学生通过学习本书相关内容，能够掌握信号分析与处理的基本概念和方法，并对相关内容的工程应用有所了解，为进一步学习和应用相关技术奠定必要的基础。

本书由三峡大学电气与新能源学院吉培荣、李海军、邹红波三位教师合作完成。吉培荣编写第1~5、7章，李海军编写第6、8章，邹红波编写第9章。编写本书时，参考了书后的参考文献和其他一些文献的相关内容，在此对这些文献作者表示衷心感谢。

限于编者水平，书中难免存在不足之处，敬请读者批评指正。联系邮箱：jipeirong@163.com(吉培荣)，llihaijun@163.com(李海军)，107066611@qq.com(邹红波)。

本书配有电子教案，选用本书作为教材的教师可与编者联系。

编　者

2018 年 5 月

目　录

第1章 信号与系统的基本概念

本章介绍信号与系统的基本概念，包括 7 节内容，分别是：信号概述、信号的分类、单位阶跃信号与单位冲激（脉冲）信号、信号的基本运算、信号的分解、系统概述、系统的分类。通过本章的学习，读者应建立信号与系统的基本概念，为学习后续章节内容奠定基础。

1.1 信 号 概 述

人类的社会活动以及物质的形态和变化都会产生信息。一般而言，信号是信息的载体，信息是信号的具体内容。

信息可通过语言、文字、图像、颜色、声音、公式、符号、数据等加以反映，而信号通常表现为随时间变化的物理量。常见的信号形式有声信号（如学校的上、下课铃声）、光信号（如交通路口的红绿灯）、电信号（如电路中的电压、电流）等。

在各种信号中，最便于传输、控制与处理的是电信号，并且许多非电属性的物理量（如温度、压力、光强、位移、转矩、转速等）都可以通过传感器变换为电信号。因此，研究电信号具有普遍的意义。

信号可以表达为一个或多个独立变量的函数。例如，$x(t)$ 或 $y(t)$ 可用来表示一维信号；$f(x,y)$ 可用来表示二维信号；还可有高于二维的信号。信号除了可以用函数式表达，还常以图形的方式来体现。

1.2 信 号 的 分 类

1.2.1 确定性信号与随机信号

信号的分类方法很多，根据信号取值是否确定，可将信号分为确定性信号和随机信号。

确定性信号是指能够以确定的时间函数（或可用确定的信号波形）来表示的信号，这种信号在其定义域的任意时刻都有确定的函数值。例如，正弦信号、指数信号等。图 1-1(a) 所示的正弦信号就是确定性信号的一个例子。

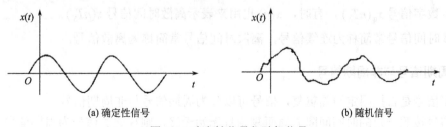

(a) 确定性信号　　　　　　　　　　(b) 随机信号

图 1-1　确定性信号与随机信号

如果信号不是时间的确定函数，其取值具有不确定性，只能用概率统计的方法来描述，此类信号就是随机信号，随机信号也称为不确定性信号。图 1-1(b) 所示为混有噪声的正弦信号，就是随机信号的一个例子。抛硬币得到的正反面记录也是随机信号。

1.2.2　连续时间信号与离散时间信号

按照信号自变量取值的特性，信号可分为连续时间信号与离散时间信号。

连续时间信号是指在信号的定义域内的任意时刻(可不包括有限数量的间断点)都有确定函数值的信号，连续时间信号通常用 $x(t)$ 或 $f(t)$ 表示。连续时间信号的幅值可以是连续的，也可以是离散的，幅值连续的连续时间信号也称为模拟信号。

离散时间信号是指定义域为离散时刻点的信号，信号在这些离散的时刻点之外无定义。离散时间信号可由连续时间信号采样得到，若采样间隔(周期)是 T_S，则离散时间信号可表示为 $x(nT_S)$。

离散时间信号的值域可以是连续的，但用计算机处理信号时，由于计算机只能用有限位数的二进制数来表示数值，因此必须将信号值以 q 为最小单位量化成离散的数，经过量化后的离散时间信号称为数字信号，用 $x_q(nT_S)$ 表示。由于用计算机处理信号只需明确是第几个数据，而不必知道准确的时间，因此，数字信号 $x_q(nT_S)$ 往往可表示为 $x(n)$，这样，数字信号也就被称为数字序列，简称序列。

图 1-2(a) 所示为连续时间信号 $x(t)$，图 1-2(b) 所示为由 $x(t)$ 采样得到的离散时间信号 $x(nT_S)$，图 1-2(c) 所示为由 $x(nT_S)$ 以 q 为最小单位量化得到的数字信号 $x_q(nT_S)=x(n)$。

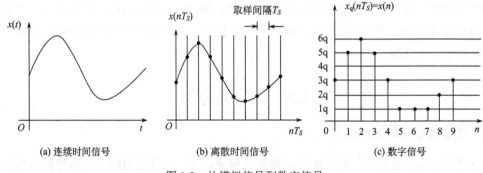

(a) 连续时间信号　　　　　(b) 离散时间信号　　　　　(c) 数字信号

图 1-2　从模拟信号到数字信号

幅值不满足离散特性的离散时间信号不是数字信号，但由于用计算机处理的信号均为数字信号，故在实际应用中，不再区分离散时间信号和数字信号，两者名称通常混用。$x(n)$ 通常表示数字信号 $x_q(nT_S)$，有时，$x(n)$ 也用来表示离散时间信号 $x(nT_S)$。

连续时间信号常简称为连续信号，离散时间信号常简称为离散信号。

1.2.3　周期信号与非周期信号

根据信号是否按固定间隔重复，信号可以分为周期信号与非周期信号。

若信号按照一定的时间间隔 T 周而复始且无始无终，则称此类信号为周期信号。周期

信号的通用表达式为

$$x(t) = x(t + nT)，\qquad n = 0, \pm 1, \pm 2, \cdots \tag{1-1}$$

或

$$x(n) = x(n + mN)，\qquad m = 0, \pm 1, \pm 2, \cdots \tag{1-2}$$

式中，T 称为连续信号 $x(t)$ 的周期；N 称为离散信号 $x(n)$ 的周期。由于周期信号在一个周期内的表达便能够表现其随时间变化的信息特征，所以对周期信号一般只需给出其在一个周期内的变化过程。

若信号在时间上不具有周而复始的特性，或者说信号的周期趋于无限大，则此类信号称为非周期信号。周期信号可以由非周期信号间隔一段时间进行重复而产生。严格意义上的周期信号是无始无终地按某一规律重复变化的信号。实际上，周期信号只能是在较长时间范围内按一定规律重复变化的信号。

当周期分别为 T_1 和 T_2 的两个周期信号相加时，如果两信号的周期比 T_1 / T_2 或 T_2 / T_1 具有整数关系，则合成信号为周期信号，其周期为两者中大者；如果周期比不是整数，设 n_1 和 n_2 是互为质数的整数，当 $n_1 T_1 = n_2 T_2$ 时，即 T_1 / T_2 是有理常数时，所得合成信号仍然是周期信号，其周期是 $T = n_1 T_1 = n_2 T_2$，该周期是单个信号周期的最小公倍数。两个周期信号相加，所得信号也有可能不是周期信号，如 T_1 / T_2 为无理数时，两个周期信号相加的结果就是非周期信号。

【**例 1-1**】　已知信号 $x_1(t) = \cos(20t)$，$x_2(t) = \cos(22t)$，$x_3(t) = \cos t$ 和 $x_4(t) = \cos(\sqrt{2}t)$，试问 $x_1(t) + x_2(t)$ 和 $x_3(t) + x_4(t)$ 是否为周期信号？若是，求其周期。

解： 因为 $\Omega = 2\pi f = 2\pi / T$，可知 $x_1(t)$ 的周期为 $T_1 = 2\pi / \Omega = 2\pi/20 = \pi/10$，$x_2(t)$ 的周期为 $T_2 = 2\pi / 22 = \pi / 11$，由于 $T_1 / T_2 = 11 / 10$ 是有理数，所以 $x_1(t) + x_2(t)$ 是周期信号，其公共周期为 $T = 10T_1 = 11T_2 = \pi$。

$x_3(t)$ 的周期为 $T_3 = 2\pi$，$x_4(t)$ 的周期为 $T_4 = 2\pi / \sqrt{2} = \sqrt{2}\pi$，由于 $T_3 / T_4 = \sqrt{2}$ 是无理数，所以 $x_3(t) + x_4(t)$ 不是周期信号。

【**例 1-2**】　判断离散余弦信号 $x(n) = \sin(\omega n)$ 是否为周期信号。

解： 由周期信号的定义知，若 $x(n)$ 是周期信号，需有 $\sin[\omega(n + N)] = \sin(\omega n)$。因为 $\sin[\omega(n + N)] = \sin(\omega n + \omega N)$，要使 $x(n)$ 为周期信号，必须有 $\omega N = m2\pi$，且 m 为整数，此时有

$$N = m\frac{2\pi}{\omega}$$

因此，只有在 $\dfrac{2\pi}{\omega}$ 为有理数时，即 $\dfrac{2\pi}{\omega} = \dfrac{p}{q}$（$p$ 和 q 为不可约分的整数）时，$x(n) = \sin(\omega n)$ 才是周期信号。

说明：本书用 Ω 表示模拟频率，如例 1-1 中所示，用 ω 表示数字频率，如例 1-2 中所示。

1.2.4　能量信号与功率信号

根据信号的能量或功率是否有限，信号可以分为能量信号与功率信号。

信号可看作随时间变化的电压或电流，如把信号 $x(t)$ 看作加在 $1\,\Omega$ 电阻上的电流，则其瞬时功率为 $|x(t)|^2$，在时间间隔 $-\dfrac{T}{2}\leqslant t\leqslant\dfrac{T}{2}$ 内会消耗一定的能量。现在将时间区间无限扩展，定义信号 $x(t)$ 的能量为

$$E=\lim_{T\to\infty}\int_{-\frac{T}{2}}^{\frac{T}{2}}|x(t)|^2\,\mathrm{d}t \tag{1-3}$$

把该能量对时间区间取平均，即

$$P=\lim_{T\to\infty}\frac{1}{T}\int_{-\frac{T}{2}}^{\frac{T}{2}}|x(t)|^2\,\mathrm{d}t \tag{1-4}$$

此即信号 $x(t)$ 平均功率的定义。

对于离散时间信号 $x(n)$，其能量 E 与平均功率 P 的定义分别为

$$E=\lim_{N\to\infty}\sum_{n=-N}^{N}|x(n)|^2 \tag{1-5}$$

$$P=\lim_{N\to\infty}\frac{1}{2N+1}\sum_{n=-N}^{N}|x(n)|^2 \tag{1-6}$$

若信号的能量为有限值，平均功率为零，则称该信号为能量信号。由于能量信号的平均功率为零，只能从能量的角度去研究它。

若信号的功率为有限值，则称该信号为功率信号。幅值有限的周期信号都是功率信号。

1.3　单位阶跃信号与单位冲激(脉冲)信号

1.3.1　连续时间单位阶跃信号与单位冲激信号

在信号处理中，常常将一般信号分解为某些基本信号的线性组合，这样就可以把一般信号经过系统的问题转化为基本信号经过系统的问题。连续时间基本信号分为两类：一类称为普通信号；另一类称为奇异信号，数学上对应为奇异函数。单位阶跃信号和单位冲激信号是两种奇异信号。

1. 单位阶跃信号

单位阶跃信号用 $\varepsilon(t)$ 来表示，定义为

$$\varepsilon(t)=\begin{cases}1,&t>0\\0,&t<0\end{cases} \tag{1-7}$$

$\varepsilon(t)$ 在 $t=0$ 处发生跳变，因此在该点没有定义，其波形如图 1-3(a) 所示。实际中经常遇到 $\varepsilon(t)$ 的移位信号，其延时 t_0 后的信号为 $\varepsilon(t-t_0)$，如图 1-3(b) 所示，表示为

$$\varepsilon(t-t_0)=\begin{cases}1,&t>t_0\\0,&t<t_0\end{cases} \tag{1-8}$$

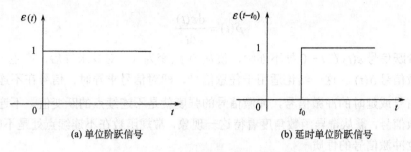

(a) 单位阶跃信号　　　　　　　　(b) 延时单位阶跃信号

图 1-3　单位阶跃信号和延时单位阶跃信号

单位阶跃信号具有单边特性，任意信号与单位阶跃信号相乘可形成截断信号。如正弦信号 $\sin(\Omega t)$，将其与 $\varepsilon(t)$ 相乘后变为单边正弦信号 $\sin(\Omega t)\varepsilon(t)$，当 $t<0$ 时其值为零，$t>0$ 时按正弦规律变化。

2. 单位冲激信号

1) 单位冲激信号的定义

单位冲激信号用 $\delta(t)$ 表示，定义为

$$\delta(t) = \begin{cases} \int_{-\infty}^{\infty} \delta(t)\mathrm{d}t = 1 \\ \delta(t) = 0, \quad t \neq 0 \end{cases} \tag{1-9}$$

其波形如图 1-4(a) 所示，图中的 (1) 表示信号的强度为 1。单位冲激信号可以延时至任意时刻 t_0，记为 $\delta(t-t_0)$，如图 1-4(b) 所示，表示为

$$\delta(t-t_0) = \begin{cases} \int_{-\infty}^{\infty} \delta(t-t_0)\mathrm{d}t = 1 \\ \delta(t-t_0) = 0, \quad t \neq t_0 \end{cases} \tag{1-10}$$

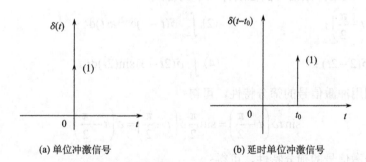

(a) 单位冲激信号　　　　　　　(b) 延时单位冲激信号

图 1-4　单位冲激信号与延时单位冲激信号

2) 单位冲激信号与单位阶跃信号的关系

单位冲激信号与单位阶跃信号有如下关系：

$$\varepsilon(t) = \int_{-\infty}^{t} \delta(\tau)\mathrm{d}\tau \tag{1-11}$$

$$\delta(t) = \frac{\mathrm{d}\varepsilon(t)}{\mathrm{d}t} \tag{1-12}$$

单位阶跃信号 $\varepsilon(t)$ 在 $t = 0$ 处不连续，值从 0 跃变为 1，对其求导后，产生了强度为 1 的单位冲激信号 $\delta(t)$。这一结论适用于任意信号，即对信号求导时，信号在不连续点的导数为冲激信号或延时的冲激信号，冲激信号的强度就是不连续点的跃变值。不连续点处微分产生冲激信号，需从奇异函数角度看待这一现象，常规函数在不连续点处是不能微分的。

3) 单位冲激信号的性质

(1) 筛分特性。

$$x(t)\delta(t - t_0) = x(t_0)\delta(t - t_0) \tag{1-13}$$

式 (1-13) 说明，冲激信号 $\delta(t - t_0)$ 可以把信号 $x(t)$ 在 $t = t_0$ 处的值筛分出来作为自身的强度。利用冲激信号的筛分特性，可得到如下结果：

$$\int_{-\infty}^{\infty} x(t)\delta(t - t_0)\mathrm{d}t = x(t_0) \tag{1-14}$$

(2) 展缩特性。

$$\delta(at) = \frac{1}{|a|}\delta(t), \quad a \neq 0 \tag{1-15}$$

由展缩特性可得出如下推论。

推论 1：单位冲激信号是偶函数，取 $a = -1$ 可得

$$\delta(-t) = \delta(t) \tag{1-16}$$

推论 2：

$$\delta(at + b) = \frac{1}{|a|}\delta\left(t + \frac{b}{a}\right), \quad a \neq 0 \tag{1-17}$$

【例 1-3】 利用冲激信号的性质计算下列各式。

(1) $\sin t\, \delta\left(t - \dfrac{\pi}{2}\right)$;   (2) $\displaystyle\int_{-\infty}^{\infty} \delta(t - 2)\mathrm{e}^{-2t}\varepsilon(t)\mathrm{d}t$;

(3) $(t + 2)\delta(2 - 2t)$;   (4) $\displaystyle\int_{1}^{2} \delta(2t - 3)\sin(2t)\mathrm{d}t$。

解：(1) 利用冲激信号的筛分特性，可得

$$\sin t\, \delta\left(t - \frac{\pi}{2}\right) = \sin\frac{\pi}{2}\delta\left(t - \frac{\pi}{2}\right) = \delta\left(t - \frac{\pi}{2}\right)$$

(2) 利用冲激信号的筛分特性，可得

$$\int_{-\infty}^{\infty} \delta(t - 2)\mathrm{e}^{-2t}\varepsilon(t)\mathrm{d}t = \int_{-\infty}^{\infty} \delta(t - 2)\mathrm{e}^{-2\times 2}\varepsilon(2)\mathrm{d}t = \mathrm{e}^{-4}$$

(3) 利用冲激信号的展缩特性和筛分特性，可得

$$(t + 2)\delta(2 - 2t) = \frac{1}{|-2|}(t + 2)\delta(t - 1) = \frac{3}{2}\delta(t - 1)$$

(4) 利用冲激信号的展缩特性和筛分特性，可得

$$\int_{1}^{2}\delta(2t-3)\sin(2t)\mathrm{d}t = \int_{1}^{2}\frac{1}{2}\delta\left(t-\frac{3}{2}\right)\sin(2t)\mathrm{d}t = \frac{1}{2}\sin 3 = 0.1411$$

1.3.2　离散时间单位阶跃信号与单位脉冲信号

离散时间单位阶跃信号与离散时间单位脉冲信号是两种基本离散时间信号，它们常称为单位阶跃序列和单位脉冲序列。

1. 单位阶跃序列

单位阶跃序列用符号 $\varepsilon(n)$ 表示，定义为

$$\varepsilon(n)=\begin{cases}1, & n \geqslant 0 \\ 0, & n < 0\end{cases} \tag{1-18}$$

单位阶跃序列 $\varepsilon(n)$ 与单位阶跃信号 $\varepsilon(t)$ 具有相似性。两者不同之处是 $\varepsilon(t)$ 在 $t=0$ 处无定义，即无明确数值；而 $\varepsilon(n)$ 在 $n=0$ 处的值定义为 1，如图 1-5(a) 所示。实际中经常遇到 $\varepsilon(n)$ 的移位序列，其向右移位 m 个单位后的序列为 $\varepsilon(n-m)$，如图 1-5(b) 所示。

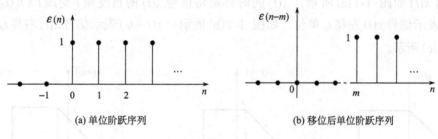

(a) 单位阶跃序列　　　　　　　　　　(b) 移位后单位阶跃序列

图 1-5　单位阶跃序列与移位后单位阶跃序列

单位阶跃序列与任意序列相乘即可截断该序列，如正弦序列 $\sin(\omega n)$ 与 $\varepsilon(n)$ 相乘，可得单边正弦序列 $x(n)=\sin(\omega n)\varepsilon(n)$。当 $n<0$ 时，其值为零，即 $x(n)=0$；当 $n \geqslant 0$ 时，其为一个正弦序列，即 $x(n)=\sin(\omega n)$。

2. 单位脉冲序列

单位脉冲序列也称为单位样值序列，是离散系统时域分析中的基本信号。单位脉冲序列用符号 $\delta(n)$ 表示，定义为

$$\delta(n)=\begin{cases}1, & n=0 \\ 0, & n \neq 0\end{cases} \tag{1-19}$$

单位脉冲序列 $\delta(n)$ 在 $n=0$ 处的值为 1，如图 1-6(a) 所示。实际中经常遇到 $\delta(n)$ 的移位序列，其延时 m 个单位后的序列为 $\delta(n-m)$，如图 1-6(b) 所示。

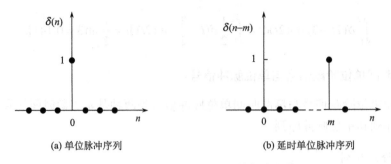

(a) 单位脉冲序列　　　　　　　　　　　　(b) 延时单位脉冲序列

图 1-6　单位脉冲序列与延时单位脉冲序列

1.4　信号的基本运算

1.4.1　连续时间信号的基本运算

1. 时移

信号 $x(t)$ 如图 1-7(a)所示，$x(t)$ 的时移是将信号 $x(t)$ 的自变量 t 变成 $t \pm t_0 (t_0 > 0)$。$x(t + t_0)$ 表示信号 $x(t)$ 左移 t_0 单位，如图 1-7(b)所示；$x(t - t_0)$ 表示信号 $x(t)$ 右移 t_0 单位，如图 1-7(c)所示。

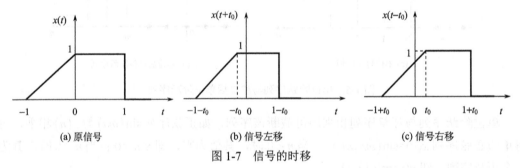

(a) 原信号　　　　　　　　(b) 信号左移　　　　　　　　(c) 信号右移

图 1-7　信号的时移

2. 翻转

信号 $x(t)$ 如图 1-8(a)所示，信号的翻转是将信号 $x(t)$ 的自变量 t 变成 $-t$ 得到 $x(-t)$，即将信号 $x(t)$ 的波形以纵轴为对称轴进行翻转，如图 1-8(b)所示。

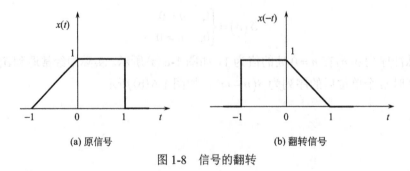

(a) 原信号　　　　　　　　　　　(b) 翻转信号

图 1-8　信号的翻转

3. 尺度变换

信号 $x(t)$ 如图 1-9(a)所示,信号的尺度变换是将信号 $x(t)$ 的自变量 t 变成 at 得到 $x(at)$。若 $a>1$,则 $x(at)$ 是 $x(t)$ 的压缩,图 1-9(b)所示是 $x(2t)$ 的波形;若 $0<a<1$,则 $x(at)$ 是 $x(t)$ 的展宽,图 1-9(c)所示是 $x(0.5t)$ 的波形。

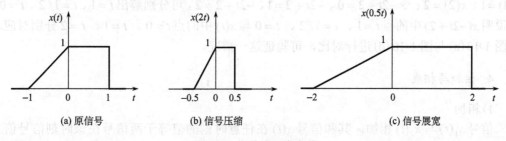

图 1-9　信号的尺度变换

以上分别对信号的时移、翻转和尺度变换进行了描述。实际上,信号的变化常常是上述三种方式的综合,即 $x(t)$ 变化为 $x(at+b)$ $(a\neq 0)$。现举例说明其变化过程。

【例 1-4】　根据图 1-10(a)中的信号 $x(t)$,画出 $x(-2t+2)$ 的波形。

解:　$x(-2t+2)$ 是 $x(t)$ 经过翻转、尺度变换和时移三种运算得来的,可以按下述顺序进行处理。

$$x(t) \xrightarrow{\text{尺度变换}} x(2t) \xrightarrow{\text{翻转}} x(-2t) \xrightarrow{\text{时移}} x(-2t+2)=x\big[-2(t-1)\big]$$

$x(2t)$、$x(-2t)$ 和 $x(-2t+2)$ 的波形分别如图 1-10(b)、(c)、(d)所示。改变上述运算顺序,也可以得到相同结果。

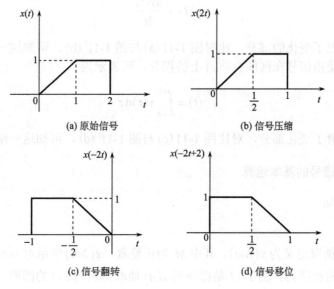

图 1-10　例 1-4 用图

　　信号的翻转、尺度变换和时移运算只是信号自变量的简单变换，而变换前后信号的函数值不变。可以通过函数自变量所在括号中的数值相同时函数值相同这一关系，确定变换前后图形中的一些特殊点位置，从而画出图形。如针对例 1-4 的原始信号 $x(t)$，可确定 $t=0$、$t=1$、$t=2$ 三个特殊点，这些点的函数值分别为 $x(0)=0$、$x(1)=1$、$x(2)=2$；针对信号 $x(-2t+2)$，因函数自变量所在括号中的数值相同时函数值是不变的，故有 $x(0)=0$、$x(1)=1$、$x(2)=2$；令 $-2t+2=0$，$-2t+2=1$，$-2t+2=2$，可分别解出 $t=1$、$t=1/2$、$t=0$。这说明 $x(-2t+2)$ 中的点 $t=1$、$t=1/2$、$t=0$ 与 $x(t)$ 中的点 $t=0$、$t=1$、$t=2$ 分别对应。将图 1-10 (a) 与图 1-10 (d) 进行对比，可验证这一情况。

　　4. 相加与相乘

　　1) 相加

　　信号 $x_1(t)$ 与 $x_2(t)$ 相加，其和信号 $x(t)$ 在任意时刻的值等于两信号在该时刻信号值之和，可以表示为

$$x(t)=x_1(t)+x_2(t) \tag{1-20}$$

　　2) 相乘

　　信号 $x_1(t)$ 和 $x_2(t)$ 相乘，其积信号 $x(t)$ 在任意时刻的值等于两信号在该时刻信号值之积，可以表示为

$$x(t)=x_1(t)x_2(t) \tag{1-21}$$

　　5. 微分与积分

　　信号的微分是指信号对时间的导数，可表示为

$$x'(t)=\frac{\mathrm{d}x(t)}{\mathrm{d}t} \tag{1-22}$$

信号经过微分突出了变化的部分，比对图 1-11 (a) 与图 1-11 (b)，可知这一结论成立。

　　信号的积分是指信号在区间 $(-\infty,t)$ 上的积分，可表示为

$$x^{-1}(t)=\int_{-\infty}^{t}x(\tau)\mathrm{d}\tau \tag{1-23}$$

信号经过积分平滑了变化部分，对比图 1-11 (c) 与图 1-11 (d)，可知这一结论正确。

1.4.2　离散时间信号的基本运算

　　1. 抽取与内插

　　1) 抽取

　　序列 $x(n)$ 的抽取定义为 $x(Mn)$，其中 M 为正整数，$x(Mn)$ 表示对 $x(n)$ 每隔 $M-1$ 个点抽取一个点形成的新序列。图 1-12 是由序列 $x(n)$ 抽取得到 $x(2n)$ 的图形。

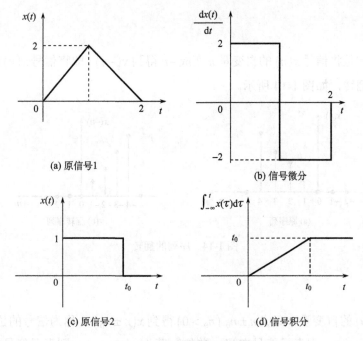

(a) 原信号1　　　　　(b) 信号微分

(c) 原信号2　　　　　(d) 信号积分

图 1-11　信号的微分与积分

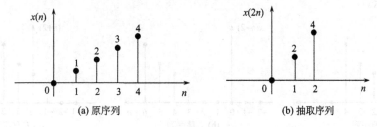

(a) 原序列　　　　　(b) 抽取序列

图 1-12　序列的抽取

2) 内插

序列 $x(n)$ 的内插定义为

$$x(n/L) = \begin{cases} x(n/L), & n\text{是}L\text{的整数倍} \\ 0, & \text{其他} \end{cases} \tag{1-24}$$

$x(n/L)$ 表示在 $x(n)$ 的每两个点之间插入 $L-1$ 个零点后形成的新序列，图 1-13 所示是在序列 $x(n)$ 的每两个（$L=2$）点之间插入 1 个零点后形成的新序列 $x(n/2)$ 的图形。

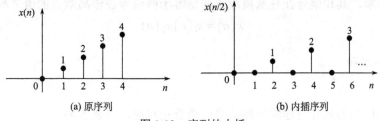

(a) 原序列　　　　　(b) 内插序列

图 1-13　序列的内插

2. 翻转

序列的翻转是将信号 $x(n)$ 的自变量 n 变成 $-n$ 得到 $x(-n)$，即将信号 $x(n)$ 的波形以纵轴为对称轴进行翻转，如图 1-14 所示。

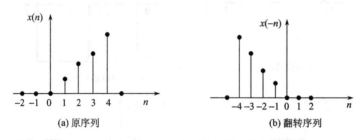

图 1-14　序列的翻转

3. 位移

将信号 $x(n)$ 的自变量 n 变成 $n \pm n_0$ $(n_0 > 0)$ 得到 $x(n \pm n_0)$，称为信号的位移（也称为时移）。若为 $x(n - n_0)$，则表示信号右移 n_0 单位；若为 $x(n + n_0)$，则表示信号左移 n_0 单位，如图 1-15 所示。

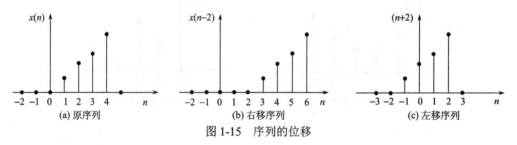

图 1-15　序列的位移

4. 相加与相乘

1）相加

两序列相加，其和信号在任意离散点的信号值等于两信号在该离散点信号值之和，表示为

$$x(n) = x_1(n) + x_2(n) \tag{1-25}$$

2）相乘

两序列相乘，其积信号在任意离散点的值等于两信号在该离散点的值之积，表示为

$$x(n) = x_1(n) x_2(n) \tag{1-26}$$

5. 差分与求和

1）差分

离散时间信号的差分与连续时间信号的微分相对应，可表示为

$$\nabla x(n) = x(n) - x(n-1) \tag{1-27}$$

$$\Delta x(n) = x(n+1) - x(n) \tag{1-28}$$

式 (1-27) 称为一阶后向差分，式 (1-28) 称为一阶前向差分。以此类推，二阶和 n 阶差分可分别表示为

$$\nabla^2 x(n) = \nabla\{\nabla x(n)\} = x(n) - 2x(n-1) + x(n-2) \tag{1-29}$$

$$\Delta^2 x(n) = \Delta\{\Delta x(n)\} = x(n+2) - 2x(n+1) + x(n) \tag{1-30}$$

$$\nabla^n x(n) = \nabla\{\nabla^{n-1} x(n)\} \tag{1-31}$$

$$\Delta^n x(n) = \Delta\{\Delta^{n-1} x(n)\} \tag{1-32}$$

2）求和

离散时间信号的求和与连续时间信号的积分相对应。将离散序列在 $(-\infty, n)$ 区间上求和，可表示为

$$y(n) = \sum_{m=-\infty}^{n} x(m) \tag{1-33}$$

1.5 信号的分解

1.5.1 周期信号的正交分解

1. 信号正交

信号正交定义为：若两个信号 $x_1(t)$ 和 $x_2(t)$ 在区间 $(t_1,\ t_2)$ 上满足：

$$\int_{t_1}^{t_2} x_1(t) x_2^*(t) \mathrm{d}t = 0 \tag{1-34}$$

则称信号 $x_1(t)$ 和 $x_2(t)$ 在区间 $(t_1,\ t_2)$ 上正交，其中 $x_2^*(t)$ 表示 $x_2(t)$ 的共轭信号。

2. 正交信号集

设有一个信号集 $\{x_1(t), x_2(t), \cdots, x_n(t)\}$，若该信号集中的所有信号在区间 $(t_1,\ t_2)$ 上都满足：

$$\int_{t_1}^{t_2} x_i(t) x_j^*(t) \mathrm{d}t = \begin{cases} 0, & i \neq j \\ K_i, & i = j \end{cases} \tag{1-35}$$

则称该信号集为区间 $(t_1,\ t_2)$ 上的正交信号集。

有了正交信号集的概念后，就可给出完备正交信号集的概念。设有一个在区间 $(t_1,\ t_2)$ 上的正交信号集 $\{x_1(t), x_2(t), \cdots, x_n(t)\}$，如果在该正交信号集外，找不到任何一个信号与该正交信号集中的信号正交，则把该正交信号集称为完备正交信号集。完备正交信号集中通常包括无穷多个信号，即 $n \to \infty$。

3. 信号的正交分解

任意信号 $x(t)$ 在区间 (t_1, t_2) 上可以分解为该区间上的完备正交信号集 $\{x_1(t), x_2(t), \cdots, x_n(t), \cdots\}$ 中各信号的线性组合，即

$$x(t) = C_1 x_1(t) + C_2 x_2(t) + \cdots + C_n x_n(t) + \cdots = \sum_{i=1}^{\infty} C_i x_i(t) \tag{1-36}$$

4. 周期信号的傅里叶级数展开

三角函数信号集 $\{1, \cos(\Omega_0 t), \cos(2\Omega_0 t), \cdots, \cos(k\Omega_0 t), \cdots, \sin(\Omega_0 t), \sin(2\Omega_0 t), \cdots, \sin(k\Omega_0 t), \cdots\}$ 是在区间 $(t_0, t_0 + T_0]$ 上的完备正交信号集(其中 $\Omega_0 = 2\pi / T_0$)，这可证明如下。

(1) 余弦与直流正交，正弦与直流正交。

$$\int_{t_0}^{t_0+T_0} \cos(k\Omega_0 t)\mathrm{d}t = \int_{t_0}^{t_0+T_0} \sin(k\Omega_0 t)\mathrm{d}t = 0$$

(2) 余弦与正弦之间正交。

$$\int_{t_0}^{t_0+T_0} \cos(k\Omega_0 t)\sin(l\Omega_0 t)\mathrm{d}t = 0$$

(3) 不同余弦之间正交，不同正弦之间正交。

$$\int_{t_0}^{t_0+T_0} \cos(k\Omega_0 t)\cos(l\Omega_0 t)\mathrm{d}t = 0, \quad k \neq l$$

$$\int_{t_0}^{t_0+T_0} \sin(k\Omega_0 t)\sin(l\Omega_0 t)\mathrm{d}t = 0, \quad k \neq l$$

(4) 相同余弦之间、相同正弦之间、直流之间均不正交。

$$\int_{t_0}^{t_0+T_0} \cos^2(k\Omega_0 t)\mathrm{d}t = \int_{t_0}^{t_0+T_0} \sin^2(k\Omega_0 t)\mathrm{d}t = \frac{T_0}{2}$$

$$\int_{t_0}^{t_0+T_0} 1^2 \mathrm{d}t = T_0$$

用 $\tilde{x}(t)$ 表示周期函数，若 $\tilde{x}(t)$ 满足：①在一个周期内绝对可积，即 $\int_{t_0}^{t_0+T_0} |\tilde{x}(t)|\mathrm{d}t < \infty$；②在一个周期内的不连续点的数目有限；③在一个周期内的极大值和极小值点的数目有限，则称 $\tilde{x}(t)$ 满足狄利克雷条件。

已知周期函数 $\tilde{x}(t)$ 满足狄利克雷条件，可将其展开为傅里叶级数，即

$$\begin{aligned} \tilde{x}(t) &= \frac{a_0}{2} + a_1\cos(\Omega_0 t) + a_2\cos(2\Omega_0 t) + \cdots + b_1\sin(\Omega_0 t) + b_2\sin(2\Omega_0 t) + \cdots \\ &= \frac{a_0}{2} + \sum_{k=1}^{\infty} [a_k\cos(k\Omega_0 t) + b_k\sin(k\Omega_0 t)] \end{aligned} \tag{1-37}$$

式中，Ω_0 为基波角频率，与函数周期 T_0 的关系为 $\Omega_0 = \dfrac{2\pi}{T_0}$。傅里叶系数 a_k、b_k 由下列公式

确定：

$$a_k = \frac{2}{T_0} \int_{t_0}^{t_0+T_0} \tilde{x}(t) \cos(k\Omega_0 t)\mathrm{d}t, \quad k = 0, 1, \cdots \tag{1-38}$$

$$b_k = \frac{2}{T_0} \int_{t_0}^{t_0+T_0} \tilde{x}(t) \sin(k\Omega_0 t)\mathrm{d}t, \quad k = 0, 1, \cdots \tag{1-39}$$

将式(1-37)中同频率的正弦项和余弦项合并，可得

$$\tilde{x}(t) = \frac{A_0}{2} + \sum_{k=1}^{\infty} A_k \cos(k\Omega_0 t + \varphi_k) \tag{1-40}$$

式中，A_k 为 k 次谐波振幅；φ_k 为 k 次谐波相位；$k\Omega_0$ 为 k 次谐波角频率，且有 $A_k = \sqrt{a_k^2 + b_k^2}$ ，$\varphi_k = -\arctan\left(\dfrac{b_k}{a_k}\right)$。

由式(1-40)可知，任一周期信号均可以分解为直流分量加上一次谐波（又称为基波）、二次谐波、三次谐波等无穷多个谐波分量。然而，实际工程中只能选取有限项谐波分量来表示周期信号，通常要求选取的项数能够满足误差要求即可，即

$$\begin{aligned}
\tilde{x}(t) &= \frac{a_0}{2} + \sum_{k=1}^{N} [a_k \cos(k\Omega_0 t) + b_k \sin(k\Omega_0 t)] \\
&= \frac{A_0}{2} + \sum_{k=1}^{N} A_k \cos(k\Omega_0 t + \varphi_k)
\end{aligned} \tag{1-41}$$

满足狄利克雷条件的信号可展开为傅里叶级数。由于书中涉及的周期信号都满足狄利克雷条件，所以以后通常不再提及这个条件。

1.5.2 连续时间信号的时域分解

任意连续时间信号 $x(t)$ 都可以分解为冲激信号的线性组合。下面通过图 1-16 来说明信号的分解过程。

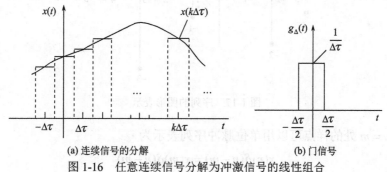

(a) 连续信号的分解　　　　　　　(b) 门信号

图 1-16　任意连续信号分解为冲激信号的线性组合

将图 1-16(a)所示任意信号 $x(t)$ 分解成许多小矩形，小矩形的中心处于 $t = k\Delta\tau$ 位置处，高度为 $x(k\Delta\tau)$，相邻两个小矩形中心的间隔为 $\Delta\tau$。

定义门信号 $g_\Delta(t)$ 如图 1-16(b)所示，则各小矩形可表示为 $x(k\Delta\tau)g_\Delta(t-k\Delta\tau)\Delta\tau$。当小矩形的宽度 $\Delta\tau$ 很小时，可用这些小矩形的组合近似表示信号 $x(t)$，即

$$x(t) \approx \cdots + x(-\Delta\tau)g_\Delta(t+\Delta\tau)\Delta\tau + x(0)g_\Delta(t)\Delta\tau + x(\Delta\tau)g_\Delta(t-\Delta\tau)\Delta\tau + \cdots$$

$$= \sum_{k=-\infty}^{\infty} x(k\Delta\tau)g_\Delta(t-k\Delta\tau)\Delta\tau \tag{1-42}$$

由极限概念可知，当 $\Delta\tau \to 0$ 时小矩形数量无穷多，用这些小矩形可完全描述 $x(t)$。

由数学知识知，当 $\Delta\tau \to 0$ 时，$k\Delta\tau \to \tau$，$\Delta\tau \to \mathrm{d}\tau$，$g_\Delta(t) \to \delta(t)$，$g_\Delta(t-k\Delta\tau) \to \delta(t-\tau)$，故式 (1-42) 可表示为

$$x(t) = \lim_{\Delta\tau \to 0} \sum_{k=-\infty}^{\infty} x(k\Delta\tau)g_\Delta(t-k\Delta\tau)\Delta\tau = \int_{-\infty}^{\infty} x(\tau)\delta(t-\tau)\mathrm{d}\tau \tag{1-43}$$

可见，任意信号 $x(t)$ 可以分解为无穷多个冲激信号的线性组合。

1.5.3 离散时间信号的时域分解

离散时间信号 $x(n)$ 有多种表现形式，可表现为闭合式形式，如

$$x(n) = \begin{cases} (-1)^n n, & |n| \leqslant 3 \\ 0, & \text{其他} \end{cases} \tag{1-44}$$

也可逐个列出序列值，如上面的 $x(n)$ 也可以写为

$$x(n) = \left\{ 3, \ -2, 1, \underset{\substack{\uparrow \\ n=0}}{0}, \ -1, 2, \ -3 \right\}$$

还可用图形表示，如上面的 $x(n)$ 的图形如图 1-17 所示。

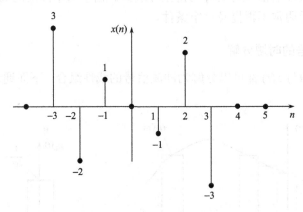

图 1-17　序列的图形表示

$x(n)$ 在 $n = m$ 处的样点可以用单位脉冲序列表示为

$$x(n)\delta(n-m) = x(m)\delta(n-m) \tag{1-45}$$

针对全部样点，序列 $x(n)$ 可以表示为

$$x(n) = \sum_{m=-\infty}^{n} x(m)\delta(n-m) \tag{1-46}$$

式 (1-46) 说明，任意信号 $x(n)$ 可以分解为无穷多个单位脉冲序列的线性组合。

利用式(1-46)，可将图 1-17 所示序列表示为

$$x(n) = 3\delta(n+3) - 2\delta(n+2) + \delta(n+1) - \delta(n-1) + 2\delta(n-2) - 3\delta(n-3)$$

1.6　系　统　概　述

系统是指由若干相互联系、相互作用的单元组成的具有一定功能的有机整体。系统的种类很多，如电力系统、通信系统、计算机系统、自动控制系统、生态系统、经济系统、社会系统等。在各种系统中，电系统具有特别重要的作用，这是因为大多数的非电系统都可以用电系统来模拟或仿真。

系统的种类尽管很多，但其输入与输出的关系却可用图 1-18 所示框图统一表示。图中，$x(t)$ 或 $x(n)$ 为输入，也可称为激励；$y(t)$ 或 $y(n)$ 为输出，也可称为响应。

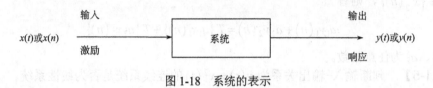

图 1-18　系统的表示

根据处理信号的方式，系统分为模拟系统(连续时间系统)、数字系统(离散时间系统)、模拟与数字混合系统三类。模拟系统如图 1-19(a)所示，模拟与数字混合系统如图 1-19(b)所示，数字系统为图 1-19(b)中除去 A/D、D/A 后的剩余部分。A/D、D/A 分别为模数转换、数模转换。

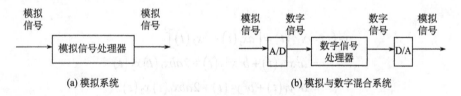

(a) 模拟系统　　　　　　　　　　　　　　(b) 模拟与数字混合系统

图 1-19　不同的信号处理系统

1.7　系统的分类

1.7.1　线性系统与非线性系统

可按多种方式对系统进行分类。

具有线性性质的系统称为线性系统，反之，为非线性系统。线性性质包括齐次性和叠加性两个方面。

齐次性是指当系统的激励变为原来的 a 倍时，其响应也变为原来的 a 倍。

对于连续时间系统，齐次性可表示为，若 $y(t) = T\{x(t)\}$，则

$$ay(t) = T\{ax(t)\} \tag{1-47}$$

叠加性是指当两个激励信号同时作用于系统时，其响应等于每个激励信号单独作用于系统时所产生的响应的叠加。对于连续时间系统，叠加性可表示为：若 $y_1(t) = T\{x_1(t)\}$，$y_2(t) = T\{x_2(t)\}$，则

$$y(t) = T\{x_1(t) + x_2(t)\} = T\{x_1(t)\} + T\{x_2(t)\} = y_1(t) + y_2(t) \tag{1-48}$$

齐次性和叠加性合起来称为线性性质。连续时间系统的齐次性和叠加性可表示为：若 $y_1(t) = T\{x_1(t)\}$，$y_2(t) = T\{x_2(t)\}$，则

$$a_1 y_1(t) + a_2 y_2(t) = T\{a_1 x_1(t)\} + T\{a_2 x_2(t)\} \tag{1-49}$$

式中，a_1、a_2 为任意常数。

对于离散时间系统，齐次性和叠加性可表示为：若 $y_1(n) = T\{x_1(n)\}$，$y_2(n) = T\{x_2(n)\}$，则有

$$a_1 y_1(n) + a_2 y_2(n) = T\{a_1 x_1(n)\} + T\{a_2 x_2(n)\} \tag{1-50}$$

式中，a_1、a_2 为任意常数。

【例 1-5】 判断输入-输出关系为 $y(t) = x^2(t)$ 的连续系统是否为线性系统。

解：由题可知，对于两个任意输入 $x_1(t)$ 和 $x_2(t)$，有

$$y_1(t) = x_1^2(t)$$
$$y_2(t) = x_2^2(t)$$

设 $x_3(t) = ax_1(t) + bx_2(t)$ 是系统的输入，且 a 和 b 都是任意常数，那么相应的输出可以表示为

$$\begin{aligned}
y_3(t) = x_3^2(t) &= \left[ax_1(t) + bx_2(t)\right]^2 \\
&= a^2 x_1^2(t) + b^2 x_2^2(t) + 2abx_1(t)x_2(t) \\
&= a^2 y_1(t) + b^2 y_2(t) + 2abx_1(t)x_2(t) \\
&\neq ay_1(t) + by_2(t)
\end{aligned}$$

由于以上结果不满足齐次性和叠加性，所以该系统不是线性系统。

1.7.2 时变系统与非时变系统

若系统的性质不随时间发生变化，则称该系统为非时变系统，否则称为时变系统。

若某一连续时间系统激励为 $x(t)$，响应为 $y(t)$，即有 $y(t) = T\{x(t)\}$。当激励延时 t_0 时，响应相应延时 t_0，即

$$y(t - t_0) = T\{x(t - t_0)\} \tag{1-51}$$

则该系统称为非时变系统，否则称为时变系统。

同样，对非时变离散时间系统，若有 $y(n) = T\{x(n)\}$，则有

$$y(n-n_0) = T\{x(n-n_0)\} \tag{1-52}$$

若系统既是线性的又是非时变的，则称为线性非时变(Linear Time Invariant, LTI)系统。对于线性非时变系统，描述系统的方程是线性常系数微分方程或线性常系数差分方程。

严格来说，现实世界中并不存在线性非时变系统，任何现实事物都处于不断发展变化中，都是时变的，并且输入和输出的关系都不会严格遵循线性变化规律。但现实中的许多非线性时变系统在满足一定条件的前提下，可以近似简化为线性非时变系统，从而给相关分析带来便利。本书仅研究线性非时变系统。

【例 1-6】　试判断下列系统是否为非时变系统，其中 $x(t)$、$x(n)$ 为输入信号，$y(t)$、$y(n)$ 为系统的零状态响应。

(1)　$y(t) = \int_{-\infty}^{t} x(\tau)\,\mathrm{d}\tau$；　　　　(2)　$y(t) = \sin t\, x(t)$；

(3)　$y(n) = x(n-1)$；　　　　　(4)　$y(n) = n x(n)$。

解：由于系统的非时变特性只考虑系统的零状态响应，在判断系统的非时变特性时，都不涉及系统的初始状态。

(1) 设输入信号 $x_1(t) = x(t-t_0)$ 产生的零状态响应为 $y_1(t)$，则

$$y_1(t) = T\{x(t-t_0)\} = \int_{-\infty}^{t} x(\tau - t_0)\,\mathrm{d}\tau = y(t-t_0)$$

可见，系统为非时变系统。

(2) 设输入为 $x_1(t) = x(t-t_0)$ 时的零状态响应为 $y_1(t)$，则

$$y_1(t) = T\{x_1(t)\} = T\{x(t-t_0)\} = \sin t\, x(t-t_0)$$

而

$$y(t-t_0) = \sin(t-t_0) x(t-t_0) \neq y_1(t)$$

所以系统为时变系统。

(3) 设输入为 $x_1(n) = x(n-n_0)$ 的零状态响应为 $y_1(n)$，则

$$y_1(n) = T\{x_1(n)\} = x_1(n-1) = x(n-1-n_0) = y(n-n_0)$$

故系统为非时变系统。

(4) 设输入为 $x_1(n) = x(n-n_0)$ 的零状态响应为 $y_1(n)$，则

$$y_1(n) = T\{x_1(n)\} = T\{x(n-n_0)\} = n x(n-n_0)$$

而

$$y(n-n_0) = (n-n_0) x(n-n_0) \neq y_1(n)$$

所以，该系统为时变系统。

1.7.3　因果系统与非因果系统

因果系统具有的特性是：系统的零状态响应不会出现在激励信号之前。换句话说，因

果系统满足激励信号出现时（后），零状态响应才能出现的特点。不具有以上特性的系统称为非因果系统。

若 $t < t_0$ 时激励 $x(t) = 0$，则连续时间因果系统的零状态响应满足

$$y_{zs}(t) = 0, \quad t < t_0 \tag{1-53}$$

同样，若 $n < n_0$ 时激励 $x(n) = 0$，则离散时间因果系统的零状态响应满足

$$y_{zs}(n) = 0, \quad n < n_0 \tag{1-54}$$

现实中的系统，其零状态响应均不可能出现在激励信号之前，所以实际的系统均为因果系统，实时的非因果系统在现实中是不可能实现的。

但是，对于非实时处理的场合，非因果的数据处理方式可以存在。例如，已知经济年度增长率，利用去年的数据可推出前年的数据，这种数据处理方式就是非因果的方式。因此，可以用数字系统实现非实时的非因果系统。

1.7.4　稳定系统与非稳定系统

一个稳定系统具有的特性是：当激励信号有界时，系统的零状态响应也有界。不具有这一特性的系统为非稳定系统。

对连续稳定系统，系统的特性可表示为：若系统输入 $x(t) < \infty$，则系统的零状态响应满足

$$y_{zs}(t) < \infty \tag{1-55}$$

对离散稳定系统，系统的特性可表示为：若系统输入 $x(n) < \infty$，则系统的零状态响应满足

$$y_{zs}(n) < \infty \tag{1-56}$$

习　　题

1.1　判断下列信号是否为周期信号，若是周期信号，试求其最小周期。

(1)　$x(t) = \cos\left(4t + \dfrac{\pi}{6}\right)$；

(2)　$x(t) = \begin{cases} \sin(2\pi t), & t \geqslant 0 \\ 0, & t < 0 \end{cases}$；

(3)　$x(t) = e^{j\frac{\pi}{4}(t-3)}$；

(4)　$x(t) = a\sin(5t) + b\cos(\pi t), \quad a \neq 0, b \neq 0$。

1.2　判断下列信号是否为周期信号，若是周期信号，试求其最小周期。

(1)　$x(n) = \cos\left(\dfrac{\pi}{8}n + 3\right)$；

(2)　$x(n) = \cos(16n)$；

(3)　$x(n) = e^{j\frac{2\pi}{15}n}$；

(4)　$x(n) = 1 + e^{j4\pi n/7} - e^{j2\pi n/5}$。

1.3　指出下列信号是能量信号还是功率信号，并确定信号的能量或功率。

(1)　$x(t) = 3e^{-|t|}$；

(2)　$x(t) = \sin(2\pi t)$；

(3)　$x(t) = \begin{cases} 3e^{-t}, & t \geqslant 0 \\ 0, & t < 0 \end{cases}$；

(4)　$x(t) = e^{j(2t + \pi/4)}$。

1.4 指出下列信号是能量信号还是功率信号，并确定信号的能量或功率。

(1) $x(n) = \begin{cases} (1/2)^n, & n \geqslant 0 \\ 2^n, & n < 0 \end{cases}$；

(2) $x(n) = \sin\left(\dfrac{\pi}{4} n\right)$；

(3) $x(n) = \begin{cases} (0.5)^n, & n \geqslant 0 \\ 0, & n < 0 \end{cases}$；

(4) $x(n) = \mathrm{e}^{\mathrm{j}\left(\frac{\pi}{2} n + \frac{\pi}{8}\right)}$。

1.5 绘出下列连续信号的波形图。

(1) $x(t) = 3\mathrm{e}^{-|t|}$；

(2) $x(t) = \mathrm{e}^{-t} \cos 4\pi t [\varepsilon(t) - \varepsilon(t-4)]$；

(3) $x(t) = \varepsilon(t) - 2\varepsilon(t-1) + \varepsilon(t-2)$；

(4) $x(t) = \dfrac{\mathrm{d}}{\mathrm{d}t}[\varepsilon(t+1) - \varepsilon(t-1)]$。

1.6 绘出下列离散信号的波形图。

(1) $x(n) = \begin{cases} (1/2)^n, & n \geqslant 0 \\ 2^n, & n < 0 \end{cases}$；

(2) $x(n) = 3^n[\varepsilon(n-1) - \varepsilon(n-4)]$；

(3) $x(n) = n[\varepsilon(n) - \varepsilon(n-5)] + 5\varepsilon(n-5)$；

(4) $x(n) = \varepsilon(-n+5) - \varepsilon(-n)$。

1.7 计算下列各式的值。

(1) $\displaystyle\int_{-\infty}^{\infty} x(t-t_0)\delta(t)\mathrm{d}t$；

(2) $\displaystyle\int_{-\infty}^{\infty} x(t_0-t)\delta(t)\mathrm{d}t$；

(3) $\displaystyle\int_{-\infty}^{\infty} \delta(t-t_0)\varepsilon\left(t - \dfrac{t_0}{2}\right)\mathrm{d}t$；

(4) $\displaystyle\int_{-\infty}^{t} \delta(\tau-t_0)\varepsilon(\tau - 2t_0)\mathrm{d}\tau$；

(5) $\displaystyle\int_{-\infty}^{\infty} \delta(t)\mathrm{d}t$；

(6) $\displaystyle\int_{-\infty}^{\infty} \delta(3t-3)(t^2 + 2t - 1)\mathrm{d}t$。

1.8 信号 $x(t)$ 的波形如题图 1.8 所示，试画出下列信号的波形。

(1) $x(t-2)$；   (2) $x(2t)$；   (3) $x(-t)$；

(4) $x(-t+2)$； (5) $x(-2t+2)$； (6) $x\left(-\dfrac{1}{2}t - 2\right)$。

1.9 $x_1(t)$ 及 $x_2(t)$ 的波形如题图 1.9 所示。

(1) 画出 $x_1(2t)$ 和 $x_2(2t)$ 的波形； (2) 画出 $x_1\left(\dfrac{1}{2}t\right)$ 和 $x_2\left(\dfrac{1}{2}t\right)$ 的波形。

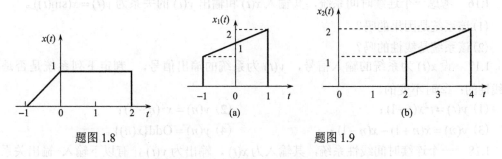

题图 1.8   题图 1.9

1.10 已知 $x(2-2t)$ 的波形如题图 1.10 所示，试画出 $x(t)$ 的波形。

1.11 已知 $x(n)$ 的波形如题图 1.11 所示，分别画出下列信号的波形。

(1) $x(n+4)$； (2) $x(-n)$； (3) $x(-n-3)$； (4) $x(-n+3)$。

1.12 设 $x(n) = 2^n$，试求 $\nabla x(n), \Delta x(n), \nabla^2 x(n), \Delta^2 x(n)$。

1.13　信号 $x_1(t) = \text{sgn}[\cos(\pi t)]$ 和 $x_2(t) = \text{sgn}[\cos(2\pi t)]$ 的波形如题图 1.13（a）和题图 1.13（b）所示，试证明它们在[0，1]区间上是相互正交的，其中 $\text{sgn}(t)$ 为符号函数，定义为

$$\text{sgn}(t) = \begin{cases} 1, & t > 0 \\ -1, & t < 0 \end{cases}°$$

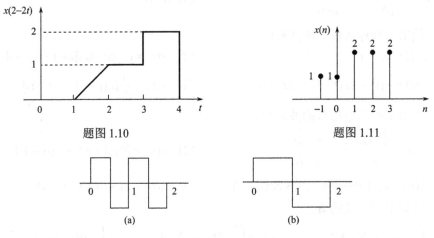

题图 1.10　　　　　　　　　　　　　题图 1.11

（a）　　　　　　　　　　　　　　（b）

题图 1.13

1.14　设 $x(t)$ 为系统的输入信号，$y(t)$ 为系统的输出信号，试判定下列各函数所描述的系统是否是：①线性的；②时不变的；③因果的；④稳定的。

(1) $y(t) = x(t+4)$；　　(2) $y(t) = x(t/2)$；　　(3) $y(t) = x^2(t)$；　　(4) $y(t) = \dfrac{\mathrm{d}x(t)}{\mathrm{d}t}$。

1.15　设 $x(n)$ 为系统的输入信号，$y(n)$ 为系统的输出信号，试判定下列各函数所描述的系统是否是：①线性的；②时不变的；③因果的；④稳定的。

(1) $y(n) = x(n) \cdot x(n-1)$；　　　　　　(2) $y(n) = nx(n)$；

(3) $y(n) = 5x(n) + 6$；　　　　　　　　(4) $y(n) = x(-n)$。

1.16　考虑一个连续时间系统，其输入 $x(t)$ 和输出 $y(t)$ 的关系为 $y(t) = x(\sin(t))$。

(1)该系统是因果的吗？

(2)该系统是线性的吗？

1.17　设 $x(t)$ 为系统的输入信号，$y(t)$ 为系统的输出信号，判定下列系统是否是：①线性的；②时不变的。

(1) $y(t) = t^2 x(t-1)$；　　　　　　　　(2) $y(n) = x^2(n-2)$；

(3) $y(n) = x(n+1) - x(n-1)$；　　　　　(4) $y(n) = \text{Odd}\{x(n)\}$。

1.18　一个连续时间线性系统，其输入为 $x(t)$，输出为 $y(t)$，有以下输入-输出关系：

$x(t) = \mathrm{e}^{\mathrm{j}2t} \longrightarrow y(t) = \mathrm{e}^{\mathrm{j}3t}$，　$x(t) = \mathrm{e}^{-\mathrm{j}2t} \longrightarrow y(t) = \mathrm{e}^{-\mathrm{j}3t}$。

(1)若 $x_1(t) = \cos(2t)$，求该系统的输出 $y_1(t)$；

(2)若 $x_2(t) = \cos(2(t - \dfrac{1}{2}))$，求该系统的输出 $y_2(t)$。

习题参考答案

1.1　(1)周期信号，$T_1 = \dfrac{\pi}{2}$；　　　　　　　　　　(2)非周期信号；

(3)周期信号，$T_1 = 8$；　　　　　　　　　　　(4)非周期信号。

1.2　(1)周期信号，$N = 16$；　(2)非周期信号；

(3)周期信号，$N = 15$；　(4)周期信号，$N = 35$。

1.3　(1)能量有限信号，能量为 $E = 9$；　　　　　　(2)功率有限信号，功率为 $P = \dfrac{1}{2}$；

(3)能量有限信号，能量为 $E = \dfrac{9}{2}$；　　　　　(4)功率有限信号，功率为 $P = 1$。

1.4　(1)能量有限信号，能量为 $E = \dfrac{5}{3}$；　　　　(2)功率有限信号，功率为 $P = \dfrac{1}{2}$；

(3)能量有限信号，能量为 $E = \dfrac{4}{3}$；　　　　　(4)功率有限信号，功率为 $P = 1$。

1.5，1.6 略

1.7　(1) $x(-t_0)$；　(2) $x(t_0)$；　(3) $\varepsilon\left(\dfrac{t_0}{2}\right)$；　(4) $\begin{cases} 0, & t_0 > 0 \\ \varepsilon(t - t_0), & t_0 < 0 \end{cases}$；　(5) 1；　(6) $\dfrac{2}{3}$。

1.8～1.11 略

1.12　$\nabla x(n) = 2^{n-1}$；　$\Delta x(n) = 2^n$；　$\nabla^2 x(n) = 2^{n-2}$；　$\Delta^2 x(n) = 2^n$。

1.13　略

1.14　(1)线性的、时不变的、非因果的、稳定的；　(2)线性的、时变的、非因果的、稳定的；

(3)非线性的、时不变的、因果的、稳定的；　(4)线性的、时不变的、因果的、非稳定的。

1.15　(1)非线性的、时不变的、因果的、稳定的；　(2)线性的、时不变的、因果的、非稳定的；

(3)非线性的、时不变的、因果的、稳定的；　(4)线性的、时变的、非因果的、稳定的。

1.16　(1)是非因果的；　(2)是线性的。

1.17　(1)线性的、时变的；　(2)非线性的、时不变的；

(3)非线性的、时不变的；　(4)线性的、时变的。

1.18　(1) $y_1(t) = \dfrac{1}{2}(e^{j3t} + e^{-j3t}) = \cos(3t)$；　(2) $y_2(t) = \dfrac{1}{2}(e^{j(3t-1)} + e^{-j(3t-1)}) = \cos(3t - 1)$。

第 2 章　连续时间线性时不变系统的时域和 s 域分析

本章介绍连续时间线性时不变系统的时域和 s 域分析方法，包括 7 节内容，分别是：电路分析与综合简介、电路元件简介、线性电路一般分析方法简介、描述连续时间线性时不变系统的微分方程、连续时间线性时不变系统的响应、连续时间线性时不变系统的 s 域分析、复合系统的连接及系统函数。通过本章的学习，读者应掌握相关分析方法，为学习后续章节的内容奠定基础。

2.1　电路分析与综合简介

电路分析理论在前期的电路原理课程中已进行过系统的介绍，这里进行简单复习，并扩充一些相关内容。

电路一词既指实际电路，也指模型电路(理想电路)。实际电路是指由各种实际电器件通过实际导线连接而成的具有特定功能的电流的通路。模型电路是指由定义出来的各种理想元件由理想导线遵循基尔霍夫电流定律(KCL)、基尔霍夫电压定律(KVL)这两个公理(模型中应称为公理，现实中可称为定律)连接而成的虚拟电路。电路也称为电系统或电网络，简称为系统或网络。

电路模型是指与实际电路有对应关系的模型电路，是模型电路的一个子集。电路模型有两个来源，其一是由实际电路通过模型化过程得到；其二是在以实现为前提的条件下通过设计过程得到。

设计出模型电路并加以实现的过程，称为电路综合。

实际电路、模型电路(理想电路)、电路模型三者的关系可通过图 2-1 加以描述。图中，实际电路空间为全部实际电路(含实际器件)的集合，模型电路空间(理想电路空间)为全部模型电路(含理想元件)的集合，电路模型子空间为全部电路模型的集合。为方便，可将模型电路空间分为 I 区和 II 区；模型电路空间中的电路模型子空间部分为模型电路空间 II 区，其余部分为模型电路空间 I 区。需指出，全部理想元件定义于模型电路空间 I 区中。

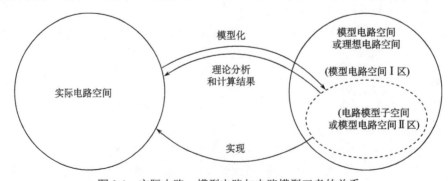

图 2-1　实际电路、模型电路与电路模型三者的关系

图 2-1 中，电路模型子空间的边界之所以用虚线表示，是因为某些内容原本处于Ⅰ区，但在一定条件下会在Ⅱ区出现；或某些内容原本处于Ⅱ区，但在一定条件下应移入Ⅰ区。例如，线性电阻原本处于Ⅰ区，其上的电压、电流均可为无穷大，当对实际电路建模时，一旦实际电阻建模为线性电阻，该线性电阻就会在Ⅱ区出现，但此时线性电阻的属性会受到限制，电压、电流不再为无穷大。再如，理想电压源与线性电阻串联闭合构成的模型电路对应于实际电路时，应处于模型电路空间Ⅱ区中，但在研究该模型电路中的电流随电阻阻值变化的规律时，令电阻阻值趋于很小乃至无限小时，就应将该模型电路从Ⅱ区移至Ⅰ区，因为此时的模型电路无法与任何实际电路对应。

实际电路的分析过程可用图 2-1 中上面的两个箭头反映，实际电路的综合过程可用图 2-1 中下面的一个箭头反映。从图中可以看出，模型电路并不都与实际电路对应，但由实际电路总可以构造出对应的电路模型。

模型电路中存在一个非常重要的现象，即许多具有相似性的内容，包括结构、定理、元件、变量等成对出现，这一现象称为对偶。对偶原理是对这一现象的总结。

由于非平面电路不存在对偶电路，故对偶原理不能适用于非平面电路。

2.2　电路元件简介

电路中有四个基本物理量，分别是电压 u、电流 i、电荷 q、磁链 ψ，这些物理量之间的关系可通过图 2-2 加以说明。

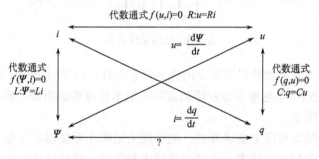

图 2-2　电路基本变量之间关系结构图

由图 2-2 可以看出，联系 u 和 i 的是电阻性元件，关系式为 $f(u,i)=0$；当 $f(u,i)=0$ 表现为 $u=Ri$ 时，即得到了线性电阻元件。联系 i 和 ψ 的是电感性元件，关系式为 $f(\psi,i)=0$；当 $f(\psi,i)=0$ 表现为 $\psi=Li$ 时，即得到了线性电感元件。联系 u 和 q 的是电容性元件，关系式为 $f(q,u)=0$；当 $f(q,u)=0$ 表现为 $q=Cu$ 时，即得到了线性电容元件。那么，ψ 和 q 的联系是如何建立的？美国加州大学蔡少棠教授(美籍华人)于 1971 年提出可用忆阻元件(后面将具体介绍)进行联系。可见，按图 2-2，电路元件可分为四种类型，分别是电阻性元件、电感性元件、电容性元件和记忆性元件。

值得指出，电感性元件、电容性元件都具有储能作用，能够反映过去的工作历史，在传统电路理论中认为它们是记忆性元件。在现代电路理论体系中，基于图 2-2 给出的框架，记忆性元件是有别于电感性元件、电容性元件的一类新元件。可见，不同背景下记忆性元件的概念存在差异。

二端电阻性元件包括线性电阻与线性电导、理想电压源、理想电流源、理想开关等，其中理想电压源、理想电流源属于非线性电阻元件。多端电阻性元件包括受控电压源(含电压控制电压源、电流控制电压源)、受控电流源(含电压控制电流源、电流控制电流源)、理想变压器、理想运算放大器、理想回转器、理想负阻抗变换器、零器-泛器对等。

电感性元件包括线性电感元件、互感元件等。电容性元件包括线性电容元件、互容元件等。记忆性元件包括忆阻器、忆感器、忆容器等。下面讨论几个比较特殊的理想电路元件。

1. 忆阻元件

美国加州大学蔡少棠教授于1971年提出在 ψ 和 q 之间存在第四种(类)基本理想电路元件，称为忆阻元件，其定义为

$$M(q) = \frac{\mathrm{d}\psi(q)}{\mathrm{d}q} \quad \text{或} \quad u(t) = M[q(t)]i(t) \tag{2-1}$$

$M(q)$ 具有电阻量纲，其基本特性是：为耗能元件，具有记忆性，非线性时才有实际意义(线性时与线性时变电阻相似)，在交流电路中才能发挥作用等。其图形符号如图 2-3 所示。

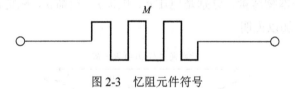

图 2-3　忆阻元件符号

忆阻元件是在没有实物背景下定义出来的理想元件，以前只能处于图 2-1 所示的模型电路空间Ⅰ区中。2007 年惠普实验室研制成功了纳米尺度的忆阻器，标志忆阻元件能够进入模型电路空间Ⅱ区了。

忆阻器可以在纳米尺度上实现开关，能够极大地缩小存储器的体积，还能够维持断电时的电阻值，记住关机前的状态，不怕突然掉电和关机。这些性能可能对数字计算机的发展有深远意义。

除了忆阻元件，蔡少棠教授及其合作者于 2009 年进一步提出了忆感元件、忆容元件的概念。这些新内容丰富了电路理论，开辟了新的研究方向。由于忆感元件、忆容元件还找不到对应实物，目前只能处于模型电路空间Ⅰ区中。

2. 理想开关

图 2-4　理想开关

理想开关简称开关，其电路符号如图 2-4 所示，接通时电阻为零，断开时电阻为无穷大，是线性时变电阻。之所以是线性元件，是因为无论接通时还是断开时，其电压与电流的约束关系均是通过原点的直线。

理想开关是一类特殊的无源电阻元件，在一般情况下是不消耗能量的，但当有冲激电流流过时，存在消耗能量的现象。

图 2-5 所示为含有理想开关的模型电路，$t=0$ 时开关 K 合上，可知 $u_C(t) = U_S \varepsilon(t)$，

$u_K(t) = U_S - U_S \varepsilon(t) = U_S [1 - \varepsilon(t)]$， $i(t) = C \dfrac{\mathrm{d}u_C}{\mathrm{d}t} = CU_S \delta(t)$。开关消耗的能量为

$$W_K = \int_{-\infty}^{\infty} u_K(t) i(t) \mathrm{d}t = \int_{-\infty}^{\infty} U_S [1 - \varepsilon(t)] CU_S \delta(t) \mathrm{d}t$$

$$= \int_{-\infty}^{\infty} U_S [1 - \varepsilon(t)] CU_S \mathrm{d}\varepsilon(t) = CU_S^2 \varepsilon(t) \Big|_{-\infty}^{\infty} - \frac{1}{2} CU_S^2 \varepsilon^2(t) \Big|_{-\infty}^{\infty} = \frac{1}{2} CU_S^2$$

电源发出的能量为

$$W_S = \int_{-\infty}^{\infty} U_S(t) i(t) \mathrm{d}t = \int_{-\infty}^{\infty} U_S CU_S \delta(t) \mathrm{d}t = \int_{-\infty}^{\infty} CU_S^2 \mathrm{d}\varepsilon(t) = CU_S^2$$

电容存储的能量为

$$W_C = \frac{1}{2} CU_S^2$$

可见开关消耗的能量与电容存储的能量相等，并且整个系统的能量守恒。

由于冲激电流只能在理论上存在，并且图 2-5 所示电路不能与任何实际电路相对应，故该电路只能处于模型电路空间 Ⅰ 区中。由此可知上述分析仅具有理论上的意义，但是相关分析还是能与现实中的情况发生联系。

现实中，用直流电源对电容进行充电，对应的电路模型如图 2-6 所示，其中的电阻 R 表示因电源发热、导线发热、开关发热、开关接通瞬间的电磁辐射、电容发热等耗能因素而构建的等效电阻，该电路处于模型电路空间 Ⅱ 区中。

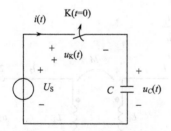
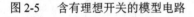
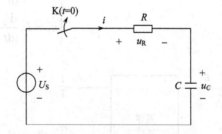

图 2-5　含有理想开关的模型电路　　图 2-6　直流电源对电容充电的模型电路

设图 2-6 中电容电压初始值为零，可求得开关闭合后电容电压 u_C 为

$$u_C = U_S \left(1 - \mathrm{e}^{-\frac{t}{RC}} \right), \quad t \geqslant 0_+$$

电流 i 为

$$i = C \frac{\mathrm{d}u_C}{\mathrm{d}t} = \frac{U_S}{R} \mathrm{e}^{-\frac{t}{RC}}, \quad t \geqslant 0_+$$

当 $t \to \infty$，电容电压为 $u_C = U_S$ 时，其储能为

$$W_C = \frac{1}{2}Cu_C^2 = \frac{1}{2}CU_S^2$$

整个充电过程中，电阻消耗的能量为

$$W_R = \int_0^\infty Ri^2\mathrm{d}t = \int_0^\infty \frac{U_S^2}{R}\mathrm{e}^{-\frac{2t}{RC}}\mathrm{d}t = \frac{U_S^2}{R}\left(-\frac{RC}{2}\right)\mathrm{e}^{-\frac{2t}{RC}}\Bigg|_0^\infty = \frac{1}{2}CU_S^2$$

可见，充电完成后，电阻消耗的能量与电容存储的能量相等。电源在充电过程中提供的总能量为

$$W_S = \int_0^\infty U_S i\mathrm{d}t = \int_0^\infty U_S \frac{U_S}{R}\mathrm{e}^{-\frac{t}{RC}}\mathrm{d}t = U_S^2(-C)\mathrm{e}^{-\frac{t}{RC}}\Bigg|_0^\infty \quad CU_S^2 = W_C + W_R$$

以上分析结果说明，用直流电源对电容进行充电，充电效率只有 50%。这一结论与等效电阻 R 的数值大小无关。

当 $R \to 0$ 时，图 2-6 转变为图 2-5，电路从模型电路空间 II 区进入模型电路空间 I 区中，图 2-6 中 R 消耗的能量就是图 2-5 中开关消耗的能量，包含了电磁辐射和热能损耗两种形式。

3. 互容元件

互容元件是互感元件的对偶元件，是依据实际电路中存在的电场耦合效应而形成的概念。目前，因互容元件在理论和实际上意义不大，还没有专门的符号，可用图 2-7 表示。

图 2-8 所示为互感元件，其元件约束为

$$\begin{cases} u_1 = L_1\dfrac{\mathrm{d}i_1}{\mathrm{d}t} + M\dfrac{\mathrm{d}i_2}{\mathrm{d}t} \\[2mm] u_2 = L_2\dfrac{\mathrm{d}i_2}{\mathrm{d}t} + M\dfrac{\mathrm{d}i_1}{\mathrm{d}t} \end{cases} \tag{2-2}$$

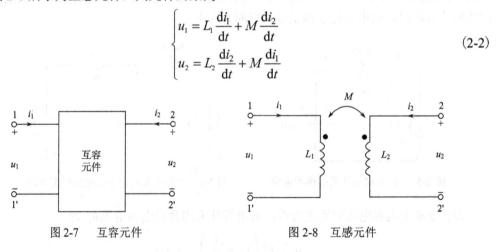

图 2-7　互容元件　　　　　　　　图 2-8　互感元件

依对偶原理可知，图 2-7 所示互容元件的元件约束为

$$\begin{cases} i_1 = C_1 \dfrac{\mathrm{d}u_1}{\mathrm{d}t} + C_M \dfrac{\mathrm{d}u_2}{\mathrm{d}t} \\[2mm] i_2 = C_2 \dfrac{\mathrm{d}u_2}{\mathrm{d}t} + C_M \dfrac{\mathrm{d}u_1}{\mathrm{d}t} \end{cases} \tag{2-3}$$

式中，C_M 为互容系数，简称互容。

互容元件除了在理论上有完备对偶原理的意义，还存在实际应用的潜力。"互容"可看成电子器件寄生电容(或称为部分电容)的特定表现。寄生电容(部分电容)有可能用作信号传输的"元件"，即直接利用寄生的"互容"参数来实现电路的互连，这在特殊电路中有可能成为现实，目前国际上有人正在从事这方面研究。

用 4 个平行放置的薄导体板可构成互容器，不过这样的互容器目前实际意义不大。

4. 理想变压器

理想变压器是电阻性元件，其图形符号如图 2-9 所示，其特性方程为

$$\begin{cases} u_1 = n u_2 \\[2mm] i_1 = -\dfrac{1}{n} i_2 \end{cases} \tag{2-4}$$

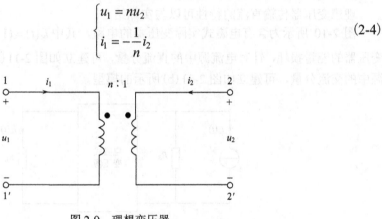

图 2-9　理想变压器

理想变压器功率之和等于零，既不消耗能量也不存储能量。除了变换电压、电流，还变换阻抗。

理想元件的特性通常都是直接定义出来的，但理想变压器有所不同，其特性可在实际磁耦合变压器电路模型基础上通过一定的假设条件导出。假设条件是：①变压器无损耗；②变压器无漏磁通，为全耦合，耦合系数 $k=1$；③变压器自感 L_1、L_2 和互感 M 都为无穷大。

由于假设条件中出现了 L_1、L_2 和互感 M 都为无穷大的情况，理想变压器不再具有耦合电感所具有的电感属性，变成了一个电阻性元件。

理想变压器可以传输直流，即式(2-4)中的电压、电流可为直流，这一论断可用反证法加以证明，过程如下。

设理想变压器的原边电压、原边电流分别为

$$\begin{cases} u_1 = u_1^{(1)} + u_1^{(2)} \\ i_1 = i_1^{(1)} + i_1^{(2)} \end{cases}$$

式中，$u_1^{(1)}$、$i_1^{(1)}$ 为不随时间变化的直流成分；$u_1^{(2)}$、$i_1^{(2)}$ 为时变的成分。假定理想变压器不能传输直流，依叠加定理并根据理想变压器的电压-电流约束关系可得

$$\begin{cases} u_2 = \dfrac{1}{n} u_1^{(2)} \\ i_2 = -n i_1^{(2)} \end{cases}$$

这样，就会有

$$\begin{cases} u_1 \neq n u_2 \\ i_1 \neq -\dfrac{1}{n} i_2 \end{cases}$$

以上方程与理想变压器的定义式不一致，出现了矛盾，说明理想变压器不能传输直流的假设是错误的，因而理想变压器传输直流的结论得证。

理想变压器传输直流的特性可以与实际结合。

图 2-10 所示为含有电磁式实际变压器的电路，其中 $i_S(t) = (1 + \cos(\omega t))$ A 。忽略实际变压器的能量损耗，针对电流源中的直流分量，可建立如图 2-11(a) 所示的模型；针对电流源中的交流分量，可建立如图 2-11(b) 所示的模型。

图 2-10　含有实际变压器的电路

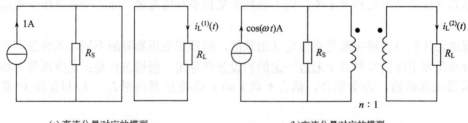

(a) 直流分量对应的模型　　　　　　　　(b) 交流分量对应的模型

图 2-11　电流源不同分量对应的电路模型

对图 2-11(a) 所示的模型，很明显 $i_L^{(1)}(t) = 0$；对图 2-11(b) 所示的模型，虽然其中的理想变压器能够传输直流，但因激励为交流，所以 R_L 中只有交流，可得 $i_L^{(2)}(t) = \dfrac{R_S \cos(\omega t)}{R_S + n^2 R_L}$ A 。

由叠加定理，可得 $i_{\mathrm{L}}(t)=i_{\mathrm{L}}^{(1)}(t)+i_{\mathrm{L}}^{(2)}(t)=\dfrac{R_{\mathrm{S}}\cos(\omega t)}{R_{\mathrm{S}}+n^2 R_{\mathrm{L}}}\,\mathrm{A}$ 。可见，R_{L} 中无直流成分，所得分析结果与实际一致。

　　工程上对包含实际变压器的电路进行分析，往往不考虑是否存在直流，首先把实际变压器模型化为理想变压器，然后采用理想变压器不能传输直流的观点分析问题。用这样的分析方法虽然能得到正确结果，但过程存在前后两个错误。前面的错误是建模错误，直流时实际变压器无耦合而采用了有耦合模型，后面的错误是认为理想变压器不能传输直流。两个错误顺序出现，错误再错误，导致结果正确，对此应有清醒认识。

　　工程中存在将机械运动用电路来模拟的情况，称为机电类比。例如，一对机械齿轮可模型化为理想变压器，这种情况下，理想变压器传输直流对应于一对齿轮的匀速转动。

　　实际中，可用含运算放大器的电路（两个实际回转器级联）制造出传输严格直流（非脉动直流）的电子式变压器，其工作原理与电磁感应无关。可见，传输直流的理想变压器存在实物原型。

5. 理想运算放大器

　　理想运算放大器简称理想运放，其图形符号如图 2-12(a) 所示，也可省略接地端简化为用图 2-12(b) 所示符号表示，理想运算放大器是电阻性元件。

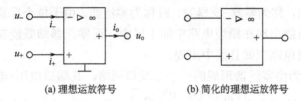

(a) 理想运放符号　　　　　　　　　　(b) 简化的理想运放符号

图 2-12　理想运算放大器的电路符号

理想运算放大器的特性为

$$\begin{cases} u_+=u_- \ \text{或} \ u_{\mathrm{d}}=u_+-u_-=0 \\ i_+=i_-=0 \\ u_{\mathrm{o}} \ \text{为有限值，由外接电路决定} \\ i_{\mathrm{o}} \ \text{在} -\infty\sim\infty \ \text{取值，由外接电路决定} \end{cases} \tag{2-5}$$

　　理想运算放大器两输入端的特性在众多文献中被描述为"虚短虚断"，这一描述实质是错误的，可通过对偶原理加以分析。

　　"虚短虚断"的对偶说法是"实短实断"。"实短"对应着两输入端之间输入电阻 $R_i=0$，"实断"对应着两输入端之间 $R_i \to \infty$，可见这一情景不可能出现。因"实短实断"说法不能成立，故其对偶说法"虚短虚断"也不能成立。"虚短虚断"说法可改为"假短真断"或"虚短实断"，详细分析可参看相关文献。

6. 零器-泛器对

零器是一个二端元件，其电压和电流均为零，即可用式(2-6)定义：
$$u=0 , \quad i=0 \tag{2-6}$$
换言之，零器接入电路，其两端的电压与短路一致，为零；流过的电流与开路一致，为零。零器元件的符号如图 2-13(a)所示。

泛器是一个二端元件，其电压和电流均为任意值，即可用式(2-7)定义：
$$u=k_1 , \quad i=k_2 , \quad k_1、k_2 为任意值 \tag{2-7}$$
接入电路中的泛器，其上的电压、电流均由其所连接的电路确定。泛器元件的符号如图 2-13(b)所示。

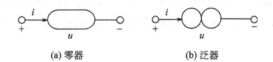

(a) 零器　　　　　　　　(b) 泛器

图 2-13　零器和泛器

单个零器或泛器不能作为电路器件的模型，也不能等效表示电路模型中的任何元件。而零器和泛器按一定方式相结合，则可构成常用有源元件的模型。在这些模型中，零器和泛器总是成对出现的，称为零器-泛器对，或称为零泛器。由于单个零器或泛器无任何实物能与之对应，它们只能出现在模型电路空间 I 区中；而零泛器却既能在模型电路空间 I 区中出现，也能在模型电路空间 II 区中出现。

图 2-14(a)所示为由零泛器形成的一个二端口网络，其端口电压-电流关系可由全部为零元素的传输参数矩阵表示为 $\begin{bmatrix} u_1 \\ i_1 \end{bmatrix} = \begin{pmatrix} 0 & 0 \\ 0 & 0 \end{pmatrix} \begin{bmatrix} u_2 \\ -i_2 \end{bmatrix}$。图 2-14(b)所示为由零泛器形成的理想三极管模型，图 2-14(c)所示为由零泛器形成的理想运算放大器模型。

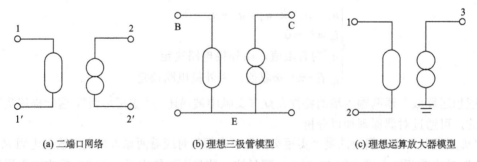

(a) 二端口网络　　　　　　(b) 理想三极管模型　　　　　(c) 理想运算放大器模型

图 2-14　零器-泛器对组成的模型

由于泛器的电压、电流可为任意值，故由泛器构成的模型相应端子处的电压、电流均需由外电路确定。因实际三极管输出端的端子处电压、电流不能认为由外电路确定，故图 2-4(b)所示理想三极管模型只有理论意义，没有实际价值，这就是一般文献中不对理想三极管加以介绍的原因。实际运算放大器与实际三极管有所不同，其输出端的端子处电压、电流在一定条件下可以认为由外电路确定，故图 2-14(c) 所示理想运算放大器模型既有理论意义，又有实际价值。理想运算放大器已成为一种基本电路元件而在电路电子文献中广泛出现。

零器-泛器对还可用于描述四种受控源，并已提出了零泛电路节点分析法、零泛电路回路分析法。在实际电路的分析计算中，零器-泛器对已在电子线路偏置电路的参数计算、模拟电路故障诊断的等电位故障定位法等场合中得到了应用。

2.3　线性电路一般分析方法简介

2.3.1　KCL、KVL 完备的数学形式

KCL 和 KVL 为电路的拓扑约束，其数学方程的传统表现形式为

$$\sum_k i_k = 0 , \quad \sum_k u_k = 0$$

严格来讲，这两个方程的形式仅适用于针对一个节点各支路电流参考方向一致、针对一个回路各支路电压参考方向一致的情况，不适用于针对一个节点各支路电流参考方向存在不一致、针对一个回路各支路电压参考方向存在不一致的情况，即应用场合受到限制，因而值得改进。改进后的完备 KCL、KVL 方程的数学形式为

$$\sum_k \pm i_k = 0 , \quad \sum_k \pm u_k = 0$$

下面以 KCL 的数学形式 $\sum_k \pm i_k = 0$ 为例对完备形式的正确性加以说明。

实际电路中的 KCL 的立足之本是电荷守恒，即节点上电荷不能堆积，每一个瞬间流进节点的电流等于流出节点的电流。若有一个实际的直流电路，各支路电流的实际方向均为已知，设支路的电流参考方向与实际方向一致，并设流入节点的支路电流数为 m，流出节点的为 n。根据节点上的电荷不能堆积，流进的电流必须等于流出的电流这一规律，必然有 $\sum_m i_{入m} = \sum_n i_{出n}$，移项后可得 $\sum_m i_{入m} - \sum_n i_{出n} = 0$，即 $\sum_m i_{入m} + \sum_n (-i_{出n}) = \sum_{m+n} (i_{入m} 或 -i_{出n}) = \sum_k \pm i_k = 0$。可见实际电路中的 KCL 其数学形式应为 $\sum_k \pm i_k = 0$。

对实际电路模型化可得电路模型，因电路模型与实际电路有对应关系，故实际电路中的 $\sum_k \pm i_k = 0$ 关系式在模型电路空间 II 区中成立。当电流数值不受限制时，$\sum_k \pm i_k = 0$ 关系式可从模型电路空间 II 区进入模型电路空间 I 区，因此模型电路中 KCL 的数学形式为 $\sum_k \pm i_k = 0$。

模型电路中，KCL、KVL 应视为公理，因此模型电路必须遵循 $\sum_k \pm i_k = 0$ 和 $\sum_k \pm u_k = 0$。

实际电路中，KCL、KVL 一般只是近似成立。在严格遵循 KCL、KVL 的场合，电磁场应是恒稳的。实际电路近似满足 KCL、KVL 时，其电路模型为集中参数类型；若与 KCL、KVL 相差较大时，其电路模型应为分布参数类型。

2.3.2　2*b* 法

具有 *b* 条支路、*n* 个节点的电路,当支路电流和支路电压均作为待求量时,求解需要 $2b$ 个方程。$2b$ 个方程由 $n-1$ 个独立的 KCL 方程、$b-(n-1)$ 个独立的 KVL 方程、b 个支路的电压-电流约束方程组成。

常用的电路(系统)分析方法包括节点法、回路法等,各种分析方法本质上都来自于 $2b$ 法,可认为各种方法都是 $2b$ 法的变形方法,而 $2b$ 法是各种分析方法的基础。

对图 2-15 所示电路,选节点④为参考节点,对节点①、②、③建立 KCL 方程有

$$\begin{cases} -i_1 + i_2 + i_6 = 0 \\ -i_2 + i_3 + i_4 = 0 \\ -i_4 + i_5 - i_6 = 0 \end{cases} \tag{2-8}$$

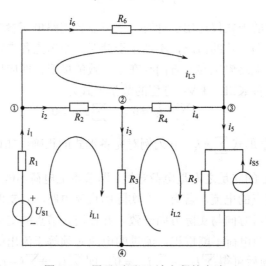

图 2-15　用于列写 2*b* 法方程的电路

假定各支路电压(图中未标出)与各支路电流均取关联参考方向,以网孔为回路并令回路绕行方向为顺时针,列 KVL 方程,有

$$\begin{cases} u_1 + u_2 + u_3 = 0 \\ -u_3 + u_4 + u_5 = 0 \\ -u_2 - u_4 + u_6 = 0 \end{cases} \tag{2-9}$$

各支路的电压-电流约束关系为

$$\begin{cases} u_1 = -u_{S1} + R_1 i_1 \\ u_2 = R_2 i_2 \\ u_3 = R_3 i_3 \\ u_4 = R_4 i_4 \\ u_5 = R_5 i_5 + R_5 i_{S5} \\ u_6 = R_6 i_6 \end{cases} \text{或} \begin{cases} -R_1 i_1 + u_1 = -u_{S1} \\ -R_2 i_2 + u_2 = 0 \\ -R_3 i_3 + u_3 = 0 \\ -R_4 i_4 + u_4 = 0 \\ -R_5 i_5 + u_5 = R_5 i_{S5} \\ -R_6 i_6 + u_6 = 0 \end{cases} \text{或} \begin{cases} i_1 = (u_{S1} + u_1)/R_1 \\ i_2 = u_2/R_2 \\ i_3 = u_3/R_3 \\ i_4 = u_4/R_4 \\ i_5 = u_S/R_5 - i_{S5} \\ i_6 = u_6/R_6 \end{cases} \tag{2-10}$$

式(2-8)～式(2-10)给出的方程即为 $2b$ 法方程,方程数量共计 12 个。将方程整理成式(2-11)所示矩阵形式,求解即可得各支路电压和支路电流。

$$
\begin{bmatrix}
-1 & 1 & 0 & 0 & 0 & 1 & 0 & 0 & 0 & 0 & 0 & 0 \\
0 & -1 & 1 & 1 & 0 & 0 & 0 & 0 & 0 & 0 & 0 & 0 \\
0 & 0 & 0 & -1 & 1 & -1 & 0 & 0 & 0 & 0 & 0 & 0 \\
0 & 0 & 0 & 0 & 0 & 0 & 1 & 1 & 1 & 0 & 0 & 0 \\
0 & 0 & 0 & 0 & 0 & 0 & 0 & 0 & -1 & 1 & 1 & 0 \\
0 & 0 & 0 & 0 & 0 & 0 & 0 & -1 & 0 & -1 & 0 & 1 \\
-R_1 & 0 & 0 & 0 & 0 & 0 & 1 & 0 & 0 & 0 & 0 & 0 \\
0 & -R_2 & 0 & 0 & 0 & 0 & 0 & 1 & 0 & 0 & 0 & 0 \\
0 & 0 & -R_3 & 0 & 0 & 0 & 0 & 0 & 1 & 0 & 0 & 0 \\
0 & 0 & 0 & -R_4 & 0 & 0 & 0 & 0 & 0 & 1 & 0 & 0 \\
0 & 0 & 0 & 0 & -R_5 & 0 & 0 & 0 & 0 & 0 & 1 & 0 \\
0 & 0 & 0 & 0 & 0 & -R_6 & 0 & 0 & 0 & 0 & 0 & 1
\end{bmatrix}
\begin{bmatrix}
i_1 \\ i_2 \\ i_3 \\ i_4 \\ i_5 \\ i_6 \\ u_1 \\ u_2 \\ u_3 \\ u_4 \\ u_5 \\ u_6
\end{bmatrix}
=
\begin{bmatrix}
0 \\ 0 \\ 0 \\ 0 \\ 0 \\ 0 \\ -u_{S1} \\ 0 \\ 0 \\ 0 \\ R_5 i_{S5} \\ 0
\end{bmatrix}
\tag{2-11}
$$

$2b$ 法的突出优点是方程列写简单,并直观地说明了这样一个道理:模型电路分析方法本质是建立在全部独立拓扑约束和全部元件(支路)约束基础上的。

2.3.3　其他分析方法

1. 支路电流法

将式(2-10)的第一组方程代入式(2-9),整理可得

$$
\begin{cases}
R_1 i_1 + R_2 i_2 + R_3 i_3 = u_{S1} \\
-R_3 i_3 + R_4 i_4 + R_5 i_5 = -R_5 i_{S5} \\
-R_2 i_2 - R_4 i_4 + R_6 i_6 = 0
\end{cases}
\tag{2-12}
$$

式(2-8)与式(2-12)结合,即支路电流法方程。可见支路电流法方程由 $2b$ 法方程生成。

2. 支路电压法

将式(2-10)的第三组方程代入式(2-8),整理可得

$$
\begin{cases}
-\dfrac{u_1}{R_1} + \dfrac{u_2}{R_2} + \dfrac{u_6}{R_6} = -\dfrac{u_{S1}}{R_1} \\[2mm]
-\dfrac{u_2}{R_2} + \dfrac{u_3}{R_3} + \dfrac{u_4}{R_4} = 0 \\[2mm]
-\dfrac{u_4}{R_4} + \dfrac{u_5}{R_5} - \dfrac{u_6}{R_6} = i_{S5}
\end{cases}
\tag{2-13}
$$

式(2-9)与式(2-13)结合,即支路电压法方程。可见支路电压法方程由 $2b$ 法方程生成。

3. 回路电流法

在支路电流法基础上可推出回路电流法。如对图 2-15 所示电路，网孔为独立回路，可知有 $i_1=i_{L1}$、$i_5=i_{L2}$、$i_6=i_{L3}$、$i_2=i_1-i_6=i_{L1}-i_{L3}$、$i_3=i_1-i_5=i_{L1}-i_{L2}$、$i_4=i_5-i_6=i_{L2}-i_{L3}$。可见，将支路电流用回路电流代入的过程中用到了式(2-8)，即体现了电路的 KCL。

式(2-12)是式(2-9)与式(2-10)相结合的结果。将式(2-12)中的支路电流用回路电流表示，即将式(2-8)结合进来，整理方程可得

$$\begin{cases} (R_1+R_2+R_3)i_{L1}-R_3i_{L2}-R_2i_{L3}=U_{S1} \\ -R_3i_{L1}+(R_3+R_4+R_5)i_{L2}-R_4i_{L3}=-R_5i_{S5} \\ -R_2i_{L1}-R_4i_{L2}+(R_2+R_4+R_6)i_{L3}=0 \end{cases} \tag{2-14}$$

可见式(2-14)来自式(2-8)～式(2-10)，即回路电流法方程也来自 $2b$ 法方程。

4. 节点电压法

在支路电压法的基础上可推出节点电压法。如对图 2-15 所示电路，将参考节点设为④，可知有 $u_1=-u_{n1}$、$u_3=u_{n2}$、$u_5=u_{n3}$、$u_2=-u_1-u_3=u_{n1}-u_{n2}$、$u_4=u_3-u_5=u_{n2}-u_{n3}$、$u_6=-u_1-u_5=u_{n1}-u_{n3}$。可见，将支路电压用节点电压代入的过程中用到了式(2-9)，即体现了电路的 KVL。

式(2-13)是式(2-8)、式(2-10)结合的结果。将式(2-13)中的各支路电压用节点电压表示，即将式(2-9)结合进来，整理方程可得

$$\begin{cases} \left(\dfrac{1}{R_1}+\dfrac{1}{R_2}+\dfrac{1}{R_6}\right)u_{n1}-\dfrac{1}{R_2}u_{n2}-\dfrac{1}{R_6}u_{n3}=\dfrac{u_{S1}}{R_1} \\ -\dfrac{1}{R_2}u_{n1}+\left(\dfrac{1}{R_2}+\dfrac{1}{R_3}+\dfrac{1}{R_4}\right)u_{n2}-\dfrac{1}{R_4}u_{n3}=0 \\ -\dfrac{1}{R_6}u_{n1}-\dfrac{1}{R_4}u_{n2}+\left(\dfrac{1}{R_4}+\dfrac{1}{R_5}+\dfrac{1}{R_6}\right)u_{n3}=i_{S5} \end{cases} \tag{2-15}$$

可见式(2-15)来自式(2-8)～式(2-10)，即节点电压法方程来自 $2b$ 法方程。

5. 其他方法与 $2b$ 法的关系和比较

由前面的分析可知其他的方法都来自 $2b$ 法，$2b$ 法是各种方法的基础。现实中，应用最广的是节点电压法和回路电流法，原因是这两种方法的整体效率高。

求解电路时，全部独立拓扑约束和全部元件约束均需用到。$2b$ 法是直接地给出电路的全部独立拓扑约束和全部元件约束，而其他方法是间接地给出电路的全部独立拓扑约束和全部元件约束。

直接给出电路的全部独立拓扑约束和全部元件约束，方程数量大，但方程列写简单；间接给出电路的全部独立拓扑约束和全部元件约束，方程数量少，但付出了方程列写难度增加的代价。可认为其他方法是在结合拓扑约束和元件约束方面较 $2b$ 法效率更高的方法，这种高效率使得方程数量少，因而计算量少，计算速度快。在这种意义上，可认为其他方

法是 2b 法的快速算法。这是从另外一个方面对事物本质的概括。

2.4　描述连续时间线性时不变系统的微分方程

图 2-15 所示电路中没有动态元件，建立的方程是代数方程。当电路中有动态元件时，如图 2-16 所示的 *RLC* 串联电路，由于支路电压与电流的关系会表现为微分或积分形式，用 2b 法或其他方法列出的电路方程将是微分方程。

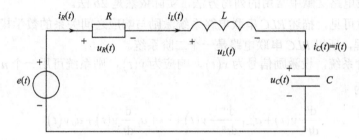

图 2-16　*RLC* 串联电路

对图 2-16 所示电路，根据 KVL、KCL 列写方程，可得

$$\begin{cases} u_R(t) + u_L(t) + u_C(t) = e(t) \\ i_R(t) - i_L(t) = 0 \\ i_L(t) - i_C(t) = 0 \end{cases} \tag{2-16}$$

由元件的 VCR，有

$$\begin{cases} u_R(t) = R i_R(t) \\ u_L(t) = L \dfrac{\mathrm{d} i_L(t)}{\mathrm{d} t} \\ u_C(t) = \dfrac{1}{C} \displaystyle\int_{-\infty}^{t} i_C(\tau)\,\mathrm{d}\tau \end{cases} \tag{2-17}$$

保留未知量 $i_C(t)$，消除其他未知量，微分并整理方程，有

$$L \frac{\mathrm{d}^2 i_C}{\mathrm{d} t^2} + R \frac{\mathrm{d} i_C}{\mathrm{d} t} + \frac{1}{C} i_C = \frac{\mathrm{d} e(t)}{\mathrm{d} t} \tag{2-18}$$

可见，式 (2-18) 是通过 2b 法列出的。

列写方程时，为减少方程数量，可采用默认 $i_R(t) = i_L(t) = i(t)$ 和 $i_L(t) = i_C(t) = i(t)$ 的形式，这样式 (2-16) 中的两个 KCL 方程便不用列出，需要的方程数减少为 4 个，如下所示：

$$\begin{cases} u_R(t) + u_L(t) + u_C(t) = e(t) \\[2mm] u_R(t) = Ri(t) \\[2mm] u_L(t) = L\dfrac{\mathrm{d}i(t)}{\mathrm{d}t} \\[2mm] u_C(t) = \dfrac{1}{C}\displaystyle\int_{-\infty}^{t} i(\tau)\mathrm{d}\tau \end{cases} \tag{2-19}$$

式 (2-19) 是一般电路文献中常用的列写方法，实际依然是 2b 法。

由式 (2-18) 可见，描述 RLC 串联电路系统激励与响应之间关系的数学模型是二阶常系数线性微分方程，所以 RLC 串联电路是一个二阶系统。

推广到 n 阶系统，设激励信号为 $x(t)$，响应为 $y(t)$，则系统可用一个 n 阶常系数线性微分方程描述为

$$\begin{aligned} &\frac{\mathrm{d}^n}{\mathrm{d}t^n}y(t) + a_{n-1}\frac{\mathrm{d}^{n-1}}{\mathrm{d}t^{n-1}}y(t) + \cdots + a_1\frac{\mathrm{d}}{\mathrm{d}t}y(t) + a_0 y(t) \\ &= b_m\frac{\mathrm{d}^m}{\mathrm{d}t^m}x(t) + b_{m-1}\frac{\mathrm{d}^{m-1}}{\mathrm{d}t^{m-1}}x(t) + \cdots + b_1\frac{\mathrm{d}}{\mathrm{d}t}x(t) + b_0 x(t) \end{aligned} \tag{2-20}$$

式中，$a_{n-1},\cdots,a_1,a_0$ 和 $b_m,\cdots,b_1,b_0$ 均为常数，是系统中元件参数的组合。

为表达方便，常将式 (2-20) 写为如下形式：

$$\begin{aligned} &y^{(n)}(t) + a_{n-1}y^{(n-1)}(t) + \cdots + a_1 y'(t) + a_0 y(t) \\ &= b_m x^{(m)}(t) + b_{m-1}x^{(m-1)}(t) + \cdots + b_1 x'(t) + b_0 x(t) \end{aligned} \tag{2-21}$$

2.5　连续时间线性时不变系统的响应

2.5.1　连续时间线性时不变系统的初始条件

在连续时间线性时不变系统的分析过程中，求解微分方程时，需要用到系统的初始条件。一般情况下，认为系统的激励信号在 $t=0$ 时刻开始作用。系统在非零初始状态和激励信号作用下，产生的全响应 $y(t)$ 及其各阶导数，在 $t=0$ 时有可能发生跳变或出现冲激，故应分别考察 $y(t)$ 及其各阶导数在信号接入前后瞬间的情况，即 $t=0_-$ 时和 $t=0_+$ 时的情况。

根据线性系统的特性，全响应 $y(t)$ 可分解为零输入响应 $y_{zi}(t)$ 和零状态响应 $y_{zs}(t)$ 之和，即

$$y(t) = y_{zi}(t) + y_{zs}(t) \tag{2-22}$$

令式 (2-22) 中的时间分别为 $t=0_-$ 和 $t=0_+$，可得

$$y(0_-) = y_{zi}(0_-) + y_{zs}(0_-) \tag{2-23}$$

$$y(0_+) = y_{zi}(0_+) + y_{zs}(0_+) \tag{2-24}$$

对于因果系统，由于激励在 $t=0$ 时刻接入，故有 $y_{zs}(0_-)=0$；对于非时变系统，系统参数不随时间变化，零输入响应在 $t=0$ 点连续，故有 $y_{zi}(0_+)=y_{zi}(0_-)$。因此，式 (2-23)、

式 (2-24) 可改写为

$$y(0_-) = y_{zi}(0_-) = y_{zi}(0_+) \tag{2-25}$$

$$y(0_+) = y_{zi}(0_+) + y_{zs}(0_+) = y(0_-) + y_{zs}(0_+) \tag{2-26}$$

同理，可知 $y(t)$ 的各阶导数满足：

$$y^{(i)}(0_-) = y_{zi}^{(i)}(0_-) = y_{zi}^{(i)}(0_+) \tag{2-27}$$

$$y^{(i)}(0_+) = y^{(i)}(0_-) + y_{zs}^{(i)}(0_+) \tag{2-28}$$

对于 n 阶系统，分别称 $y^{(i)}(0_-)$ $(i = 0, 1, \cdots, n-1)$ 和 $y^{(i)}(0_+)$ $(i = 0, 1, \cdots, n-1)$ 为系统 0_- 时刻和 0_+ 时刻的初始条件。

由式 (2-28) 可以得到 $y^{(i)}(0_+) - y^{(i)}(0_-) = y_{zs}^{(i)}(0_+)$，可见系统全响应及其各阶导数有可能在 $t = 0$ 处产生跃变。产生这种跃变的根本原因是系统在 $t = 0$ 时刻有激励信号加入。

利用微分方程求解连续时间线性时不变系统的响应需用到系统的初始条件，n 阶系统的求解需要 n 个初始条件。求解全响应需要的初始条件为 $y^{(i)}(0_+)$ $(i = 0, 1, \cdots, n-1)$，求解零输入响应需要的初始条件为 $y_{zi}^{(i)}(0_-)$ 或 $y_{zi}^{(i)}(0_+)$ $(i = 0, 1, \cdots, n-1)$，求解零状态响应需要的初始条件为 $y_{zs}^{(i)}(0_+)$ $(i = 0, 1, \cdots, n-1)$。

2.5.2　连续时间线性时不变系统的零输入响应

零输入响应指仅由系统的初始储能产生的响应，该响应满足线性常系数齐次微分方程：

$$y_{zi}^{(n)}(t) + a_{n-1} y_{zi}^{(n-1)}(t) + \cdots + a_1 y_{zi}^{(1)}(t) = 0 \tag{2-29}$$

求解该方程需要 n 个初始条件 $y_{zi}^{(i)}(0_-)$ 或 $y_{zi}^{(i)}(0_+)$ $(i = 0, 1, \cdots, n-1)$。

由数学知识可知，该齐次微分方程有 n 个特征根 $\lambda_i (i = 0, 1, \cdots, n-1)$。根据特征根的特点，微分方程的齐次解有以下几种形式。

（1）特征根均为单根。若齐次微分方程的 n 个特征根 λ_i $(i = 0, 1, \cdots, n-1)$ 都互不相同，则齐次解即零输入响应的形式为

$$y_{zi}(t) = C_{zi1} e^{\lambda_1 t} + C_{zi2} e^{\lambda_2 t} + \cdots + C_{zin} e^{\lambda_n t} = \sum_{i=1}^{n} C_{zii} e^{\lambda_i t} \tag{2-30}$$

代入 n 个初始条件 $y_{zi}^{(i)}(0_-)$ 或 $y_{zi}^{(i)}(0_+)$ $(i = 0, 1, \cdots, n-1)$ 即可求出 n 个待定系数 C_{zii} $(i = 0, 1, \cdots, n-1)$，进而可得到系统的零输入响应。

（2）特征根中有重根。若 $\lambda_1 = \lambda_2 = \cdots = \lambda_r$ 是特征方程的 r 重根，其他的根均为单根，则齐次解即零输入响应的形式为

$$y_{zi}(t) = (C_{zi1} t^{r-1} + C_{zi2} t^{r-2} + \cdots + C_{zi(r-1)} t + C_{zir}) e^{\lambda_1 t} + \cdots + C_{zin} e^{\lambda_n t}$$

$$= \sum_{k=1}^{r} C_{zik} t^{r-k} e^{\lambda_1 t} + \sum_{k=r+1}^{n} C_{zik} e^{\lambda_k t} \tag{2-31}$$

（3）特征根中有共轭复根。若有一对共轭复根 $\lambda_{1,2} = \alpha + \mathrm{j}\beta$，针对该共轭复根，齐次解

中即零输入响应中有如下对应项：

$$y_h(t) = C_1 e^{\alpha t} \cos(\beta t) + C_2 e^{\alpha t} \sin(\beta t) \tag{2-32}$$

【例 2-1】　　描述某线性时不变连续系统的微分方程为 $\dfrac{\mathrm{d}^2 y(t)}{\mathrm{d}t^2} + 4\dfrac{\mathrm{d}y(t)}{\mathrm{d}t} + 4y(t) = 0$，$t > 0$，$y(0_+) = 1$，$y'(0_+) = 2$，试求 $t > 0$ 时系统的响应。

解：由方程可知 $t > 0$ 时系统输入为零，故系统的响应为零输入响应。因微分方程的特征根为 $\lambda_1 = \lambda_1 = -2$，是两个相等的实根，故零输入响应为

$$y(t) = y_{zi}(t) = (C_{zi1} + C_{zi2}t)e^{-2t}, \quad t > 0$$

由初始条件可得

$$y(0_+) = y_{zi}(0_+) = C_{zi1} = 1$$
$$y'(0_+) = y_{zi}'(0_+) = -2C_{zi1} + C_{zs2} = 2$$

解得 $C_{zi1} = 1$，$C_{zi2} = 4$，故零输入响应 $y_{zi}(t)$ 为

$$y(t) = y_{zi}(t) = (1 + 4t)e^{-2t}, \quad t > 0$$

零输入响应是系统的初始状态所引起的响应，它与系统的激励信号没有关系，反映的是系统的初始储能所引起的变化。

2.5.3　连续时间线性时不变系统的零状态响应

零状态响应是指仅由系统的输入决定的响应，该响应满足线性常系数非齐次微分方程：

$$
\begin{aligned}
& y_{zs}^{(n)}(t) + a_{n-1}y_{zs}^{(n-1)}(t) + \cdots + a_1 y_{zs}'(t) + a_0 y_{zs}(t) \\
& = b_m x^{(m)}(t) + b_{m-1}x^{(m-1)}(t) + \cdots + b_1 x'(t) + b_0 x(t)
\end{aligned}
\tag{2-33}
$$

且 0_- 时刻的初始条件为 $y^{(i)}(0_-) = 0 (i = 0, 1, \cdots, n-1)$。由于激励 $x(t)$ 在 $t = 0$ 时刻开始发挥作用，故求解需 $t = 0_+$ 时的初始条件 $y_{zs}^{(i)}(0_+)$ $(i = 0, 1, \cdots, n-1)$。在方程右端无冲激项的情况下，n 个初始条件可利用 $y_{zs}^{(i)}(0_+) = y^{(i)}(0_-) = 0$ $(i = 0, 1, \cdots, n-1)$ 确定；在方程右端有冲激项的情况下，$t = 0_+$ 时的 n 个初始条件需结合 $t = 0_-$ 时的零初始状态和式 (2-33) 用冲激平衡法求出。下面对冲激平衡法原理加以介绍。

先看一个简单情况。设描述系统的方程为

$$y_{zs}'(t) + 3y_{zs}(t) = 3\delta'(t) \tag{2-34}$$

$t = 0_-$ 时的初始状态为 $y_{zs}(0_-) = 0$，可用冲激平衡法确定 $y_{zs}(0_+)$。

由式 (2-34) 可以看出，方程右边的 $3\delta'(t)$ 必定由 $y_{zs}'(t)$ 给出，不可能由 $y_{zs}(t)$ 给出，因为若 $y_{zs}(t)$ 中包含 $\delta'(t)$，则 $y_{zs}'(t)$ 中必定包含 $\delta''(t)$，这将使式 (2-34) 的两边不等。因为 $y_{zs}'(t)$ 中包含 $3\delta'(t)$，所以 $y_{zs}(t)$ 中必然包含 $3\delta(t)$，可知 $3y_{zs}(t)$ 中必然包含 $9\delta(t)$。但由于式 (2-34) 右边没有 $9\delta(t)$ 项，可推知 $y_{zs}'(t)$ 中必然包含 $-9\delta(t)$，对 $y_{zs}'(t)$ 从 0_- 到 0_+ 区间进行积分，可得 $y_{zs}(0_+) - y_{zs}(0_-) = -9$，由此求得 $y_{zs}(0_+) = -9 + y_{zs}(0_-) = -9$。最后一步也可根据 $y_{zs}'(t)$ 中包含 $-9\delta(t)$ 推知 $y_{zs}(t)$ 中有 $-9\varepsilon(t)$，从而直接得到 $y_{zs}(0_+) - y_{zs}(0_-) = -9$，由此得到

$y_{zs}(0_+)$。这就是冲激平衡法求解 $t=0_+$ 初始状态的基本过程。

上述过程可用数学方法描述。由式 (2-34) 可知，方程右端存在的 $\delta'(t)$ 一定属于 $y'_{zs}(t)$，因而可设

$$y'_{zs}(t)=a\delta'(t)+b\delta(t)+c\varepsilon(t)+f(t) \tag{2-35}$$

式中，$f(t)$ 为连续函数。对式 (2-35) 两边积分有

$$y_{zs}(t)=a\delta(t)+b\varepsilon(t)+f_1(t) \tag{2-36}$$

式中，$f_1(t)=ct\varepsilon(t)+\int f(t)\mathrm{d}t$。把式 (2-35) 和式 (2-36) 代入式 (2-34) 中，有

$$[a\delta'(t)+b\delta(t)+c\varepsilon(t)+f(t)]+3[a\delta(t)+b\varepsilon(t)+f_1(t)]=3\delta'(t) \tag{2-37}$$

即

$$a\delta'(t)+(b+3a)\delta(t)+(c+3b)\varepsilon(t)+f(t)+3f_1(t)=3\delta'(t) \tag{2-38}$$

比较方程两边冲激函数项（包括冲激函数微分项）前的系数，可得

$$a=3$$
$$b+3a=0$$

求解有 $a=3,b=-9$，所以

$$y'_{zs}(t)=3\delta'(t)-9\delta(t)+c\varepsilon(t)+f(t)$$

在 0_- 到 0_+ 区间对上式进行积分得 $y_{zs}(0_+)-y_{zs}(0_-)=-9$，由此知 $y_{zs}(0_+)=-9$。或者根据 $y'_{zs}(t)$ 中含有 $-9\delta(t)$ 推断 $y_{zs}(t)$ 中含有 $-9\varepsilon(t)$，由此知 $y_{zs}(0_+)=y_{zs}(0_-)-9=-9$。

不失一般性，假定式 (2-33) 右边含有 $\delta^{(m)}(t),m\leqslant n$，可令

$$y_{zs}^{(n)}(t)=a_0\delta^{(m)}(t)+a_1\delta^{(m-1)}(t)+a_2\delta^{(m-2)}(t)+\cdots+a_{m-1}\delta(t)+a_m\varepsilon(t)+f_0(t)$$

进而可得

$$y_{zs}^{(n-1)}(t)=a_0\delta^{(m-1)}(t)+a_1\delta^{(m-2)}(t)+a_2\delta^{(m-3)}(t)+\cdots+a_{m-1}\varepsilon(t)+f_1(t)$$

$$\vdots$$

$$y_{zs}^{(n-m)}(t)=a_0\varepsilon(t)+f_m(t)$$

$$y_{zs}^{(n-m-1)}(t)=f_{m+1}(t)$$

$$\vdots$$

$$y_{zs}(t)=f_n(t)$$

以上方程中，$f_k(t)$ $(k=0,1,\cdots,n)$ 为连续函数。将这些方程代入式 (2-33) 中，令方程两边冲激函数项（含冲激函数微分项）前系数相等，可得到相关等式，由此可求出各系数 a_k $(k=0,1,2,\cdots,m)$。对各式在 0_- 到 0_+ 区间积分或直接应用，最终可得

$$y_{zs}^{(n-1)}(0_+)=a_{m-1}+y_{zs}^{(n-1)}(0_-)$$

$$\vdots$$

$$y_{zs}^{(n-m)}(0_+)=a_0+y_{zs}^{(n-m)}(0_-)$$

$$y_{zs}^{(n-m-1)}(0_+)=y_{zs}^{(n-m-1)}(0_-)$$

$$\vdots$$

$$y_{zs}(0_+)=y_{zs}(0_-)$$

以上即为用冲激平衡法求初始状态的过程。

由高等数学的知识可知,式(2-33)所示非齐次微分方程的解由齐次解和特解 $y_p(t)$ 两部分组成,特解的形式与激励信号和特征根的情况有关,如表 2-1 所示。若系统 n 个特征根都是单实根,则零状态响应解的形式为

$$y_{zs}(t)=C_{zs1}\mathrm{e}^{\lambda_1 t}+C_{zs2}\mathrm{e}^{\lambda_2 t}+\cdots+C_{zsn}\mathrm{e}^{\lambda_n t}+y_p(t)=\sum_{i=1}^{n}C_{zsi}\mathrm{e}^{\lambda_i t}+y_p(t) \tag{2-39}$$

将 n 个初始条件代入式(2-39)中,即可求出待定系数 $C_{zsi}(i=1,2,\cdots,n)$,从而可得到系统的零状态响应。

非齐次微分方程的齐次解也称为自由响应,特解 $y_p(t)$ 也称为强迫响应。

表 2-1　几种激励函数及所对应的特解形式

激励 $x(t)$	特解 $y_p(t)$
E(常数)	K
t^m	$C_0+C_1 t+\cdots+C_{m-1}t^{m-1}+C_m t^m$　　（所有特征根均不为零）
$\mathrm{e}^{\alpha t}$	$C_0\mathrm{e}^{\alpha t}$　　　　　　　　　　　　　　（α 不等于特征根）
	$C_0\mathrm{e}^{\alpha t}+C_1 t\mathrm{e}^{\alpha t}$　　　　　　　　（α 等于特征单根）
	$C_0\mathrm{e}^{\alpha t}+C_1 t\mathrm{e}^{\alpha t}+\cdots+C_{r-1}t^{r-1}\mathrm{e}^{\alpha t}+C_r t^r\mathrm{e}^{\alpha t}$　　（α 等于 r 重特征根）

【例 2-2】　描述某线性时不变连续系统的微分方程为 $\dfrac{\mathrm{d}^2 y(t)}{\mathrm{d}t^2}+4\dfrac{\mathrm{d}y(t)}{\mathrm{d}t}+4y(t)=x(t)$ $t\geqslant 0_-$,$y(0_-)=0,y'(0_-)=0$。

(1)当 $x(t)=4\varepsilon(t)$ 时,求系统的响应;

(2)当 $x(t)=4\varepsilon(t)+2\delta'(t)$ 时,求系统的响应。

解:(1)由方程可知 $t=0_-$ 时系统状态为零, $t>0$ 后激励发生作用,故系统的响应为零状态响应。因微分方程的特征根为 $\lambda_1=\lambda_1=-2$,是两个相等的实根,故零状态响应为

$$y(t)=y_{zs}(t)=(C_{zs1}+C_{zs2}t)\mathrm{e}^{-2t}+y_p(t),\quad t>0$$

为确定系数 C_{zs1} 和 C_{zs2},需要知道初始条件 $y_{zs}(0_+)$ 和 $y'_{zs}(0_+)$。

方程右边无冲激函数,可知 $y_{zs}(0_+)=y(0_-)=0$, $y'_{zs}(0_+)=y'(0_-)=0$。根据表 2-1 可知 $y_p(t)=K$,代入特解方程求得 $K=1$,所以 $y_p(t)=1$。由此得到

$$y_{zs}(0_+)=C_{zs1}+1=0$$

$$y'_{zs}(0_+)=-2C_{zs1}+C_{zs2}=0$$

解得 $C_{zs1}=-1$, $C_{zs2}=-2$,故零状态响应为

$$y(t)=y_{zs}(t)=(-1-2t)\mathrm{e}^{-2t}+1,\quad t>0$$

(2)方程右边有冲激,初始状态需用冲激平衡法求解。令

$$y''_{zs}(t) = a\delta'(t) + b\delta(t) + c\varepsilon(t) + f_0(t)$$

则

$$y'_{zs}(t) = a\delta(t) + b\varepsilon(t) + f_1(t)$$

$$y_{zs}(t) = a\varepsilon(t) + f_2(t)$$

将以上三式代入系统方程中，比较冲激函数项（含冲激函数微分项）前系数可得

$$a = 2$$

$$b + 4a = 0$$

解得 $a = 2$，$b = -8$。所以

$$y''_{zs}(t) = 2\delta'(t) - 8\delta(t) + c\varepsilon(t) + f_0(t)$$

对上式在 0_- 到 0_+ 区间进行积分可得

$$y'_{zs}(0_+) - y'_{zs}(0_-) = -8$$

$$y_{zs}(0_+) - y_{zs}(0_-) = 2$$

所以 $y'_{zs}(0_+) = -8 + y'_{zs}(0_-) = -8$，$y_{zs}(0_+) = 2 + y_{zs}(0_-) = 2$。

因为

$$y(t) = y_{zs}(t) = (C_{zs1} - C_{zs2}t)\mathrm{e}^{-2t} + 1, \quad t > 0$$

把 $y'_{zs}(0_+) = -8$，$y_{zs}(0_+) = 2$ 代入可得

$$y_{zs}(0_+) = C_{zs1} + 1 = 2$$

$$y'_{zs}(0_+) = -2C_{zs1} + C_{zs2} = -8$$

解得 $C_{zs1} = 1$，$C_{zs2} = -6$，故零状态响应为

$$y(t) = y_{zs}(t) = (1 - 6t)\mathrm{e}^{-2t} + 1, \quad t > 0$$

2.5.4　连续时间线性时不变系统的全响应

连续时间线性时不变系统的全响应满足如下所示方程：

$$\begin{aligned}
&y^{(n)}(t) + a_{n-1}y^{(n-1)}(t) + \cdots + a_1y'(t) + a_0y(t) \\
&= b_mx^{(m)}(t) + b_{m-1}x^{(m-1)}(t) + \cdots + b_1x'(t) + b_0x(t)
\end{aligned} \tag{2-40}$$

求解该方程需要 n 个初始条件 $y^{(i)}(0_+)$ $(i = 0, 1, \cdots, n-1)$。

该方程的解由齐次解（自由响应）和特解（强迫响应）两部分组成，若方程的 n 个特征根 λ_i $(i = 0, 1, \cdots, n-1)$ 都是单实根，则系统全响应的形式为

$$y(t) = C_1\mathrm{e}^{\lambda_1 t} + C_2\mathrm{e}^{\lambda_2 t} + \cdots + C_n\mathrm{e}^{\lambda_n t} + y_p(t) = \sum_{i=1}^{n} C_i\mathrm{e}^{\lambda_i t} + y_p(t) \tag{2-41}$$

代入 n 个初始条件 $y^{(i)}(0_+)$ $(i = 0, 1, \cdots, n-1)$，即可求出 n 个待定系数 C_i $(i = 0, 1, \cdots, n-1)$，进而可得到系统的全响应。

系统的全响应 $y(t) = y_{zi}(t) + y_{zs}(t)$，将零输入响应和零状态响应解的形式代入可得

$$y(t) = \sum_{i=1}^{n} C_{zii}\mathrm{e}^{\lambda_i t} + \sum_{i=1}^{n} C_{zsi}\mathrm{e}^{\lambda_i t} + y_p(t) = \sum_{i=1}^{n} (C_{zii} + C_{zsi})\mathrm{e}^{\lambda_i t} + y_p(t) \tag{2-42}$$

比较式 (2-41) 与式 (2-42) 可知 $C_i = C_{zii} + C_{zsi}$ $(i = 0, 1, \cdots, n-1)$，求解 C_i 时代入的初始条件是 $y^{(i)}(0_+)$，求解 C_{zii} 时代入的初始条件是 $y_{zi}^{(i)}(0_+)$，求解 C_{zsi} 时代入的初始条件是 $y_{zs}^{(i)}(0_+)$，由此可见全响应系数 C_i 与零输入响应系数 C_{zii} 及零状态响应系数 C_{zsi} 之间的关系本质是由初始条件 $y^{(i)}(0_+) = y_{zi}^{(i)}(0_+) + y_{zs}^{(i)}(0_+)$ 所决定的。

由以上分析可以看出，当系统的零输入响应和零状态响应求解出来之后，就意味着得到了系统的全响应。把全响应分解为零输入响应和零状态响应，是按响应产生的原因进行的分解，物理意义清晰明确，更为重要的是由这种分解方法得到的零状态响应在系统时域分析中至关重要，是系统分析中主要研究的对象。

【例 2-3】　　描述某线性时不变连续系统的微分方程为 $\dfrac{\mathrm{d}^2 y(t)}{\mathrm{d}t^2} + 4\dfrac{\mathrm{d}y(t)}{\mathrm{d}t} + 4y(t) = 4$，$t > 0$，$y(0_+) = 1, y'(0_+) = 2$。试求 $t > 0$ 时系统的响应。

解：由例 2-1 可求得零输入响应为

$$y_{zi}(t) = (1 + 4t)\mathrm{e}^{-2t}, \quad t > 0$$

由例 2-2 的 (1) 可求得零状态响应为

$$y_{zs}(t) = (-1 - 2t)\mathrm{e}^{-2t} + 1, \quad t > 0$$

全响应等于零输入响应与零状态响应之和，可得

$$y(t) = y_{zi}(t) + y_{zs}(t) = 1 + 2t\mathrm{e}^{-2t}, \quad t > 0$$

全响应也可通过直接解微分方程的方法求出，如式 (2-41) 所示，具体求解步骤与零状态响应求解方法类似，此处不作更多介绍。

2.6　连续时间线性时不变系统的 s 域分析

2.6.1　拉普拉斯变换

1. 拉普拉斯变换及基本性质

信号 $x(t)$ 的单边拉普拉斯变换定义为

$$X(s) = \int_{0_-}^{\infty} x(t)\mathrm{e}^{-st}\mathrm{d}t \tag{2-43}$$

拉普拉斯逆变换式为

$$x(t) = \frac{1}{2\pi\mathrm{j}} \int_{\sigma-\mathrm{j}\Omega}^{\sigma+\mathrm{j}\Omega} X(s)\,\mathrm{e}^{st}\mathrm{d}s, \quad t > 0 \tag{2-44}$$

以上两式通常记作

$$\begin{cases} X(s) = L[x(t)] \\ x(t) = L^{-1}[X(s)] \end{cases}$$

式中，$s = \sigma + \mathrm{j}\Omega$ 为复变量，Ω 为频率，故 $s = \sigma + \mathrm{j}\Omega$ 也被称为复频率；以 σ 为横轴、$\mathrm{j}\Omega$ 为纵轴可构造复平面。$L[x(t)]$ 表示对 $x(t)$ 取单边拉普拉斯变换，$X(s)$ 称为象函数；$L^{-1}[X(s)]$ 表示对 $X(s)$ 取拉普拉斯逆变换，$x(t)$ 称为原函数。

【例 2-4】　求下列函数的拉普拉斯变换。

(1) 单位阶跃函数 $f(t) = \varepsilon(t)$ ；

(2) 单位冲激函数 $f(t) = \delta(t)$ ；

(3) 指数函数 $f(t) = e^{\alpha t}$ 。

解：各时域函数的象函数可根据定义求得。

(1) 单位阶跃函数的象函数为

$$F(s) = L[\varepsilon(t)] = \int_{0_-}^{\infty} \varepsilon(t) e^{-st} dt = \int_{0_-}^{0_+} 1 \cdot e^{-st} dt = \frac{1}{-s} e^{-st} \Big|_{0_-}^{\infty} = \frac{1}{s}$$

(2) 单位冲激函数的象函数为

$$F(s) = L[\delta(t)] = \int_{0_-}^{\infty} \delta(t) e^{-st} dt = \int_{0_-}^{\infty} \delta(t) e^{s \times 0} dt = \int_{0_-}^{0_+} \delta(t) dt = 1$$

(3) 指数函数的象函数为

$$F(s) = L[e^{\alpha t}] = \int_{0_-}^{\infty} e^{\alpha t} e^{-st} dt = \int_{0_-}^{\infty} e^{-(s-\alpha)t} dt = \frac{1}{-(s-\alpha)} e^{-(s-\alpha)t} \Big|_{0_-}^{\infty} = \frac{1}{s-\alpha}$$

拉普拉斯变换有很多性质，下面给出比较重要的几个，证明需根据拉普拉斯变换定义式进行，留作练习。

(1) 线性性质。设 $f_1(t)$ 和 $f_2(t)$ 是两个时间函数，a_1 和 a_2 是两个常数，若 $L[f_1(t)] = F_1(s)$ ，$L[f_2(t)] = F_2(s)$ ，则 $L[a_1 f_1(t) \pm a_2 f_2(t)] = a_1 F_1(s) \pm a_2 F_2(s)$ 。

线性性质表明，函数线性组合的拉普拉斯变换等于各函数拉普拉斯变换的线性组合。

(2) 微分性质。对于时间函数 $f(t)$ ，如果 $L[f(t)] = F(s)$ ，则有

$$L[f'(t)] = sF(s) - f(0_-)$$

$$L[f''(t)] = s^2 F(s) - sf(0_-) - f^{(1)}(0_-)$$

$$\vdots$$

$$L[f^{(n)}(t)] = s^n F(s) - s^{n-1} f(0_-) - s^{n-2} f^{(1)}(0_-) - \cdots - f^{(n-1)}(0_-)$$

(3) 积分性质。对于时间函数 $f(t)$ ，若存在 $L[f(t)] = F(s)$ ，则有 $L\left[\int_{0_-}^{t} f(t) dt\right] = \dfrac{F(s)}{s}$ 。

(4) 时域平移定理（延迟定理）。设时间函数 $f(t)\varepsilon(t)$ 的延迟函数为 $f(t-t_0)\varepsilon(t-t_0)$ ，若 $f(t)\varepsilon(t)$ 的象函数为 $F(s)$ ，则 $f(t-t_0)\varepsilon(t-t_0)$ 的象函数为 $e^{-st_0} F(s)$ 。

(5) 频域平移定理。若 $L[f(t)] = F(s)$ ，则 $L[e^{-at} f(t)] = F(s+a)$ 。

【例 2-5】　利用拉普拉斯变换的性质求下列函数的象函数。

(1) $f(t) = \sin(\Omega t)$ ；(2) $f(t) = \delta(t)$ ；(3) $f(t) = t$ ；(4) $f(t) = A\varepsilon(t) - A\varepsilon(t-t_0)$ ；

(5) $f(t) = e^{-at} \sin(\Omega t)$ 。

解：(1) 因为 $L[e^{\alpha t}] = \dfrac{1}{s-\alpha}$ ，由欧拉公式结合线性性质可得

$$L[\sin(\Omega t)] = L\left[\frac{1}{2j}(e^{j\Omega t} - e^{-j\Omega t})\right] = \frac{1}{2j}\left(\frac{1}{s-j\Omega} - \frac{1}{s+j\Omega}\right) = \frac{\Omega}{s^2 + \Omega^2}$$

(2) 因为 $\delta(t) = \dfrac{\mathrm{d}\varepsilon(t)}{\mathrm{d}t}$，而 $L[\varepsilon(t)] = \dfrac{1}{s}$，根据微分性质有

$$L[\delta(t)] = L\left[\frac{\mathrm{d}\varepsilon(t)}{\mathrm{d}t}\right] = s \times \frac{1}{s} - \delta(0_-) = 1$$

(3) 因为 $t = \displaystyle\int_0^t 1\mathrm{d}\xi$，而 $L[1] = \dfrac{1}{s}$，根据积分性质有

$$L[t] = \frac{1}{s}L[1] = \frac{1}{s} \times \frac{1}{s} = \frac{1}{s^2}$$

(4) 因为 $L[\varepsilon(t)] = \dfrac{1}{s}$，根据延迟定理有 $L[\varepsilon(t-t_0)] = \mathrm{e}^{-st_0} \times \dfrac{1}{s}$，结合线性性质得

$$F(s) = L[A\varepsilon(t) - A\varepsilon(t-t_0)] = A \cdot \frac{1}{s} - A\mathrm{e}^{-st_0} \times \frac{1}{s} = \frac{A}{s}(1 - \mathrm{e}^{-st_0})$$

(5) 因为 $L[\sin(\Omega t)] = \dfrac{\Omega}{s^2 + \Omega^2}$，根据频域平移定理得

$$L[\mathrm{e}^{-at}\sin(\Omega t)] = \frac{\Omega}{(s+a)^2 + \Omega^2}$$

2. 部分分式展开与拉普拉斯逆变换

电路分析中得到的象函数 $F(s)$ 具有如下形式：

$$F(s) = \frac{N(s)}{D(s)} = \frac{a_m s^m + a_{m-1}s^{m-1} + \cdots + a_0}{b_n s^n + b_{n-1}s^{n-1} + \cdots + b_0} \tag{2-45}$$

式中，m 和 n 为正整数，且 $n \geqslant m$。

求拉普拉斯逆变换通常采用部分分式展开方式完成。当 $n > m$ 时，$F(s)$ 为真分式，可直接进行部分分式展开。若 $n = m$，则需首先将有理分式化为真分式，即

$$F(s) = A + \frac{N_0(s)}{D(s)} \tag{2-46}$$

式中，A 为一个常数，其对应的原函数为 $A\delta(t)$；剩余项 $\dfrac{N_0(s)}{D(s)}$ 是真分式。

用部分分式展开有理分式时，需要知道 $D(s) = 0$ 的根，根的情况有实数单根、共轭复根和重根三种，下面分别讨论三种情况下的处理方法。

(1) 实数单根。如果 $D(s) = 0$ 有 n 个实数单根 $p_1, p_2, \cdots, p_n$，则 $F(s)$ 可以展开为

$$F(s) = \frac{K_1}{s - p_1} + \frac{K_2}{s - p_2} + \cdots + \frac{K_n}{s - p_n} \tag{2-47}$$

式中，各待定系数的公式为

$$K_i = [(s - p_i)F(s)]_{s=p_i}, \quad i = 1, 2, \cdots, n \tag{2-48}$$

或

$$K_i = \frac{N(p_i)}{D'(p_i)} = \left.\frac{N(s)}{D'(s)}\right|_{s=p_i}, \quad i = 1, 2, \cdots, n \tag{2-49}$$

（2）共轭复根。设 $D(s)=0$ 具有共轭复根 $p_1=a+\mathrm{j}\Omega$，$p_2=a-\mathrm{j}\Omega$。因为复根也属于一种单根，故针对复根也可用式（2-48）或式（2-49）确定系数 K_i，即

$$\begin{cases} K_1=[(s-a-\mathrm{j}\Omega)F(s)]_{s=a+\mathrm{j}\Omega}=\dfrac{N(s)}{D'(s)}\bigg|_{s=a+\mathrm{j}\Omega} \\[4mm] K_2=[(s-a+\mathrm{j}\Omega)F(s)]_{s=a-\mathrm{j}\Omega}=\dfrac{N(s)}{D'(s)}\bigg|_{s=a+\mathrm{j}\Omega} \end{cases} \tag{2-50}$$

K_1、K_2 必为共轭复数。设 $K_1=|K_1|\mathrm{e}^{\mathrm{j}\theta_1}$，则 $K_2=|K_1|\mathrm{e}^{-\mathrm{j}\theta_1}$，于是在 $F(s)$ 的展开式中，将包含如下两项，即

$$\frac{|K_1|\mathrm{e}^{\mathrm{j}\theta_1}}{s-a-\mathrm{j}\Omega}+\frac{|K_1|\mathrm{e}^{-\mathrm{j}\theta_1}}{s-a+\mathrm{j}\Omega} \tag{2-51}$$

其所对应的原函数为

$$\begin{aligned} K_1\mathrm{e}^{(a+\mathrm{j}\Omega)t}+K_2\mathrm{e}^{(a-\mathrm{j}\Omega)t}&=|K_1|\mathrm{e}^{\mathrm{j}\theta_1}\mathrm{e}^{(a+\mathrm{j}\Omega)t}+|K_1|\mathrm{e}^{-\mathrm{j}\theta_1}\mathrm{e}^{(a-\mathrm{j}\Omega)t} \\ &=|K_1|\mathrm{e}^{at}[\mathrm{e}^{\mathrm{j}(\Omega t+\theta_1)_1}+\mathrm{e}^{-\mathrm{j}(\Omega t+\theta_1)_1}]=2|K_1|\mathrm{e}^{at}\cos(\Omega t+\theta_1) \end{aligned} \tag{2-52}$$

（3）重根。当 $D(s)=0$ 具有 l 重根时，对应于该根的部分分式有 l 项。设 p_1 为 $D(s)=0$ 的 l 重根，则 $D(s)$ 中将含有 $(s-p_1)^l$ 的因式。又设 $D(s)=0$ 中的其他根均为单根，则 $F(s)$ 的部分分式展开式为

$$F(s)=\frac{K_{11}}{(s-p_1)^l}+\frac{K_{12}}{(s-p_1)^{l-1}}+\cdots+\frac{K_{1l}}{(s-p_1)}+\sum_{i=2}^{n-l+1}\frac{K_i}{(s-p_i)} \tag{2-53}$$

式中，$\displaystyle\sum_{i=2}^{n-l+1}\frac{K_i}{(s-p_i)}$ 为其余单根对应的部分分式项，各项系数 K_i 仍用式（2-48）或式（2-49）算出。$K_{11},K_{12},\cdots,K_{1l}$ 的计算式为

$$K_{11}=(s-p_1)^l F(s)\big|_{s=p_1} \tag{2-54}$$

$$K_{12}=\frac{\mathrm{d}}{\mathrm{d}s}[(s-p_1)^l F(s)]\big|_{s=p_1} \tag{2-55}$$

$$\vdots$$

$$K_{1l}=\frac{1}{(l-1)!}\frac{\mathrm{d}^{l-1}}{\mathrm{d}s^{l-1}}[(s-p_1)^l F(s)]\big|_{s=p_1}$$

得到部分分式展开式后，通过查表可得到原函数，表 2-2 列出了常用函数的变换对。

表 2-2　常用函数的拉普拉斯变换对

原函数 $f(t)$	象函数 $F(s)$	原函数 $f(t)$	象函数 $F(s)$
$\delta(t)$	1	$t,$ $t\varepsilon(t)$	$\dfrac{1}{s^2}$
$1,$ $\varepsilon(t)$	$\dfrac{1}{s}$	$t\mathrm{e}^{-at},$ $t\mathrm{e}^{-at}\varepsilon(t)$	$\dfrac{1}{(s+a)^2}$
$\mathrm{e}^{-at},$ $\mathrm{e}^{-at}\varepsilon(t)$	$\dfrac{1}{s+a}$	$\dfrac{1}{2}t^2,$ $\dfrac{1}{2}t^2\varepsilon(t)$	$\dfrac{1}{s^3}$

原函数 $f(t)$	象函数 $F(s)$	原函数 $f(t)$	象函数 $F(s)$
$\sin(\Omega t)$, $\sin(\Omega t)\varepsilon(t)$	$\dfrac{\Omega}{s^2+\Omega^2}$	$\dfrac{1}{n!}t^n$, $\dfrac{1}{n!}t^n\varepsilon(t)$	$\dfrac{1}{s^{n+1}}$
$\cos(\Omega t)$, $\cos(\Omega t)\varepsilon(t)$	$\dfrac{s}{s^2+\Omega^2}$	$\dfrac{1}{n!}t^n e^{-at}$, $\dfrac{1}{n!}t^n e^{-at}\varepsilon(t)$	$\dfrac{1}{(s+\alpha)^{n+1}}$
$e^{-at}\sin(\Omega t)$, $e^{-at}\sin(\Omega t)\varepsilon(t)$	$\dfrac{\Omega}{(s+a)^2+\Omega^2}$	$\sinh(at)$, $\sinh(at)\varepsilon(t)$	$\dfrac{a}{s^2-a^2}$
$e^{-at}\cos(\Omega t)$, $e^{-at}\cos(\Omega t)\varepsilon(t)$	$\dfrac{s+a}{(s+a)^2+\Omega^2}$	$\cosh(at)$, $\cosh(at)\varepsilon(t)$	$\dfrac{s}{s^2-a^2}$

【例 2-6】 已知象函数 (1) $F(s)=\dfrac{2s+1}{s^3+7s^2+10s}$；(2) $F(s)=\dfrac{s+3}{s^2+2s+5}$，求对应的原函数 $f(t)$。

解： (1) 由象函数可得

$$F(s)=\frac{2s+1}{s^3+7s^2+10s}=\frac{2s+1}{s(s+2)(s+5)}=\frac{K_1}{s}+\frac{K_2}{s+2}+\frac{K_3}{s+5}$$

分母多项式 $D(s)=s^3+7s^2+10s$ 的微分为 $D'(s)=3s^2+14s+10$，根据式(2-49)可知

$$K_1=\left.\frac{N(s)}{D'(s)}\right|_{s=p_1}=\frac{2s+1}{3s^2+14s+10}=0.1$$

同理求得

$$K_2=0.5，\quad K_3=-0.6$$

查表可得原函数为

$$f(t)=0.1e^{0t}+0.5e^{-2t}-0.6e^{-5t}=0.1+0.5e^{-2t}-0.6e^{-5t},\quad t\geqslant 0_-$$

(2) $D(s)=0$ 仅含一对共轭复根 $p_1=-1+\mathrm{j}2$，$p_2=-1-\mathrm{j}2$，则

$$K_1=\left.\frac{N(s)}{D'(s)}\right|_{s=p_1}=\left.\frac{s+3}{2s+2}\right|_{s=-1+\mathrm{j}2}=0.5-\mathrm{j}0.5=0.5\sqrt{2}\,e^{-\mathrm{j}\frac{\pi}{4}}$$

$$K_2=|K_1|e^{-\mathrm{j}\theta_1}=0.5\sqrt{2}\,e^{\mathrm{j}\frac{\pi}{4}}$$

由式(2-51)、式(2-52)并考虑到 $a=-1$，$\Omega=2$，$\theta_1=-\dfrac{\pi}{4}$，可得

$$f(t)=2|K_1|e^{-t}\cos\left(2t-\frac{\pi}{4}\right)=\sqrt{2}\,e^{-t}\cos\left(2t-\frac{\pi}{4}\right),\quad t\geqslant 0_-$$

也可根据 $F(s)=\dfrac{s+3}{s^2+2s+5}=\dfrac{s+1}{(s+1)^2+2^2}+\dfrac{2}{(s+1)^2+2^2}$，查表得到其逆变换为

$$f(t)=e^{-t}\cos(2t)+e^{-t}\sin(2t)=\sqrt{2}\,e^{-t}\cos\left(2t-\frac{\pi}{4}\right),\quad t\geqslant 0_-$$

2.6.2　微分方程的拉普拉斯变换求解

线性时不变系统的数学模型是常系数微分方程，在时域中直接解微分方程比较麻烦，用单边拉普拉斯变换求解是一种相对简单的方法。

以二阶系统为例讨论相关情况，设有描述二阶连续时间线性时不变系统的微分方程为

$$y''(t) + a_1 y'(t) + a_0 y(t) = b_1 x'(t) + b_0 x(t), \quad t \geqslant 0 \tag{2-56}$$

系统的初始状态为 $y(0_-)$、$y'(0_-)$。根据单边拉普拉斯变换的时域微分特性，有

$$L\{y'(t)\} = sY(s) - y(0_-)$$

$$L\{y''(t)\} = s^2 Y(s) - sy(0_-) - y'(0_-)$$

由于输入信号 $x(t)$ 是从 $t = 0$ 时刻开始接入系统的，所以在 $t = 0_-$ 时刻，$x(t)$ 及其各阶导数均为零，因此 $x'(t)$ 的单边拉普拉斯变换为

$$L\{x'(t)\} = sX(s)$$

由此可得式 (2-56) 所示微分方程的 s 域代数方程为

$$s^2 Y(s) - sy(0_-) - y'(0_-) + a_1[sY(s) - y(0_-)] + a_0 Y(s)$$
$$= b_1 sX(s) + b_0 X(s)$$

整理后，得

$$Y(s) = \frac{sy(0_-) + y'(0_-) + a_1 y(0_-)}{s^2 + a_1 s + a_0} + \frac{b_1 s + b_0}{s^2 + a_1 s + a_0} X(s)$$

式中，第一项仅与系统的初始状态有关，而与激励信号无关，因此该项对应于系统的零输入响应，即

$$Y_{zi}(s) = \frac{sy(0_-) + y'(0_-) + a_1 y(0_-)}{s^2 + a_1 s + a_0}$$

第二项仅与系统的激励信号有关，而与初始状态无关，因此该项对应于系统的零状态响应，即

$$Y_{zs}(s) = \frac{b_1 s + b_0}{s^2 + a_1 s + a_0} X(s)$$

将以上分析过程应用于 n 阶线性时不变系统，并以 $y(0_-), y'(0_-), y''(0_-), \cdots, y^{(n-1)}(0_-)$ 表示系统的 n 个初始状态，则系统零输入响应和零状态响应 s 域的表示式分别为

$$Y_{zi}(s) = \frac{\displaystyle\sum_{i=0}^{N} a_i \sum_{m=0}^{i-1} s^{i-1-m} y^{(m)}(0_-)}{\displaystyle\sum_{i=0}^{N} a_i s^i}$$

和

$$Y_{zs}(s) = \frac{\displaystyle\sum_{i=0}^{M} b_i s^i}{\displaystyle\sum_{i=0}^{N} a_i s^i} X(s)$$

对 $Y_{zi}(s)$ 和 $Y_{zs}(s)$ 作拉普拉斯逆变换，可得到零输入响应和零状态响应的时域表示式，即

$$y_{zi}(t) = L^{-1}\{Y_{zi}(s)\}$$

$$y_{zs}(s) = L^{-1}\{Y_{zs}(s)\}$$

【例 2-7】   描述某连续时间线性时不变系统的微分方程为

$$y''(t) + 3y'(t) + 2y(t) = 2x'(t) + 3x(t)$$

已知输入 $x(t) = \varepsilon(t)$，初始状态 $y(0_-) = 2$，$y'(0_-) = 1$。求系统的零输入响应、零状态响应和全响应。

解：对微分方程两边求拉普拉斯变换，有

$$s^2 Y(s) - sy(0_-) - y'(0_-) + 3[sY(s) - y(0_-)] + 2Y(s) = 2sX(s) + 3X(s)$$

即

$$(s^2 + 3s + 2)Y(s) - [sy(0_-) + 3y(0_-) + y'(0_-)] = (2s + 3)X(s)$$

可解得

$$Y(s) = Y_{zi}(s) + Y_{zs}(s) = \frac{sy(0_-) + 3y(0_-) + y'(0_-)}{s^2 + 3s + 2} + \frac{2s + 3}{s^2 + 3s + 2}X(s)$$

将 $X(s) = L\{x(t)\} = \dfrac{1}{s}$ 和各初值代入上式，得

$$Y_{zi}(s) = \frac{2s + 7}{s^2 + 3s + 2} = \frac{2s + 7}{(s+1)(s+2)} = \frac{5}{s+1} - \frac{3}{s+2}$$

$$Y_{zs}(s) = \frac{2s + 3}{s^2 + 3s + 2} \cdot \frac{1}{s} = \frac{2s + 3}{s(s+1)(s+2)} = \frac{1.5}{s} - \frac{1}{s+1} - \frac{0.5}{s+2}$$

对以上两式取逆变换，得

$$y_{zi}(t) = L^{-1}\{Y_{zi}(s)\} = 5e^{-t} - 3e^{-2t}, \quad t > 0$$

$$y_{zs}(t) = L^{-1}\{Y_{zs}(s)\} = 1.5 - e^{-t} - 0.5e^{-2t}, \quad t > 0$$

系统的全响应为

$$y(t) = y_{zi}(t) + y_{zs}(t) = 1.5 + 4e^{-t} - 3.5e^{-2t}, \quad t > 0$$

本例如果只求全响应，可将各初值和 $X(s)$ 代入 $Y(s)$，整理后得

$$Y(s) = \frac{2s^2 + 9s + 3}{s(s+1)(s+2)} = \frac{1.5}{s} + \frac{4}{s+1} - \frac{3.5}{s+2}$$

取逆变换就得到全响应 $y(t)$，结果同上。

2.6.3 电路的 s 域模型与方程

对于具体的电路，不用写出微分方程也可求其响应。方法是先给出电路的 s 域模型，再列写 s 域代数方程，然后进行求解。

电路的 s 域模型由元件的 s 域模型连接构成，下面仅对电阻、电容和电感的 s 域模型加以介绍。

设电阻、电容和电感的电压、电流取关联参考方向，则有

$$u(t) = Ri(t) \tag{2-57}$$

$$i_C(t) = C\frac{\mathrm{d}u_C(t)}{\mathrm{d}t} \tag{2-58}$$

$$u_L(t) = L\frac{\mathrm{d}i_L(t)}{\mathrm{d}t} \tag{2-59}$$

对以上各式进行拉普拉斯变换，可得

$$U(s) = RI(s) \tag{2-60}$$

$$I_C(s) = sCU_C(s) - Cu_C(0_-) \quad 或 \quad U_C(s) = \frac{1}{sC}I_C(s) + \frac{u_C(0_-)}{s} \tag{2-61}$$

$$U_L(s) = sLI_L(s) - Li_L(0_-) \quad 或 \quad I_L(s) = \frac{1}{sL}U_L(s) + \frac{i_L(0_-)}{s} \tag{2-62}$$

与式(2-46)～式(2-51)对应的电阻、电容和电感的时域及 s 域模型如图 2-17～图 2-19 所示。

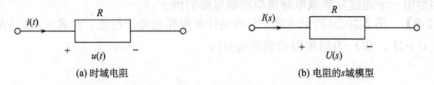

(a) 时域电阻   (b) 电阻的 s 域模型

图 2-17 电阻的时域和 s 域模型

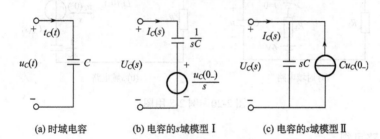

(a) 时域电容   (b) 电容的 s 域模型 I   (c) 电容的 s 域模型 II

图 2-18 电容的时域和 s 域模型

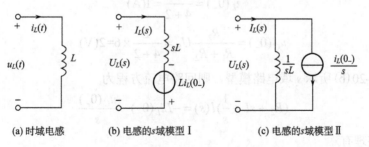

(a) 时域电感   (b) 电感的 s 域模型 I   (c) 电感的 s 域模型 II

图 2-19 电感的时域和 s 域模型

在图 2-18(b)、图 2-18(c) 中，$\frac{1}{sC}$ 和 sC 分别称为电容的 s 域阻抗和 s 域导纳，可记为 $Z(s)$ 和 $Y(s)$，而 $CU_C(0_-)$ 和 $\frac{u_C(0_-)}{s}$ 分别为附加电流源和附加电压源的量值，它们反映了起始储能对响应的影响。在图 2-19(b)、图 2-19(c)中，$Z(s) = sL$ 和 $Y(s) = \dfrac{1}{sL}$ 分别为电感的 s 域阻抗和 s 域导纳，$Li_L(0_-)$ 和 $\dfrac{i_L(0_-)}{s}$ 分别为附加电压源和附加电流源的量值，它们反映了起始储能对响应的影响。

在 s 域中列写电路方程，用到的拓扑约束为

$$\sum \pm I(s) = 0 \quad 和 \quad \sum \pm U(s) = 0 \tag{2-63}$$

电压电流为关联方向下用到的元件或支路约束为

$$U(s) = Z(s)I(s) \quad 或 \quad I(s) = Y(s)U(s) \tag{2-64}$$

将时域中的元件用 s 域模型代替，并将激励源用象函数表示，就可以作出整个电路的 s 域模型；然后应用 $2b$ 法或其他的各种分析方法，就可建立 s 域电路的代数方程；由方程可求出待求响应的象函数，逆变换就可获得响应的时域表达式。

下面给出一个通过复频域电路模型求解电路的例子。

【例 2-8】 图 2-20(a)所示电路，开关动作前电路已处于稳态。设 $R_1 = 4\Omega$，$R_2 = 2\Omega$，$L = 1\text{H}$，$C = 1\text{F}$，求 $t > 0$ 时电路的响应 $u_C(t)$。

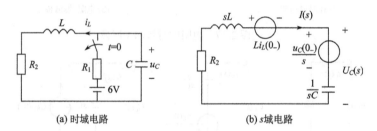

(a) 时域电路　　　　　(b) s 域电路

图 2-20　例 2-8 用图

解： 由电路可得

$$i_L(0_-) = \frac{6}{4+2} = 1(\text{A})$$

$$u_C(0_-) = \frac{R_2}{R_1 + R_2} U_S = \frac{2}{4+2} \times 6 = 2(\text{V})$$

由此可得图 2-20(b)所示 s 域电路模型，则回路电流方程为

$$(R_2 + sL + \frac{1}{s})I(s) = -Li_L(0_-) - \frac{u_C(0_-)}{s}$$

代入参数并整理有

$$I(s) = \frac{-(s+2)}{s^2 + 2s + 1}$$

可得

$$U_C(s) = \frac{u_C(0_-)}{s} + \frac{1}{sC} \times I(s) = \frac{2}{s} + \frac{1}{s \times 1} \times \frac{-(s+2)}{s^2 + 2s + 1} = \frac{2}{s+1} + \frac{1}{(s+1)^2}$$

查表 2-2 求逆变换，最后得到响应为

$$u_C(t) = 2\mathrm{e}^{-t} + t\mathrm{e}^{-t}, \quad t > 0$$

2.6.4 系统函数与单位冲激响应

系统函数也称为网络函数，定义为零状态响应的象函数 $Y_{zs}(s)$ 与激励的象函数 $X(s)$ 之比，用 $H(s)$ 表示，即

$$H(s) = \frac{Y_{zs}(s)}{X(s)}$$

如前所述，描述 N 阶线性时不变系统的微分方程一般可写为

$$\sum_{i=0}^{N} a_i y^{(i)}(t) = \sum_{i=0}^{M} b_i x^{(i)}(t) \tag{2-65}$$

若系统初始状态为零，则 $y(t) = y_{zs}(t)$。设激励 $x(t)$ 在 $t = 0$ 时接入，对式 (2-65) 两边进行拉普拉斯变换可得

$$\sum_{i=0}^{N} a_i s^i Y_{zs}(s) = \sum_{i=0}^{M} b_i s^i X(s) \tag{2-66}$$

所以

$$H(s) = \frac{Y_{zs}(s)}{X(s)} = \frac{\sum\limits_{i=0}^{M} b_i s^i}{\sum\limits_{i=0}^{N} a_i s^i} \tag{2-67}$$

由式 (2-67) 可见，系统函数只与描述系统的微分方程系数 a_i、b_i 有关，即只与系统的结构、元件参数有关，而与外激励、初始状态等无关。系统函数也可根据运算电路直接求出。

若已知系统函数，给定输入，便可求得系统的零状态响应。方法是求出输入的象函数后，将其与系统函数相乘，再求逆变换，如式 (2-68) 所示：

$$y_{zs}(t) = L^{-1}[Y_{zs}(s)] = L^{-1}[H(s)X(s)] \tag{2-68}$$

仅由单位冲激信号决定的响应称为单位冲激响应，可简称为冲激响应，通常用 $h(t)$ 表示，冲激响应是零状态响应。

单位冲激信号的象函数为 $X(s) = L[x(t)] = L[\delta(t)] = 1$，则系统的冲激响应为

$$h(t) = L^{-1}[H(s)X(s)] = L^{-1}[H(s)] \tag{2-69}$$

可见，冲激响应是系统函数的拉普拉斯逆变换。由此可知，对系统函数求拉普拉斯逆变换可得到电路的冲激响应，对电路的冲激响应求拉普拉斯变换可得到系统函数。

【例 2-9】 描述线性时不变系统的微分方程为

$$y''(t) + 2y'(t) + 5y(t) = x'(t) + 2x(t)$$

求系统函数。

解：设响应为零状态响应，即 $y(t) = y_{zs}(t)$，对方程两边进行拉普拉斯变换，得

$$s^2 Y_{zs}(s) + 2s Y_{zs}(s) + 5Y_{zs}(s) = sX(s) + 2X(s)$$

可得系统函数为

$$H(s) = \frac{Y_{zs}(s)}{X(s)} = \frac{s+2}{s^2 + 2s + 5}$$

【例 2-10】 图 2-21(a)所示电路中，已知 $i_S(t) = e^{-3t}\varepsilon(t)$ A，求系统函数 $H(s) = \frac{U_R(s)}{I_S(s)}$ 和系统的冲激响应。

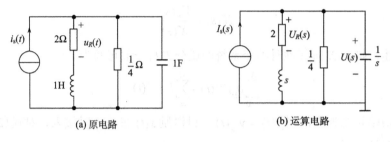

(a) 原电路   (b) 运算电路

图 2-21 例 2-10 用图

解：时域电路对应的运算电路如图 2-21(b)所示。由于系统函数与激励无关，故可不考虑原时域电路中给出的电流源。可令 $I_S(s) = 1$，由节点分析法可得

$$\left(\frac{1}{2+s} + 4 + s \right) U(s) = I_S(s) = 1$$

则

$$U(s) = \frac{1}{s + 4 + \dfrac{1}{s+2}} = \frac{s+2}{s^2 + 6s + 9}$$

又有

$$U_R(s) = \frac{2}{2+s} U(s) = \frac{2}{2+s} \times \frac{s+2}{s^2+6s+9} = \frac{2}{s^2+6s+9}$$

系统函数为

$$H(s) = \frac{U_R(s)}{I_S(s)} = \frac{2}{s^2+6s+9} = \frac{2}{(s+3)^2}$$

逆变换可得冲激响应为

$$h(t) = 2te^{-3t}, \quad t > 0$$

2.6.5 系统的稳定性

系统稳定性的一般含义是：微小扰动(激励或初始状态)只会引起系统行为(响应)的微小改变。

对于一个线性系统，如果对任意的有界输入，系统的零状态响应是有界的，则称该系统是有界输入、有界输出的稳定系统，简称为 BIBO (Bounded-Input Bounded-Output) 稳定。根据该定义，对所有时间 t，当输入信号有界时，设为

$$|x(t)| \leqslant M, \quad M \text{ 为正实常数} \tag{2-70}$$

若输出（零状态响应）

$$|y(t)|<\infty \tag{2-71}$$

则系统稳定。

　　实际上根据以上定义很难判断一个系统是否稳定，因为不可能由每一个可能的有界输入来求解系统的响应。由于系统函数或冲激响应能有效地描述系统输入和输出之间的关系，可由此来判断系统的稳定性。下面不加证明地给出系统稳定性的 s 域和时域判别法。

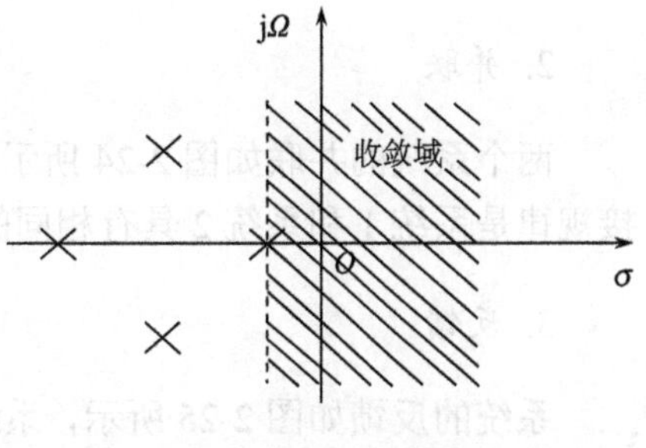

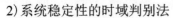

图 2-22　稳定系统的极点分布

　　1）系统稳定性的 s 域判别法

　　系统稳定时，$H(s)$ 的所有极点必定位于 s 平面的左半平面，如图 2-22 所示。

　　2）系统稳定性的时域判别法

　　LTI 连续时间系统稳定的充分必要条件是

$$\int_{-\infty}^{\infty}|h(\tau)|\mathrm{d}\tau<\infty \tag{2-72}$$

即要求系统的冲激响应满足绝对可积。

　　【例 2-11】　已知一个 LTI 连续因果系统的单位冲激响应 $h(t)=\mathrm{e}^{-at}\varepsilon(t)$，判断该系统的稳定性。

　　解：因为

$$\int_{0}^{\infty}|h(\tau)|\mathrm{d}\tau=\int_{0}^{\infty}\mathrm{e}^{-a\tau}\mathrm{d}\tau=-\frac{1}{a}\mathrm{e}^{-a\tau}\Big|_{0}^{\infty}$$

　　当 $a>0$ 时，$\int_{0}^{\infty}|h(\tau)|\mathrm{d}\tau=\frac{1}{a}<\infty$，系统稳定。

　　当 $a\leqslant0$ 时，$\int_{0}^{\infty}|h(\tau)|\mathrm{d}\tau\rightarrow\infty$，系统不稳定。

2.7　复合系统的连接及系统函数

2.7.1　系统的连接形式

　　很多实际系统往往是由几个子系统相互连接而构成的，子系统相互连接的方式多种多样，但其基本形式可以概括为级联、并联和反馈三种方式。

　　1. 级联（串联）

　　两个系统的级联（串联）如图 2-23 所示。输入信号经系统 1 处理后再经由系统 2 处理。级联（串联）系统的连接规律是系统 1 的输出为系统 2 的输入，可以按照这种规律进行更多系统的级联（串联）。

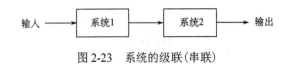

图 2-23　系统的级联(串联)

2. 并联

两个系统的并联如图 2-24 所示，输入信号同时经系统 1 和系统 2 处理。并联系统的连接规律是系统 1 和系统 2 具有相同的输入，可以按照这种规律进行更多系统的并联。

3. 反馈

系统的反馈如图 2-25 所示，系统 1 的输出为系统 2 的输入，系统 2 的输出又反馈回来与外加输入信号共同构成系统 1 的输入。带有反馈回路的系统称为闭环系统，而不带有反馈回路的系统称为开环系统。

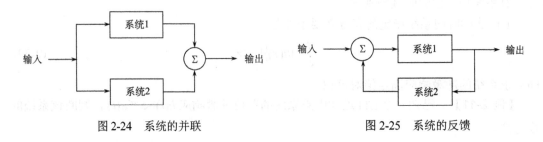

图 2-24　系统的并联　　　　　　　　　图 2-25　系统的反馈

4. 混联

系统连接形式包含级联(串联)、并联、反馈连接中任意两种或三种连接形式称为混联，图 2-26 所示是一个混联系统，图中系统 1 和系统 2 级联后，再与反馈系统(由系统 3 和系统 4 构成)并联，最后与系统 5 级联。

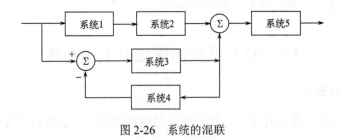

图 2-26　系统的混联

2.7.2　复合系统的系统函数

1. 级联(串联)系统的系统函数

图 2-23 所示级联(串联)系统可用图 2-27 表示，可得

$$Y_1(s) = X(s)H_1(s)$$

$$Y(s) = Y_1(s)H_2(s) = X(s)H_1(s)H_2(s)$$

设复合系统的系统函数用 $H(s)$ 表示，可得

$$H(s) = \frac{Y(s)}{X(s)} = H_1(s)H_2(s) \tag{2-73}$$

推广到一般情况，对于有 n 个子系统级联（串联）的情况，复合系统的系统函数为

$$H(s) = \prod_{i=1}^{n} H_i(s) \tag{2-74}$$

2. 并联系统的系统函数

图 2-24 所示并联系统可用图 2-28 表示，可知

$$Y(s) = X(s)H_1(s) + X(s)H_2(s) = X(s)\big[H_1(s) + H_2(s)\big]$$

用 $H(s)$ 表示复合系统的系统函数，可有

$$H(s) = \frac{Y(s)}{X(s)} = H_1(s) + H_2(s) \tag{2-75}$$

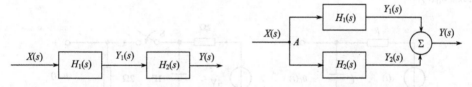

图 2-27 级联（串联）系统的系统函数　　图 2-28 并联系统的系统函数

推广到一般情况，对于有 n 个子系统并联的情况，复合系统的系统函数为

$$H(s) = \sum_{i=1}^{n} H_i(s) \tag{2-76}$$

3. 反馈系统的系统函数

图 2-25 所示反馈系统可用图 2-29 表示，可得

$$Y(s) = H_1(s)E(s) = H_1(s)\big[X(s) \pm B(s)\big] = H_1(s)\big[X(s) \pm Y(s)H(s)\big]$$

故有

$$Y(s) = \frac{H_1(s)}{1 \mp H_1(s)H_2(s)} X(s)$$

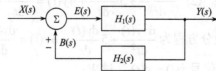

图 2-29 反馈系统的系统函数

设复合系统的系统函数为 $H(s)$ ，可得

$$H(s) = \frac{Y(s)}{X(s)} = \frac{H_1(s)}{1 \mp H_1(s)H_2(s)} \tag{2-77}$$

习　题

2.1　已知系统的微分方程及初始状态如下所示，试求系统的零输入响应。

(1) $\dfrac{dy(t)}{dt} + 5y(t) = x(t)$ ，　　　　$y(0_-) = 3$ ；

(2) $\dfrac{d^2 y(t)}{dt^2} + 5\dfrac{dy(t)}{dt} + 6y(t) = \dfrac{dx(t)}{dt} + x(t)$ ，　　$y(0_-) = 1$ ， $y'(0_-) = 2$ ；

(3) $\dfrac{d^2 y(t)}{dt^2} + 4\dfrac{dy(t)}{dt} + 4y(t) = x(t)$ ，　　　　$y(0_-) = -1$ ， $y'(0_-) = 1$ 。

2.2　RC 积分电路如题图 2.2 所示，已知激励信号为 $x(t) = \varepsilon(t) - \varepsilon(t-2)$ ，试求零状态响应 $u_C(t)$ 。

2.3　某一阶电路如题图 2.3 所示，电路达到稳定状态后，开关 S 于 $t = 0$ 时闭合，试求输出响应 $u_o(t)$ 。

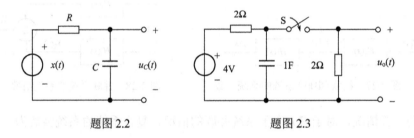

题图 2.2　　　　　　　　　　　题图 2.3

2.4　试求下列系统的强迫响应、自由响应、零输入响应、零状态响应。

$$\frac{dy^2(t)}{dt^2} + 5\frac{dy(t)}{dt} + 4y(t) = \frac{dx(t)}{dt} + 2x(t) ; \quad x(t) = e^{-3t}\varepsilon(t) , \quad y(0_-) = 1 , \quad y'(0_-) = 1 。$$

2.5　试证明线性时不变系统具有如下性质：

(1)若系统对激励 $x(t)$ 的响应为 $y(t)$ ，则系统对激励 $\dfrac{dx(t)}{dt}$ 的响应为 $\dfrac{dy(t)}{dt}$ ；

(2)若系统对激励 $x(t)$ 的响应为 $y(t)$ ，则系统对激励 $\displaystyle\int_{-\infty}^{t} x(\tau)d\tau$ 的响应为 $\displaystyle\int_{-\infty}^{t} y(\tau)d\tau$ 。

2.6　试根据系统的微分方程求系统的单位冲激响应 $h(t)$ 。

(1) $\dfrac{dy(t)}{dt} + 3y(t) = x(t)$ ；　(2) $\dfrac{dy^2(t)}{dt^2} + 5\dfrac{dy(t)}{dt} + 4y(t) = \dfrac{dx(t)}{dt} + 2x(t)$ 。

2.7　某一 LTI 系统的微分方程为 $\dfrac{d^2 y(t)}{dt^2} + 5\dfrac{dy(t)}{dt} + 6y(t) = \dfrac{dx(t)}{dt} + x(t)$ ，系统的初始条件为 $y(0_-) = y'(0_-) = 1$ ，激励信号 $x(t) = \varepsilon(t)$ ，试求：

(1)冲激响应 $h(t)$ ；

(2)零输入响应 $y_{zi}(t)$ ，零状态响应 $y_{zs}(t)$ 及全响应 $y(t)$ ；

（3）用初值定理求全响应的初值 $y(0_+)$；

（4）用初值定理求零状态响应的初值 $y_{zs}(0_+)$。

2.8　求下列信号的单边拉普拉斯变换。

（1）$c(t)=1$，t 为任意值；　（2）$\varepsilon(t)=\begin{cases}1, & t>0 \\ 0, & t<0\end{cases}$；　（3）$\mathrm{sgn}(t)=\begin{cases}1, & t>0 \\ 0, & t=0 \\ -1, & t<0\end{cases}$；

（4）$\mathrm{e}^{-\alpha|t|}$，　$\alpha>0$。

2.9　求下列信号的单边拉普拉斯变换。

（1）$\varepsilon(t)-\varepsilon(t-T)$；　　　　（2）$t[\varepsilon(t)-\varepsilon(t-T)]$；　　（3）$1-\mathrm{e}^{-\alpha t}$（$\alpha>0$）；

（4）$\sin(\Omega_0 t)+\cos(\Omega_0 t)$；　　（5）$t\mathrm{e}^{-3t}$；　　　　　　　　（6）$t\sin(3t)$；

（7）$(1+3t)\mathrm{e}^{-3t}$；　　　　　　　（8）$\delta(t)+\mathrm{e}^{-2t}$；　　　　　　（9）$\mathrm{e}^{-\alpha t}\cos(\beta t)$（$\alpha>0$）。

2.10　已知 $x(t)$ 的拉普拉斯变换为 $X(s)$，求下列信号的拉普拉斯变换。

（1）$\dfrac{\mathrm{d}}{\mathrm{d}t}[x(t-t_0)\varepsilon(t-t_0)]$；　　　（2）$x(3t-2)\varepsilon\left(t-\dfrac{2}{3}\right)$；

（3）$\displaystyle\int_{-\infty}^{t}x(\tau-3)\varepsilon(\tau-3)\mathrm{d}\tau$；　　（4）$\displaystyle\int_{-\infty}^{t}\tau x(\tau)\mathrm{d}\tau$。

2.11　求下列函数的拉普拉斯逆变换。

（1）$\dfrac{1}{2s+2}$；　（2）$\dfrac{1}{s(3s+1)}$；　（3）$\dfrac{s+2}{s^2+4s+5}$；　（4）$\dfrac{1}{s^2+2s+2}$；

（5）$\dfrac{1-RCs}{s(1+RCs)}$；　（6）$\dfrac{s+3}{(s+1)^3(s+2)}$；　（7）$\dfrac{s+2}{s+5}$；　（8）$\dfrac{\mathrm{e}^{-s}}{s(s^2+2s+1)}$。

2.12　在题图 2.12 所示电路中，$t=0$ 以前开关 S 位于"1"端，已进入稳定状态。$t=0$ 时，开关从"1"倒向"2"，用复频域方法求 $u_2(t)$。

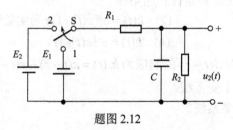

题图 2.12

2.13　求题图 2.13 所示电路的传输函数：（1）$H(s)=\dfrac{U_2(s)}{U_1(s)}$；　（2）$H(s)=\dfrac{I_2(s)}{I_1(s)}$。

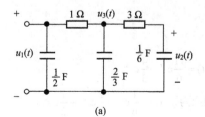
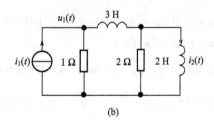

(a)　　　　　　　　　　　　　　　　(b)

题图 2.13

2.14　已知传输函数 $H(s)$ 的零极点分布如题图 2.14 所示且 $H(\infty) = 4$，试写出 $H(s)$ 的表示式，并说明系统的稳定性。

2.15　电路如题图 2.15 所示，激励信号 $x(t) = e^{-2t}\varepsilon(t)$，试用下面两种途径求解电路的全响应 $y(t)$。

(1) 根据时域电路建立微分方程，对方程进行拉普拉斯变换，由此求得 $y(t)$；

(2) 根据电路的复频域模型列方程求得 $y(t)$。

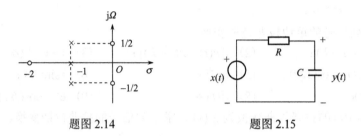

题图 2.14　　　　　　　　　　　题图 2.15

2.16　系统的微分方程为 $y''(t) + 6y'(t) + 5y(t) = x'(t) + x(t)$。

(1) 用时域分析法求冲激响应 $h(t)$；

(2) 用复频域分析法求冲激响应 $h(t)$。

2.17　对以下系统函数，试用几何法由其零极点图粗略地画出系统的幅频响应特性 $\left| H(j\Omega) \right|$，并由此判断系统的特性(低通、高通、带通)。

(1) $H(s) = \dfrac{1}{(s+1)(s+3)}, \mathrm{Re}\{s\} > -1$；　(2) $H(s) = \dfrac{s}{s^2 + s + 1}, \mathrm{Re}\{s\} > -\dfrac{1}{2}$；

(3) $H(s) = \dfrac{s^2}{s^2 + 2s + 1}, \mathrm{Re}\{s\} > -1$。

2.18　试判断下列系统的稳定性和因果性。

(1) $h(t) = e^{3t}\varepsilon(t)$；　　　　　　(2) $h(t) = e^{\alpha t}\varepsilon(t)$　(α 为实数)；

(3) $h(t) = e^{-3t}\varepsilon(1-t)$；　　　　(4) $h(t) = e^{-t}\varepsilon(t+1)$。

2.19　一个线性系统对 $\delta(t-\tau)$ 的响应为 $h_\tau(t) = \varepsilon(t-\tau) - \varepsilon(t-2\tau)$。

(1) 该系统是否为时不变系统？

(2) 该系统是否为因果系统？

习题参考答案

2.1　(1) $y(t) = 3e^{-5t}, \ t \geqslant 0$；(2) $y(t) = 5e^{-2t} - 4e^{-3t}, \ t \geqslant 0$；(3) $y(t) = -(1+t)e^{-2t}, \ t \geqslant 0$。

2.2　$u_C(t) = (1 - e^{-\frac{1}{RC}t})\varepsilon(t) - (1 - e^{-\frac{1}{RC}(t-2)})\varepsilon(t-2)$。

2.3　$u_o(t) = 2(1 + e^{-t}), \ t \geqslant 0$。

2.4　强迫响应为 $y_p(t) = \dfrac{1}{2}e^{-3t}\varepsilon(t)$；自由响应为 $y_c(t) = \dfrac{11}{6}e^{-t} - \dfrac{4}{3}e^{-4t}$；

零输入响应为 $y_{zi}(t) = (\dfrac{5}{3}e^{-t} - \dfrac{2}{3}e^{-4t})\varepsilon(t)$；零状态响应为 $y_{zs}(t) = \dfrac{1}{6}e^{-t} - \dfrac{2}{3}e^{-4t} + \dfrac{1}{2}e^{-3t}$。

2.6　(1) $h(t) = e^{-3t}\varepsilon(t)$;　　　　　　　　(2) $h(t) = \left(\dfrac{1}{3}e^{-t} + \dfrac{2}{3}e^{-4t}\right)\varepsilon(t)$ 。

2.7　(1) $h(t) = L^{-1}[H(s)] = (2e^{-3t} - e^{-2t})\varepsilon(t)$;

(2) $y_{zs}(t) = \left(\dfrac{1}{6} + \dfrac{1}{2}e^{-2t} - \dfrac{2}{3}e^{-3t}\right)\varepsilon(t)$,　$y_{zi}(t) = (4e^{-2t} - 3e^{-3t})\varepsilon(t)$,

$y(t) = y_{zs}(t) + y_{zi}(t) = \left(\dfrac{1}{6} + \dfrac{9}{2}e^{-2t} - \dfrac{11}{3}e^{-3t}\right)\varepsilon(t)$;

(3) $y(0_+) = 1$;　　　　　　　(4) $y_{zs}(0_+) = 0$ 。

2.8　(1) $\dfrac{1}{s}$;　　(2) $\dfrac{1}{s}$;　　(3) $\dfrac{1}{s}$;　　(4) $\dfrac{1}{s+\alpha}$ 。

2.9　(1) $\dfrac{1}{s}(1 - e^{-Ts})$;　(2) $\dfrac{1}{s^2}(1 - e^{-Ts} - Tse^{-Ts})$;　(3) $\dfrac{\alpha}{s(s+\alpha)}$;

(4) $\dfrac{s + \Omega_0}{s^2 + \Omega_0^2}$;　(5) $\dfrac{1}{(s+3)^2}$;　(6) $\dfrac{6s}{(s^2+9)^2}$;

(7) $\dfrac{s+6}{(s+3)^2}$;　(8) $\dfrac{s+3}{s+2}$;　(9) $\dfrac{s+\alpha}{(s+\alpha)^2 + \beta^2}$ 。

2.10　(1) $sX(s)e^{-t_0 s}$;　(2) $\dfrac{1}{3}X(\dfrac{s}{3})e^{-\frac{2}{3}s}$;　(3) $\dfrac{X(s)}{s}e^{-3s}$;　(4) $\dfrac{-X'(s)}{s} + \dfrac{\int_{-\infty}^{0_-}\tau x(\tau)\mathrm{d}\tau}{s}$ 。

2.11　(1) $\dfrac{1}{2}e^{-t}\varepsilon(t)$;　(2) $(1 - e^{-\frac{1}{3}t})\varepsilon(\tau)$;　(3) $e^{-2t}\cos t\varepsilon(t)$;　(4) $e^{-t}\sin t\varepsilon(t)$;

(5) $(1 - 2e^{-\frac{1}{RC}t})\varepsilon(t)$;　(6) $(1 - t + t^2)e^{-t}\varepsilon(t) - e^{-2t}\varepsilon(t)$;　(7) $\delta(t) - 3e^{-5t}\varepsilon(t)$;

(8) $[1 - te^{-(t-1)}]\varepsilon(t-1)$ 。

2.12　$\dfrac{R_2}{R_1 + R_2}E_2(1 - e^{-\frac{t}{\tau_2}})\varepsilon(t) - E_1 e^{-\frac{t}{\tau_2}}\varepsilon(t)$ 。

2.13　(1) $H(s) = \dfrac{U_2(s)}{U_1(s)} = \dfrac{3}{s^2 + 4s + 3}$;　(2) $H(s) = \dfrac{I_2(s)}{I_1(s)} = \dfrac{1}{3s^2 + 6s + 1}$ 。

2.14　$\dfrac{4(s^2 + \dfrac{1}{4})(s+2)}{(s^2 + 2s + \dfrac{5}{4})(s+1)}$, 稳定系统。

2.15　$y(t) = \dfrac{1}{1 - 2RC}[e^{-2t} - e^{-\frac{1}{RC}t}]\varepsilon(t)$ 。

2.16　$h(t) = e^{-5t}\varepsilon(t)$ 。

2.17　(1)低通；(2)带通；(3)高通。

2.18　(1)不稳定的，因果的；(2) $\alpha = 0$ 时：不稳定的，因果的；$\alpha < 0$ 时：稳定的，因果的；$\alpha > 0$ 时：不稳定的，因果的；(3)不稳定的，非因果的；(4)稳定的，非因果的。

2.19　(1)是时变系统；(2)是非因果系统。

第3章　离散时间线性时不变系统的时域和 z 域分析

本章介绍离散时间线性时不变系统的时域和 z 域分析方法，包括 4 节内容，分别是：描述离散时间线性时不变系统的差分方程、离散时间线性时不变系统的响应、z 变换、离散时间线性时不变系统的 z 域分析。通过本章的学习，读者应掌握相关分析方法，为学习后续章节的内容奠定基础。

3.1　描述离散时间线性时不变系统的差分方程

离散时间系统的作用是将输入序列转变为输出序列，即系统的功能是完成输入 $x(n)$ 转变为输出 $y(n)$ 的运算，记为

$$y(n) = T[x(n)] \tag{3-1}$$

离散系统是由延迟、倍乘、相加三种基本运算单元组合在一起构成的。常用的基本运算单元如图 3-1 所示。

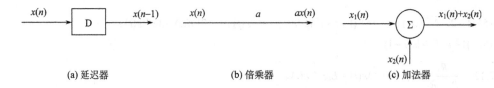

图 3-1　离散时间系统基本运算单元

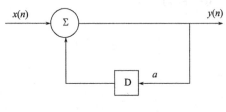

图 3-2　例 3-1 图

由离散时间系统的基本单元可以构成具有不同功能的系统。离散时间系统的输入与输出的关系可用差分方程来描述。

对离散系统，列出系统的差分方程是对其分析的第一步，一般应从加法器的输出端入手列出系统的差分方程。下面给出两个例子。

【例 3-1】　系统框图如图 3-2 所示，写出其差分方程。

解： 根据系统框图，输出 $y(n)$ 由输入 $x(n)$ 与 $ay(n)$ 的一位延迟相加形成，即

$$y(n) = ay(n-1) + x(n)$$

或

$$y(n) - ay(n-1) = x(n)$$

以上方程等式左边由未知序列 $y(n)$ 及其延迟序列 $y(n-1)$ 构成，因为左边各项仅差一个移位间隔，所以该方程是一阶差分方程。

【例 3-2】　已知一个离散时间线性时不变系统如图 3-3 所示，写出系统的差分方程。

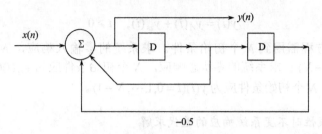

图 3-3　例 3-2 图

解：围绕加法器，利用延迟算子 D 的滞后作用，可方便地写出系统的差分方程为

$$y(n) = y(n-1) - 0.5y(n-2) + x(n)$$

或

$$y(n) - y(n-1) + 0.5y(n-2) = x(n)$$

以上方程等式左边由未知序列 $y(n)$ 及其延迟序列 $y(n-1)$ 和 $y(n-2)$ 构成，因为最高项与最低项之间相差两个移位间隔，所以该方程是二阶差分方程。

线性时不变离散系统的 N 阶差分方程的一般形式为

$$a_0 y(n) + a_1 y(n-1) + \cdots + a_N y(n-N) = b_0 x(n) + b_1 x(n-1) + \cdots + b_M x(n-M) \tag{3-2}$$

可写成

$$\sum_{k=0}^{N} a_k y(n-k) = \sum_{k=0}^{M} b_k x(n-k) \tag{3-3}$$

式中，$a_0, a_1, \cdots, a_N, b_0, b_1, \cdots, b_M$ 为实常数；N 为方程的阶数。

3.2　离散时间线性时不变系统的响应

3.2.1　离散时间线性时不变系统的初始条件与响应的迭代求解

1. 离散时间线性时不变系统的初始条件

差分方程的求解，需要用到系统的初始条件。一般假设系统的激励信号在 $n=0$ 时刻作用于系统，下面考察 $y(n)$ 在 $n=0$ 前后的初始条件情况。

根据线性系统的特性，全响应 $y(n)$ 可以分解为零输入响应 $y_{zi}(n)$ 和零状态响应 $y_{zs}(n)$ 之和，即

$$y(n) = y_{zi}(n) + y_{zs}(n) \tag{3-4}$$

在式 (3-4) 中，以 $n=0$ 为界讨论初始条件，可得

$$y(i) = y_{zi}(i) + y_{zs}(i), \quad i < 0 \tag{3-5}$$

$$y(i) = y_{zi}(i) + y_{zs}(i), \quad i \geqslant 0 \tag{3-6}$$

对于因果系统，由于激励在 $n=0$ 时刻接入，故有 $y_{zs}(i) = 0, i < 0$，因此，式 (3-5)、式 (3-6) 可改写为

$$y(i) = y_{zi}(i), \quad i < 0 \tag{3-7}$$

$$y(i) = y_{zi}(i) + y_{zs}(i), \quad i \geq 0 \tag{3-8}$$

求 N 阶差分方程需用到 N 个初始条件。求系统的零输入响应，N 个初始条件应为 $y_{zi}(i)(i = -1, -2, \cdots, -N)$；求系统的零状态响应，$N$ 个初始条件应为 $y_{zs}(i)(i = 0, 1, \cdots, N-1)$；求系统的全响应，$N$ 个初始条件应为 $y(i)(i = 0, 1, \cdots, N-1)$。

2. 离散时间线性时不变系统响应的迭代求解

差分方程可用迭代法求解。式(3-3)可改写为如下形式：

$$y(n) = -\sum_{k=1}^{N} \frac{a_k}{a_0} y(n-k) + \sum_{k=0}^{M} \frac{b_k}{a_0} x(n-k) \tag{3-9}$$

式中，$a_0 \neq 0$。

对因果系统，在系统输入 $x(n)$ 和系统的初始条件 $y(-1)$，$y(-2)$，$\cdots$，$y(-N)$ 已知的条件下，可通过式(3-9)迭代计算出 $n \geq 0$ 时系统的所有输出 $y(n)$。这种方法概念清楚，也比较简单，适合用计算机编程求解，但无法给出解的解析表达式。

3.2.2　离散时间线性时不变系统的零输入响应

零输入响应是指当系统的激励信号为零时，仅由系统的初始状态作用而产生的响应。由零输入响应的定义，可知零输入响应对应的方程是线性非时变齐次差分方程，即

$$y_{zi}(n) + a_1 y_{zi}(n-1) + \cdots + a_{N-1} y_{zi}(n-N+1) + a_N y_{zi}(n-N) = 0 \tag{3-10}$$

求解该齐次方程需要 N 个初始条件，即 $y_{zi}(i)(i = -1, -2, \cdots, -N)$。

由数学知识可知，该齐次差分方程有 N 个特征根 $\lambda_i(i = 1, 2, \cdots, N)$，假设这 N 个特征根都是单实根，则零输入响应的解有如下形式：

$$y_{zi}(n) = C_{zi1}\lambda_1^n + C_{zi2}\lambda_2^n + \cdots + C_{ziN}\lambda_N^n = \sum_{i=1}^{N} C_{zii}\lambda_i^n \tag{3-11}$$

代入 N 个初始条件 $y_{zi}(i)(i = -1, -2, \cdots, -N)$，即可求出 N 个待定系数 $C_{zii}(i = 1, 2, \cdots, N)$，进而得到系统的零输入响应。

【例 3-3】　若描述某离散时间线性时不变系统的差分方程为

$$y(n) + 3y(n-1) + 2y(n-2) = 0$$

已知初始状态为 $y(-1) = 0, y(-2) = \frac{1}{2}$，试求系统的响应 $y(n)$。

解：无激励时系统的响应 $y(n)$ 为零输入响应 $y_{zi}(n)$。由系统的差分方程可得特征方程为

$$\lambda^2 + 3\lambda + 2 = 0$$

求解得到特征根为 $\lambda_1 = -1, \lambda_2 = -2$。

零输入响应的形式为

$$y_{zi}(n) = C_{zi1}(-1)^n + C_{zi2}(-2)^n$$

代入初始条件 $y_{zi}(-1) = y(-1) = 0$，$y_{zi}(-2) = y(-2) = \frac{1}{2}$，有

$$y_{zi}(-1) = -C_{zi1} - \frac{1}{2}C_{zi2} = 0$$

$$y_{zi}(-2) = C_{zi1} + \frac{1}{4}C_{zi2} = \frac{1}{2}$$

解得 $C_{zi1} = 1$，$C_{zi2} = -2$。故系统的零输入响应为

$$y_{zi}(n) = (-1)^n - 2(-2)^n, \quad n \geqslant 0$$

3.2.3 离散时间线性时不变系统的零状态响应

零状态响应是指当系统的初始状态为零而仅由系统的激励信号所产生的响应。由零状态响应的定义，可知离散时间线性时不变系统零状态响应满足的是线性非时变差分方程，即

$$\begin{aligned} &y_{zs}(n) + a_1 y_{zs}(n-1) + \cdots + a_{N-1} y_{zs}(n-N+1) + a_N y_{zs}(n-N) \\ &= b_0 x(n) + b_1 x(n-1) + \cdots + b_{M-1} x(n-M+1) + b_M x(n-M) \end{aligned} \tag{3-12}$$

求解该方程需要 N 个初始条件，即 $y_{zs}(i)(i = 0,1,\cdots,N-1)$。

由数学知识可知，式(3-12)所示差分方程的解由两部分组成，即齐次解和特解 $y_p(n)$，特解形式与激励信号 $x(n)$ 及特征根有关，如表 3-1 所示。若系统 N 个特征根 $\lambda_i(i = 1,2,\cdots,N)$ 都是单实根，则零状态响应解的形式为

$$y_{zs}(n) = C_{zs1}\lambda_1^n + C_{zs2}\lambda_2^n + \cdots + C_{zsN}\lambda_N^n + y_p(n) = \sum_{i=1}^{N} C_{zsi}\lambda_i^n + y_p(n) \tag{3-13}$$

代入 N 个初始条件 $y_{zs}(i)(i = 0,1,\cdots,N-1)$，即可求出 N 个待定系数 $C_{zsi}(i = 1,2,\cdots,N)$，进而可得到系统的零状态响应。

表 3-1 几种激励函数及所对应的特解形式

激励 $x(n)$	特解 $y_p(n)$	
E（常数）	K	
n^m	$A_0 + A_1 n + \cdots + A_{m-1} n^{m-1} + A_m n^m$	
α^n	$A_0 \alpha^n$	（α 不等于特征根）
	$A_0 \alpha^n + A_1 n \alpha^n$	（α 等于特征单根）
	$A_0 \alpha^n + A_1 n \alpha^n + \cdots + A_{r-1} n^{r-1} \alpha^n + A_r n^r \alpha$	（α 等于 r 重特征根）

【例 3-4】 若描述某离散时间线性时不变系统的差分方程为

$$y(n) + 3y(n-1) + 2y(n-2) = x(n)$$

已知初始状态 $y(-1) = 0, y(-2) = 0$，试求激励 $x(n)$ 为 $\varepsilon(n)$ 时系统的响应 $y(n)$。

解：由于系统的初始状态为零，即 $y(-1) = y(-2) = 0$，激励为 $x(n) = \varepsilon(n)$ 时系统的响应 $y(n)$ 即为零状态响应 $y_{zs}(n)$。由系统差分方程可得特征方程为

$$\lambda^2 + 3\lambda + 2 = 0$$

解得特征根为 $\lambda_1 = -1, \lambda_2 = -2$，可知零状态响应为

$$y_{zs}(n) = C_{zs1}(-1)^n + C_{zs2}(-2)^n + y_p(n), \quad n \geqslant 0$$

由表 3-1 可知特解 $y_p(n) = K$，代入系统方程可求得 $K = \dfrac{1}{6}$，故特解为 $y_p(n) = \dfrac{1}{6}$。零状态响应可写为

$$y_{zs}(n) = C_{zs1}(-1)^n + C_{zs2}(-2)^n + \frac{1}{6}, \quad n \geqslant 0$$

为确定系数 C_{zs1} 和 C_{zs2}，需要知道初始条件 $y_{zs}(0)$ 和 $y_{zs}(1)$，由系统方程可知

$$y_{zs}(n) = -3y_{zs}(n-1) - 2y_{zs}(n-2) + \varepsilon(n)$$

用迭代法可求得

$$y_{zs}(0) = -3y_{zs}(-1) - 2y_{zs}(-2) + \varepsilon(0) = 1$$
$$y_{zs}(1) = -3y_{zs}(0) - 2y_{zs}(-1) + \varepsilon(1) = -2$$

将初始条件代入相关公式，可得

$$y_{zs}(0) = C_{zs1} + C_{zs2} + \frac{1}{6} = 1$$

$$y_{zs}(1) = -C_{zs1} - 2C_{zs2} + \frac{1}{6} = -2$$

解得 $C_{zs1} = -\dfrac{1}{2}, C_{zs2} = \dfrac{4}{3}$，故零状态响应 $y_{zs}(n)$ 为

$$y_{zs}(n) = -\frac{1}{2}(-1)^n + \frac{4}{3}(-2)^n + \frac{1}{6}, \quad n \geqslant 0$$

3.2.4　离散时间线性时不变系统的全响应

全响应可分解为零输入响应加上零状态响应，离散时间线性时不变系统全响应满足的是线性非时变非齐次差分方程，即

$$y(n) + a_1 y(n-1) + \cdots + a_{N-1} y(n-N+1) + a_N y(n-N)$$
$$= b_0 x(n) + b_1 x(n-1) + \cdots + b_{M-1} x(n-M+1) + b_M x(n-M) \tag{3-14}$$

求解该方程需要 N 个初始条件 $y(i)(i = 0,1,\cdots,N-1)$。

式 (3-14) 的解由齐次解和特解两部分组成，若系统 N 个特征根 $\lambda_i(i = 0,1,\cdots,N)$ 都是单实根，则全响应解的形式如下：

$$y(n) = C_1 \lambda_1^n + C_2 \lambda_2^n + \cdots + C_N \lambda_N^n + y_p(n) = \sum_{i=1}^{N} C_i \lambda_i^n + y_p(n) \tag{3-15}$$

代入 N 个初始条件 $y(i)(i = 0,1,\cdots,N-1)$，即可求出 N 个待定系数 $C_i(i = 1,2,\cdots,N)$，进而得到系统的全响应。

系统的全响应满足 $y(n) = y_{zi}(n) + y_{zs}(n)$，将零输入响应和零状态响应解的形式代入可得

$$y(n) = \sum_{i=1}^{N} C_{zii} \lambda_i^n + \sum_{i=1}^{N} C_{zsi} \lambda_i^n + y_p(n) = \sum_{i=1}^{N} (C_{zii} + C_{zsi}) \lambda_i^n + y_p(n) \tag{3-16}$$

比较式 (3-15) 与式 (3-16)，可知 $C_i = C_{zii} + C_{zsi}(i = 1,2,\cdots,N)$。

【例 3-5】　　若描述某离散时间线性时不变系统的差分方程为

$$y(n) + 3y(n-1) + 2y(n-2) = x(n)$$

已知初始状态 $y(-1) = 0, y(-2) = \dfrac{1}{2}$，试求激励 $x(n)$ 为 $\varepsilon(n)$ 时系统的响应 $y(n)$。

解：系统的响应为全响应，可分解为零输入响应加上零状态响应。

由例 3-1 可求得零输入响应为

$$y_{\mathrm{zi}}(n) = (-1)^n - 2(-2)^n, \quad n \geqslant 0$$

由例 3-2 可求得零状态响应为

$$y_{\mathrm{zs}}(n) = -\frac{1}{2}(-1)^n + \frac{4}{3}(-2)^n + \frac{1}{6}, \quad n \geqslant 0$$

全响应等于零输入响应与零状态响应之和，可得

$$y(n) = y_{\mathrm{zi}}(n) + y_{\mathrm{zs}}(n) = \frac{1}{2}(-1)^n - \frac{2}{3}(-2)^n + \frac{1}{6}, \quad n \geqslant 0$$

3.3　z 变 换

3.3.1　z 变换的定义

离散时间信号 $x(n)$ 的双边 z 变换定义为

$$X(z) = \sum_{n=-\infty}^{\infty} x(n) z^{-n} = \cdots + x(-1)z + x(0) + x(1)z^{-1} + \cdots \tag{3-17}$$

其逆变换为

$$x(n) = \frac{1}{\mathrm{j}2\pi} \oint_c X(z) z^{n-1} \mathrm{d}z \tag{3-18}$$

式中，z 为复变量，常写为极坐标形式，即 $z = r\mathrm{e}^{\mathrm{j}\omega}$。

式 (3-17) 和式 (3-18) 给出了双边 z 变换的定义，其中 $\oint_c$ 表示半径为 r 的以原点为中心的封闭圆 c 上逆时针方向环绕一周的积分。

离散时间信号 $x(n)$ 的单边 z 变换定义为

$$X(z) = \sum_{n=0}^{\infty} x(n) z^{-n} = x(0) + x(1)z^{-1} + x(2)z^{-2} + \cdots \tag{3-19}$$

式 (3-19) 表明，序列的单边 z 变换其定义式是复变量 z 的负幂级数，该级数的系数即序列 $x(n)$ 本身。

因果序列是 $n < 0$ 时 $x(n) = 0$ 的序列。对因果序列而言，它的双边 z 变换与单边 z 变换是相同的。

为书写方便，对序列 $x(n)$ 取 z 变换和对 $X(z)$ 取逆 z 变换常常记为

$$\begin{cases} X(z) = Z[x(n)] \\ x(n) = Z^{-1}[X(z)] \end{cases} \tag{3-20}$$

$x(n)$ 与 $X(z)$ 构成一组变换对，它们之间的对应关系可表示为

$$x(n) \leftrightarrow X(z) \tag{3-21}$$

3.3.2　z 变换的收敛域

由 z 变换的定义式可知，z 变换是一个复数项级数。由于 $z = re^{j\omega}$，z 变换的定义式又可以表示为

$$X(z) = \sum_{n=-\infty}^{\infty} x(n)z^{-n} = \sum_{n=-\infty}^{\infty} x(n)(re^{j\omega})^{-n} = \sum_{n=-\infty}^{\infty} [x(n)r^{-n}]e^{-j\omega n} \tag{3-22}$$

只有当 $x(n)r^{-n}$ 符合绝对可和的收敛条件，即 $\sum_{n\to-\infty}^{\infty} |x(n)r^{-n}| < \infty$ 时，$x(n)$ 的 z 变换才有意义。如果给定了具体的序列 $x(n)$，则序列 $x(n)$ 的 z 变换收敛的所有 z 的集合称为 z 变换 $X(z)$ 的收敛域（Region of Convergence，ROC）。

【例 3-6】　试求解下列序列 z 变换的收敛域。

(1)　$x_1(n) = \begin{cases} a^n, & n \geq 0 \\ 0, & n < 0 \end{cases}$；　(2)　$x_2(n) = \begin{cases} 0, & n \geq 0 \\ -a^n, & n < 0 \end{cases}$。

解：（1）根据等比级数的求和方法，可求得序列 $x_1(n)$ 的 z 变换为

$$X_1(z) = \sum_{n=-\infty}^{\infty} x_1(n)z^{-n} = \sum_{n=0}^{\infty} a^n z^{-n} \xrightarrow{|az^{-1}|<1} \frac{1}{1-az^{-1}} = \frac{z}{z-a}$$

$X_1(z)$ 的收敛域为 $|a^{-1}z| < 1$ 或 $|z| > |a|$。

（2）可求得序列 $x_2(n)$ 的 z 变换为

$$X_2(z) = \sum_{n=-\infty}^{\infty} x_2(n)z^{-n} = \sum_{n=-\infty}^{-1} -a^n z^{-n} = 1 - \sum_{n=-\infty}^{0} (az^{-1})^n$$

$$= 1 - \sum_{n=0}^{\infty} (a^{-1}z)^n \xrightarrow{|a^{-1}z|<1} 1 - \frac{1}{1-a^{-1}z} = \frac{z}{z-a}$$

$X_2(z)$ 的收敛域为 $|a^{-1}z| < 1$ 或 $|z| < |a|$。

由例 3-6 可以看出，两个不同的序列，z 变换的表达式完全相同，不同的仅仅是收敛域。由此可见，收敛域对于序列的 z 变换是非常重要的。因此，要描述一个序列的 z 变换，必须包括 z 变换的表达式和 z 变换的收敛域两部分。

在正项级数中，可用比值法或根值法判别级数的收敛性。对于求和 $\sum_{n=0}^{\infty} |a_n|$，有

$$\lim_{x\to\infty} \left| \frac{a_{n+1}}{a_n} \right| = \rho \begin{cases} <1, & 收敛 \\ >1, & 发散 \\ =1, & 不定 \end{cases} \quad 或 \quad \lim_{x\to\infty} \sqrt[n]{|a_n|} = \rho \begin{cases} <1, & 收敛 \\ >1, & 发散 \\ =1, & 不定 \end{cases}$$

1. 有限长序列的收敛域

如果序列 $x(n)$ 在 $n < n_1$ 且 $n > n_2 (n_1 < n_2)$ 时值为 0，则称为有限长序列或有始有终序列。

有限长序列的 z 变换为

$$X(z) = \sum_{n=n_1}^{n_2} x(n)z^{-n}$$

该 z 变换的收敛域为 $0 < |z| < \infty$。序列的左右端点会影响其在 0 和 ∞ 处的收敛情况。当 $n_1 < 0$、$n_2 > 0$ 时，收敛域为 $0 < |z| < \infty$；当 $n_1 < 0$、$n_2 \leqslant 0$ 时，收敛域为 $0 \leqslant |z| < \infty$；当 $n_1 \geqslant 0$、$n_2 > 0$ 时，收敛域为 $0 < |z| \leqslant \infty$。

2. 右边序列的收敛域

如果序列 $x(n)$ 在 $n < n_1$ 时为 0，则称为右边序列或有始无终序列。特别地，如果 $n_1 = 0$，则序列称为因果序列。右边序列的 z 变换为

$$X(z) = \sum_{n=n_1}^{\infty} x(n)z^{-n}$$

根据根值法，若有 $\lim\limits_{n\to\infty} \sqrt[n]{|x(n)z^{-n}|} < 1$，即 $|z| > \lim\limits_{n\to\infty} \sqrt[n]{|x(n)|} = r_1$，则该级数收敛。当 $n_1 \geqslant 0$ 时，收敛域为 $r_1 < |z| \leqslant \infty$；当 $n_1 < 0$ 时，收敛域为 $r_1 < |z| < \infty$。总之，右边序列的收敛域是 z 平面上某个圆外面的区域，如图 3-4(a) 所示，$|z| = r_1$ 称为收敛圆。序列的左端点的具体情况只会影响其 ∞ 处的收敛情况。

3. 左边序列的收敛域

如果序列 $x(n)$ 在 $n > n_2$ 时为 0，则称为左边序列或无始有终序列。特别地，如果 $n_2 = -1$，则序列称为反因果序列。左边序列的 z 变换为

$$X(z) = \sum_{n=-\infty}^{n_2} x(n)z^{-n} = \sum_{n=-n_2}^{\infty} x(-n)z^{n}$$

根据根值法，若有 $\lim\limits_{x\to\infty} \sqrt[n]{|x(-n)z^{n}|} < 1$，即 $|z| < \dfrac{1}{\lim\limits_{x\to\infty} \sqrt[n]{|x(-n)|}} = r_2$，则该级数收敛。当 $n_2 > 0$ 时，收敛域为 $0 < |z| < r_2$；当 $n_2 \leqslant 0$ 时，收敛域为 $0 \leqslant |z| < r_2$。总之，左边序列的收敛域是 z 平面上某个圆圈内部的区域，如图 3-4(b) 所示，$|z| = r_2$ 也称为收敛圆。序列的右端点的具体情况只会影响其原点处的收敛情况。

4. 双边序列的收敛域

如果序列的 $x(n)$ 在整个区间都有定义，则称为双边序列或无始无终序列。双边序列可以看成左边序列和右边序列的组合，其收敛域的求法可以利用上面的结论。双边序列的 z 变换可以表示为

$$X(z) = \sum_{n=-\infty}^{\infty} x(n)z^{-n} = \sum_{n=0}^{\infty} x(n)z^{-n} + \sum_{n=-\infty}^{-1} x(n)z^{-n}$$

若有 $r_1 = \lim\limits_{x \to \infty} \sqrt[n]{|x(n)|}$ 和 $r_2 = \dfrac{1}{\lim\limits_{x \to \infty} \sqrt[n]{|x(-n)|}}$ 存在，且 $r_2 > r_1$，则收敛域为 $r_1 < |z| < r_2$，如图 3-4(c)
所示。如果 $r_2 < r_1$，则收敛域为空集，即该序列的 z 变换不存在。

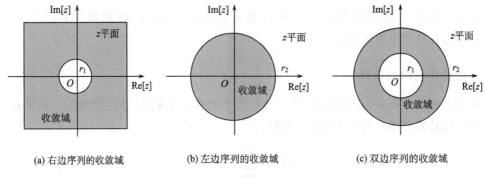

(a) 右边序列的收敛域　　　　(b) 左边序列的收敛域　　　　(c) 双边序列的收敛域

图 3-4　双边 z 变换的收敛域

　　单边 z 变换的收敛域是 z 平面上某个圆外的区域，通常都存在，因此对单边 z 变换可以不用专门给出其收敛域。由于双边 z 变换对非零初始状态系统不适用，故本书后面仅用单边 z 变换。

3.3.3　常用序列的 z 变换

1. 单位脉冲序列

根据单边 z 变换的定义式(3-19)，单位脉冲序列 $\delta(n)$ 的 z 变换为

$$Z[\delta(n)] = \sum_{n=0}^{\infty} \delta(n)z^{-n} = \delta(0)z^0 = 1$$

即

$$\delta(n) \leftrightarrow 1 \tag{3-23}$$

2. 单位阶跃序列

单位阶跃序列 $\varepsilon(n)$ 的 z 变换为

$$Z[\varepsilon(n)] = \sum_{n=0}^{\infty} \varepsilon(n)z^{-n} = \sum_{n=0}^{\infty} z^{-n} = \frac{1}{1-z^{-1}} = \frac{z}{z-1}, \quad |z| > 1$$

即

$$\varepsilon(n) \leftrightarrow \frac{z}{z-1}, \quad |z| > 1 \tag{3-24}$$

3. 单位矩形序列

单位矩形序列用 $R_N(n)$ 表示，定义为

$$R_N(n) = \begin{cases} 1, & 0 \leqslant n \leqslant N-1 \\ 0, & n < 0, n \geqslant N \end{cases} \tag{3-25}$$

图 3-5 所示是单位矩形序列 $R_4(n)$ 。

也可用 $\varepsilon(n)$ 或 $\delta(n)$ 表示 $R_N(n)$ ，即

$$R_N(n) = \varepsilon(n) - \varepsilon(n-N) = \sum_{m=0}^{N-1} \delta(n-m)$$

$R_N(n)$ 的 z 变换为

$$Z[R_N(n)] = \sum_{n=0}^{N-1} z^{-n} = \frac{1-z^{-N}}{1-z^{-1}}, \quad 0 < |z| < \infty$$

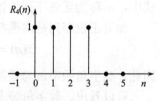

图 3-5　单位矩形序列

即

$$R_N(n) \leftrightarrow \frac{1-z^{-N}}{1-z^{-1}}, \quad 0 < |z| < \infty \tag{3-26}$$

4. 指数序列

1）实指数序列

实指数序列 $x(n) = a^n$ 是包络为指数函数的序列。当 $|a| > 1$ 时，序列发散；当 $|a| < 1$ 时，序列收敛；当 $a < 0$ 时，序列正负摆动。

单边实指数序列 $a^n \varepsilon(n)$ 的 z 变换为

$$Z[a^n \varepsilon(n)] = \sum_{n=0}^{\infty} a^n z^{-n} = \sum_{n=0}^{\infty} (az^{-1})^n, \quad |z| > |a|$$

即

$$a^n \varepsilon(n) \leftrightarrow \frac{z}{z-a}, \quad |z| > |a| \tag{3-27}$$

2）复指数序列

复指数序列为

$$x(n) = e^{(\sigma + j\omega_0)n}$$

式中，ω_0 为数字频率。当 $\sigma = 0$ 时，$x(n)$ 为虚指数序列，虚指数序列是以 2π 为周期的周期序列。

利用单边指数序列的 z 变换，取 $a = e^{j\omega_0}$ ，可以直接得到单边虚指数序列 $x(n) = e^{j\omega_0 n}$ 的 z 变换为

$$Z[e^{j\omega_0 n}] = \frac{z}{z - e^{j\omega_0}}, \quad |z| > |a|$$

即

$$\mathrm{e}^{\mathrm{j}\omega_0 n} \leftrightarrow \frac{z}{z - \mathrm{e}^{\mathrm{j}\omega_0}}, \quad |z| > |a| \tag{3-28}$$

5. 正弦序列

正弦序列表示为

$$x(n) = \sin(\omega n)$$

式中，ω 称为正弦序列的数字角频率，单位是弧度。

如果正弦序列是由模拟信号采样得到的，那么有

$$x(n) = x(t)\big|_{t=nT} = \sin(\Omega t)\big|_{t=nT} = \sin(\Omega nT) = \sin(\omega n)$$

因此，数字角频率 ω 与模拟角频率 Ω 之间的关系为 $\omega = \Omega T$，其中，T 为采样周期。

可以看出，数字角频率 ω 与模拟角频率 Ω 之间为线性关系。正弦序列的 z 变换参看后面的例 3-9。需要指出的是，正弦（余弦）序列不一定是周期序列。

一些常用序列的 z 变换见表 3-2。

表 3-2　常用序列的 z 变换

序号	$x(n)$	$X(z)$	收敛域
1	$\delta(n)$	1	$|z| \geqslant 0$
2	$\varepsilon(n)$	$\dfrac{z}{z-1}$	$|z| > 1$
3	$n\varepsilon(n)$	$\dfrac{z}{(z-1)^2}$	$|z| > 1$
4	$n^2\varepsilon(n)$	$\dfrac{z(z+1)}{(z-1)^3}$	$|z| > 1$
5	$a^n\varepsilon(n)$	$\dfrac{z}{z-a}$	$|z| > |a|$
6	$na^n\varepsilon(n)$	$\dfrac{az}{(z-a)^2}$	$|z| > |a|$
7	$\mathrm{e}^{\alpha n}\varepsilon(n)$	$\dfrac{z}{z-\mathrm{e}^{\alpha}}$	$|z| > \mathrm{e}^{\alpha}$
8	$\mathrm{e}^{\mathrm{j}\omega_0 n}\varepsilon(n)$	$\dfrac{z}{z-\mathrm{e}^{\mathrm{j}\omega_0}}$	$|z| > 1$
9	$\cos(\omega_0 n)\varepsilon(n)$	$\dfrac{z(z-\cos\omega_0)}{z^2 - 2z\cos\omega_0 + 1}$	$|z| > 1$
10	$\sin(\omega_0 n)\varepsilon(n)$	$\dfrac{z\sin\omega_0}{z^2 - 2z\cos\omega_0 + 1}$	$|z| > 1$
11	$\mathrm{e}^{-\alpha n}\cos(\omega_0 n)\varepsilon(n)$	$\dfrac{z(z-\mathrm{e}^{-\alpha}\cos\omega_0)}{z^2 - 2z\mathrm{e}^{-\alpha}\cos\omega_0 + \mathrm{e}^{-2\alpha}}$	$|z| > \mathrm{e}^{-\alpha}$
12	$\mathrm{e}^{-\alpha n}\sin(\omega_0 n)\varepsilon(n)$	$\dfrac{z\mathrm{e}^{-\alpha}\sin\omega_0}{z^2 - 2z\mathrm{e}^{-\alpha}\cos\omega_0 + \mathrm{e}^{-2\alpha}}$	$|z| > \mathrm{e}^{-\alpha}$
13	$Aa^{n-1}\varepsilon(n-1)$	$\dfrac{A}{z-a}$	$|z| > |a|$

一般情况下，序列 $x(n)$ 的 $X(z)$ 是一个有理函数。令 $X(z)$ 分子多项式为 $N(z)$，分母多项式为 $D(z)$，则 $X(z)$ 可以表示为

$$X(z) = \frac{N(z)}{D(z)} = \frac{b_0 + b_1 z^{-1} + \cdots + b_M z^{-M}}{a_0 + a_1 z^{-1} + \cdots + a_N z^{-N}} \tag{3-29}$$

式中，a_i、b_j 为实系数 $(i = 0, 1, 2, \cdots, N; j = 0, 1, 2, \cdots, M)$。

式 (3-29) 中，分母 $D(z) = 0$ 的 N 个根 $p_1, p_2, \cdots, p_N$ 称为 $X(z)$ 的极点，分子 $N(z) = 0$ 的 M 个根 $z_1, z_2, \cdots, z_M$ 称为 $X(z)$ 的零点。在极点处 z 变换不存在，因此收敛域中没有极点，收敛域由极点限定其边界。

【例 3-7】　因果序列的 z 变换为 $X(z) = \dfrac{z^{-1} - 2z^{-2}}{(2 - z^{-1})(1 - 4z^{-1} + 5z^{-2})}$，在 z 平面上绘出 $X(z)$ 的极点和零点，并指出其收敛域。

解：$X(z) = \dfrac{z^{-1} - 2z^{-2}}{(2 - z^{-1})(1 - 4z^{-1} + 5z^{-2})} = \dfrac{z(z - 2)}{(2z - 1)(z^2 - 4z + 5)}$

$X(z)$ 有两个零点，分别为 $z_1 = 0$，$z_2 = 2$；有三个极点，分别为 $p_1 = 0.5$，$p_{2,3} = 2 \pm j$。$X(z)$ 的极零点如图 3-6 所示。由于序列是因果序列，收敛域为某个圆以外的区域，且收敛域内不会有极点，因此离原点最远的极点必然处于收敛域的内边界圆上，收敛域为该圆以外区域，即 $|z| > \sqrt{5}$。

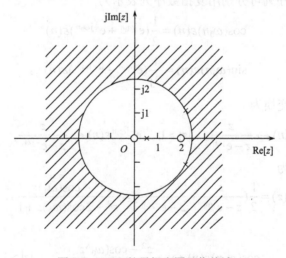

图 3-6　$X(z)$ 的零极点图及收敛域

3.3.4　z 变换的性质

z 变换具有许多性质，这些性质在离散时间系统分析中非常重要。利用这些性质，可以方便地计算许多复杂信号的 z 变换和逆 z 变换，还可以找到 z 域与时域的关系。

1. 线性性质

若 $x_1(n) \leftrightarrow X_1(z), x_2(n) \leftrightarrow X_2(z)$，$a_1$ 和 a_2 为任意常数，则

$$a_1 x_1(n) + a_2 x_2(n) \leftrightarrow a_1 X_1(z) + a_2 X_2(z) \tag{3-30}$$

上述结论容易由 z 变换的定义证明。其收敛域是 $X_1(z)$ 和 $X_2(z)$ 收敛域的重叠部分，因此，该收敛域比单独的 $X_1(z)$ 和 $X_2(z)$ 的收敛域小，但在特殊情况下，不同序列相加后，合成序列 z 变换的收敛域也可能扩大，下面给出一个这样的例子。

【例 3-8】　求序列 $a^n \varepsilon(n) - a^n \varepsilon(n-1)$ 的 z 变换。

解：
$$Z[a^n \varepsilon(n)] = \frac{z}{z-a}, \quad |z| > |a|$$

$$Z[a^n \varepsilon(n-1)] = \sum_{n=1}^{\infty} a^n z^{-1} = \frac{a}{z-a}, \quad |z| > |a|$$

$$Z[a^n \varepsilon(n) - a^n \varepsilon(n-1)] = \frac{z}{z-a} - \frac{a}{z-a} = 1$$

可见，此例中，收敛域由 $|z| > |a|$ 扩展到整个 z 平面。

【例 3-9】　求单边余弦序列 $x_1(n) = \cos(\omega_0 n)\varepsilon(n)$ 和单边正弦序列 $x_2(n) = \sin(\omega_0 n)\varepsilon(n)$ 的 z 变换。

解：余弦和正弦序列可分别用复指数序列表示为

$$\cos(\omega_0 n)\varepsilon(n) = \frac{1}{2}(e^{j\omega_0 n} + e^{-j\omega_0 n})\varepsilon(n)$$

$$\sin(\omega_0 n)\varepsilon(n) = \frac{1}{2j}(e^{j\omega_0 n} - e^{-j\omega_0 n})\varepsilon(n)$$

由于复指数序列的 z 变换为

$$e^{j\omega_0 n}\varepsilon(n) \leftrightarrow \frac{z}{z - e^{j\omega_0}}, \quad |z| > 1; \quad e^{-j\omega_0 n}\varepsilon(n) \leftrightarrow \frac{z}{z - e^{-j\omega_0}}, \quad |z| > 1$$

则余弦序列的 z 变换为

$$X(z) = \frac{1}{2}\left(\frac{z}{z - e^{j\omega_0}} + \frac{z}{z - e^{-j\omega_0}}\right) = \frac{z^2 - \cos(\omega_0)z}{z^2 - 2\cos(\omega_0)z + 1}, \quad |z| > 1$$

即

$$\cos(\omega_0 n)\varepsilon(n) \leftrightarrow \frac{z^2 - \cos(\omega_0)z}{z^2 - 2\cos(\omega_0)z + 1}, \quad |z| > 1$$

同理可求出正弦序列的 z 变换为

$$\sin(\omega_0 n)\varepsilon(n) \leftrightarrow \frac{\sin(\omega_0)z}{z^2 - 2\cos(\omega_0)z + 1}, \quad |z| > 1$$

2. 移位性质

若 $x(n) \leftrightarrow X(z)$，把序列 $x(n)$ 右移 N 位，则右移后的序列 $x(n-N)$ 的 z 变换为

$$x(n-1) \leftrightarrow z^{-1}X(z) + x(-1)$$

$$x(n-2) \leftrightarrow z^{-2}X(z) + x(-1)z^{-1} + x(-2) \tag{3-31}$$

$$x(n-N) \leftrightarrow z^{-N}X(z) + x(-1)z^{-(N-1)} + x(-2)z^{-(N-2)} + \cdots + x(-N)$$

证明： 由单边 z 变换的定义式，可得

$$Z[x(n-N)] = \sum_{n=0}^{\infty} x(n-N)z^{-n} = \sum_{n=0}^{N-1} x(n-N)z^{-n} + \sum_{n=N}^{\infty} x(n-N)z^{-n}$$

令上式第二项中 $n-N=m$ ，有

$$\sum_{n=N}^{\infty} x(n-N)z^{-n} = z^{-N} \sum_{n=N}^{\infty} x(n-N)z^{-(n-N)} = z^{-N} \sum_{n=0}^{\infty} x(m)z^{-m} = z^{-N}X(z)$$

故有

$$Z[x(n-N)] = z^{-N}X(z) + \sum_{n=0}^{N-1} x(n-N)z^{-n}$$

$$= z^{-N}X(z) + x(-1)z^{-(N-1)} + x(-2)z^{-(N-2)} + \cdots + x(-N)$$

对因果序列，因 $n<0$ 时序列的值为零，故有

$$x(n-N) \leftrightarrow z^{-N}X(z) \tag{3-32}$$

例如

$$x(n-1) \leftrightarrow z^{-1}X(z)$$

$$x(n-2) \leftrightarrow z^{-2}X(z)$$

利用此性质，可以把时域的差分方程变换为 z 域的代数方程，大大简化了计算过程。

【**例 3-10**】　已知 $\delta(n) \leftrightarrow 1$ ，利用移位性质求 $\varepsilon(n)$ 和 $\varepsilon(n-1)$ 的 z 变换。

　解： 单位样值序列 $\delta(n)$ 与单位阶跃序列 $\varepsilon(n)$ 的关系为

$$\delta(n) = \varepsilon(n) - \varepsilon(n-1)$$

对上式两边取 z 变换，由于 $\delta(n) \leftrightarrow 1$ ， $\varepsilon(n-1) \leftrightarrow z^{-1}Z[\varepsilon(n)]$ ，故有

$$(1-z^{-1})Z[\varepsilon(n)] = 1$$

则

$$Z[\varepsilon(n)] = \frac{1}{1-z^{-1}} = \frac{z}{z-1}$$

根据移位性质知， $\varepsilon(n-1)$ 的 z 变换为

$$Z[\varepsilon(n-1)] = z^{-1}Z[\varepsilon(n)] = \frac{1}{z-1}$$

3. z 域微分性质

　若 $x(n) \leftrightarrow X(z)$ ，则

$$nx(n) \leftrightarrow -z\frac{\mathrm{d}}{\mathrm{d}z}X(z) \tag{3-33}$$

证明： 由于

$$X(z) = \sum_{n=0}^{\infty} x(n) z^{-n}$$

将等式两端对 z 取导数，得

$$\frac{\mathrm{d}X(z)}{\mathrm{d}z} = \frac{\mathrm{d}}{\mathrm{d}z} \sum_{n=0}^{\infty} x(n) z^{-n} = \sum_{n=0}^{\infty} x(n) \frac{\mathrm{d}}{\mathrm{d}z} z^{-n} = -z^{-1} \sum_{n=0}^{\infty} n x(n) z^{-n} = -z^{-1} Z[n x(n)]$$

所以

$$Z[n x(n)] = -z \frac{\mathrm{d}}{\mathrm{d}z} X(z)$$

【例 3-11】　已知 $X(z) = Z[a^n \varepsilon(n)] = \dfrac{z}{z-a}$，求序列 $n a^n \varepsilon(n)$ 的 z 变换。

解：利用 z 域微分性质可得

$$Z[n a^n \varepsilon(n)] = -z \frac{\mathrm{d}}{\mathrm{d}z} X(z) = -z \times \frac{-a}{(z-a)^2} = \frac{az}{(z-a)^2}$$

当 $a = 1$ 时，$n a^n \varepsilon(n)$ 即为斜变序列 $r(n) = n \varepsilon(n)$，因此 $r(n)$ 的 z 变换为

$$Z[r(n)] = \frac{z}{(z-1)^2}$$

4. z 域尺度变换

若 $x(n) \leftrightarrow X(z)$，则

$$a^n x(n) \leftrightarrow X\left(\frac{z}{a}\right) \tag{3-34}$$

式中，a 为非零复常数。

证明：

$$Z[a^n x(n)] = \sum_{n=0}^{\infty} a^n x(n) z^{-n} = \sum_{n=0}^{\infty} x(n) \left(\frac{z}{a}\right)^{-n} = X\left(\frac{z}{a}\right)$$

同理可得

$$a^{-n} x(n) \leftrightarrow X(az)$$
$$(-1)^n x(n) \leftrightarrow X(-z)$$

5. 时域卷积定理

若 $x(n)$ 和 $h(n)$ 均为因果序列，$x(n) \leftrightarrow X(z)$，$h(n) \leftrightarrow H(z)$，则

$$x(n) * h(n) \leftrightarrow X(z) H(z) \tag{3-35}$$

证明：两个因果序列的卷积定义为

$$x(n) * h(n) = \sum_{n=0}^{\infty} x(m) h(n-m)$$

由 z 变换定义和卷积公式有

$$
\begin{aligned}
Z[x(n)*h(n)] &= \sum_{n=0}^{\infty}[x(n)*h(n)]z^{-n} = \sum_{n=0}^{\infty}\sum_{m=0}^{\infty}x(m)h(n-m)z^{-n} \\
&= \sum_{m=0}^{\infty}x(m)[\sum_{n=0}^{\infty}h(n-m)z^{-n}] \\
&= \sum_{m=0}^{\infty}x(m)z^{-m}H(z) \\
&= X(z)H(z)
\end{aligned}
$$

可利用卷积定理求解离散时间系统的零状态响应，把时域的卷积计算通过 z 交换转化为 z 域的乘积计算。关于卷积的概念详见第 5 章。

3.3.5　逆 z 变换

单边逆 z 变换的计算公式为

$$x(n) = \frac{1}{\mathrm{j}2\pi}\oint_c X(z)z^{n-1}\mathrm{d}z, \quad n \geqslant 0 \tag{3-36}$$

式中，c 是在 $X(z)$ 的收敛域中逆时针（正向）围绕原点的闭合曲线，如图 3-7 所示。式(3-36)涉及复变函数积分，直接计算比较复杂。

一些典型离散时间信号的 z 变换 $X(z)$ 可以通过查表得到。对于不能在 z 变换表中直接查到形式的 $X(z)$，可以采用幂级数展开法、部分分式展开法来计算逆 z 变换。

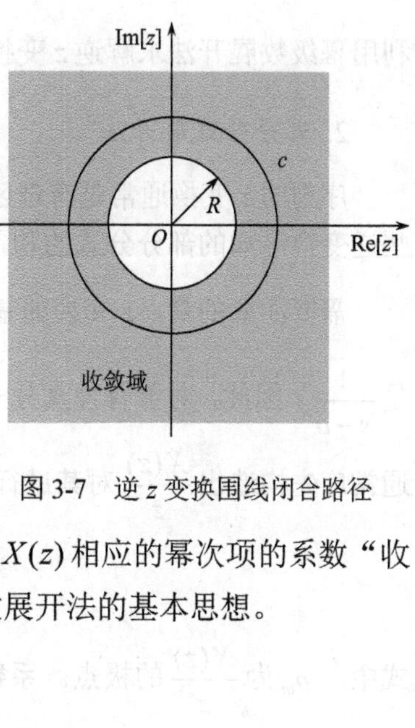

图 3-7　逆 z 变换围线闭合路径

1. 幂级数展开法（长除法）

根据单边 z 变换的定义 $X(z) = \sum_{n=0}^{\infty}x(n)z^{-n}$，序列 $x(n)$ 的 z 变换实际上可以视为 z^{-1} 的幂级数。也就是说，把 $X(z)$ 相应的幂次项的系数"收集"起来，就组成了 z 变换对应的序列，这就是所谓幂级数展开法的基本思想。

【例 3-12】　设 $X(z) = 3z^{-1} + 5z^{-3} - 2z^{-4}$，求 $x(n)$。

解：$x(n)$ 为移位样值序列的和，由下式给出：

$$x(n) = 3\delta(n-1) + 5\delta(n-3) - 2\delta(n-4)$$

该序列也可表示为

$$x(n) = \{n = 0, 3, 0, 5, -2\}$$

一般情况下，序列的 z 变换 $X(z)$ 通常可以表示为如下形式的有理函数：

$$X(z) = \frac{N(z)}{D(z)} = \frac{b_0 + b_1 z^{-1} + \cdots + b_M z^{-M}}{a_0 + a_1 z^{-1} + \cdots + a_N z^{-N}} \tag{3-37}$$

式中，a_i、b_j 为实系数 $(i = 0,1,\cdots,N; j = 0,1,\cdots,M)$。

如果 $X(z)$ 的收敛域是 $|z| > r_1$，即 $x(n)$ 是因果序列，则 $N(z)$ 和 $D(z)$ 要按 z 的降幂（或 z^{-1}

的升幂)次序进行排列。当 $X(z)$ 的分子的次数 M 小于等于分母的次数 N 时，用长除法将分子除以分母可得 z 的负幂级数，进而可求得 $x(n)$ 。

【例 3-13】 求 $X(z) = \dfrac{5z^{-1}}{1 - 3z^{-1} + 2z^{-2}}$ 的逆 z 变换。

解： 将 $X(z)$ 的分子和分母按 z 的降幂排列，用长除法有

$$
\begin{array}{r}
5z^{-1} + 15z^{-2} + 35z^{-3} + \cdots \\
1 - 3z^{-1} + 2z^{-2} \overline{\smash{\big)}\, 5z^{-1} } \\
\underline{5z^{-1} - 15z^{-2} + 10z^{-3}} \\
15z^{-2} - 10z^{-3} \\
\underline{15z^{-2} - 45z^{-3} + 30z^{-4}} \\
35z^{-3} - 30z^{-4} \\
\cdots
\end{array}
$$

则

$$X(z) = 5z^{-1} + 15z^{-2} + 35z^{-3} + \cdots$$

$$x(n) = \{0, 5, 15, 35, \cdots\}$$

利用幂级数展开法求解逆 z 变换，方法比较直观和简单，但有时难以归纳出 $x(n)$ 的闭式解。

2. 部分分式展开法

序列的 z 变换通常是有理函数，与求拉普拉斯反变换做法类似，也可将 $X(z)$ 展开为一些逆变换已知的部分分式的和，分别求出各部分分式的逆变换，然后再相加，即可得到 $x(n)$ 。

需要注意的是，z 变换的基本形式为 $\dfrac{z}{z-a}$ ，它对应于 a^n ，而拉普拉斯变换的基本形式是 $\dfrac{1}{s-a}$ 。因此，对于有理真分式 $X(z)$ ，在利用部分分式法求有理真分式 $X(z)$ 的逆变换时，通常应先构造出 $\dfrac{X(z)}{z}$ 对其进行部分分式展开，即首先得到

$$\frac{X(z)}{z} = \sum_{m=1}^{N} \frac{A_m}{z - p_m} \tag{3-38}$$

式中，p_m 为 $\dfrac{X(z)}{z}$ 的极点。系数 A_m 的求解式为

$$A_m = \left[(z - p_m) \frac{X(z)}{z} \right] \Big|_{z = p_m} \tag{3-39}$$

然后将式(3-38)两边同乘以 z 。这样对于具有一阶极点的 $X(z)$ ，便可展开成 $\dfrac{z}{z-a}$ 的求和形式：

$$X(z) = \sum_{m=1}^{N} \frac{A_m z}{z - p_m} \tag{3-40}$$

取逆变换得

$$x(n) = \sum_{m=1}^{N} A_m (p_m)^n \varepsilon(n) \qquad (3\text{-}41)$$

【例 3-14】　用部分分式法求 $X(z) = \dfrac{0.6z^{-2}}{1 - 0.5z^{-1} + 0.06z^{-2}}$ 的逆 z 变换。

解： 先把 $X(z)$ 写成 z 的正幂形式：

$$X(z) = \frac{0.6z^{-2}}{1 - 0.5z^{-1} + 0.06z^{-2}} = \frac{0.6}{z^2 - 0.5z + 0.06}$$

对 $\dfrac{X(z)}{z}$ 进行部分分式展开：

$$\frac{X(z)}{z} = \frac{0.6}{z(z^2 - 0.5z + 0.06)} = \frac{0.6}{z(z-0.2)(z-0.3)} = \frac{A_1}{z} + \frac{A_2}{z-0.2} + \frac{A_3}{z-0.3}$$

式中

$$A_1 = \left[z \frac{X(z)}{z} \right]_{z=0} = 10$$

$$A_2 = \left[(z-0.2) \frac{X(z)}{z} \right]_{z=0.2} = \frac{0.6}{z(z-0.3)} \bigg|_{z=0.2} = -30$$

$$A_3 = \left[(z-0.3) \frac{X(z)}{z} \right]_{z=0.3} = \frac{0.6}{z(z-0.2)} \bigg|_{z=0.3} = 20$$

所以

$$X(z) = 10 - \frac{30z}{z-0.2} + \frac{20z}{z-0.3}$$

取逆变换，得

$$x(n) = 10\delta(n) - 30(0.2)^n \varepsilon(n) + 20(0.3)^n \varepsilon(n)$$

3.4　离散时间线性时不变系统的 z 域分析

3.4.1　利用 z 变换求解差分方程

利用 z 变换求离散时间 LTI 系统响应，能够把时域差分方程变换成 z 域的代数方程，给运算带来方便。

离散时间 LTI 系统在时域中可以用 N 阶常系数线性差分方程来描述，如式 (3-3) 所示，重写如下：

$$\sum_{k=0}^{N} a_k y(n-k) = \sum_{k=0}^{M} b_k x(n-k) \qquad (3\text{-}42)$$

对式 (3-42) 应用单边 z 变换，有

$$\sum_{k=0}^{N} a_k z^{-k} \left[Y(z) + \sum_{n=-k}^{-1} y(n)z^{-n} \right] = \sum_{k=0}^{M} b_k X(z) z^{-k} \qquad (3\text{-}43)$$

响应为

$$Y(z) = \frac{\sum\limits_{k=0}^{M} b_k z^{-k}}{\sum\limits_{k=0}^{N} a_k z^{-k}} X(z) - \frac{\sum\limits_{k=0}^{N} a_k z^{-k} \left[\sum\limits_{n=-k}^{-1} y(n) z^{-n} \right]}{\sum\limits_{k=0}^{N} a_k z^{-k}} \qquad (3\text{-}44)$$

式 (3-44) 等号右边第一项与初始条件无关，对应的是零状态响应 $Y_{zs}(z)$；等号右边第二项与输入信号无关，对应的是零输入响应 $Y_{zi}(z)$。可见，用 z 变换求解差分方程可以自动地分离出零输入响应解和零状态响应解。对 $Y_{zs}(z)$、$Y_{zi}(z)$ 和 $Y(z)$ 作逆 z 变换即可求得系统响应的时域表示式，即

$$y_{zi}(n) = Z^{-1}\{Y_{zi}(z)\}$$

$$y_{zs}(n) = Z^{-1}\{Y_{zs}(z)\}$$

$$y(n) = Z^{-1}\{Y(z)\} = Z^{-1}\{Y_{zi}(z)\} + Z^{-1}\{Y_{zs}(z)\} = y_{zi}(n) + y_{zs}(n)$$

【例 3-15】　描述离散时间 LTI 系统的差分方程为

$$y(n) - y(n-1) - 2y(n-2) = x(n) + 2x(n-2)$$

已知 $y(-1) = 2$，$y(-2) = -\dfrac{1}{2}$，$x(n) = \varepsilon(n)$，求该系统的零输入响应、零状态响应和全响应。

解：对因果系统，应用单边 z 变换，得

$$Y(z) - [z^{-1}Y(z) + y(-1)] - 2[z^{-2}Y(z) + y(-2) + z^{-1}y(-2)] = X(z) + 2z^{-2}X(z)$$

由此可得

$$
\begin{aligned}
Y(z) &= \frac{[y(-1) + 2y(-2)] + 2y(-1)z^{-1}}{1 - z^{-1} - 2z^{-2}} + \frac{1 + 2z^{-2}}{1 - z^{-1} - 2z^{-2}} X(z) \\
&= \frac{[y(-1) + 2y(-2)]z^2 + 2y(-1)z}{z^2 - z - 2} + \frac{z^2 + 2}{z^2 - z - 2} X(z) \\
&= \frac{z^2 + 4z}{z^2 - z - 2} + \frac{z^2 + 2}{z^2 - z - 2} \times \frac{z}{z - 1} = Y_{zi}(z) + Y_{zs}(z)
\end{aligned}
$$

应用部分分式展开法，得

$$Y_{zi}(z) = \frac{z^2 + 4z}{z^2 - z - 2} = \frac{2z}{z - 2} - \frac{z}{z + 1}$$

$$Y_{zs}(z) = \frac{z^2 + 2}{z^2 - z - 2} \times \frac{z}{z - 1} = \frac{2z}{z - 2} + \frac{1}{2}\frac{z}{z + 1} - \frac{3}{2}\frac{z}{z - 1}$$

作逆变换，可得系统的零输入响应、零状态响应分别为

$$y_{zi}(n) = [2(2)^n - (-1)^n]\varepsilon(n)$$

$$y_{zs}(n) = \left[2(2)^n + \frac{1}{2}(-1)^n - \frac{3}{2}\right]\varepsilon(n)$$

所以，系统的全响应为

$$y(n) = [4(2)^n - \frac{1}{2}(-1)^n - \frac{3}{2}]\varepsilon(n)$$

3.4.2　系统函数与单位脉冲响应

离散时间 LTI 系统的系统函数定义为零状态响应的 z 变换 $Y_{zs}(z)$ 与激励的 z 变换 $X(z)$ 之比，用 $H(z)$ 表示，即

$$H(z) = \frac{Y_{zs}(z)}{X(z)}$$

在零状态条件下，对式(3-42)进行 z 变换，可得

$$\sum_{i=0}^{N} a_i z^{-i} Y_{zs}(z) = \sum_{i=0}^{M} b_i z^{-i} X(z) \tag{3-45}$$

式(3-45)描述了离散时间 LTI 系统在 z 域的输入与输出关系。设 $a_0 = 1$，由式(3-45)可得

$$H(z) = \frac{Y_{zs}(z)}{X(z)} = \frac{\displaystyle\sum_{i=0}^{M} b_i z^{-i}}{1 + \displaystyle\sum_{i=1}^{N} a_i z^{-i}} \tag{3-46}$$

由式(3-46)可知系统函数 $H(z)$ 与系统的输入及输出无关，只与系统本身的特性有关。

若两个系统的系统函数分别为 $H_1(z)$、$H_2(z)$，则两个系统级联或并联的系统函数分别为

$$H(z) = H_1(z)H_1(z) \quad \text{或} \quad H(z) = H_1(z) + H_1(z)$$

多个系统级联或并联的系统函数为

$$H(z) = \prod_{i=1}^{n} H_i(z) \quad \text{或} \quad H(z) = \sum_{i=1}^{n} H_i(z)$$

单位脉冲响应定义为当激励为单位脉冲序列时系统所产生的零状态响应，用 $h(n)$ 表示。

单位脉冲序列的 z 变换为 $X(z) = Z[x(n)] = Z[\delta(n)] = 1$，则系统的单位脉冲响应为

$$h(n) = L^{-1}[H(z)X(z)] = L^{-1}[H(z)] \tag{3-47}$$

可见，单位脉冲响应是系统函数的逆 z 变换。由此可知，对系统函数求逆 z 变换可得到单位脉冲响应，或对单位脉冲响应求 z 变换可得到系统函数。

【例 3-16】　描述某离散时间 LTI 系统的差分方程为

$$y(n) + 2y(n-1) - 3y(n-2) = x(n) + 2x(n-1)$$

求系统的系统函数和单位脉冲响应。

解：系统函数对应的初始状态为零。对方程两边取 z 变换，有

$$Y_{zs}(z) + 2z^{-1}Y_{zs}(z) - 3z^{-2}Y_{zs}(z) = X(z) + 2z^{-1}X(z)$$

可得系统函数为

$$H(z) = \frac{Y_{zs}(z)}{X(z)} = \frac{1 + 2z^{-1}}{1 + 2z^{-1} - 3z^{-2}} = \frac{z^2 + 2z}{z^2 + 2z - 3}$$

将上式展开为部分分式，得

$$H(z) = \frac{z^2 + 2z}{(z - 1)(z + 3)} = \frac{\frac{3}{4}z}{z - 1} + \frac{\frac{1}{4}z}{z + 3}$$

取逆变换，可得单位脉冲响应为

$$h(n) = \left[\frac{3}{4} + \frac{1}{4}(-3)^n \right] \varepsilon(n)$$

3.4.3　系统的稳定性

对于一个线性系统，如果对任意的有界输入，系统的零状态响应是有界的，则称系统是有界输入、有界输出的稳定系统。因果稳定系统的极点全部在单位圆内部。

下面不加证明地给出系统稳定性的时域或 z 域判别法。

1）系统稳定性的时域判别法

若系统的单位脉冲响应绝对可和，即 $\sum\limits_{n=-\infty}^{\infty} |h(n)| < \infty$，则系统是稳定的。

2）系统稳定性的 z 域判别法

若系统函数 $H(z)$ 的收敛域包含单位圆，则系统是稳定的。

3.5　复合系统的连接及系统函数

与连续系统一样，离散系统的连接方式也多种多样，基本形式为级联和并联两种。

两个系统的级联（串联）如图 3-8 所示。若系统 1 的系统函数为 $H_1(z)$，系统 2 的系统函数为 $H_2(z)$，则复合系统的系统函数为 $H(z) = H_1(z)H_2(z)$。

图 3-8　系统的级联（串联）

两个系统的并联如图 3-9 所示，若系统 1 的系统函数为 $H_1(z)$，系统 2 的系统函数为 $H_2(z)$，则复合系统的系统函数为 $H(z) = H_1(z) + H_2(z)$。

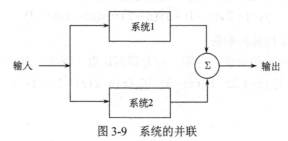

图 3-9　系统的并联

习　题

3.1　离散时间线性时不变系统如题图 3.1 所示，写出系统的差分方程。

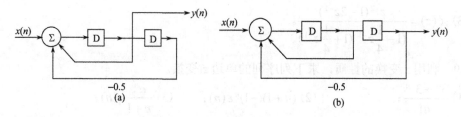

题图 3.1

3.2　求下列离散系统的零输入响应。

(1) $y(n) + \dfrac{5}{6}y(n-1) + \dfrac{1}{6}y(n-2) = 0$, $y(-1) = 1$，$y(-2) = 2$；

(2) $y(n) - 4y(n-1) + 4y(n-2) = 0$, $y(-1) = 1$，$y(-2) = 1$。

3.3　下列离散系统的输入为 $x(n) = \varepsilon(n)$，试求系统的零状态响应。

(1) $y(n) - \dfrac{1}{3}y(n-1) = x(n)$；　　　　(2) $y(n) - \dfrac{1}{4}y(n-2) = x(n)$；

(3) $6y(n) + 5y(n-1) + y(n-2) = x(n) + x(n-1)$。

3.4　求下列离散系统的全响应。

(1) $y(n) + \dfrac{1}{2}y(n-1) = 2^n \varepsilon(n)$，$y(-1) = 1$；

(2) $y(n) + 2y(n-1) + y(n-2) = \varepsilon(n)$，$y(-1) = 1$，$y(-2) = 1$。

3.5　求下列函数的 z 变换及其收敛域。

(1) $(0.2)^n \varepsilon(n)$；　　(2) $e^{j\omega_0 n}\varepsilon(n)$；　　(3) $\cos(\omega_0 n)\varepsilon(n)$；　　(4) $\left(\dfrac{1}{5}\right)^n \varepsilon(n-3)$。

3.6　求下列信号的单边 z 变换 $X(z)$，并注明收敛域。

(1) $\left(\dfrac{1}{2}\right)^{|n|}$；　　　　　　　　　(2) $\left(\dfrac{1}{2}\right)^n \varepsilon(-n+N)$，$N > 0$；

(3) $2^n \varepsilon(n) + \delta(n)$；　　　　　(4) $\delta(n+3) + \delta(n-1)$。

3.7　已知序列 $x(n) = \begin{cases} \left(\dfrac{1}{3}\right)^n \cos\left(\dfrac{\pi}{4}n\right), & n \leqslant 0 \\ 0, & n > 0 \end{cases}$，求序列的 z 变换及其收敛域，并确定 $X(z)$ 的极点。

3.8　试根据所给的 $X(z)$ 的表达式，确定各 $X(z)$ 在 z 平面上有限值零点的个数及其无穷远处零点的个数。

(1) $X(z) = \dfrac{z^{-1}(1-\dfrac{1}{2}z^{-1})}{(1-\dfrac{1}{3}z^{-1})(1-\dfrac{1}{4}z^{-1})}$；　(2) $X(z) = \dfrac{(1-z^{-1})(1-2z^{-1})}{(1-3z^{-1})(1-4z^{-1})}$；

(3) $X(z) = \dfrac{z^{-2}(1-2z^{-1})}{(1-\dfrac{1}{4}z^{-1})(1+\dfrac{1}{4}z^{-1})}$。

3.9　利用 z 变换的性质，求下列序列的单边 z 变换。

(1) $\dfrac{3^n+3^{-n}}{n!}$；　　　　(2) $(n+1)(-1)^n\varepsilon(n)$；　　(3) $\dfrac{a^n}{n+1}\varepsilon(n)$；

(4) $\dfrac{1}{(n+1)(n+2)}\varepsilon(n)$；　(5) $\sum_{i=0}^{n}a^i b^i$；　　　　(6) $a^n\sum_{i=0}^{n}b^i$。

3.10　假设 $x(n)$ 的变换的代数表达式为 $X(z) = \dfrac{1-\dfrac{1}{4}z^{-2}}{(1+\dfrac{1}{4}z^{-2})(1+\dfrac{5}{4}z^{-1}+\dfrac{3}{8}z^{-2})}$，试问该 z 变换可能有几种不同的收敛域？

3.11　求下列 $X(z)$ 的逆变换。

(1) $X(z) = \dfrac{1}{1+\dfrac{1}{3}z^{-1}}$，　$|z|>\dfrac{1}{3}$；　(2) $X(z) = \dfrac{1-\dfrac{1}{2}z^{-1}}{1-\dfrac{1}{4}z^{-2}}$，　$|z|>\dfrac{1}{2}$；

(3) $X(z) = \dfrac{z^2}{(z-\dfrac{1}{2})(z-\dfrac{1}{3})}$，　$|z|>\dfrac{1}{2}$。

3.12　求下列 $X(z)$ 的逆变换。

(1) $X(z) = \dfrac{1-\dfrac{1}{3}z^{-1}}{(1-z^{-1})(1+2z^{-1})}$，$|z|>2$；　(2) $X(z) = \dfrac{1}{1024}\left[\dfrac{1024-z^{-10}}{1-\dfrac{1}{2}z^{-1}}\right]$，$|z|>0$。

3.13　用单边 z 变换求解下列差分方程的系统函数 $H(z)$ 和全响应。

$$y(n+2)+\dfrac{5}{6}y(n+1)+\dfrac{1}{6}y(n)=\varepsilon(n)，\quad y(0)=1，\quad y(1)=2。$$

3.14　系统结构如题图 3.14 所示。

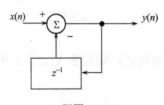

题图 3.14

(1) 求该系统的系统函数 $H(z)$ 和单位脉冲响应 $h(n)$；

(2) 若激励为 $x(n) = \left(\dfrac{1}{3}\right)^n \varepsilon(n)$，求输出 $y(n)$。

3.15　因果稳定系统的差分方程为 $y(n) - \dfrac{1}{6} y(n-1) - \dfrac{1}{6} y(n-2) = x(n)$。

(1) 求系统函数 $H(z)$；

(2) 求系统的单位脉冲响应 $h(n)$。

3.16　离散时间系统的差分方程为 $y(n) + \dfrac{3}{4} y(n-1) + \dfrac{1}{8} y(n-2) = x(n) + x(n-1)$，求系统函数 $H(z)$ 和单位脉冲响应 $h(n)$。

3.17　试判断下列系统的稳定性和因果性。

(1) $h(n) = \left(-\dfrac{1}{2}\right)^n \varepsilon(n)$；　(2) $h(n) = \varepsilon(n+1)$；　(3) $h(n) = (0.99)^n \varepsilon(n+1)$；

(4) $h(n) = 2^n \varepsilon(n-2)$。

3.18　系统的差分方程给定如下，试判定系统是否是因果、稳定的，并说明理由。

(1) $y(n) = \dfrac{1}{N} \sum\limits_{k=0}^{N-1} x(n-k)$；　(2) $y(n) = x(n) + x(n+1)$；

(3) $y(n) = x(n+n_0)$。

习题参考答案

3.1　(a) $y(n+1) - y(n) + 0.5 y(n-1) = x(n)$ 或 $y(n) - y(n-1) + 0.5 y(n-2) = x(n-1)$；

(b) $y(n+2) - y(n+1) + 0.5 y(n) = x(n)$ 或 $y(n) - y(n-1) + 0.5 y(n-2) = x(n-2)$。

3.2　(1) $y(n) = \dfrac{4}{3}\left(-\dfrac{1}{3}\right)^n - \dfrac{5}{2}\left(-\dfrac{1}{2}\right)^n$，$n \geqslant 0$；　(2) $y(n) = -n \cdot 2^{n+1}$，$n \geqslant 0$。

3.3　(1) $\left[\dfrac{3}{2} - \dfrac{1}{2}\left(\dfrac{1}{3}\right)^n\right] \varepsilon(n)$；　(2) $\left[\dfrac{4}{3} - \dfrac{1}{2}\left(\dfrac{1}{2}\right)^n + \left(\dfrac{1}{6}\right)\left(-\dfrac{1}{2}\right)^n\right] \varepsilon(n)$；

(3) $\dfrac{1}{6}\left[1 + \left(-\dfrac{1}{3}\right)^n - \left(\dfrac{-1}{2}\right)^n\right] \varepsilon(n)$。

3.4　(1) $y(n) = \dfrac{4}{5} \cdot 2^n - \dfrac{3}{10}\left(-\dfrac{1}{2}\right)^n$，$n \geqslant 0$；　(2) $y(n) = \dfrac{1}{4} - \left(\dfrac{9}{4} + \dfrac{3}{2} n\right)(-1)^n$，$n \geqslant 0$。

3.5　(1) $\dfrac{z}{z-0.2}$，$|z| > 0.2$；　(2) $\dfrac{1}{1 - \mathrm{e}^{\mathrm{j}\omega_0} z^{-1}}$，$|z| > \mathrm{e}^{\mathrm{j}\omega_0}$；

(3) $\dfrac{1 - z^{-1}\cos\omega_0}{1 - 2z^{-1}\cos\omega_0 + z^{-2}}$，$|z| > 1$；　(4) $\dfrac{\dfrac{1}{125} z^{-3}}{1 - \dfrac{1}{5} z^{-1}}$，$|z| > \dfrac{1}{5}$。

3.6　(1) $\dfrac{z}{z - \dfrac{1}{2}}$，$|z| > \dfrac{1}{2}$；　　(2) $\dfrac{1 - (2z)^{-N-1}}{1 - \dfrac{1}{2} z^{-1}}$，$|z| \neq 0$；

(3) $\dfrac{2z-2}{z-2}$, $|z|>2$；　　　　　　　　(4) z^{-1}, $|z|\neq 0$。

3.7　$-\dfrac{1}{2}\left(\dfrac{\frac{1}{3}\mathrm{e}^{\mathrm{j}\frac{\pi}{4}}}{z-\frac{1}{3}\mathrm{e}^{\mathrm{j}\frac{\pi}{4}}}+\dfrac{\frac{1}{3}\mathrm{e}^{-\mathrm{j}\frac{\pi}{4}}}{z-\frac{1}{3}\mathrm{e}^{-\mathrm{j}\frac{\pi}{4}}}\right)$，两个极点为 $z_1=\dfrac{1}{3}\mathrm{e}^{\mathrm{j}\frac{\pi}{4}}$，$z_2=\dfrac{1}{3}\mathrm{e}^{-\mathrm{j}\frac{\pi}{4}}$，收敛域 $|z|<\dfrac{1}{3}$。

3.8　(1)有限值零点的个数为 1，在无穷远处的零点个数也为 1；(2)有两个有限值零点，在无穷远处无零点；(3)有 1 个有限值零点，在无穷远处有两个零点。

3.9　(1) $\mathrm{e}^{\frac{3}{z}}+\mathrm{e}^{\frac{1}{3z}}=\mathrm{e}^{3z^{-1}}+\mathrm{e}^{\frac{1}{3}z^{-1}}$；　　　(2) $\dfrac{z^2}{(z+1)^2}$；　　　(3) $\dfrac{z}{a}\ln\dfrac{z}{z-a}$；

(4) $z(1-z)\ln\dfrac{z}{z-1}+z$；　　　(5) $\dfrac{z^2}{(z-1)(z-ab)}$；　　　(6) $\dfrac{z^2}{(z-a)(z-ab)}$。

3.10　共有三种可能的收敛域，分别为 $0\leqslant|z|<\dfrac{1}{2}$，$\dfrac{1}{2}<|z|<\dfrac{3}{4}$，$\dfrac{3}{4}<|z|\leqslant\infty$。

3.11　(1) $\left(-\dfrac{1}{3}\right)^n\varepsilon(n)$；　　　(2) $\left(-\dfrac{1}{2}\right)^n\varepsilon(n)$；　　　(3) $\left[3\left(\dfrac{1}{2}\right)^n-2\left(\dfrac{1}{3}\right)^n\right]\varepsilon(n)$。

3.12　(1) $\left[\dfrac{2}{9}+\dfrac{7}{9}(-2)^{-n}\right]\varepsilon(n)$；　　　(2) $\left(\dfrac{1}{2}\right)^n[\varepsilon(n)-\varepsilon(n-10)]$。

3.13　$H(z)=\dfrac{1}{z^2+\frac{5}{6}z+\frac{1}{6}}$，　$y(n)=\left[\dfrac{1}{2}-10\left(-\dfrac{1}{2}\right)^n+\dfrac{21}{2}\left(-\dfrac{1}{3}\right)^n\right]\varepsilon(n)$。

3.14　(1) $h(n)=2\left(\dfrac{1}{2}\right)^n\varepsilon(n)=\left(\dfrac{1}{2}\right)^{n-1}\varepsilon(n)$；

(2) $y(n)=\left[\dfrac{3}{4}(-1)^n+\dfrac{1}{4}\left(-\dfrac{1}{3}\right)^n\right]\varepsilon(n)$。

3.15　(1) $H(\mathrm{e}^{\mathrm{j}\omega})=\dfrac{Y(\mathrm{e}^{\mathrm{j}\omega})}{X(\mathrm{e}^{\mathrm{j}\omega})}=\dfrac{1}{1-\frac{1}{6}\mathrm{e}^{-\mathrm{j}\omega}-\frac{1}{6}\mathrm{e}^{-\mathrm{j}2\omega}}$；

(2) $h(n)=\dfrac{3}{5}\left(\dfrac{1}{2}\right)^n\varepsilon(n)+\dfrac{2}{5}\left(-\dfrac{1}{3}\right)^n\varepsilon(n)$。

3.16　$\left[3\left(-\dfrac{1}{4}\right)^n-2\left(-\dfrac{1}{2}\right)^n\right]\varepsilon(n)$。

3.17　(1)因果的，稳定的；(2)不稳定的，非因果的；(3)稳定的，非因果的；(4)不稳定的，因果的。

3.18　(1)因果系统，稳定系统；(2)非因果系统，稳定系统；(3)非因果系统，稳定系统。

第 4 章 信号的频域分析

本章介绍信号的频域分析方法，内容分为 6 节，包括：连续时间周期信号的傅里叶级数及频谱、非周期信号的傅里叶变换、连续时间周期信号的傅里叶变换、离散时间信号的生成与信号重建、离散时间信号的傅里叶变换、离散周期信号的傅里叶级数和傅里叶变换。通过本章的学习，读者应掌握相关分析方法，为进一步学习后续章节内容奠定基础。

4.1 连续时间周期信号的傅里叶级数及频谱

4.1.1 连续时间周期信号的傅里叶级数

由第 1 章已知，周期信号 $\tilde{x}(t)$ 可分解为如下形式：

$$\tilde{x}(t) = \frac{a_0}{2} + \sum_{k=1}^{\infty}[a_k \cos(k\Omega_0 t) + b_k \sin(k\Omega_0 t)], \ t \in (-\infty, \infty) \tag{4-1}$$

合并同频率项可转化为

$$\tilde{x}(t) = \frac{A_0}{2} + \sum_{k=1}^{\infty} A_k \cos(k\Omega_0 t + \varphi_k) \tag{4-2}$$

式中，A_k $(k \geq 1)$ 为 k 次谐波振幅；φ_k 为 k 次谐波相位；$k\Omega_0$ 为 k 次谐波角频率。由此可知，任一周期信号均可以分解为直流分量加上一次谐波（又称为基波）、二次谐波、三次谐波等无穷多个谐波分量。式 (4-1)、式 (4-2) 称为周期信号三角形式傅里叶级数展开式。

4.1.2 傅里叶级数的指数形式

周期信号除了可展开为三角形式傅里叶级数，还可展开为指数形式傅里叶级数。下面通过三角形式傅里叶级数推出指数形式傅里叶级数。

由欧拉公式可把式 (4-2) 写为

$$\begin{aligned}
\tilde{x}(t) &= \frac{A_0}{2} + \sum_{k=1}^{\infty} A_k \cos(k\Omega_0 t + \varphi_k) = \frac{A_0}{2} + \sum_{k=1}^{\infty} \frac{A_k}{2}[e^{j(k\Omega_0 t + \varphi_k)} + e^{-j(k\Omega_0 t + \varphi_k)}] \\
&= \frac{A_0}{2} + \sum_{k=1}^{\infty} \frac{A_k}{2} e^{jk\Omega_0 t} e^{j\varphi_k} + \sum_{k=1}^{\infty} \frac{A_k}{2} e^{-jk\Omega_0 t} e^{-j\varphi_k} \\
&= \frac{A_0}{2} + \sum_{k=1}^{\infty} \frac{A_k}{2} e^{jk\Omega_0 t} e^{j\varphi_k} + \sum_{k=-\infty}^{-1} \frac{A_{-k}}{2} e^{jk\Omega_0 t} e^{-j\varphi_{-k}}
\end{aligned} \tag{4-3}$$

因为 $A_k = \sqrt{a_k^2 + b_k^2}$、$\varphi_k = -\arctan\left(\dfrac{b_k}{a_k}\right)$，由 a_k 和 b_k 的计算式可知，$A_{-k} = A_k$、$\varphi_{-k} = -\varphi_k$。将这两个关系式代入式 (4-3)，可得

$$\tilde{x}(t) = \frac{A_0}{2}e^{j0\Omega_0 t}e^{j\varphi_0} + \sum_{k=1}^{\infty}\frac{A_k}{2}e^{jk\Omega_0 t}e^{j\varphi_k} + \sum_{k=-\infty}^{-1}\frac{A_k}{2}e^{jk\Omega_0 t}e^{j\varphi_k} \tag{4-4}$$

式中，$\varphi_0 = 0$ 为直流分量的相位。可将式(4-4)写为

$$\tilde{x}(t) = \sum_{k=-\infty}^{\infty}\frac{A_k}{2}e^{j\varphi_k}e^{jk\Omega_0 t} \tag{4-5}$$

式中，A_k 为 k 次谐波的振幅；φ_k 为 k 次谐波的相位，令 $\frac{1}{2}A_k e^{j\varphi_k} = |X_k|e^{j\varphi_k} = X_k$，$X_k$ 也称为傅里叶系数，则傅里叶级数的指数形式为

$$\tilde{x}(t) = \sum_{k=-\infty}^{\infty}X_k e^{jk\Omega_0 t} \tag{4-6}$$

由式(4-6)可见，傅里叶级数也可以表示成指数形式。由 a_k 和 b_k 的计算式可推导出指数形式傅里叶系数 X_k 的表达式为

$$X_k = \frac{1}{2}A_k e^{j\varphi_k} = \frac{1}{2}(A_k\cos\varphi_k + jA_k\sin\varphi_k) = \frac{1}{2}(a_k - jb_k) \tag{4-7}$$

将计算 a_k 和 b_k 的式(1-38)和式(1-39)代入式(4-7)中可得

$$\begin{aligned} X_k &= \frac{1}{T_0}\int_{t_0}^{t_0+T_0}\tilde{x}(t)\cos(k\Omega_0 t)dt - j\frac{1}{T_0}\int_{t_0}^{t_0+T_0}\tilde{x}(t)\sin(k\Omega_0 t)dt \\ &= \frac{1}{T_0}\int_{t_0}^{t_0+T_0}\tilde{x}(t)[\cos(k\Omega_0 t) - j\sin(k\Omega_0 t)]dt \\ &= \frac{1}{T_0}\int_{t_0}^{t_0+T_0}\tilde{x}(t)e^{-jk\Omega_0 t}dt, \quad k = 0, \pm 1, \cdots \end{aligned} \tag{4-8}$$

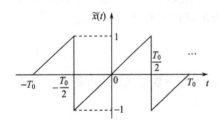

图 4-1　周期锯齿波信号

【例 4-1】　求图 4-1 所示周期锯齿波信号 $\tilde{x}(t)$ 指数形式的傅里叶级数。

解： 由图 4-1 可以看出，该方波信号的周期为 T_0，在一个周期内，$\tilde{x}(t)$ 的表达式为

$$\tilde{x}(t) = \frac{2}{T_0}t, \quad -\frac{T_0}{2} < t \leqslant \frac{T_0}{2}$$

其傅里叶系数为

$$X_k = \frac{1}{T_0}\int_{-\frac{T_0}{2}}^{\frac{T_0}{2}}\tilde{x}(t)e^{-jk\Omega_0 t}dt = \frac{1}{T_0}\int_{-\frac{T_0}{2}}^{\frac{T_0}{2}}\frac{2}{T_0}te^{-jk\Omega_0 t}dt$$

利用分部积分法对上式进行积分，得

$$X_k = \frac{1}{T_0^2}\left(\frac{t}{-jk\Omega_0}e^{-jk\Omega_0 t}\Big|_{-\frac{T_0}{2}}^{\frac{T_0}{2}} + \frac{t}{jk\Omega_0}\int_{-\frac{T_0}{2}}^{\frac{T_0}{2}}e^{-jk\Omega_0 t}dt\right) = j\frac{1}{k\pi}\cos(k\pi), \quad k = 0, \pm 1, \cdots$$

故

$$\tilde{x}(t) = \sum_{k=-\infty}^{\infty} X_k \mathrm{e}^{\mathrm{j}k\Omega_0 t} = \sum_{k=-\infty}^{\infty} \mathrm{j}\frac{1}{k\pi}\cos(k\pi)\mathrm{e}^{\mathrm{j}k\Omega_0 t}$$

　　实周期信号 $\tilde{x}(t)$ 的傅里叶级数既可以用三角形式表示，也可以用指数形式表示。三角形式的表达方式物理概念清晰、容易理解，指数形式的表达方式比较简洁。

4.1.3　连续时间周期信号的频谱

　　周期信号傅里叶级数的物理意义是将周期信号分解为一个直流及无限多个谐波之和，这样，对周期信号的分析就可以转化为对一个直流及多个正弦信号的分析。

　　对于角频率为 $k\Omega_0$ 的谐波分量，A_k 和 $|X_k|$ 代表了该谐波分量的幅度，φ_k 代表了该谐波分量的相位。A_k 和 $|X_k|$ 随频率（角频率）变化的规律称为信号的幅度频谱（简称幅度谱），φ_k 随频率（角频率）变化的规律称为信号的相位频谱（简称相位谱），幅度频谱和相位频谱合称为信号的频谱。当把频谱用图形形式表示出来时，相应的图形就称为频谱图。频谱图可直观地表现周期信号包含了哪些频率分量，以及不同频率分量幅度和相位的变化规律，因此，频谱图在信号分析中有重要作用。

　　对于傅里叶级数的三角形式，A_k 为幅度，φ_k 为相位，因为存在 $k \geqslant 0$ 的情况，所以其频谱为单边频谱。而对于傅里叶级数的指数形式，$|X_k|$ 为幅度，φ_k 为相位，因为存在 $-\infty < k < \infty$ 的情况，所以其频谱称为双边频谱。双边频谱与单边频谱的关系由 $\frac{1}{2}A_k\mathrm{e}^{\mathrm{j}\varphi_k} = |X_k|\mathrm{e}^{\mathrm{j}\varphi_k} = X_k$ 决定，两者本质上没有区别，只是表示方式有所不同而已。由于双边频谱对应的数学表达式简洁，运算较方便，故后面多以双边频谱为例讨论相关问题。

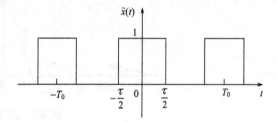

图 4-2　周期矩形脉冲信号

　　图 4-2 所示为一个周期矩形脉冲信号，在一个周期内可表示为

$$\tilde{x}(t) = \begin{cases} 1, & |t| < \dfrac{\tau}{2} \\[2mm] 0, & |t| > \dfrac{\tau}{2} \end{cases}$$

　　由傅里叶系数的公式，可求出指数形式的傅里叶系数为

$$X_k = \int_{-\frac{T_0}{2}}^{\frac{T_0}{2}} \tilde{x}(t)\mathrm{e}^{-\mathrm{j}k\Omega_0 t}\mathrm{d}t = \frac{1}{T_0}\int_{-\frac{\tau}{2}}^{\frac{\tau}{2}} \mathrm{e}^{-\mathrm{j}k\Omega_0 t}\mathrm{d}t$$

$$= \frac{1}{T_0(-\mathrm{j}k\Omega_0)}\mathrm{e}^{-\mathrm{j}k\Omega_0 t}\Bigg|_{t=-\frac{\tau}{2}}^{t=\frac{\tau}{2}} = \frac{\tau}{T_0}\frac{\sin\left(k\Omega_0\dfrac{\tau}{2}\right)}{k\Omega_0\dfrac{\tau}{2}}$$

由此可得 $\tilde{x}(t)$ 的指数形式的傅里叶级数为

$$\tilde{x}(t) = \sum_{k=-\infty}^{\infty} X_k \mathrm{e}^{jk\Omega_0 t} = \sum_{k=-\infty}^{\infty} \frac{\tau}{T_0} \frac{\sin\left(k\Omega_0 \frac{\tau}{2}\right)}{k\Omega_0 \frac{\tau}{2}} \mathrm{e}^{jk\Omega_0 t}$$

观察 X_k 的表达式，它是形如 $\frac{\sin x}{x}$ 的函数，称为抽样函数。抽样函数是一个重要函数，记为 $\mathrm{Sa}(x) = \frac{\sin x}{x}$，具有下列性质。

（1）$\mathrm{Sa}(x)$ 是偶函数。

（2）$\mathrm{Sa}(x)$ 是以 $1/x$ 为振幅的"正弦函数"，对于 x 的正负两半轴而言都为衰减的正弦振荡。

（3）在 $x = n\pi (n = 1, 2, 3, \cdots)$ 处，$\mathrm{Sa}(x) = 0$，而在 $x = 0$ 处，有 $\lim\limits_{x \to 0} \frac{\sin x}{x} = 1$。

（4）$\int_{-\infty}^{0} \mathrm{Sa}(t)\mathrm{d}t = \int_{0}^{\infty} \mathrm{Sa}(t)\mathrm{d}t = \frac{\pi}{2}$，　$\int_{-\infty}^{\infty} \mathrm{Sa}(t)\mathrm{d}t = \pi$。

由此可得 $\mathrm{Sa}(x)$ 的图形如图 4-3 所示。

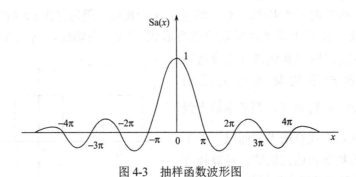

图 4-3　抽样函数波形图

周期矩形脉冲指数形式的傅里叶系数可改写为

$$X_k = \frac{\tau}{T_0} \frac{\sin\left(k\Omega_0 \frac{\tau}{2}\right)}{k\Omega_0 \frac{\tau}{2}} = \frac{\tau}{T_0} \mathrm{Sa}\left(k\Omega_0 \frac{\tau}{2}\right)$$

因此，X_k 的图形与 $\frac{\tau}{T_0}\mathrm{Sa}(x)$ 曲线关联。实际上，因 X_k 的自变量 k 只能取 $0, \pm1, \pm2, \cdots$，即 $k\Omega_0 \frac{\tau}{2}$ 只能取离散值 $0, \pm\Omega_0 \frac{\tau}{2}, \pm2\Omega_0 \frac{\tau}{2}, \cdots$，所以 X_k 的图形是 $\frac{\tau}{T_0}\mathrm{Sa}(x)$ 曲线上的一些离散点，点的间距是 $\Omega_0 = \frac{2\pi}{T_0}$。$T_0 = 4\tau$ 时，$\frac{\tau}{T_0}\mathrm{Sa}(x)$ 和 $\frac{\tau}{T_0}\mathrm{Sa}\left(k\Omega_0 \frac{\tau}{2}\right)$，$k = 1, 2, 3, \cdots$ 的图形如图 4-4 所示。图中虚线为 $\frac{1}{4}\mathrm{Sa}(x)$；离散点为 $X_k = \frac{1}{4}\mathrm{Sa}\left(k\Omega_0 \frac{\tau}{2}\right)$，$k = 1, 2, 3, \cdots$，点的间距是 $\Omega_0 = \frac{2\pi}{T_0} = \frac{2\pi}{4\tau} = \frac{\pi}{2\tau}$；过零点为 $\Omega = \frac{2m\pi}{\tau}, m = \pm1, \pm2, \cdots$。图 4-4 中的虚线称为频谱 X_k 的包络

线，频谱 X_k 可看作对包络线的离散抽样。

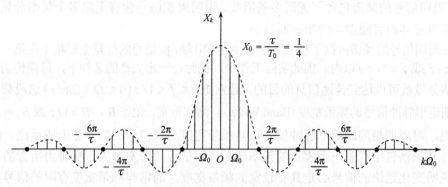

图 4-4　周期矩形脉冲的频谱图

一般情况下 X_k 应为复数，这时幅度频谱和相位频谱需用不同的图形表示，但图 4-4 同时表示了周期矩形脉冲的 X_k 的幅度和相位随频率 $k\Omega_0$ 的变化规律。之所以能够出现这种情况，是因为 X_k 的相位只有 0 或 $\pm\pi$ 两种情况，即 X_k 为实数。图 4-4 也可用图 4-5(a)、图 4-5(b) 所示的幅度谱和相位谱分开表示。

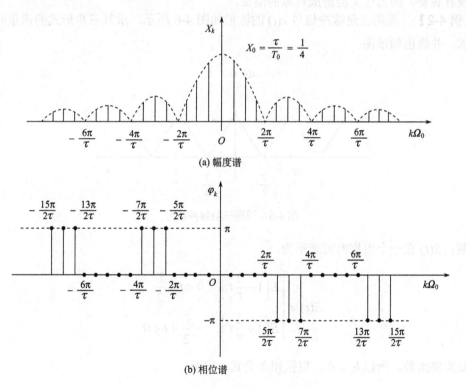

(a) 幅度谱

(b) 相位谱

图 4-5　周期矩形脉冲的幅度谱和相位谱

从周期矩形脉冲的频谱图中可以得出如下结论。

(1) 周期信号的频谱具有离散的特性，它仅包含 $k\Omega_0$（Ω_0 为基频) 的各个分量，相邻谱

线间隔为 Ω_0。当脉冲宽度相同时，信号的周期越长，相邻谱线的间隔越小，谱线越密。

(2)周期信号的频谱包含了无限多条谱线，说明周期信号含有无限多个频率分量，且各分量的幅度总体而言随频率的增加而减小。

尽管周期信号的频谱占据了整个角频率(或频率)轴，但信号的能量主要集中在第一个零点($\Omega = 2\pi / \tau$ 或 $f = 1/\tau$)以内。因此实际工作中，在允许一定失真的条件下，只需传送频率较低的那些分量就可以达到传递信息的目的。通常把 $0 \leqslant f \leqslant 1/\tau (0 \leqslant \Omega \leqslant 2\pi/\tau)$ 这段频率范围称为周期矩形脉冲信号的频带宽度(Band Width)，简称带宽，记作 B，$B = 1/\tau$ 或 $B_\omega = 2\pi/\tau$。

可见，对周期相同的矩形脉冲信号，其频带宽度与该信号的脉冲宽度成反比。脉冲宽度越窄，其频谱包络线第一个零点的频率越高，即信号的带宽越大，频带内所含的分量越多。这说明变化越快的信号必定具有较宽的频带宽度。通常将频带宽度有限的信号称为频带受限信号，简称带限信号。

信号的带宽是信号频率特性中的重要指标，由于信号带宽内的谐波分量在信号中的能量(功率)占比很大，因此丢失信号带宽以外的谐波成分，不会对信号产生明显影响。书中后面章节将会讨论系统的通频带，当信号通过系统时，系统的通频带必须大于信号的带宽，否则信号通过系统时，就会损失许多重要的频率成分而产生较大失真；但系统的通频带过大也没有必要，因为过大会造成资源的浪费。

【例 4-2】 周期三角脉冲信号 $\tilde{x}(t)$ 的波形如图 4-6 所示，求其三角形式的傅里叶级数展开式，并画出频谱图。

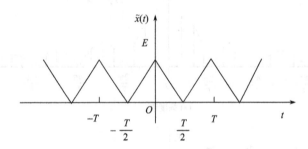

图 4-6 周期三角脉冲信号

解： $\tilde{x}(t)$ 在一个周期内可表示为

$$\tilde{x}(t) = \begin{cases} E\left(1 - \dfrac{2}{T}t\right), & 0 < t < \dfrac{T}{2} \\ E\left(1 + \dfrac{2}{T}t\right), & -\dfrac{T}{2} < t < 0 \end{cases}$$

$\tilde{x}(t)$ 是实偶函数，所以 $b_k = 0$。根据相关公式，可得

$$a_0 = \frac{2}{T}\int_0^T \tilde{x}(t)\mathrm{d}t = E$$

$$a_k = \frac{2}{T} \int_0^T \tilde{x}(t) \cos(k\Omega_0 t) \mathrm{d}t = \begin{cases} \dfrac{4E}{\pi^2} \times \dfrac{1}{k^2}, & k\text{为奇数} \\ 0, & k\text{为偶数} \end{cases}$$

于是 $\tilde{x}(t)$ 的三角形式傅里叶级数展开式为

$$x(t) = \frac{E}{2} + \frac{4E}{\pi^2} \left(\cos(\Omega_0 t) + \frac{1}{9} \cos(3\Omega_0 t) + \frac{1}{25} \cos(5\Omega_0 t) + \cdots \right)$$

由上式可画出信号的频谱如图 4-7 所示。图 4-7(a) 所示为幅度谱，图 4-7(b) 所示为相位谱。三角形式展开式和指数形式展开式频谱图的画法有一定区别(请读者总结)，但两者反映的信息完全相同。

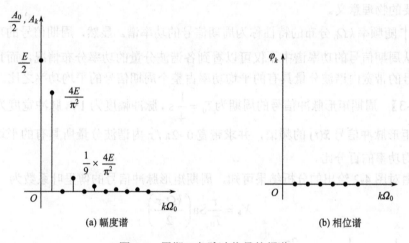

(a) 幅度谱　　　　　　　　　　　　　　　(b) 相位谱

图 4-7　周期三角脉冲信号的频谱

4.1.4　周期信号的功率谱

周期信号是功率信号，周期为 T_0 的周期信号 $\tilde{x}(t)$ 在 1Ω 电阻上的平均功率为

$$P = \frac{1}{T_0} \int_{-\frac{T_0}{2}}^{\frac{T_0}{2}} |\tilde{x}(t)|^2 \mathrm{d}t \tag{4-9}$$

周期信号 $\tilde{x}(t)$ 的三角形式傅里叶级数为

$$\tilde{x}(t) = \frac{A_0}{2} + \sum_{k=1}^{\infty} A_k \cos(k\Omega_0 t + \varphi_k) \tag{4-10}$$

将式 (4-10) 代入式 (4-9) 可得

$$P = \frac{1}{T_0} \int_{-\frac{T_0}{2}}^{\frac{T_0}{2}} \left[\frac{A_0}{2} + \sum_{k=1}^{\infty} A_k \cos(k\Omega_0 t + \varphi_k) \right]^2 \mathrm{d}t \tag{4-11}$$

通过运算可得

$$P = \left(\frac{A_0}{2} \right)^2 + \sum_{k=1}^{\infty} \frac{1}{2} A_k^2 \tag{4-12}$$

式中，$\left(\dfrac{A_0}{2}\right)^2$ 为直流分量的功率；$\dfrac{1}{2}A_k^2$ 为 k 次谐波的功率。

式(4-12)表明，周期信号的功率为直流分量的功率加上各次谐波的功率。

由于 $|X_k| = |X_{-k}| = \dfrac{1}{2}A_k$，而 $|X_0| = \dfrac{A_0}{2}$，所以式(4-12)可改写为

$$P = \left(\frac{A_0}{2}\right)^2 + \sum_{k=1}^{\infty}\frac{1}{2}A_k^2 = |X_0|^2 + 2\sum_{k=1}^{\infty}|X_k|^2 = \sum_{k=-\infty}^{\infty}|X_k|^2 \tag{4-13}$$

式(4-13)称为帕塞瓦尔功率守恒定理。它表明，对于周期信号而言，在时域中求得的信号功率与在频域中求得的信号功率相等。周期信号的傅里叶级数满足功率守恒，这一特性具有重要的物理意义。

将 $|X_k|^2$ 随频率 $k\Omega_0$ 分布的特性称为周期信号的功率谱。显然，周期信号的功率谱是离散频谱。从周期信号的功率谱中不仅可以看到各谐波分量的功率分布情况，而且可以确定在周期信号的带宽内谐波分量具有的平均功率占整个周期信号的平均功率之比。

【例 4-3】 周期矩形脉冲信号的周期为 $T_0 = \dfrac{1}{4}$ s，脉冲幅度为 1V，脉冲宽度为 $\tau = \dfrac{1}{20}$ s。试求周期矩形脉冲信号 $\tilde{x}(t)$ 的频谱，并求带宽 $0 \sim 2\pi/\tau$ 内谐波分量所具有的平均功率占整个信号平均功率的百分比。

解： 由对图 4-2 给出的分析结果可知，周期矩形脉冲信号的傅里叶系数为

$$X_k = \frac{\tau}{T_0}\mathrm{Sa}\left(\frac{k\Omega_0\tau}{2}\right)$$

将 $T_0 = \dfrac{1}{4}$ s, $\tau = \dfrac{1}{20}$ s, $\Omega_0 = \dfrac{2\pi}{T_0} = 8\pi$ 代入可得

$$X_k = 0.2\mathrm{Sa}\left(\frac{k\pi}{5}\right)$$

因此，可得周期矩形脉冲信号的功率谱为

$$|X_k|^2 = 0.04\mathrm{Sa}^2\left(\frac{k\pi}{5}\right)$$

其第一个过零点出现在 $2\pi/\tau = 40\pi$ 处，在其带宽 $0 \sim 40\pi$ 内，包含了一个直流分量和四个谐波分量。

周期信号的平均功率为

$$P = \frac{1}{T_0}\int_{-\frac{T_0}{2}}^{\frac{T_0}{2}}|\tilde{x}(t)|^2\mathrm{d}t = 4\int_{-\frac{1}{40}}^{\frac{1}{40}}1^2\mathrm{d}t = 0.2(\mathrm{W})$$

在带宽 $0 \sim 40\pi$ 内的各谐波分量的功率之和为

$$P_1 = \sum_{k=-4}^{4}|X_k|^2 = |X_0|^2 + 2\sum_{k=1}^{4}|X_k|^2 = 0.1806(\mathrm{W})$$

$$\frac{P_1}{P} = \frac{0.1806}{0.2} = 90.3\%$$

例 4-3 中的周期矩形脉冲信号在带宽内包含的各谐波分量的功率之和占整个信号的平均功率的 90.3%。因此，若用直流、基波、二次、三次和四次谐波分量来逼近周期矩形脉冲信号，就可以达到较高的精度。可见，损失了信号带宽以外的所有谐波分量，信号的失真并不大。

信号带宽的概念在信号分析和处理中具有重要的工程应用价值。对于功率信号，其带宽可以根据信号的功率谱来确定。由于连续周期信号的傅里叶级数满足帕塞瓦尔功率守恒定理，因此信号的带宽具有清晰的物理意义。

4.2　非周期信号的傅里叶变换

4.2.1　从傅里叶级数到傅里叶变换

由 4.1 节可知，傅里叶级数（FS）只能对周期信号进行频谱分析，对非周期信号却无能为力。那么有没有方法可以对非周期信号进行频谱分析呢？

对如图 4-8 (a) 所示的非周期信号 $x(t)$，可以用一个足够长的时间 $T(T > t_0)$ 作为周期，并将 $x(t)$ 延拓成一个周期信号 $\tilde{x}(t)$，如图 4-8 (b) 所示。令 T 趋于无限大，则延拓后的周期信号 $\tilde{x}(t)$ 就变成了非周期信号 $x(t)$。因此，可把非周期信号看作周期 T 趋于无限大时的周期信号，然后利用前述已经得到的周期信号的傅里叶级数表示式来对非周期信号进行频谱分析。

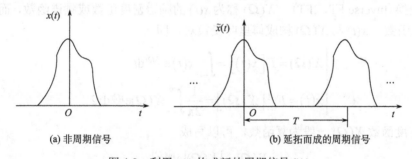

(a) 非周期信号　　　　　　　　　　(b) 延拓而成的周期信号

图 4-8　利用 $x(t)$ 构成新的周期信号 $\tilde{x}(t)$

由前述信号的频谱可知，当周期 T 趋于无穷大时，相邻谱线间隔 $\Omega_0 = 2\pi / T$ 趋于零，从而信号的频谱密集成为连续频谱。同时，各频率分量的幅度也都趋于无穷小，不过这些无穷小量之间仍保持一定的比例关系。为了清楚地表现这些无穷小量之间的相对大小，令

$$X(\mathrm{j}\Omega) = \lim_{T \to \infty} X_k T = \lim_{T \to \infty} \int_{-\frac{T}{2}}^{\frac{T}{2}} x(t) \mathrm{e}^{-\mathrm{j}k\Omega_0 t} \mathrm{d}t \tag{4-14}$$

因为 $X(\mathrm{j}\Omega) = \lim\limits_{T \to \infty} X_k T = \lim\limits_{T \to \infty} \dfrac{X_k}{1/T}$，可知 $X(\mathrm{j}\Omega)$ 是 X_k 与 $1/T$ 相比的结果。当 $T \to \infty$ 时，$1/T \to 0$，可知 $X(\mathrm{j}\Omega)$ 是 X_k 与无穷小相比的结果。由于 $X(\mathrm{j}\Omega)$ 是一个相对值，故称其为

频谱密度或频谱密度函数。

当 $T \to \infty$ 时，相邻谱线间隔 $\Delta = k\Omega_0 - (k-1)\Omega_0 = \Omega_0$ 变为频率的增量 $\mathrm{d}\Omega$，离散频率 $k\Omega_0$ 变为连续频率 Ω。另外，为简便起见，也可将 $X(\mathrm{j}\Omega)$ 记为 $X(\Omega)$。于是式 (4-14) 可以写成

$$X(\Omega) = \int_{-\infty}^{\infty} x(t)\mathrm{e}^{-\mathrm{j}\Omega t}\mathrm{d}t \tag{4-15}$$

$x(t)$ 的傅里叶级数表示式可以写成

$$x(t) = \sum_{k=-\infty}^{\infty} X_k \mathrm{e}^{\mathrm{j}k\Omega_0 t} = \sum_{k=-\infty}^{\infty} \frac{X_k}{\Omega_0}\mathrm{e}^{\mathrm{j}k\Omega_0 t}\Omega_0 \tag{4-16}$$

当 $T \to \infty$ 时，上式各参量变化为

$$k\Omega_0 \to \Omega$$

$$\Omega_0 \to \mathrm{d}\Omega$$

$$\frac{X_k}{\Omega_0} = \frac{X_k}{2\pi/T} \to \frac{X(\Omega)}{2\pi}$$

$$\sum_{k=-\infty}^{\infty} \to \int_{-\infty}^{\infty}$$

于是 $x(t)$ 的傅里叶级数展开式变成积分形式，即

$$x(t) = \frac{1}{2\pi}\int_{-\infty}^{\infty} X(\Omega)\mathrm{e}^{\mathrm{j}\Omega t}\mathrm{d}\Omega \tag{4-17}$$

式 (4-15) 称为信号 $x(t)$ 的傅里叶变换 (Fourier Transform，FT)，式 (4-17) 称为 $X(\Omega)$ 的傅里叶逆变换 (Inverse FT，IFT)。$X(\Omega)$ 称为 $x(t)$ 的频谱密度函数或频谱函数，而 $x(t)$ 称为 $X(\Omega)$ 的原函数。$x(t)$ 与 $X(\Omega)$ 构成傅里叶变换对，即

$$\begin{cases} X(\Omega) = F\left[x(t)\right] = \int_{-\infty}^{\infty} x(t)\mathrm{e}^{-\mathrm{j}\Omega t}\mathrm{d}t \\ x(t) = F^{-1}\left[X(\Omega)\right] = \dfrac{1}{2\pi}\int_{-\infty}^{\infty} X(\Omega)\mathrm{e}^{\mathrm{j}\Omega t}\mathrm{d}\Omega \end{cases} \tag{4-18}$$

频谱密度函数 $X(\Omega)$ 一般为复函数，可以写成

$$X(\Omega) = \left|X(\Omega)\right|\mathrm{e}^{\mathrm{j}\varphi(\Omega)} \tag{4-19}$$

式中，$\left|X(\Omega)\right|$ 和 $\varphi(\Omega)$ 分别为 $X(\Omega)$ 的模和相位；$\left|X(\Omega)\right|$ 用来表示信号中各频率分量的相对幅值随频率变化的关系，称为幅度频谱密度，可简称为幅度频谱；$\varphi(\Omega)$ 表示信号各频率分量的相位随频率变化的关系，称为相位频谱。需注意，此处的幅度频谱的含义与傅里叶级数对应的幅度频谱的含义是不一样的，此处的幅度频谱反映的是相对关系，全称是幅度频谱密度，而傅里叶级数对应的幅度频谱反映的是绝对关系。

非周期信号的幅度频谱是频率的连续函数，其形状与相应周期信号频谱的包络线相同。

应该指出，并不是所有的信号都存在傅里叶变换。数学分析表明，信号 $x(t)$ 存在傅里叶变换的充分条件是 $x(t)$ 在无限区间内绝对可积，即

$$\int_{-\infty}^{\infty} |x(t)| \mathrm{d}t < \infty \tag{4-20}$$

式(4-20)所示条件并非必要条件。当引入广义函数的概念后，许多不满足绝对可积条件的函数如阶跃函数、符号函数和周期函数等也存在傅里叶变换，这为信号分析与处理带来了很大方便。但是，不满足绝对可积条件的信号，其傅里叶变换式中会出现冲激函数。变换式的幅度频谱中出现冲激，意味着冲激所在频率点处存在幅值一定的信号分量；而有限值所在频率点处，意味着存在幅值趋于零的信号分量。

4.2.2　典型非周期信号的傅里叶变换

1. 单边指数信号

单边指数信号的数学表达式为

$$x(t) = \mathrm{e}^{-\alpha t} \varepsilon(t), \quad \alpha > 0$$

其傅里叶变换为

$$X(\Omega) = \int_{-\infty}^{\infty} x(t) \mathrm{e}^{-\mathrm{j}\Omega t} \mathrm{d}t = \int_{0}^{\infty} \mathrm{e}^{-\alpha t} \mathrm{e}^{-\mathrm{j}\Omega t} \mathrm{d}t = -\frac{1}{\alpha + \mathrm{j}\Omega} \mathrm{e}^{-(\alpha + \mathrm{j}\Omega)t} \Big|_{0}^{\infty} = \frac{1}{\alpha + \mathrm{j}\Omega} \tag{4-21}$$

相应的幅度频谱和相位频谱分别为

$$\begin{cases} |X(\Omega)| = \dfrac{1}{\sqrt{\alpha^2 + \Omega^2}} \\ \varphi(\Omega) = \arg(X(\Omega)) = -\arctan\left(\dfrac{\Omega}{\alpha}\right) \end{cases} \tag{4-22}$$

单边指数信号的波形如图 4-9(a)所示，该信号的幅度谱和相位谱分别如图 4-9(b)、(c)所示。

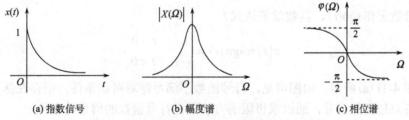

(a) 指数信号　　　　　　　(b) 幅度谱　　　　　　　(c) 相位谱

图 4-9　单边指数信号的波形及幅度谱与相位谱

2. 矩形脉冲信号

矩形脉冲信号的数学表达式为

$$x(t) = E\left[\varepsilon\left(t + \frac{\tau}{2}\right) - \varepsilon\left(t - \frac{\tau}{2}\right)\right]$$

其傅里叶变换为

$$X(\Omega) = \int_{-\infty}^{\infty} x(t)\mathrm{e}^{-\mathrm{j}\Omega t}\mathrm{d}t = \int_{-\frac{\tau}{2}}^{\frac{\tau}{2}} E\,\mathrm{e}^{-\mathrm{j}\Omega t}\mathrm{d}t = \frac{E}{-\mathrm{j}\Omega}\mathrm{e}^{-\mathrm{j}\Omega t}\Big|_{-\frac{\tau}{2}}^{\frac{\tau}{2}} \tag{4-23}$$

$$= \frac{2E}{\Omega}\sin\left(\frac{\Omega\tau}{2}\right) = E\tau\,\mathrm{Sa}\left(\frac{\Omega\tau}{2}\right)$$

这是一个实函数。其相应的幅度谱、相位谱分别为

$$\left|X(\Omega)\right| = E\tau\,\mathrm{Sa}\left|\frac{\Omega\tau}{2}\right| \tag{4-24}$$

$$\varphi(\Omega) = \begin{cases} 0, & \dfrac{4k\pi}{\tau} < |\Omega| < \dfrac{2(2k+1)\pi}{\tau} \\[3mm] \pi, & \dfrac{2(2k+1)\pi}{\tau} < |\Omega| < \dfrac{4(k+1)\pi}{\tau} \end{cases}, \quad k = 0,1,2,\cdots \tag{4-25}$$

图 4-10 所示为矩形脉冲信号的时域波形以及幅度和相位合二为一的频谱。

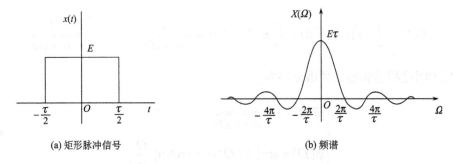

(a) 矩形脉冲信号　　　　　　　　　　(b) 频谱

图 4-10　矩形脉冲信号的波形及频谱

3. 符号函数

符号函数记作 sgn(t)，其数学表达式为

$$x(t) = \mathrm{sgn}(t) = \begin{cases} 1, & t > 0 \\ -1, & t < 0 \end{cases}$$

其波形如图 4-11(a)所示。由图可见，符号函数不满足绝对可积条件，但存在傅里叶变换。可以借助奇双边指数信号，通过求极限的方法求得符号函数的傅里叶变换。

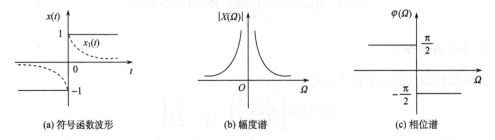

(a) 符号函数波形　　　　　(b) 幅度谱　　　　　(c) 相位谱

图 4-11　符号函数的波形、幅度谱和相位谱

奇双边指数信号可表示为

$$x_1(t) = \begin{cases} -e^{\alpha t}, & t < 0 \\ e^{-\alpha t}, & t > 0 \end{cases}, \quad \alpha > 0$$

取 $\alpha \to 0$ 时的极限，即为符号函数，即

$$\text{sgn}(t) = \lim_{\alpha \to 0} x_1(t) \tag{4-26}$$

因此，符号函数的频谱函数 $X(\Omega)$ 是奇双边指数信号的频谱函数 $X_1(\Omega)$ 当 $\alpha \to \infty$ 时的极限。

可以求得 $x_1(t)$ 的频谱为

$$X_1(\Omega) = \int_{-\infty}^{\infty} x_1(t) e^{-j\Omega t} dt = \int_{-\infty}^{0} -e^{-\alpha t - j\Omega t} dt + \int_{0}^{\infty} e^{\alpha t - j\Omega t} dt$$
$$= \frac{1}{\alpha + j\Omega} - \frac{1}{\alpha - j\Omega} = -\frac{j2\Omega}{\alpha^2 + \Omega^2} \tag{4-27}$$

于是，符号函数的频谱为

$$X(\Omega) = \lim_{\alpha \to 0} X_1(\Omega) = \frac{2}{j\Omega} \tag{4-28}$$

其幅度谱和相位谱分别为

$$|X(\Omega)| = \frac{2}{|\Omega|} \tag{4-29}$$

$$\varphi(\Omega) = \begin{cases} -\dfrac{\pi}{2}, & \Omega > 0 \\ \dfrac{\pi}{2}, & \Omega < 0 \end{cases} \tag{4-30}$$

图 4-11(b) 所示为符号函数的幅度谱，图 4-11(c) 所示为符号函数的相位谱。

4. 单位冲激信号

单位冲激信号 $\delta(t)$ 如图 4-12(a) 所示。由傅里叶变换的定义及冲激信号的采样性质，可求得单位冲激信号 $\delta(t)$ 的频谱函数 $X(\Omega)$ 为

$$X(\Omega) = \int_{-\infty}^{\infty} \delta(t) e^{-j\Omega t} dt = \int_{-\infty}^{\infty} \delta(t) e^{-j\Omega_0 t} dt = e^{-j\Omega_0} = 1 \tag{4-31}$$

可见，单位冲激信号的频谱在整个频率范围内均匀分布，为常数，称为"均匀谱"或"白色谱"，如图 4-12(b) 所示。

5. 直流信号

$2\pi\delta(\Omega)$ 的傅里叶逆变换为

$$F^{-1}[2\pi\delta(\Omega)] = \frac{1}{2\pi} \int_{-\infty}^{\infty} 2\pi\delta(\Omega) e^{j\Omega t} d\Omega = 1 \tag{4-32}$$

可见

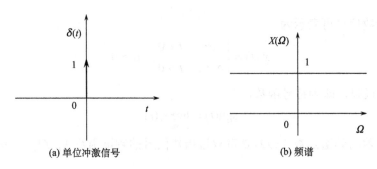

(a) 单位冲激信号　　　　　　　　(b) 频谱

图 4-12　单位冲激信号及其频谱

$$F[1] = 2\pi\delta(\Omega) \tag{4-33}$$

式(4-33)表明，图 4-13 (a) 所示直流信号，其频谱为 $2\pi\delta(\Omega)$，如图 4-13 (b) 所示。

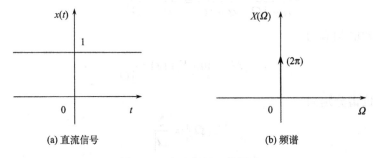

(a) 直流信号　　　　　　　　(b) 频谱

图 4-13　直流信号及其频谱

6. 单位阶跃信号

单位阶跃信号 $\varepsilon(t)$ 如图 4-14 (a) 所示，该函数不满足绝对可积条件，但借助符号函数，可以将 $\varepsilon(t)$ 表示为

$$\varepsilon(t) = \frac{1}{2} + \frac{1}{2}\mathrm{sgn}(t)$$

由直流信号和符号函数的傅里叶变换，可得单位阶跃信号的傅里叶变换为

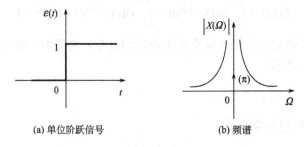

(a) 单位阶跃信号　　　　　　　　(b) 频谱

图 4-14　单位阶跃信号及其频谱

$$F\big[\varepsilon(t)\big] = F\left[\frac{1}{2}\right] + F\left[\frac{1}{2}\mathrm{sgn}(t)\right] = \pi\delta(\Omega) + \frac{1}{\mathrm{j}\Omega} \tag{4-34}$$

其幅度频谱如图 4-14(b) 所示。可见 $\varepsilon(t)$ 的频谱在 $\Omega = 0$ 处有一个冲激，该冲激来自于 $\varepsilon(t)$ 分解后的直流分量

其他信号的傅里叶变换可查阅数学手册。

4.2.3　傅里叶变换的性质

傅里叶变换建立了信号时间特性和频率特性之间的联系。信号可以在时域中用时间函数 $x(t)$ 表示，也可以在频域中用频谱密度函数 $X(\Omega)$ 表示，两者是一一对应的。为了进一步理解信号在时域和频域之间的内在联系，下面给出傅里叶变换的基本性质及其应用，傅里叶变换基本性质的证明可通过傅里叶变换对进行，此处从略。

1. 线性

若 $F\big[x_1(t)\big] = X_1(\Omega)$，$F\big[x_2(t)\big] = X_2(\Omega)$，则对于任意常数 a_1 和 a_2，有

$$F\big[a_1x_1(t) + a_2x_2(t)\big] = a_1X_1(\Omega) + a_2X_2(\Omega) \tag{4-35}$$

线性性质有两层含义。

(1) 齐次性。若信号 $x(t)$ 乘以常数 a (信号增大 a 倍)，则其频谱函数也乘以相同的常数 a (其频谱函数也增大 a 倍)。

(2) 叠加性。它表明几个信号之和的频谱函数等于各个信号的频谱函数之和。

2. 对偶性

若 $F\big[x(t)\big] = X(\Omega)$，则

$$F[X(t)] = 2\pi x(-\Omega) \tag{4-36}$$

利用该性质可方便地求得一些信号的傅里叶变换。显然，矩形脉冲信号的频谱为 Sa 函数，而 Sa 函数的频谱必然为矩形脉冲；同样，直流信号的频谱为冲激函数，而冲激函数的频谱必然为常数。

【例 4-4】　求采样信号 $\mathrm{Sa}(t) = \dfrac{\sin t}{t}$ 的傅里叶变换。

解：宽度为 τ 的矩形脉冲信号可表示为

$$R_\tau(t) = \varepsilon\left(t + \frac{\tau}{2}\right) - \varepsilon\left(t - \frac{\tau}{2}\right)$$

其频谱函数为采样信号，即

$$F[R_\tau(t)] = \tau\mathrm{Sa}\left(\frac{\Omega\tau}{2}\right)$$

取 $\dfrac{\tau}{2} = 1$，即 $\tau = 2$。根据傅里叶变换的线性性质，脉冲宽度为 2，幅度为 $\dfrac{1}{2}$ 的矩形脉冲信号

的频谱为

$$F\left[\frac{1}{2}R_2(t)\right] = \frac{1}{2} \times 2\text{Sa}(\Omega) = \text{Sa}(\Omega)$$

式中，$R_2(t) = \varepsilon(t+1) - \varepsilon(t-1)$。

根据傅里叶变换的对偶性，$R_2(t)$ 是偶函数，有

$$F[\text{Sa}(t)] = 2\pi \times \frac{1}{2}R_2(-\Omega) = \pi R_2(\Omega) = \pi[\varepsilon(\Omega+1) - \varepsilon(\Omega-1)]$$

即采样信号 $\text{Sa}(t)$ 的频谱为宽度为2、幅度为 π 的矩形脉冲。两者对偶关系如图 4-15 所示。

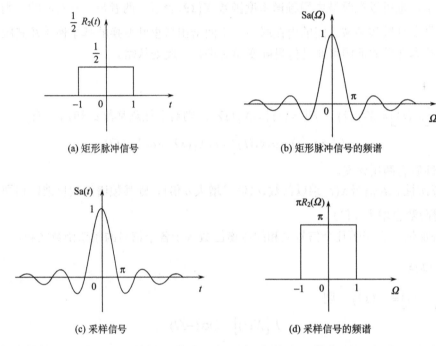

图 4-15　矩形脉冲信号与采样信号对偶关系

3. 尺寸变换特性

若 $F\big[x(t)\big] = X(\Omega)$，则对于实常数 $a(a \neq 0)$，有

$$F\big[x(at)\big] = \frac{1}{|a|}X\left(\frac{\Omega}{a}\right) \tag{4-37}$$

式 (4-37) 表明，若信号 $x(t)$ 在时域中压缩到原来的 $\frac{1}{|a|}(|a|>1)$，那么其频率将展宽 $|a|$ 倍，同时其幅度将减小为原来的 $\frac{1}{|a|}$。换句话说，时域压缩对应频域扩展，反之时域扩展对应频域压缩。由尺度变换特性可知，信号的持续时间与信号占有的频带成反比。在无线通信中，有时需要压缩信号持续时间以提高通信速率，则需付出展宽频带的代价。图 4-16 给

出了矩形脉冲信号及频谱的尺度变换特性。图 4-16（a）、图 4-16（b）是原信号及其频谱，图 4-16（c）、图 4-16（d）是扩展后信号及其频谱，图 4-16（e）、图 4-16（f）是压缩后信号及其频谱。

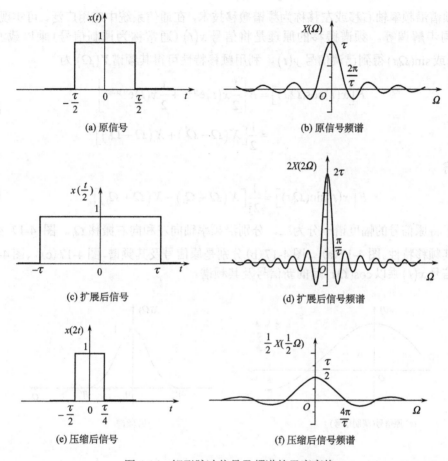

图 4-16　矩形脉冲信号及频谱的尺度变换

4. 时移特性

若 $F\left[x(t)\right]=X(\Omega)$ 且 t_0 为常数，则

$$F\left[x\left(t-t_0\right)\right]=\mathrm{e}^{-\mathrm{j}\Omega t_0}X(\Omega) \tag{4-38}$$

式（4-38）表明，信号 $x(t)$ 在时域中沿时间轴右移（延时）t_0，则对应于频谱在频域中乘以 $\mathrm{e}^{-\mathrm{j}\Omega t_0}$ 因子，即所有频率分量的幅度保持不变，但各频率分量出现相位滞后 Ωt_0 的变化。时移特性有时也称延时特性。

5. 频移特性

若 $F\left[x(t)\right]=X(\Omega)$ 且 Ω_0 为常数，则

$$F\left[x(t)\mathrm{e}^{\mathrm{j}\Omega_0 t}\right] = X(\Omega - \Omega_0) \tag{4-39}$$

频移特性也称调制特性。该性质表明，若将信号 $x(t)$ 在时域中乘以因子 $\mathrm{e}^{\mathrm{j}\Omega_0 t}$，则对应于在频域中将其频谱沿频率轴右移 Ω_0。

将频谱沿频率轴右移或左移称为频谱搬移技术，在通信系统中应用广泛，可实现调幅、变频及同步解调等。频谱搬移的原理是将信号 $x(t)$（通常称为调制信号）乘以载波信号 $\cos(\Omega_0 t)$ 或 $\sin(\Omega_0 t)$ 得到已调信号 $y(t)$，利用频移特性可得其频谱 $Y(\Omega)$ 为

$$\begin{aligned}F\left[x(t)\cos(\Omega_0 t)\right] &= F\left[\frac{1}{2}x(t)\mathrm{e}^{\mathrm{j}\Omega_0 t} + \frac{1}{2}x(t)\mathrm{e}^{-\mathrm{j}\Omega_0 t}\right] \\ &= \frac{1}{2}\left[X(\Omega - \Omega_0) + X(\Omega + \Omega_0)\right]\end{aligned} \tag{4-40}$$

同理可得

$$F\left[x(t)\sin(\Omega_0 t)\right] = \frac{1}{2\mathrm{j}}\left[X(\Omega - \Omega_0) - X(\Omega + \Omega_0)\right] \tag{4-41}$$

这相当于将原信号的幅度谱一分为二，分别沿频率轴向左和向右搬移 Ω_0。图 4-17 给出了信号及其频移特性。图 4-17(a)、图 4-17(b) 分别是原信号及其频谱，图 4-17(c)、图 4-17(d) 分别是信号 $x(t)$ 乘以 $\cos(\Omega_0 t)$ 后的新信号及其频谱。

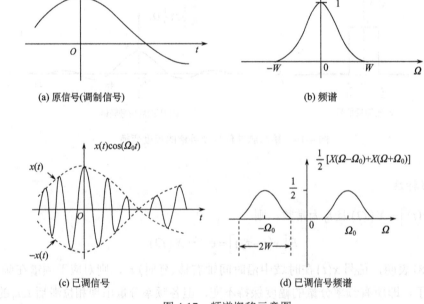

图 4-17　频谱搬移示意图

6. 时域微分特性

若 $F\left[x(t)\right] = X(\Omega)$，则

$$F\left[\frac{\mathrm{d}x(t)}{\mathrm{d}t}\right] = \mathrm{j}\Omega X(\Omega) \tag{4-42}$$

$x(t)$ 对 t 的 n 阶导数的傅里叶变换为

$$F\left[\frac{\mathrm{d}^n x(t)}{\mathrm{d}t^n}\right] = (\mathrm{j}\Omega)^n X(\Omega) \tag{4-43}$$

【例 4-5】　求图 4-18（a）所示三角脉冲信号的傅里叶变换。

解： 图 2-19（a）所示三角脉冲信号可表示为 $x(t) = \begin{cases} 1 - \dfrac{2}{\tau}|t|, & |t| < \dfrac{\tau}{2} \\ 0, & |t| > \dfrac{\tau}{2} \end{cases}$，其一阶、二阶导

数如图 4-18（b）、图 4-18（c）所示。

令　$x_1(t) = x^{(2)}(t) = \dfrac{2}{\tau}\delta\left(t + \dfrac{\tau}{2}\right) - \dfrac{4}{\tau}\delta(t) + \dfrac{2}{\tau}\delta\left(t - \dfrac{\tau}{2}\right)$，利用傅里叶变换的时移特性可求得

$x_1(t)$ 的频谱为

$$X_1(\Omega) = \frac{2}{\tau}\left(\mathrm{e}^{\mathrm{j}\frac{\Omega\tau}{2}} - 2 + \mathrm{e}^{-\mathrm{j}\frac{\Omega\tau}{2}}\right) = \frac{4}{\tau}\left[\cos\left(\frac{\Omega\tau}{2}\right) - 1\right] = -\frac{8}{\tau}\sin^2\left(\frac{\Omega\tau}{4}\right)$$

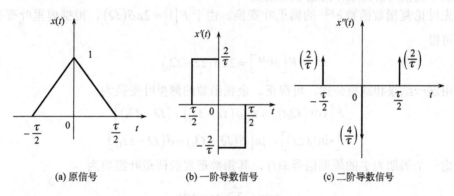

(a) 原信号　　　　　　　　(b) 一阶导数信号　　　　　　　(c) 二阶导数信号

图 4-18　例 4-5 用图

利用傅里叶变换的微分特性，有

$$(\mathrm{j}\Omega)^2 X(\Omega) = X_1(\Omega)$$

所以

$$X(\Omega) = \frac{1}{(\mathrm{j}\Omega)^2} X_1(\Omega) = \frac{8\sin^2\left(\dfrac{\Omega\tau}{4}\right)}{\Omega^2\tau} = \frac{\tau}{2}\mathrm{Sa}^2\left(\frac{\Omega\tau}{4}\right)$$

由于本例 $x(t)$ 满足绝对可积条件，其傅里叶变换式中不含冲激函数。

7. 时域卷积定理

若 $F\left[x_1(t)\right] = X_1(\Omega)$，$F\left[x_2(t)\right] = X_2(\Omega)$，则

$$F\left[x_1(t) * x_2(t)\right] = X_1(\Omega) X_2(\Omega) \tag{4-44}$$

式(4-44)表明，时域中两个信号的卷积积分对应于频域中两信号频谱的乘积。关于卷积的概念及应用将在第 5 章中详细讨论。

8. 频域卷积定理

若 $F\left[x_1(t)\right] = X_1(\Omega)$，$F\left[x_2(t)\right] = X_2(\Omega)$，则

$$F\left[x_1(t) x_2(t)\right] = \frac{1}{2\pi} X_1(\Omega) * X_2(\Omega) \tag{4-45}$$

式(4-45)表明，在时域中两个信号的乘积对应于频域中两信号频谱的卷积乘以 $1/(2\pi)$。

4.3　连续时间周期信号的傅里叶变换

通过将冲激函数引入频谱中，就可得到不满足绝对可积条件的周期信号的傅里叶变换。这样既可建立起周期信号的傅里叶级数和傅里叶变换之间的联系，又可把周期信号与非周期信号的分析方法统一起来，使傅里叶变换这一工具的应用范围更加广泛。另外，周期信号的傅里叶变换对研究采样问题非常重要。

首先讨论复指数函数 $e^{j\Omega_0 t}$ 的傅里叶变换。由于 $F[1] = 2\pi\delta(\Omega)$，根据傅里叶变换的频移性质可得

$$F\left[e^{j\Omega_0 t}\right] = 2\pi\delta(\Omega - \Omega_0) \tag{4-46}$$

利用这一结果和欧拉公式，可得正、余弦函数的傅里叶变换为

$$F\left[\cos(\Omega_0 t)\right] = \pi\left[\delta(\Omega + \Omega_0) + (\Omega - \Omega_0)\right] \tag{4-47}$$

$$F\left[\sin(\Omega_0 t)\right] = j\pi\left[\delta(\Omega + \Omega_0) - \delta(\Omega - \Omega_0)\right] \tag{4-48}$$

考虑一个周期为 T 的周期信号 $\tilde{x}(t)$，其指数形式的傅里叶级数为

$$\tilde{x}(t) = \sum_{k=-\infty}^{\infty} X_k e^{jk\Omega_0 t} \tag{4-49}$$

傅里叶系数为

$$X_k = \frac{1}{T} \int_{-\frac{T}{2}}^{\frac{T}{2}} \tilde{x}(t) \, e^{-jk\Omega_0 t} dt \tag{4-50}$$

从周期信号 $\tilde{x}(t)$ 中截取一个周期，得到单脉冲信号 $x_0(t)$，其傅里叶变换为

$$X_0(\Omega) = \int_{-\frac{T}{2}}^{\frac{T}{2}} x_0(t) \, e^{-j\Omega t} dt = \int_{-\frac{T}{2}}^{\frac{T}{2}} \tilde{x}(t) \, e^{-j\Omega t} dt \tag{4-51}$$

比较式(4-50)和式(4-51)，有

$$X_k = \frac{1}{T} X_0(\Omega)\big|_{\Omega=k\Omega_0} = \frac{1}{T} X_0(k\Omega_0) \tag{4-52}$$

式(4-52)表明 X_k 是对 $X_0(\Omega)$ 以 Ω_0 为间隔进行离散化的结果。可见利用单脉冲信号的

傅里叶变换，可方便地求解周期信号的傅里叶系数。

对式(4-49)取傅里叶变换，有

$$X(\Omega) = F[\sum_{k=-\infty}^{\infty} X_k \mathrm{e}^{jk\Omega t}] = \sum_{k=-\infty}^{\infty} X_k F[\mathrm{e}^{jk\Omega t}] = 2\pi \sum_{k=-\infty}^{\infty} X_k \delta(\Omega - k\Omega_0) \tag{4-53}$$

利用式(4-52)，可将周期信号 $\tilde{x}(t)$ 的傅里叶变换表示为

$$X(\Omega) = \frac{2\pi}{T} \sum_{k=-\infty}^{\infty} X_0(k\Omega_0)\delta(\Omega - k\Omega_0) = \Omega_0 \sum_{k=-\infty}^{\infty} X_0(k\Omega_0)\delta(\Omega - k\Omega_0) \tag{4-54}$$

以上结果表明，周期信号的傅里叶变换是由冲激函数组成的冲激串，冲激串的频率间隔等于周期信号的基波频率 Ω_0（$\Omega_0 = \frac{2\pi}{T}$），即这些冲激位于周期信号的谐波频率处，其冲激强度等于相应傅里叶级数系数 X_k 的 2π 倍。

【例 4-6】　周期为 T 的周期矩形脉冲信号 $x(t)$ 如图 4-19(a)所示，求其傅里叶级数和傅里叶变换。

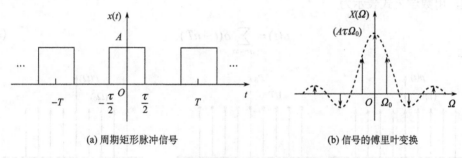

(a) 周期矩形脉冲信号　　　　　　　(b) 信号的傅里叶变换

图 4-19　周期矩形脉冲信号及其傅里叶变换

解： 设单矩形脉冲信号 $x_0(t)$ 的傅里叶变换为 $X_0(\Omega)$，由式(4-23)知

$$X_0(\Omega) = A\tau \mathrm{Sa}\left(\frac{\Omega\tau}{2}\right)$$

由式(4-54)可得周期矩形脉冲信号 $x(t)$ 的傅里叶变换(图 4-19(b))为

$$X(\Omega) = \Omega_0 \sum_{k=-\infty}^{\infty} X_0(k\Omega_0)\delta(\Omega - k\Omega_0) = A\tau\Omega_0 \sum_{k=-\infty}^{\infty} \mathrm{Sa}\left(\frac{k\Omega_0\tau}{2}\right)\delta(\Omega - k\Omega_0)$$

由式(4-52)可求出 $x(t)$ 的傅里叶级数的系数为

$$X_k = \frac{1}{T} X_0(\Omega)\Big|_{\Omega = k\Omega_0} = \frac{A\tau}{T} \mathrm{Sa}\left(\frac{k\Omega_0\tau}{2}\right)$$

于是周期矩形脉冲信号 $x(t)$ 的傅里叶级数为

$$x(t) = \frac{A\tau}{T} \sum_{k=-\infty}^{\infty} \mathrm{Sa}\left(\frac{k\Omega_0\tau}{2}\right)\mathrm{e}^{jk\Omega_0 t}$$

4.4 离散时间信号的生成与信号重建

4.4.1 采样定理

一般的实际信号大多是连续时间信号，通过采样，将其转化为数字信号，便可用数字系统加以处理。

采样过程可以理解为利用周期单位冲激串 $p(t)$ 从连续信号 $x(t)$ 中抽取离散样值的过程，由此得到的信号记作 $x_s(t)$，称为采样信号。上述采样过程是在时域中进行的，称为时域采样。时域采样是用数字技术分析处理连续信号的重要环节。

1. 周期单位冲激串的傅里叶变换

若把位于 $t=0$ 处的单位冲激函数以 T 为周期进行延拓，可构成周期单位冲激串，如图 4-20(a) 所示。该函数在研究信号的采样问题中经常用到，称为狄拉克梳状函数或理想采样函数，用数学公式表示为

$$p(t) = \sum_{n=-\infty}^{\infty} \delta(t - nT) \tag{4-55}$$

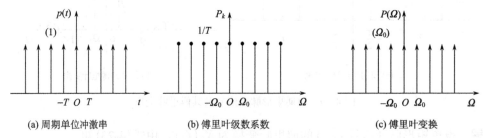

| (a) 周期单位冲激串 | (b) 傅里叶级数系数 | (c) 傅里叶变换 |

图 4-20　周期单位冲激串及傅里叶级数系数和傅里叶变换

将 $p(t)$ 展开成傅里叶级数，有

$$p(t) = \sum_{k=-\infty}^{\infty} P_k e^{jk\Omega_0 t}$$

傅里叶系数为

$$P_k = \frac{1}{T} \int_{-\frac{T}{2}}^{\frac{T}{2}} \delta(t) e^{-jk\Omega_0 t} dt = \frac{1}{T}$$

即

$$p(t) = \frac{1}{T} \sum_{k=-\infty}^{\infty} e^{jk\Omega_0 t} \tag{4-56}$$

式 (4-56) 表明，周期单位冲激串的傅里叶级数中，只包含位于 $\Omega=0$，$\pm\Omega_0$，$\pm 2\Omega_0$，$\cdots$，$\pm k\Omega_0$，$\cdots$ 处的频率分量，每个频率分量的大小相等且都等于 $\frac{1}{T}$。

$p(t)$ 的傅里叶变换为

$$P(\Omega) = \frac{2\pi}{T} \sum_{k=-\infty}^{\infty} \delta(\Omega - k\Omega_0) = \Omega_0 \sum_{k=-\infty}^{\infty} \delta(\Omega - k\Omega_0) \tag{4-57}$$

$p(t)$ 的傅里叶级数系数 P_k 及傅里叶变换 $P(\Omega)$ 如图 4-20(b)、图 4-20(c)所示。将图 4-20(a)与图 4-20(c)进行比较可知，周期单位冲激串的傅里叶变换为强度等于 Ω_0 的冲激串。

2. 理想采样信号的频谱

理想采样如图 4-21 所示。图 4-21(a)所示为连续信号 $x(t)$，图 4-21(b)所示为周期单位冲激串 $p(t)$，两者相乘如图 4-21 (c) 所示，相乘结果 $x_S(t) = x(t)p(t)$ 称为 $x(t)$ 的采样信号 (Sampled Signal)，如图 4-21(d)所示。$x_S(t)$ 中各分量的冲激强度为与 $x(t)$ 对应的采样序列 $x(n)$ 的样本。

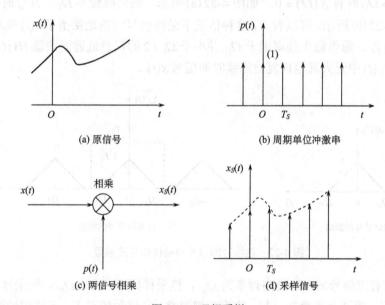

(a) 原信号　　　　　　　　　　(b) 周期单位冲激串

(c) 两信号相乘　　　　　　　　(d) 采样信号

图 4-21　理想采样

能否由采样信号不失真地恢复原有连续信号？回答这一问题，必须讨论清楚采样信号的频谱与原有连续信号频谱之间的关系。

设采样间隔为 T_S，采样角频率 $\Omega_S = 2\pi f = \dfrac{2\pi}{T_S}$。由采样过程，有

$$x_S(t) = x(t)p(t) \tag{4-58}$$

对式(4-58)两边取傅里叶变换，根据频域卷积定理有

$$X_S(\Omega) = F[x(t)p(t)] = \frac{1}{2\pi} X(\Omega) * P(\Omega) \tag{4-59}$$

把式(4-57)代入式(4-59)，可得采样信号的傅里叶变换为

$$X_S(\Omega) = \frac{\Omega_S}{2\pi} X(\Omega) * \sum_{k=-\infty}^{\infty} \delta(\Omega - k\Omega_S) = \frac{1}{T_S} \sum_{k=-\infty}^{\infty} X(\Omega - k\Omega_S) \qquad (4\text{-}60)$$

式 (4-60) 表明，采样信号的频谱 $X_S(\Omega)$ 是连续时间信号的频谱 $X(\Omega)$ 乘以系数 $1/T_S$ 后，以采样角频率 Ω_S 为间隔进行周期延拓的结果。因此 $X_S(\Omega)$ 是一个周期函数。这说明，采样信号的傅里叶变换是周期的，其周期为 Ω_S。

3. 采样定理

时域采样定理可表述为：对包含最高频率为 f_M 的连续信号 $x(t)$ 进行等间隔采样，结果为 $x(t_1)$，$x(t_1 \pm T_S)$，$x(t_1 \pm 2T_S)$，…，只要这些采样点的时间间隔 $T_S < \dfrac{1}{2 f_M}$，即采样角频率 $\Omega_S > 2\Omega_M$，便可由采样值完全恢复原来的信号 $x(t)$。

对包含最高频率为 Ω_M 的频带有限信号 $x(t)$，其频谱函数 $X(\Omega)$ 在 $|\Omega| > \Omega_M$ 时始终为零，即当 $|\Omega| > \Omega_M$ 时有 $X(\Omega) = 0$，如图 4-22 (a) 所示。当采样频率 $\Omega_S > 2\Omega_M$ 时，采样信号的频谱如图 4-22 (b) 所示。可以看出，这种情况下采样信号完整地保留了 $x(t)$ 的频谱，因此，用一个增益为 T_S、通带截止频率大于 Ω_M 并小于 $\Omega_S / 2$ 的理想低通滤波器 $H(\text{j}\Omega)$，就可以从抽样信号 $X_S(t)$ 中无失真地恢复出连续时间信号 $x(t)$。

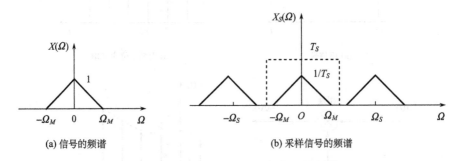

(a) 信号的频谱　　　　　　　　　(b) 采样信号的频谱

图 4-22　连续时间信号与采样信号的频谱

如果频带有限信号 $x(t)$ 的最高频率为 Ω_M，但采样频率 $\Omega_S < 2\Omega_M$，则采样信号的频谱如图 4-23 所示，频谱会重叠在一起，称为频谱混叠。在这种情况下，无法用滤波器从 $x_S(t)$ 中无失真地恢复原信号 $x(t)$。

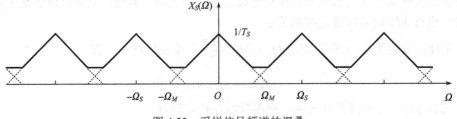

图 4-23　采样信号频谱的混叠

如果 $x(t)$ 不是频带有限信号，即 $x(t)$ 中含有频率为无穷大的成分，则无论采样周期或采样频率如何选取，频率混叠不可避免，即不可能从 $x_S(t)$ 中无失真地恢复出原信号 $x(t)$。

由以上分析可以得出结论：若要把一个信号从其采样信号中无失真地恢复出来，首先要保证被采样的信号必须是频带有限信号，即其频谱范围为 $0\sim\Omega_M$，再就是采样频率 Ω_S 必须大于被采样信号最高频率的两倍，即 $\Omega_S > 2\Omega_M$，或采样周期 $T_S < \dfrac{1}{2f_M}$。此即采样定理。

通常称最小采样频率 $\Omega_{S\min} = 2\Omega_M$ 或 $f_S = \dfrac{2\Omega_M}{2\pi} = \dfrac{\Omega_M}{\pi}$ 为奈奎斯特（Nyquist）频率，称最大允许采样周期 $T_{S\max} = \dfrac{1}{2f_M}$ 为奈奎斯特周期。

对模拟信号进行采样时，若满足采样定理，便可由采样信号还原模拟信号；若不满足采样定理，便无法由采样信号还原模拟信号。

4.4.2　实际采样与信号重建

实际采样与理想采样不一样，并且实际低通滤波器与理想低通滤波器也不一样，因此，实际的重建结果与以上讨论的结果存在一定差异。由于现实可以实现的低通滤波器的幅频特性是渐变的，不是陡直进入截止区的，因此除了原信号的频谱分量，经过滤波器后还存在相邻部分的频率分量，如图 4-24 所示，这就使得重建信号与原始信号之间存在差别。减少差别的办法是提高采样频率 Ω_S 或使用性能更好的滤波器。

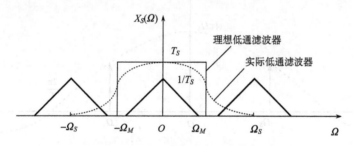

图 4-24　实际低通滤波器的滤波情况

理想采样是不可能实现的，这是因为现实中并不存在理想周期单位冲激串。实际采样的原理可用图 4-25 加以说明，与图 4-21 相比，图 4-25 中的 $p_1(t)$ 变为振幅为 A、宽度为 τ 的矩形脉冲串。图 4-25(d) 说明，通过采样得到的采样结果并不是瞬间的值，而是有一定时间宽度的值。

若信号 $x(t)$ 是频带有限的，最高频率为 Ω_M，采样频率满足 $\Omega_S > 2\Omega_M$，采样函数为周期矩形脉冲串 $p_1(t)$，其频谱 $P_1(\Omega)$ 如图 4-26(a) 所示。这种情况下，$X(\Omega)$ 延拓过程中的加权系数不为恒定值，延拓结果如图 4-26(b) 所示，可见此时也能够无失真地恢复原信号 $x(t)$。

另外，实际信号的频谱一般并不是严格的频带有限信号，而是具有随着频率的升高幅度频谱 $|X(\Omega)|$ 逐渐衰减的特性。也就是说，一般采样后的频谱总会存在重叠现象，因此很难完全恢复原信号。

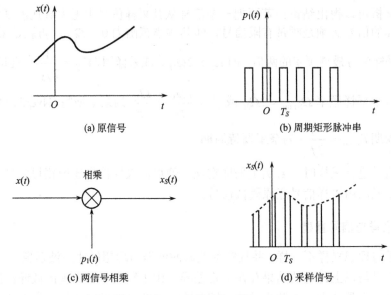

(a) 原信号　　　　　　　　　　(b) 周期矩形脉冲串

(c) 两信号相乘　　　　　　　　(d) 采样信号

图 4-25　脉冲串采样

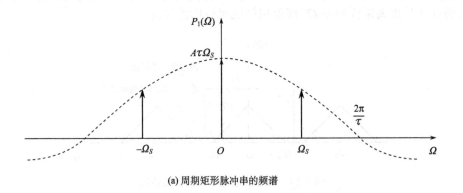

(a) 周期矩形脉冲串的频谱

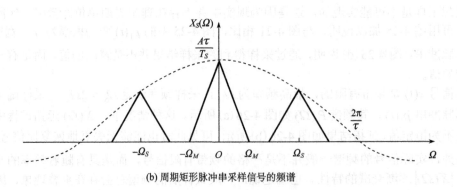

(b) 周期矩形脉冲串采样信号的频谱

图 4-26　周期矩形脉冲串的频谱和采样信号的频谱

　　信号的主要成分通常处于一定频率范围内，高于某个频率的分量往往可以忽略不计。因此实际工作中，在采样前往往先进行抗混叠预滤波，即先采用低通滤波器滤除信号中的高频成分，使信号在采样之前被强制处理成频带相对较低的信号。预处理后信号的最高频率 Ω_M 由抗混叠滤波器(低通滤波器)的截止频率决定。只要采样频率 Ω_S 足够高，滤波器特性足够好，就可以在一定精度意义上比较好地恢复原信号。

　　图 4-25 只是用来说明实际采样原理的，不是对真实采样过程的描述，这是因为图 4-25(d)所示的窄脉冲产生及传输都比较困难，故实际中并不用图 4-25(c)所示方法完成采样。实际的采样由模数转换器完成，过程包括先采样和保持，然后量化和数字化，如图 4-27 所示。采样前，将模拟信号先通过抗混叠滤波器(低通滤波器)滤除高频分量，以降低采样频率，然后通过采样保持电路实现采样保持。采样保持的过程是在采样瞬间获得 $x(t)$ 的样本值，然后保持这一样本值直到下一个采样瞬间，得到的采样信号为阶梯状。

图 4-27　数模转换过程

　　采样保持电路也称为零阶保持电路，或称为零阶滤波器，其作用如图 4-28 所示。

图 4-28　采样保持电路的功能

　　采样保持电路有多种形式，图 4-29 所示是大规模集成电路芯片中常采用的一种结构。图中，MOS 晶体管 M1 和 M2 作为开关运用，当窄脉冲 $p_1(t)$ 的高电位到来时，M1、M2 导通，将 $x(t)$ 抽样值引到电容 C 两端，此后，电容两端电压即保持这一样本值到下一个抽样脉冲到来，以此重复，即可由 $x(t)$ 产生 $x_0(t)$ 波形。

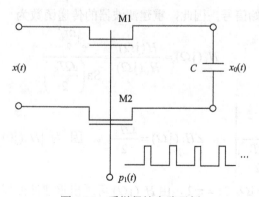

图 4-29　采样保持电路示例

　　如何由阶梯状的采样信号恢复采样前的信号呢？方法是采用重建滤波器进行滤波。为说明重建滤波器的工作原理，需对采样保持过程进行进一步分析。

　　图 4-30(a) 所示为冲激抽样后再用一个具有矩形单位冲激响应 $h_0(t)$ 的 LTI 系统进行滤波的情景，图 4-30(b) 所示为待采样信号 $x(t)$，图 4-30(c) 所示为冲激抽样后信号 $x_p(t)$，图 4-30(d) 所示为阶梯状采样信号 $x_0(t)$。可见，采样保持电路的功能与图 4-30(a) 所示情况一致。

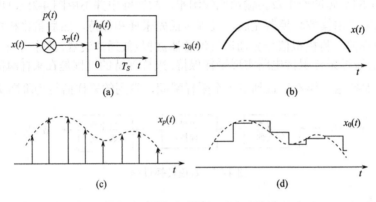

图 4-30　阶梯状采样信号生成原理

　　图 4-30(a) 中，LTI 系统单位冲激响应 $h_0(t)$ 的傅里叶变换为

$$H_0(\mathrm{j}\Omega)=T_S\times\frac{\sin\left(\dfrac{\Omega T_S}{2}\right)}{\dfrac{\Omega T_S}{2}}\mathrm{e}^{-\mathrm{j}\frac{\Omega T_S}{2}}=T_S\mathrm{Sa}\left(\frac{\Omega T_S}{2}\right)\mathrm{e}^{-\mathrm{j}\frac{\Omega T_S}{2}}$$

由理想采样恢复原信号的理想低通滤波器的传递函数 $H(\mathrm{j}\Omega)$ 为

$$H(\mathrm{j}\Omega)=\begin{cases}T_S,&|\Omega|<\Omega_M\\0,&|\Omega|>\Omega_M\end{cases}$$

设重建滤波器的传递函数为 $H_r(\mathrm{j}\Omega)$，只要 $H(\mathrm{j}\Omega)=H_0(\mathrm{j}\Omega)H_r(\mathrm{j}\Omega)$，则阶梯状采样信号经过重建滤波器后就为原始信号。因此，重建滤波器的传递函数为

$$H_r(\mathrm{j}\Omega)=\frac{H(\mathrm{j}\Omega)}{H_0(\mathrm{j}\Omega)}=\frac{\mathrm{e}^{\mathrm{j}\frac{\Omega T_S}{2}}}{\mathrm{Sa}\left(\dfrac{\Omega T_S}{2}\right)}\tag{4-61}$$

所以 $|H_r(\mathrm{j}\Omega)|=\left|\dfrac{1}{\mathrm{Sa}\left(\dfrac{\Omega T_S}{2}\right)}\right|$，$\angle H_r(\mathrm{j}\Omega)=\dfrac{\Omega T_S}{2}$。因为 $|H_r(\mathrm{j}0)|=1$，$\angle H_r(\mathrm{j}0)=0$；$|H_r(\mathrm{j}\Omega_S/2)|=\pi/2$，$\angle H_r(\mathrm{j}\Omega_S/2)=\pi/2$，由 $H_r(\mathrm{j}\Omega)$ 可画出重建滤波器的幅频特性和相频特性如图 4-31 所示。

当 $x_0(t)$ 通过图 4-31 所示的重建滤波器后，就可复原信号 $x(t)$。注意到图 4-31(b) 所示重建滤波器的相频特性斜率为正，而实际滤波器应为负。所以实际构造出的重建滤波器当幅频特性满足图 4-31(a) 时，相频特性则与图 4-31(b) 存在差异，当满足线性相移要求时，信号波形不变，仅产生信号延时。如当相频特性满足 $\angle H_r(j\Omega) = -\dfrac{\Omega T_S}{2}$ 关系时，输出信号与原信号相比会在时间轴上滞后 T_S。

实际上，也可认为 $x_0(t)$ 是对 $x(t)$ 的近似，在要求不很高的情况下，重建滤波器的幅频特性 $|H_r(j\Omega)|$ 只要大致接近图 4-31(a) 即可，甚至可以不采用重建滤波器而直接使用 $x_0(t)$。

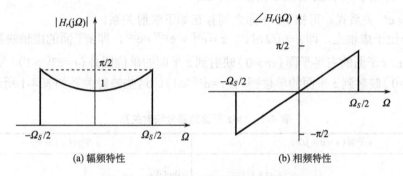

(a) 幅频特性   (b) 相频特性

图 4-31 重建滤波器的幅频特性和相频特性

4.5 离散时间信号的傅里叶变换

4.5.1 s 平面与 z 平面的映射关系

设有连续信号 $x(t)$ 通过离散采样得到离散信号 $x(n)=x(nT)(n=\cdots,-1,0,1,\cdots)$，通过冲激采样得到抽样信号 $x_S(t) = \displaystyle\sum_{n=-\infty}^{\infty} x(t)\delta(t-nT)$。离散信号 $x(n)$ 的 z 变换与抽样信号 $x_S(t)$ 的拉普拉斯变换之间存在何种关系呢？下面进行分析。

离散信号 $x(n)=x(nT)(n=\cdots,-1,0,1,\cdots)$ 的 z 变换为

$$X(z) = \sum_{n=-\infty}^{\infty} x(nT)z^{-n} \tag{4-62}$$

抽样信号 $x_S(t) = \displaystyle\sum_{n=-\infty}^{\infty} x(t)\delta(t-kT)$ 的拉普拉斯变换为

$$X_S(s) = L[\sum_{n=-\infty}^{\infty} x(t)\delta(t-nT)] = L[\sum_{n=-\infty}^{\infty} x(nT)\delta(t-nT)]$$

$$= \sum_{n=-\infty}^{\infty} x(nT)L[\delta(t-nT)] = \sum_{n=-\infty}^{\infty} x(nT)e^{-nTs} \tag{4-63}$$

比较式 (4-62) 和式 (4-63) 可知，若 $z = e^{Ts}$，则 $X_S(s) = X(z)$，即

$$X_S(s) = X(z)\big|_{z=e^{Ts}} \quad \text{或} \quad X(z) = X_S(s)\big|_{s=\frac{\ln z}{T}} \tag{4-64}$$

可见，s 平面与 z 平面可通过 $z=e^{sT}$ 建立联系。利用 $z=e^{sT}$ 可把 z 域函数转变为 s 域函数，利用 $s=\dfrac{1}{T}\ln z$ 可把 s 域函数转变为 z 域函数。

直角坐标形式的复变量 $s=\sigma+\mathrm{j}\Omega$ 经 $z=e^{sT}$ 变换后成为一个极坐标形式的复变量 $z=e^{sT}=e^{(\sigma+\mathrm{j}\Omega)T}=e^{\sigma T}e^{\mathrm{j}\Omega T_S}=re^{\mathrm{j}\omega}$，其中 $r=e^{\sigma T}$，$\omega=\Omega T_S$。这里 Ω 是模拟频率，ω 是数字频率。数字频率 ω 以 2π 为周期，而数字频率 2π 对应于模拟频率 $\Omega=\omega/T_S=2\pi/T_S=2\pi f_S=\Omega_S$，即数字频率 2π 对应于模拟频率 Ω_S。

通过 $z=e^{sT}$ 关系式，可知 s-z 平面之间存在如下映射关系。

(1) 当 s 位于虚轴上，即 $s=\mathrm{j}\Omega$ 时，$z=e^{sT}=e^{\mathrm{j}\Omega T}=e^{\mathrm{j}\omega}$，即 s 平面的虚轴映射到 z 平面的单位圆上；s 平面的右半平面（$\sigma>0$）映射到 z 平面的单位圆外（$r=e^{\sigma T}>1$）；s 平面的左半平面（$\sigma<0$）映射到 z 平面的单位圆内（$r=e^{\sigma T}<1$）。这些映射关系如表 4-1 所示。

表 4-1　　s-z 平面的部分映射关系

s 平面（$s=\sigma+\mathrm{j}\Omega$）			z 平面（$z=re^{\mathrm{j}\omega}$）	
虚轴 （$s=\mathrm{j}\Omega$）				单位圆上 $\begin{pmatrix} r=1 \\ \omega\text{任意} \end{pmatrix}$
左半平面 （$\sigma<0$）				单位圆内 $\begin{pmatrix} r<1 \\ \omega\text{任意} \end{pmatrix}$
右半平面 （$\sigma>0$）				单位圆外 $\begin{pmatrix} r>1 \\ \omega\text{任意} \end{pmatrix}$

(2) s 平面的整个实轴（$\Omega=0$）映射到 z 平面上的正实轴；s 平面平行于实轴的直线（$\Omega=\Omega_0$ 为常数）映射到 z 平面始于原点的辐射线；当 $\Omega_0=\dfrac{k\Omega_S}{2}(k=\pm1,\pm3,\cdots)$ 时，平行于实轴的直线映射到 z 平面的负实轴。

(3) 由于 $e^{\mathrm{j}\omega}$ 是以 2π 为周期的周期函数，因此在 s 平面上沿虚轴水平移动每增加一个 Ω_S，在 z 平面上 ω 就增加 2π，即重复旋转一周。所以，s 平面与 z 平面的映射关系相当于把 s 平面分割成无穷多条宽度为 $\Omega_S=2\pi/T$ 的水平带面，这些水平带面互相重叠地映射到

整个 z 平面上。因此，s 平面与 z 平面的映射不是单值的关系。

4.5.2　离散时间傅里叶变换的定义

当 s 位于正向虚轴上，即 $s = \mathrm{j}\Omega, \Omega \geqslant 0$ 时，连续时间信号 $x(t)$ 的拉普拉斯变换 $X(s)$ 就是傅里叶变换 $X(\Omega)$。而当 s 位于正向虚轴上时，$s = \mathrm{j}\Omega$ 映射到 z 平面的单位圆上，即 $z = \mathrm{e}^{\mathrm{j}\Omega T} = \mathrm{e}^{\mathrm{j}\omega}$。这种情况下，由离散时间信号的 z 变换式 $X(z) = \sum\limits_{n=-\infty}^{\infty} x(n)z^{-n}$，可得

$$X(\mathrm{e}^{\mathrm{j}\omega}) = \sum_{n=-\infty}^{\infty} x(n)\mathrm{e}^{-\mathrm{j}\omega n} = \mathrm{DTFT}[x(n)] \tag{4-65}$$

式 (4-65) 即是序列 (离散时间信号) 的傅里叶变换定义式。序列的傅里叶变换也称为离散时间傅里叶变换 (Discrete Time Fourier Transformation，DTFT)。

由逆 z 变换式 $x(n) = \dfrac{1}{\mathrm{j}2\pi} \oint_c X(z)z^{n-1}\mathrm{d}z$，将 $z = \mathrm{e}^{\mathrm{j}\omega}$ 代入，可得

$$x(n) = \frac{1}{2\pi} \int_{-\pi}^{\pi} X(\mathrm{e}^{\mathrm{j}\omega})\mathrm{e}^{\mathrm{j}\omega n}\mathrm{d}\omega = \mathrm{IDTFT}[X(\mathrm{e}^{\mathrm{j}\omega})] \tag{4-66}$$

式 (4-66) 是序列的傅里叶逆变换定义式，序列的傅里叶逆变换也称为离散时间傅里叶逆变换 (Inverse Discrete Time Fourier Transformation，IDTFT)。式 (4-65) 和式 (4-66) 构成离散时间傅里叶变换对。

序列 $x(n)$ 的傅里叶变换 $X(\mathrm{e}^{\mathrm{j}\omega})$ 是数字频率 ω 的复函数，可以写成

$$X(\mathrm{e}^{\mathrm{j}\omega}) = |X(\mathrm{e}^{\mathrm{j}\omega})|\mathrm{e}^{\mathrm{j}\varphi(\omega)} \tag{4-67}$$

式中，$X(\mathrm{e}^{\mathrm{j}\omega})$ 表示序列 $x(n)$ 的频域特性，又称为 $x(n)$ 的频谱；$|X(\mathrm{e}^{\mathrm{j}\omega})|$ 称为幅度频谱；$\varphi(\omega)$ 称为相位频谱，两者都是 ω 的连续函数。

DTFT 成立的充分条件是序列 $x(n)$ 满足绝对可和条件，即满足：

$$\sum_{n=-\infty}^{\infty} |x(n)| < \infty \tag{4-68}$$

一些不满足绝对可和条件的序列，如周期序列，其 DTFT 原本不存在，但如果引入奇异函数，就可以用奇异函数表示它们的 DTFT。

由于 $\mathrm{e}^{\mathrm{j}\omega}$ 是变量 ω 以 2π 为周期的周期性函数，在式 (4-65) 中，n 为整数，所以有如下结果：

$$X(\mathrm{e}^{\mathrm{j}\omega}) = \sum_{n=-\infty}^{\infty} x(n)\mathrm{e}^{-\mathrm{j}(\omega+2\pi l)n} = X[\mathrm{e}^{\mathrm{j}(\omega+2\pi l)}], \quad l\text{ 为整数} \tag{4-69}$$

因此 $X(\mathrm{e}^{\mathrm{j}\omega})$ 是以 2π 为周期的周期性函数，即 $x(n)$ 的频谱都是随 ω 周期变化的。由于 DTFT 的周期性，一般只需分析 $[0, 2\pi]$ 或 $[-\pi, \pi]$ 区间的 DTFT。

【例 4-7】　求 $x(n) = a^n\varepsilon(n)$ 的离散时间傅里叶变换，其中 $|a| < 1$。

解：因 $|a| < 1$，根据离散时间傅里叶变换定义可得

$$X(\mathrm{e}^{\mathrm{j}\omega}) = \sum_{n=0}^{\infty} a^n\mathrm{e}^{-\mathrm{j}\omega n} = \sum_{n=0}^{\infty} (a\mathrm{e}^{-\mathrm{j}\omega})^n = \frac{1}{1 - a\mathrm{e}^{-\mathrm{j}\omega}}$$

$a^n \varepsilon(n)$ 的离散时间傅里叶变换也可以用 z 变换求得。由于

$$X(z) = \frac{z}{z-a}$$

$X(z)$ 的极点为 $z=a$，当 $|a|<1$ 时 z 变换的收敛域包含单位圆，这时有

$$X(\mathrm{e}^{\mathrm{j}\omega}) = X(z)\Big|_{z=\mathrm{e}^{\mathrm{j}\omega}} = \frac{\mathrm{e}^{\mathrm{j}\omega}}{\mathrm{e}^{\mathrm{j}\omega}-a} = \frac{1}{1-a\mathrm{e}^{-\mathrm{j}\omega}}$$

图 4-32(a) 和图 4-32(b) 给出了 $a=0.8$ 时 $X(\mathrm{e}^{\mathrm{j}\omega})$ 的幅度频谱和相位频谱。由于频谱的周期性，一般只需给出 $0\leqslant\omega\leqslant 2\pi$ 或 $-\pi\leqslant\omega\leqslant\pi$ 区间的频谱，如图 4-32(c) 和图 4-32(d) 所示。

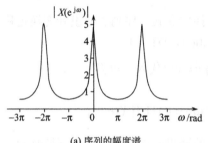

(a) 序列的幅度谱

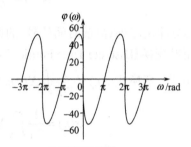

(b) 序列的相位谱

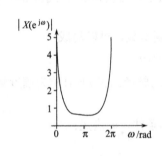

(c) 一个周期的幅度谱

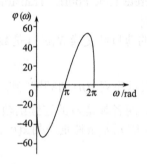

(d) 一个周期的相位谱

图 4-32　序列 $x(n)=(0.8)^n\varepsilon(n)$ 的频谱

【例 4-8】　求序列 $x(n)=\delta(n)$ 的傅里叶变换。

解： 由定义式得

$$X(\mathrm{e}^{\mathrm{j}\omega}) = \sum_{n=-\infty}^{\infty} \delta(n)\mathrm{e}^{-\mathrm{j}\omega n} = \delta(n)\mathrm{e}^{-\mathrm{j}\omega\times 0} = 1$$

【例 4-9】　求序列 $x(n)=\varepsilon(n)$ 的傅里叶变换。

解： 显然 $x(n)=\varepsilon(n)$ 的信号不满足绝对可和的条件，但可以仿照连续时间信号的情况，在变换中引入冲激函数。由于离散时间信号的傅里叶变换是以 2π 为周期的，考察下式给出的等间隔冲激函数频谱函数：

$$X(\mathrm{e}^{\mathrm{j}\omega}) = \sum_{k=-\infty}^{\infty} 2\pi\delta(\omega+2\pi k)$$

利用逆变换公式得

$$x(n) = \frac{1}{2\pi} \int_{-\pi}^{\pi} 2\pi\delta(\omega)\mathrm{e}^{\mathrm{j}\omega n}\mathrm{d}\omega = 1$$

因此

$$1 \leftrightarrow \sum_{k=-\infty}^{\infty} 2\pi\delta(\omega + 2\pi k)$$

【例 4-10】　若 $x(n) = R_5(n) = \varepsilon(n) - \varepsilon(n-5)$，求此序列的傅里叶变换 $X(\mathrm{e}^{\mathrm{j}\omega})$。

解：由定义得

$$X(\mathrm{e}^{\mathrm{j}\omega}) = \sum_{n=0}^{4} \mathrm{e}^{-\mathrm{j}\omega} = \frac{1 - \mathrm{e}^{-\mathrm{j}5\omega}}{1 - \mathrm{e}^{-\mathrm{j}\omega}} = \frac{\mathrm{e}^{-\mathrm{j}\frac{5}{2}\omega}}{\mathrm{e}^{-\mathrm{j}\frac{1}{2}\omega}} \left(\frac{\mathrm{e}^{\mathrm{j}\frac{5}{2}\omega} - \mathrm{e}^{-\mathrm{j}\frac{5}{2}\omega}}{\mathrm{e}^{\mathrm{j}\frac{1}{2}\omega} - \mathrm{e}^{-\mathrm{j}\frac{1}{2}\omega}} \right)$$

$$= \mathrm{e}^{-\mathrm{j}2\omega} \left[\frac{\sin\left(\frac{5}{2}\omega\right)}{\sin\left(\frac{1}{2}\omega\right)} \right] = |X(\mathrm{e}^{\mathrm{j}\omega})| \mathrm{e}^{\mathrm{j}\varphi(\omega)}$$

其中，幅频特性为

$$X(\mathrm{e}^{\mathrm{j}\omega}) = \left| \frac{\sin\left(\frac{5}{2}\omega\right)}{\sin\left(\frac{1}{2}\omega\right)} \right|$$

相频特性为

$$\varphi(\omega) = -2\omega + \arg\left[\frac{\sin\left(\frac{5}{2}\omega\right)}{\sin\left(\frac{1}{2}\omega\right)} \right]$$

式中，arg [ ]表示由方括号内的表达式引入的相移。

4.5.3　离散时间傅里叶变换的基本性质

由于离散时间信号的傅里叶变换可以通过 z 变换在单位圆上取值得到，因此它的基本性质与 z 变换的基本性质有许多相同之处。下面不加证明地给出一些性质。

(1)线性。设 $x_1(n)$、$x_2(n)$ 的傅里叶变换分别为 $X_1(\mathrm{e}^{\mathrm{j}\omega})$ 及 $X_2(\mathrm{e}^{\mathrm{j}\omega})$，则

$$a_1 x_1(n) + a_2 x_2(n) \leftrightarrow a_1 X_1(\mathrm{e}^{\mathrm{j}\omega}) + a_2 X_2(\mathrm{e}^{\mathrm{j}\omega}) \tag{4-70}$$

式中，a_1、a_2 为任意常数。

(2)移位。若 $x(n) \leftrightarrow X(\mathrm{e}^{\mathrm{j}\omega})$ 是傅里叶变换对，则有

时域移位：
$$x(n - n_0) \leftrightarrow \mathrm{e}^{\mathrm{j}\omega n_0} X(\mathrm{e}^{\mathrm{j}\omega}) \tag{4-71}$$

频域移位：
$$\mathrm{e}^{\mathrm{j}\omega_0 n} x(n) \leftrightarrow X[\mathrm{e}^{\mathrm{j}(\omega - \omega_0)}] \tag{4-72}$$

由式(4-71)与式(4-72)可以看出，时域的移位对应频域的相移；频域的移位对应时域

的调制。

(3)时域信号的线性加权。若 $x(n) \leftrightarrow X(e^{j\omega})$ 是傅里叶变换对，则

$$nx(n) \leftrightarrow j[\frac{d}{d\omega}X(e^{j\omega})] \tag{4-73}$$

即时域的线性加权对应频域的微分。

(4)反转与对称性。若 $x(n) \leftrightarrow X(e^{j\omega})$ 是傅里叶变换对，则

$$x(-n) \leftrightarrow X(e^{-j\omega}) \tag{4-74}$$

即时域反转，对应的频域也反转。

由反转性质可得

$$Even\{x(n)\} \leftrightarrow Re\{X(e^{j\omega})\} \tag{4-75}$$

$$Odd\{x(n)\} \leftrightarrow jIm\{X(e^{j\omega})\} \tag{4-76}$$

式中，Even 和 Odd 分别表示取偶部和奇部。由此得出，若 $x(n)$ 为实偶对称函数，则 $X(e^{j\omega})$ 也为实偶对称函数。

若 $x(n)$ 为实序列，由离散时间傅里叶变换的定义可得

$$X(e^{j\omega}) = X^*(e^{-j\omega}) \tag{4-77}$$

即 $X(e^{j\omega})$ 的模是 ω 的偶对称函数，$X(e^{j\omega})$ 的相位是 ω 的奇对称函数。

(5)卷积定理。若 $x(n) \leftrightarrow X(e^{j\omega})$，$h(n) \leftrightarrow H(e^{j\omega})$，则

时域卷积：
$$x(n)*h(n) \leftrightarrow X(e^{j\omega})H(e^{j\omega}) \tag{4-78}$$

频域卷积：
$$x(n)h(n) \leftrightarrow \frac{1}{2\pi}X(e^{j\omega})*H(e^{j\omega}) \tag{4-79}$$

即时域的卷积对应于频域的相乘，频域的卷积对应于时域的相乘。

4.6 离散周期信号的傅里叶级数和傅里叶变换

4.6.1 离散周期信号的傅里叶级数

与连续时间周期信号 $\tilde{x}(t)$ 的傅里叶级数展开式 $\tilde{x}(t) = \sum_{n=-\infty}^{\infty} X_k e^{jk\Omega_0 t}$ 相对应，周期为 N 的离散时间周期序列 $\tilde{x}(n)$ 的傅里叶级数展开式为

$$\tilde{x}(n) = \sum_{k=0}^{N-1} X_k e^{j\frac{2\pi}{N}km} \tag{4-80}$$

式中，X_k 为傅里叶级数展开式各项的系数，且有

$$X_k = \frac{1}{N}\sum_{n=1}^{N-1} \tilde{x}(n)e^{-j\frac{2\pi}{N}kn} \tag{4-81}$$

因 $\tilde{x}(n)$ 和 $e^{-j\frac{2\pi}{N}kn}$ 均是周期为 N 的周期函数，故 X_k 也是周期为 N 的周期函数，即有

$$X_k = X_{k+lN} \quad (l为整数)$$

令

$$\tilde{X}(k) = NX_k \qquad (4\text{-}82)$$

将式(4-81)代入式(4-82)中，得到

$$\tilde{X}(k) = \sum_{n=0}^{N-1} \tilde{x}(n) e^{-j\frac{2\pi}{N}kn} \qquad (4\text{-}83)$$

可见，$\tilde{X}(k)$ 也是以 N 为周期的周期序列。一般称 $\tilde{X}(k)$ 为 $\tilde{x}(n)$ 的离散傅里叶级数(Discrete Fourier Series，DFS)，即 $\tilde{X}(k)=\text{DFS}[\tilde{x}(n)]$。

由式(4-81)和式(4-83)可得

$$\tilde{x}(n) = \frac{1}{N} \sum_{k=0}^{N-1} \tilde{X}(k) e^{j\frac{2\pi}{N}kn} = \text{IDFS}[\tilde{X}(k)] \qquad (4\text{-}84)$$

将式(4-83)和式(4-84)写在一起，构成一组变换对，称为离散周期信号的离散傅里叶级数对，常表示为

$$\tilde{X}(k) = \text{DFS}[\tilde{x}(n)] = \sum_{n=0}^{N-1} \tilde{x}(n) e^{-j\frac{2\pi}{N}kn} \qquad (4\text{-}85)$$

$$\tilde{x}(n) = \text{IDFS}[\tilde{X}(k)] = \frac{1}{N} \sum_{k=0}^{N-1} \tilde{X}(k) e^{-j\frac{2\pi}{N}kn} \qquad (4\text{-}86)$$

式(4-85)和式(4-86)表明，一个周期序列可以分解为若干具有谐波关系的指数序列之和，k 次谐波的频率为 $\omega_k = \dfrac{2\pi}{N}k$，总项数为 N。$\tilde{X}(k)$ 称为离散傅里叶级数，反映了每一个谐波分量的幅度和相位，实际是离散时间周期信号的频谱。它是一个以 N 为周期的离散频谱，谱线间隔为 $\omega_0 = \dfrac{2\pi}{N}$。离散傅里叶级数由于是有限项求和，它总是收敛的。

【例 4-11】　图 4-33(a)所示序列的周期 $N=10$，求其频谱。

解： 根据式(4-85)，有

$$\tilde{X}(k) = \sum_{n=0}^{N-1} \tilde{x}(n) e^{-j\frac{2\pi}{N}kn} = \sum_{n=0}^{4} e^{-j\frac{2\pi}{10}kn}$$

$$= \frac{1 - \left(e^{-j\frac{2\pi}{10}k}\right)^5}{1 - e^{-j\frac{2\pi}{10}kn}} = e^{-j\frac{4\pi k}{10}} \frac{\sin\left(\dfrac{\pi k}{2}\right)}{\sin\left(\dfrac{\pi k}{10}\right)}$$

图 4-33(b)为图 4-33(a)所示周期序列对应的幅度谱。

上面的例子进一步表明在时域以 N 为周期的序列，其频谱是以 N 为周期的离散频谱。即离散傅里叶级数对周期重复的序列实现了时域离散与频域离散的对应关系。同时，离散傅里叶级数的正、逆变换关系也具有与其他变换相类似的性质。

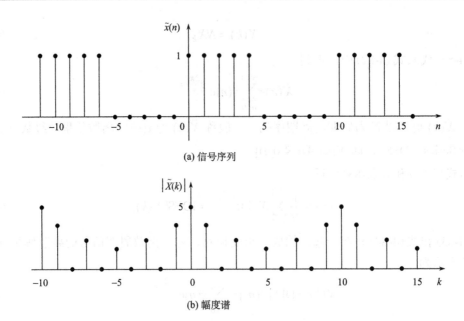

(a) 信号序列

(b) 幅度谱

图 4-33　周期序列及其幅度谱

4.6.2　离散周期信号的傅里叶变换

设有虚指数序列 $x(n) = \mathrm{e}^{\mathrm{j}\omega_0 n}$，并且 $\dfrac{2\pi}{\omega_0}$ 为有理数 (说明该序列是周期序列)。该序列的 DTFT 可表示为

$$X(\mathrm{e}^{\mathrm{j}\omega}) = \mathrm{DTFT}[\mathrm{e}^{\mathrm{j}\omega_0 n}] = \sum_{l=-\infty}^{\infty} 2\pi\delta(\omega - \omega_0 - 2\pi l) \tag{4-87}$$

式 (4-87) 表示虚指数序列的 DTFT 是在 $\omega = \omega_0 + 2\pi l$ 处强度为 2π 的冲激函数，如图 4-34 所示。

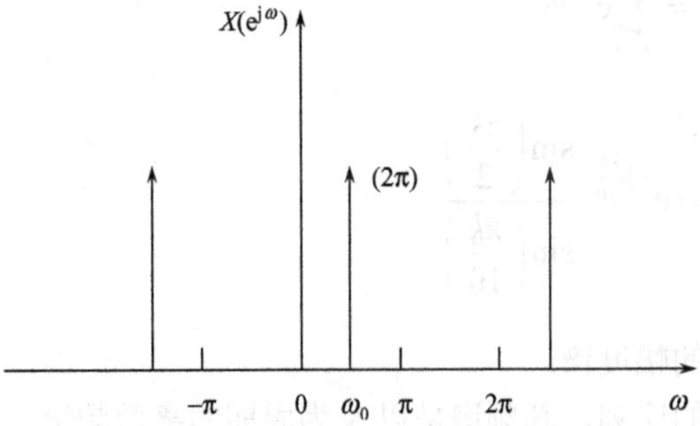

式 (4-87) 的推导比较麻烦，本书不作介绍，感兴趣的读者可参阅其他书籍。下面仅从逆变换的角度，证明该式的正确性。

根据逆变换的定义，有

$$\begin{aligned}
x(n) &= \mathrm{IDTFT}[X(\mathrm{e}^{\mathrm{j}\omega})] = \frac{1}{2\pi} \int_{-\pi}^{\pi} X(\mathrm{e}^{\mathrm{j}\omega}) \mathrm{e}^{\mathrm{j}\omega n} \mathrm{d}\omega \\
&= \frac{1}{2\pi} \int_{-\pi}^{\pi} \sum_{l=-\infty}^{\infty} 2\pi\delta(\omega - \omega_0 - 2\pi l) \mathrm{e}^{\mathrm{j}\omega n} \mathrm{d}\omega \\
&= \sum_{l=-\infty}^{\infty} \int_{-\pi}^{\pi} \delta(\omega - \omega_0 - 2\pi l) \mathrm{e}^{\mathrm{j}\omega n} \mathrm{d}\omega
\end{aligned}$$

图 4-34　虚指数序列的 DTFT

由图 4-34 可知，在积分区间 $[-\pi, \pi]$ 范围内，只包含一个冲激函数 $2\pi\delta(\omega - \omega_0)$。利用冲激函数的筛分性质 $x(t)\delta(t - t_0) = x(t_0)\delta(t)$，由上式可得

$$x(n) = \sum_{l=-\infty}^{\infty} \int_{-\pi}^{\pi} \delta(\omega - \omega_0 - 2\pi l) \mathrm{e}^{\mathrm{j}\omega n} \mathrm{d}\omega = \int_{-\pi}^{\pi} \delta(\omega - \omega_0) \mathrm{e}^{\mathrm{j}\omega n} \mathrm{d}\omega$$

$$= \int_{-\pi}^{\pi} \delta(\omega - \omega_0) \mathrm{e}^{\mathrm{j}\omega_0 n} \mathrm{d}\omega = \mathrm{e}^{\mathrm{j}\omega_0 n} \int_{-\pi}^{\pi} \delta(\omega - \omega_0) \mathrm{d}\omega = \mathrm{e}^{\mathrm{j}\omega_0 n}$$

这样就证明了式(4-85)确实是周期虚指数序列 $\mathrm{e}^{\mathrm{j}\omega_0 n}$ 的 DTFT。

对一般周期序列 $\tilde{x}(n)$，可按式(4-85)、式(4-86)展开成如下傅里叶级数：

$$\tilde{x}(n) = \frac{1}{N} \sum_{n=0}^{N-1} \tilde{X}(k) \mathrm{e}^{\mathrm{j}\frac{2\pi}{N}kn}$$

$$\tilde{X}(k) = \sum_{n=0}^{N-1} \tilde{x}(n) \mathrm{e}^{-\mathrm{j}\frac{2\pi}{N}kn}$$

第 k 次谐波为 $\frac{1}{N}\tilde{X}(k)\mathrm{e}^{\mathrm{j}\frac{2\pi}{N}kn}$，与虚指数序列 $\mathrm{e}^{\mathrm{j}\omega_0 n}$ 的 DTFT 类似，其 DTFT 应为

$\dfrac{2\pi\tilde{X}(k)}{N} \displaystyle\sum_{l=-\infty}^{\infty} \delta\left(\omega - \frac{2\pi}{N}k - 2\pi l\right)$，因此 $\tilde{x}(n)$ 的 DTFT 可表示为

$$X(\mathrm{e}^{\mathrm{j}\omega}) = \mathrm{DTFT}[\tilde{x}(n)] = \sum_{k=0}^{N-1} \frac{2\pi\tilde{X}(k)}{N} \sum_{l=-\infty}^{\infty} \delta\left(\omega - \frac{2\pi}{N}k - 2\pi l\right)$$

$$= \frac{2\pi}{N} \sum_{l=-\infty}^{\infty} \sum_{k=0}^{N-1} \tilde{X}(k) \delta\left(\omega - \frac{2\pi}{N}k - 2\pi l\right)$$

由于 $\tilde{X}(k) = \tilde{X}(k+lN)$，上式可简化为

$$\tilde{X}(\mathrm{e}^{\mathrm{j}\omega}) = \mathrm{DTFT}[\tilde{x}(n)] = \frac{2\pi}{N} \sum_{k=-\infty}^{\infty} \tilde{X}(k) \delta\left(\omega - \frac{2\pi}{N}k\right) \tag{4-88}$$

式(4-88)即是周期序列的离散时间傅立叶变换。

【例 4-12】　求例 4-11 中周期 $N=10$ 的周期矩形序列的傅里叶变换。

解：将例 4-11 中得到的 DFS 系数 $\tilde{X}(k)$ 代入式(4-88)中，得到周期矩形序列的 DTFT 为

$$X(\mathrm{e}^{\mathrm{j}\omega}) = \frac{2\pi}{N} \sum_{k=-\infty}^{\infty} \tilde{X}(k) \delta\left(\omega - \frac{2\pi}{N}k\right)$$

$$= \frac{\pi}{5} \sum_{k=-\infty}^{\infty} \mathrm{e}^{-\mathrm{j}\frac{4\pi k}{10}} \frac{\sin\left(\frac{\pi k}{2}\right)}{\sin\left(\frac{\pi k}{10}\right)} \delta\left(\omega - \frac{\pi}{5}k\right)$$

图 4-35 所示为周期矩形序列及其幅度频谱。

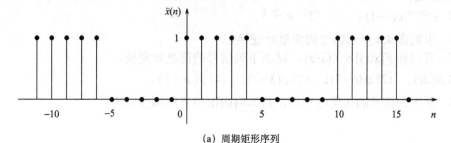

(a) 周期矩形序列

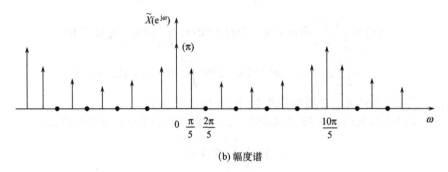

(b) 幅度谱

图 4-35　周期矩形序列及其幅度谱

将图 4-35 与图 4-33 对比可知，周期序列的 DTFT 与 DFS 的频谱形状相同，不同的是 DTFT 用冲激函数表示。

习　题

4.1　将题图 4.1 所示信号展开成傅里叶级数，并画出幅频特性。

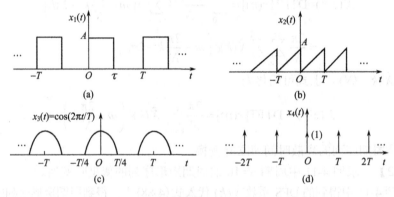

题图 4.1

4.2　将 下 列 连 续 时 间 周 期 信 号 $x(t) = 2 + \cos\left(\dfrac{2\pi}{3}t\right) + 4\sin\left(\dfrac{5\pi}{3}t\right)$ 表 示 成

$x(t) = \displaystyle\sum_{k=-\infty}^{\infty} a_k e^{jk\Omega_0 t}$ 形式，并求基波频率 Ω_0 和傅里叶级数系数 a_k。

4.3　利用傅里叶变换分析式，求下列信号的傅里叶变换，并概略画出每一个傅里叶变换的幅度频谱。

（1）$e^{-2(t-1)}\varepsilon(t-1)$；　　　（2）$e^{-2|t-1|}$。

4.4　求题图 4.4 所示信号的傅里叶变换。

4.5　若已知 $F[x(t)] = X(j\Omega)$，试求下列信号的傅里叶变换。

（1）$tx(2t)$；　（2）$tx(t-3)$；　（3）$x(3-t)$；　（4）$x(at+b)$。

4.6　求下列信号的傅里叶变换，并概略画出信号的幅度频谱。

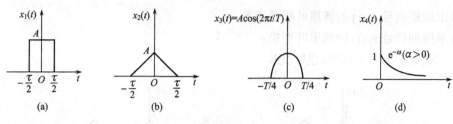

题图 4.4

(1) $\delta(t+1)+\delta(t-1)$；　　　　(2) $\dfrac{\mathrm{d}}{\mathrm{d}t}\{\varepsilon(-2-t)+\varepsilon(t-2)\}$。

4.7　已知信号 $x(t)$ 的傅里叶变换为 $X(\mathrm{j}\Omega)$，试将下列各信号的傅里叶变换用 $X(\mathrm{j}\Omega)$ 来表示。

　　(1) $x_1(t)=x(1-t)+x(-1-t)$；　(2) $x_2(t)=x(3t-6)$；　(3) $x_3(t)=\dfrac{\mathrm{d}^2}{\mathrm{d}t^2}x(t-1)$。

4.8　已知 $x(t)$ 的波形如题图 4.8(a) 所示。

(1) 画出其导数 $x'(t)$ 及 $x''(t)$ 的波形图；

(2) 利用时域微分性质，求 $x(t)$ 的傅里叶变换；

(3) 求题图 4.8(b) 所示梯形脉冲调制信号 $x_c(t)=x(t)\cos(\Omega_c t)$ 的频谱函数。

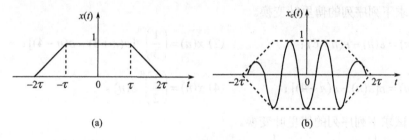

题图 4.8

4.9　已知下列关系：　$y(t)=x(t)*h(t)$，$g(t)=x(3t)*h(3t)$，并已知 $x(t)$ 的傅里叶变换是 $X(\mathrm{j}\Omega)$，$h(t)$ 的傅里叶变换是 $H(\mathrm{j}\Omega)$。利用傅里叶变换的性质证明存在关系 $g(t)=Ay(Bt)$，并求出式中 A 和 B 的数值。

4.10　设 $x(t)$ 的傅里叶变换为 $X(\mathrm{j}\Omega)=\delta(\Omega)+\delta(\Omega-\pi)+\delta(\Omega-5)$，并令 $h(t)=\varepsilon(t)-\varepsilon(t-2)$，问：

(1) $x(t)$ 是周期的吗？

(2) $x(t)*h(t)$ 是周期的吗？

(3) 两个非周期信号的卷积有可能是周期的吗？

4.11　求下列各周期信号的傅里叶变换。

(1) $\sin\left(2\pi t+\dfrac{\pi}{4}\right)$；　　　　(2) $1+\cos\left(6\pi t+\dfrac{\pi}{8}\right)$。

4.12　周期信号 $x_T(t)$ 如题图 4.12(a) 所示；取 $x_T(t)$ 的 $2N+1$ 个周期构成截取函数 $x_N(t)$，如题图 4.12(b) 所示。

(1) 求周期信号 $x_T(t)$ 的傅里叶级数系数；

(2) 求周期信号 $x_T(t)$ 的傅里叶变换；

(3) 求截取信号 $x_N(t)$ 的傅里叶变换。

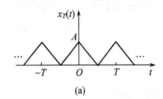
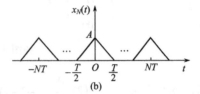

(a)　　　　　　　　　　　　(b)

题图 4.12

4.13　试确定下列信号的奈奎斯特频率。

(1) $x(t) = 1 + \cos(2000\pi t) + \sin(4000\pi t)$；

(2) $x(t) = \dfrac{\sin(4000\pi t)}{\pi t}$；　　　　(3) $x(t) = \left(\dfrac{\sin(4000\pi t)}{\pi t} \right)^2$。

4.14　设信号 $x(t)$ 的奈奎斯特频率为 Ω_0，试确定以下信号的奈奎斯特频率。

(1) $x(t) + x(t-1)$；　(2) $\dfrac{\mathrm{d}x(t)}{\mathrm{d}t}$；　(3) $x^2(t)$；　(4) $x(t)\cos(\Omega_0 t)$。

4.15　求下列序列的傅里叶变换。

(1) $x(n) = \varepsilon(n) - \varepsilon(n-6)$；　　　　(2) $x(n) = \left(\dfrac{1}{3} \right)^{|n|} [\varepsilon(n+3) - \varepsilon(n-4)]$；

(3) $x(n) = n[\varepsilon(n) - \varepsilon(n-4)]$；　　　(4) $x(n) = \left(\dfrac{1}{2} \right)^n \varepsilon(n)$。

4.16　试求下列序列的傅里叶变换。

(1) $x_2(n) = \dfrac{1}{2}\delta(n+1) + \delta(n) - \dfrac{1}{2}\delta(n-1)$；　(2) $x_3(n) = a^n \varepsilon(n+2), 0 < a < 1$；

(3) $x_4(n) = \varepsilon(n+3) - \varepsilon(n-4)$；　　　(4) $x_6(n) = \begin{cases} \cos(\pi n/3), & -1 \leqslant n \leqslant 4 \\ 0, & \text{其他} \end{cases}$。

4.17　设信号 $x(n) = \{-1, 2, -3, 2, -1\}$，第一个数位于 $n = -2$ 位置，它的傅里叶变换为 $X(\mathrm{e}^{\mathrm{j}\omega})$，试计算：

(1) $X(\mathrm{e}^{\mathrm{j}0})$；　(2) $\int_{-\pi}^{\pi} X(\mathrm{e}^{\mathrm{j}\omega})\mathrm{d}\omega$；　(3) $\int_{-\pi}^{\pi} |X(\mathrm{e}^{\mathrm{j}\omega})|^2 \mathrm{d}\omega$。

4.18　设 $X(\mathrm{e}^{\mathrm{j}\omega})$ 是 $x(n)$ 的傅里叶变换，试求下面序列的傅里叶变换。

(1) $x(n-n_0)$；　　　(2) $x^*(n)$；　　(3) $x(-n)$；　　(4) $nx(n)$。

4.19　已知序列 $x(n) = 2^n \varepsilon(-n)$，求其 DTFT。

4.20　求下列序列的傅里叶变换，并画出幅度频谱在一个周期内的图形。

(1) $\left(\dfrac{1}{2} \right)^{n-1} \varepsilon(n-1)$；　(2) $\left(\dfrac{1}{2} \right)^{|n-1|}$；　(3) $\delta(n-1) + \delta(n+1)$；　(4) $\delta(n+2) - \delta(n-2)$。

4.21　已知系统的单位脉冲响应为 $h(n) = 2a^n \varepsilon(n), 0 < a < 1$，系统输入为

$x(n) = 2\delta(n) + \delta(n-1)$。

(1) 求系统的输出 $y(n)$；

(2) 分别求出 $x(n)$、$h(n)$ 和 $y(n)$ 的傅里叶变换。

4.22 若 $x(n) = R_N(n)$，求频率特性 $X(e^{j\omega})$，并画出幅频特性图。

4.23 利用傅里叶变换的性质求下列序列的傅里叶变换。

(1) $x(n) = a^n \cos\omega_0 n\varepsilon(n), |a| < 1$；　　　(2) $x(n) = n[\varepsilon(n+N) - \varepsilon(n-N-1)]$；

(3) $x(n) = n\left(\dfrac{1}{2}\right)^{|n|}$；　　　　　　　　(4) $x(n) = \left(\sin\dfrac{\pi}{4}n\right)\left(\dfrac{1}{2}\right)^n \varepsilon(n)$。

4.24 若 $x(n)$ 的傅里叶变换为 $X(e^{j\omega})$，利用傅里叶变换的性质，用 $X(e^{j\omega})$ 表示以下信号的傅里叶变换。

(1) $x(1-n) + x(-1-n)$；　(2) $\dfrac{x^*(-n) + x(n)}{2}$；　(3) $(n-1)^2 x(n)$。

4.25 求下列离散周期信号的傅里叶级数系数。

(1) $x(n) = \cos\left(\dfrac{2\pi}{3}n\right) + \cos\left(\dfrac{2\pi}{7}n\right)$；　　　(2) $x(n) = \left(\dfrac{1}{2}\right)^n (0 \leqslant n \leqslant 3)$，周期 $N = 4$；

(3) $x(n) = \displaystyle\sum_{l=-\infty}^{\infty} [\varepsilon(n-5l) - \varepsilon(n-4-5l)]$；　　　(4) $x(n) = (-1)^n$。

4.26 周期序列的一个周期为 $x(n) = \{0, 1, 2, 3\}$，$x(n)$ 的第一个数位于 $n = 0$ 位置，求该周期序列的 DFS。

4.27 试根据定义计算周期为 5 且在一个周期内 $x(n) = \{2, 1, 3, 0, 4\}$ 的序列 $\tilde{x}(n)$ 的 DFS，$x(n)$ 的第一个数位于 $n = 0$ 位置。

4.28 已知周期为 N 的信号 $x(n)$，其 DFS 为 $\tilde{X}(k)$，证明 DFS 的调制特性 $\text{DFS}[W_N^{nl}\tilde{x}(n)] = \tilde{X}(k+l)$。

4.29 设 $x(n) = \begin{cases} 1, & n = 0, 1 \\ 0, & \text{其他} \end{cases}$，将 $x(n)$ 以 4 为周期进行周期延拓，形成周期序列 $\tilde{x}(n)$，画出 $x(n)$ 和 $\tilde{x}(n)$ 的波形，求出 $\tilde{x}(n)$ 的离散傅里叶级数 $\tilde{X}(k)$ 和傅里叶变换。

4.30 已知周期信号 $x(n)$ 的傅里叶级数系数 c_k 及其周期 N，试确定信号 $x(n)$。

(1) $c_k = \cos\left(\dfrac{\pi}{6}k\right) + \sin\left(\dfrac{5\pi}{6}k\right)$，$N = 12$；　　　(2) $c_k = \left(\dfrac{1}{2}\right)^{|k|} (-2 \leqslant k \leqslant 2)$，$N = 7$。

习题参考答案

4.1 (a) $x(t) = \dfrac{A\tau}{T}\displaystyle\sum_{k=-\infty}^{\infty} \text{Sa}\left(\dfrac{k\Omega_0\tau}{2}\right) e^{-j\frac{\tau}{2}k\Omega_0} \cdot e^{jk\Omega_0 t}$；　　　(b) $x(t) = \dfrac{A}{2} + \displaystyle\sum_{\substack{k=-\infty \\ (k\neq 0)}}^{\infty} \dfrac{jA}{2\pi k} e^{jk\Omega_0 t}$；

(c) $x(t) = \dfrac{1}{4}\displaystyle\sum_{k=-\infty}^{\infty}\left(\text{Sa}\left(\dfrac{(k+1)}{2}\pi\right) + \text{Sa}\left(\dfrac{(k-1)}{2}\pi\right)\right) e^{jk\Omega_0 t}$；　　(d) $x_4(t) = \dfrac{1}{T}\displaystyle\sum_{k=-\infty}^{\infty} e^{jk\Omega_0 t}$。

4.2 $x(t) = 2 + \dfrac{1}{2}e^{j2(2\pi/6)t} + \dfrac{1}{2}e^{-j2(2\pi/6)t} - 2je^{j5(2\pi/6)t} + 2je^{-j5(2\pi/6)t}$，基波频率为 $\Omega_0 = 2\pi/6 = \pi/3$，非零傅里

叶级数系数为 $a_0 = 2, a_2 = a_{-2} = \dfrac{1}{2}, a_5 = a_{-5} = 2\mathrm{j}$。

4.3　(1) $X_a(\mathrm{j}\Omega) = \dfrac{\mathrm{e}^{-\mathrm{j}\Omega}}{\mathrm{j}\Omega + 2}$；　(2) $X_b(\mathrm{j}\Omega) = \dfrac{4\mathrm{e}^{-\mathrm{j}\Omega}}{4 + \Omega^2}$。

4.4　(a) $A\tau \mathrm{Sa}\left(\dfrac{\Omega\tau}{2}\right)$；　(b) $\dfrac{A\tau}{2}\mathrm{Sa}^2\left(\dfrac{\Omega\tau}{4}\right)$；　(c) $\dfrac{AT}{4}\left[\mathrm{Sa}\left(\dfrac{\Omega T + 2\pi}{4}\right) + \mathrm{Sa}\left(\dfrac{\Omega T - 2\pi}{4}\right)\right]$；　(d) $\dfrac{1}{\alpha + \mathrm{j}\Omega}$。

4.5　(1) $\dfrac{\mathrm{j}}{2}\dfrac{\mathrm{d}}{\mathrm{d}\Omega}X\left(\dfrac{\mathrm{j}\Omega}{2}\right)$；　　(2) $\mathrm{j}X'(\mathrm{j}\Omega)\mathrm{e}^{-\mathrm{j}3\Omega} + 3X(\mathrm{j}\Omega)\mathrm{e}^{-\mathrm{j}3\Omega}$；

　(3) $X(-\mathrm{j}\Omega)\mathrm{e}^{-\mathrm{j}3\Omega}$；　　(4) $\dfrac{1}{|a|}X\left(\dfrac{\mathrm{j}\Omega}{a}\right)\mathrm{e}^{\mathrm{j}\frac{b}{a}\Omega}$。

4.6　(1) $2\cos\Omega$；　　(2) $-2\mathrm{j}\sin(2\Omega)$。

4.7　(1) $2\cos\Omega X(-\mathrm{j}\Omega)$；　(2) $\dfrac{1}{3}X\left(\mathrm{j}\dfrac{\Omega}{3}\right)\mathrm{e}^{-\mathrm{j}2\Omega}$；　(3) $-\Omega^2 X(\mathrm{j}\Omega)\mathrm{e}^{-\mathrm{j}\Omega}$。

4.8　(1) 略；(2) $\dfrac{2}{\Omega^2\tau}[\cos(\tau\Omega) - \cos(2\tau\Omega)]$；　(3) $\dfrac{1}{2}X[\mathrm{j}(\Omega + \Omega_0)] + \dfrac{1}{2}X[\mathrm{j}(\Omega - \Omega_0)]$。

4.9　$A = \dfrac{1}{3}$，$B = 3$。

4.10　(1) 不是周期信号；(2) 是周期的，周期是 $\dfrac{2\pi}{5}$；(3) 有可能是周期的。

4.11　(1) $\pi\mathrm{e}^{-\mathrm{j}\frac{\pi}{4}}\delta(\Omega - 2\pi) + \pi\mathrm{e}^{\mathrm{j}\frac{\pi}{4}}\delta(\Omega + 2\pi)$；

　(2) $2\pi\delta(\Omega) + \pi\mathrm{e}^{\mathrm{j}\frac{\pi}{8}}\delta(\Omega - 6\pi) + \pi\mathrm{e}^{-\mathrm{j}\frac{\pi}{8}}\delta(\Omega + 6\pi)$。

4.12　(1) $\dfrac{A}{2}\mathrm{Sa}^2\left(\dfrac{k\Omega_0 T}{4}\right) = \dfrac{A}{2}\mathrm{Sa}^2\left(\dfrac{k\pi}{2}\right)$　　(因 $\Omega_0 T = 2\pi$)；

　(2) $\pi A\displaystyle\sum_{k=-\infty}^{\infty}\mathrm{Sa}^2\left(\dfrac{k\pi}{2}\right)\delta(\Omega - k\Omega_0)$；　(3) $\dfrac{AT}{2}\mathrm{Sa}^2\left(\dfrac{\Omega T}{4}\right)\cdot\dfrac{\sin(N + \frac{1}{2})T\Omega}{\sin\frac{1}{2}T\Omega}$。

4.13　(1) $8000\pi(\mathrm{rad/s})$；　(2) $8000\pi(\mathrm{rad/s})$；　(3) $16000\pi(\mathrm{rad/s})$。

4.14　(1) Ω_0；　(2) Ω_0；　(3) $2\Omega_0$；　(4) $3\Omega_0$。

4.15　(1) $\dfrac{\sin 3\omega}{\sin\frac{1}{2}\omega}\cdot\mathrm{e}^{-\mathrm{j}\frac{5}{2}\omega}$；　　(2) $1 + 2\displaystyle\sum_{m=1}^{3}\left(\dfrac{1}{3}\right)^m\cos(m\omega)$；

　(3) $\mathrm{e}^{-\mathrm{j}\omega} + 2\mathrm{e}^{-\mathrm{j}2\omega} + 3\mathrm{e}^{-\mathrm{j}3\omega}$；　(4) $\dfrac{1}{1 - \frac{1}{2}\mathrm{e}^{-\mathrm{j}\omega}}$。

4.16　(1) $1 + \mathrm{j}\sin\omega$；　(2) $\dfrac{a^{-2}\mathrm{e}^{2\mathrm{j}\omega}}{1 - a\mathrm{e}^{-\mathrm{j}\omega}}$，$0 < a < 1$；

　(3) $\dfrac{\sin\left(\frac{7}{2}\omega\right)}{\sin\left(\frac{1}{2}\omega\right)}$；　(4) $\dfrac{1}{2}\mathrm{e}^{\mathrm{j}4\left(\omega - \frac{\pi}{3}\right)}\left[\dfrac{1 - \mathrm{e}^{\mathrm{j}\left(\frac{\pi}{3} - \omega\right)9}}{1 + \mathrm{e}^{\mathrm{j}\left(\frac{\pi}{3} - \omega\right)}}\right] + \dfrac{1}{2}\mathrm{e}^{\mathrm{j}4\left(\omega + \frac{\pi}{3}\right)}\left[\dfrac{1 - \mathrm{e}^{\mathrm{j}\left(\frac{\pi}{3} + \omega\right)9}}{1 + \mathrm{e}^{\mathrm{j}\left(\frac{\pi}{3} + \omega\right)}}\right]$。

4.17　(1) -1；　(2) -6π；　(3) 38π。

4.18　(1) $\mathrm{e}^{-\mathrm{j}\omega n_0}X(\mathrm{e}^{\mathrm{j}\omega})$；　(2) $X^*(\mathrm{e}^{-\mathrm{j}\omega})$；　(3) $X(\mathrm{e}^{-\mathrm{j}\omega})$；　(4) $\mathrm{j}\dfrac{\partial X(\mathrm{e}^{\mathrm{j}\omega})}{\partial\omega}$。

4.19　$\dfrac{1}{1-\dfrac{1}{2}\mathrm{e}^{\mathrm{j}\omega}}$。

4.20　(1) $\dfrac{\mathrm{e}^{-\mathrm{j}\omega}}{1-\dfrac{1}{2}\mathrm{e}^{-\mathrm{j}\omega}}$；　(2) $\dfrac{0.75\mathrm{e}^{-\mathrm{j}\omega}}{1.25-\cos\omega}$；　(3) $2\cos\omega$；　(4) $2\mathrm{j}\sin(2\omega)$。

4.21　(1) $2a^n\varepsilon(n)+2a^{n-1}\varepsilon(n-1)$；　(2) $2+\mathrm{e}^{-\mathrm{j}\omega}$，$\dfrac{2}{1-a\mathrm{e}^{-\mathrm{j}\omega}}$，$\dfrac{2(2+\mathrm{e}^{-\mathrm{j}\omega})}{1-a\mathrm{e}^{-\mathrm{j}\omega}}$。

4.22　$\dfrac{\sin\dfrac{N\omega}{2}}{\sin\dfrac{\omega}{2}}\mathrm{e}^{-\mathrm{j}\frac{(N-1)}{2}\omega}$。

4.23　(1) $\dfrac{1-a\mathrm{e}^{-\mathrm{j}\omega}\cos\omega_0}{1-2a\mathrm{e}^{-\mathrm{j}\omega}\cos\omega_0+a^2\mathrm{e}^{-\mathrm{j}2\Omega}}$；

(2) $\mathrm{j}\dfrac{N\sin\dfrac{\omega}{2}\cos(N+\dfrac{1}{2})\omega-\dfrac{1}{2}\cos\dfrac{\omega}{2}\sin(N+\dfrac{1}{2})\omega}{\sin^2\dfrac{\omega}{2}}$；

(3) $-\mathrm{j}\dfrac{12\sin\omega}{(5-4\cos\omega)^2}$；　(4) $\dfrac{\sqrt{2}}{4\mathrm{e}^{\mathrm{j}\omega}+\mathrm{e}^{-\mathrm{j}\omega}-2\sqrt{2}}$。

4.24　(1) $(2\cos\omega)X(\mathrm{e}^{-\mathrm{j}\omega})$；　(2) $\mathrm{Re}\{X(\mathrm{e}^{\mathrm{j}\omega})\}$；　(3) $-\dfrac{\mathrm{d}^2X(\mathrm{e}^{\mathrm{j}\omega})}{\mathrm{d}\omega^2}-2\mathrm{j}\dfrac{\mathrm{d}X(\mathrm{e}^{\mathrm{j}\omega})}{\mathrm{d}\omega}+X(\mathrm{e}^{\mathrm{j}\omega})$。

4.25　(1) $\begin{cases}a_3=a_{-3}=a_7=a_{-7}=\dfrac{1}{2}\\ a_k=0,\qquad\text{对其余}a_k\end{cases}$；　(2) $\dfrac{15}{64}\cdot\dfrac{1}{1-\dfrac{1}{2}\mathrm{e}^{-\mathrm{j}\frac{\pi}{2}k}}$　（$0\leqslant k\leqslant 3$）；

(3) $\dfrac{1}{5}\cdot\dfrac{\sin\dfrac{4}{5}k\pi}{\sin\dfrac{1}{5}k\pi}\mathrm{e}^{-\mathrm{j}\frac{3}{5}k\pi}$　（$0\leqslant k\leqslant 4$）；　(4) $a_0=0$，$a_1=1$。

4.26　$2(-1)^k+2\mathrm{e}^{-\mathrm{j}\frac{3\pi k}{2}}+\mathrm{e}^{-\mathrm{j}\pi k}(\mathrm{e}^{\mathrm{j}\frac{\pi k}{2}}+\mathrm{e}^{-\mathrm{j}\frac{\pi k}{2}})$。

4.27　$2+\mathrm{e}^{-\mathrm{j}\frac{2\pi k}{5}}+3\mathrm{e}^{-\mathrm{j}\frac{4\pi k}{5}}+4\mathrm{e}^{-\mathrm{j}\frac{8\pi k}{5}}$。

4.28　略

4.29　波形略，$\pi\displaystyle\sum_{k=-\infty}^{\infty}\cos\left(\dfrac{\pi}{4}k\right)\mathrm{e}^{-\mathrm{j}\frac{\pi}{4}k}\delta\left(\omega-\dfrac{\pi}{2}k\right)$。

4.30　(1) $x(1)=6$，$x(11)=x(-1)=6$，$x(5)=6\mathrm{j}$，$x(7)=x(-5)=-6\mathrm{j}$，取 $0\leqslant n\leqslant 11$，则 $x(1)=x(11)=6$，$x(5)=6\mathrm{j}$，$x(7)=-6\mathrm{j}$，其余 $x(n)=0$；　(2) $1+\cos\dfrac{2\pi}{7}n+\dfrac{1}{2}\cos\dfrac{4\pi}{7}n$。

第5章 卷积与系统的频域分析

本章介绍卷积与系统的频域分析方法，包括 4 节内容，分别是：卷积积分、连续时间线性时不变系统的频域分析、卷积和、离散时间线性时不变系统的频域分析。通过本章的学习，读者应掌握卷积计算方法，具有对线性系统进行频域分析的能力。

5.1 卷 积 积 分

5.1.1 单位冲激响应的时域求解

单位冲激响应常简称为冲激响应，记为 $h(t)$，是仅由单位冲激信号决定的响应，可通过网络函数 $H(s)$ 用拉普拉斯逆变换求得，第 2 章已对此进行过讨论。$h(t)$ 是零状态响应，但 $t > 0$ 后的响应形式与零输入响应类似。$h(t)$ 还可在时域中通过微分方程求出，下面对此加以介绍。

设描述某一系统的微分方程为

$$y^{(n)}(t) + a_{n-1}y^{(n-1)}(t) + \cdots + a_1 y'(t) + a_0 y(t)$$
$$= b_m x^{(m)}(t) + b_{m-1}x^{(m-1)}(t) + \cdots + b_1 x'(t) + b_0 x(t) \tag{5-1}$$

令激励 $x(t) = \delta(t)$，则 $y(t) = y_{zs}(t) = h(t)$，可有

$$h^{(n)}(t) + a_{n-1}h^{(n-1)}(t) + \cdots + a_1 h'(t) + a_0 h(t)$$
$$= b_m \delta^{m}(t) + b_{m-1}\delta^{m-1}(t) + \cdots + b_1 \delta'(t) + b_0 \delta(t) \tag{5-2}$$

为求解单位冲激响应 $h(t)$，可令式 (5-2) 右端仅含 $\delta(t)$，由此产生的单位冲激响应记为 $h_0(t)$，则有

$$h_0^{(n)}(t) + a_{n-1}h_0^{(n-1)}(t) + \cdots + a_1 h_0'(t) + a_0 h_0(t) = \delta(t) \tag{5-3}$$

由于 $t > 0$ 时 $\delta(t)$ 为零，此时式 (5-3) 右端恒为零，可知单位冲激响应 $h_0(t)$ 与微分方程的齐次解形式相同。假设微分方程的特征根 $\lambda_i(i = 1, 2, \cdots, n-1)$ 都为单根，则 $h_0(t)$ 应为

$$h_0(t) = \left(\sum_{i=1}^{n} C_i e^{\lambda_i t} \right) \varepsilon(t) \tag{5-4}$$

为求出 C_i $(i = 1, 2, \cdots, n-1)$，需 n 个初始条件 $h_0^{(i)}(0_+)(i = 0, 1, \cdots, n-1)$。可用冲激函数平衡法求出。

分析式 (5-3)，可知方程右端的 $\delta(t)$ 只能包含于 $h_0^{(n)}(t)$ 中，积分可知 $h_0^{(n-1)}(t)$ 中必然包含 $\varepsilon(t)$，$t = 0$ 处为间断点，故 $h_0^{(n-1)}(0_+) - h_0^{(n-1)}(0_-) = 1$，所以 $h_0^{(n-1)}(0_+) = 1 + h_0^{(n-1)}(0_-) = 1$。继续积分可知 $h_0^{(i)}(t)$ $(i = 0, 1, \cdots, n-2)$ 在 $t = 0$ 处均连续，所以 $h_0^{(i)}(0_+) = h_0^{(i)}(0_-) = 0$ $(i = 0, 1, \cdots, n-2)$。这样，就得到了 n 个初始条件，如下所示：

$$\begin{cases} h_0^{(i)}(0_+) = 0, & i = 0, 1, \cdots, n-2 \\ h_0^{(n-1)}(0_+) = 1 \end{cases} \tag{5-5}$$

将式 (5-5) 代入式 (5-4) 中，可求出 $C_i (i = 1, 2, \cdots, n - 1)$，从而得到 $h_0(t)$。

由于系统是线性时不变系统，利用线性性质和微分特性，可知式 (5-2) 对应的 $h(t)$ 为

$$h(t) = b_m h_0^{(m)}(t) + \cdots + b_0 h_0(t) \tag{5-6}$$

以上所示即为时域中通过微分方程求解单位冲激响应的方法。

【例 5-1】 已知某线性时不变系统的微分方程为 $y'(t) + 4y(t) = 3x'(t) + 2x(t)$，试求系统的单位冲激响应 $h(t)$。

解：根据系统的微分方程，可知单位冲激响应 $h(t)$ 满足如下微分方程：

$$h'(t) + 4h(t) = 3\delta'(t) + 2\delta(t)$$

设以上方程右端仅含 $\delta(t)$，产生的冲激响应记为 $h_0(t)$，则 $h_0(t)$ 满足如下方程：

$$h_0'(t) + 4h_0(t) = \delta(t)$$

因微分方程的特征根 $\lambda = -4$，所以

$$h_0(t) = Ce^{-4t}\varepsilon(t)$$

利用冲激函数平衡法，可知初始条件 $h_0(0_+) = 1$，代入上式求得 $C = 1$，由此得 $h_0(t) = e^{-4t}\varepsilon(t)$。

由线性时不变系统的性质，可求得系统的冲激响应为

$$h(t) = 3h_0'(t) + 2h_0(t) = -10e^{-4t}\varepsilon(t) + 3\delta(t)$$

系统的冲激响应与系统的微分方程一样都能表征一个系统。因此，求系统的冲激响应是系统分析的重要内容之一。

5.1.2 零状态响应的卷积积分描述

借助冲激响应，利用线性时不变系统的特性，可导出求系统零状态响应的卷积积分法。

在第 1 章已给出

$$x(t) = \int_{-\infty}^{\infty} x(\tau)\delta(t - \tau)\mathrm{d}\tau \tag{5-7}$$

为便于说明问题，将式 (5-7) 改写为

$$x(t) = \int_{-\infty}^{\infty} \left[x(\tau)\mathrm{d}\tau\right]\delta(t - \tau)$$

可见，任意信号可以被分解为无穷多个冲激信号的线性组合。从宏观上看，不同信号 $x(t)$ 表现为波形的不同，但是从微观上看，不同信号 $x(t)$ 表现为冲激信号 $\delta(t - \tau)$ 前的系数 $x(\tau)\mathrm{d}\tau$ 不同。这样，任意信号 $x(t)$ 作用于系统产生的零状态响应 $y_{zs}(t)$ 可由 $\delta(t - \tau)$ 产生的响应叠加而成。

依系统冲激响应的定义有

$$T\{\delta(t)\} = h(t) \tag{5-8}$$

依线性时不变系统的非时变性有

$$T\{\delta(t - \tau)\} = h(t - \tau) \tag{5-9}$$

依线性时不变系统的齐次性有

$$T\left[x(\tau)\mathrm{d}\tau\delta(t - \tau)\right] = x(\tau)\mathrm{d}\tau h(t - \tau) \tag{5-10}$$

依线性时不变系统的可加性有

$$T\left[\int_{-\infty}^{\infty} x(\tau)\delta(t-\tau)\mathrm{d}\tau\right] = \int_{-\infty}^{\infty} x(\tau)h(t-\tau)\mathrm{d}\tau \qquad (5\text{-}11)$$

式(5-11)右端的积分称为 $x(t)$ 与 $h(t)$ 的卷积积分,简称卷积。可见,连续时间线性时不变系统的零状态响应 $y_{zs}(t)$ 等于激励 $x(t)$ 与系统的冲激响应 $h(t)$ 的卷积积分,即

$$y_{zs}(t) = \int_{-\infty}^{\infty} x(\tau)h(t-\tau)\mathrm{d}\tau \qquad (5\text{-}12)$$

零状态响应与激励信号和冲激响应的关系如图 5-1 所示。

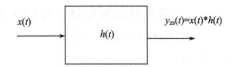

图 5-1　连续时间线性时不变系统的零状态响应

零状态响应描述为激励信号与冲激响应的卷积是非常重要的结论,它不仅能求出系统的零状态响应,而且深刻地揭示了响应产生的机理与过程。

5.1.3　卷积积分的计算与性质

卷积积分是计算连续时间线性时不变系统零状态响应的基本方法。因此,卷积积分的运算非常重要,通常用*标记卷积积分运算。下面介绍卷积积分的计算方法及其性质。

1. 卷积积分的计算

对于任意的两个信号 $x(t)$ 和 $h(t)$,两者的卷积定义如下:

$$x(t) * h(t) = \int_{-\infty}^{\infty} x(\tau)h(t-\tau)\mathrm{d}\tau \qquad (5\text{-}13)$$

卷积的计算可用图解法和解析法完成,下面先介绍图解法,然后介绍解析法。

用图解法求卷积,可以把一些抽象的关系形象化,便于直观地理解卷积的计算过程。由式(5-13)可知,利用图解法求卷积分为五步。

(1)变量代换。将 $x(t)$ 和 $h(t)$ 中的自变量 t 变成 τ 得到 $x(\tau)$ 和 $h(\tau)$。

(2)翻转。将 $h(\tau)$ 翻转得到 $h(-\tau)$。

(3)平移。将 $h(-\tau)$ 平移 t 得到 $h(t-\tau)$,其中 t 是参变量。$t > 0$ 时,$h(-\tau)$ 图形右移,$t < 0$ 时,$h(-\tau)$ 图形左移。

(4)相乘。将 $x(\tau)$ 与 $h(t-\tau)$ 相乘得到 $x(\tau)h(t-\tau)$。

(5)积分。以 τ 为自变量,t 为参变量对 $x(\tau)h(t-\tau)$ 在 $(-\infty,\infty)$ 区间上积分。

下面通过例题说明卷积积分的图解法求解过程。

【例 5-2】　已知一个连续时间线性时不变系统的冲激响应为 $h(t) = \varepsilon(t)$,系统激励为 $x(t) = \mathrm{e}^{-t}\varepsilon(t)$,试计算系统的零状态响应 $y_{zs}(t)$。

解:系统的零状态响应 $y_{zs}(t) = x(t) * h(t)$,下面按照图解法的步骤求卷积积分。

（1）将 $x(t)$ 和 $h(t)$ 中的自变量 t 变成 τ 得到 $x(\tau)$ 和 $h(\tau)$，如图 5-2(a)、图 5-2(b) 所示。

（2）将 $h(\tau)$ 翻转得到 $h(-\tau)$，如图 5-2(c) 所示。

（3）将 $h(-\tau)$ 平移 t，根据 $x(\tau)$ 与 $h(t-\tau)$ 的重叠情况，分别讨论如下。

① 当 $t<0$ 时，$x(\tau)$ 与 $h(t-\tau)$ 的图形没有重叠的部分，如图 5-2(d) 所示，此时 $x(\tau)$ 与 $h(t-\tau)$ 的乘积为零，故

$$y_{zs}(t) = x(t)*h(t) = \int_{-\infty}^{\infty} x(\tau)h(t-\tau)\mathrm{d}\tau = 0$$

② 当 $t>0$ 时，$x(\tau)$ 与 $h(t-\tau)$ 的图形在区间 $(0,t)$ 上重叠，在该区间上卷积积分结果不为零，如图 5-2(e) 所示，故

$$y_{zs}(t) = x(t)*h(t) = \int_{-\infty}^{\infty} x(\tau)h(t-\tau)\,\mathrm{d}\tau = \int_{0}^{t} x(\tau)h(t-\tau)\,\mathrm{d}\tau = \int_{0}^{t} \mathrm{e}^{-\tau} \times 1\mathrm{d}\tau = 1 - \mathrm{e}^{-\tau}$$

将 $t<0$ 时和 $t>0$ 时的 $y_{zs}(t)$ 结合，可得

$$y_{zs}(t) = (1 - \mathrm{e}^{-\tau})\varepsilon(t)$$

卷积结果如图 5-2(f) 所示。

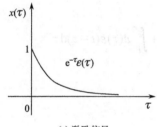

(a) 激励信号

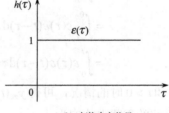

(b) 冲激响应信号

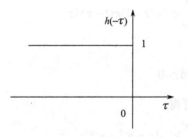

(c) 冲激响应信号的翻转

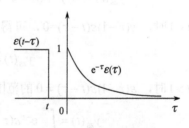

(d) $t<0$ 时两信号的重叠情况

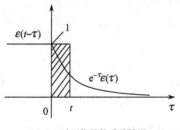

(e) $t>0$ 时两信号的重叠情况

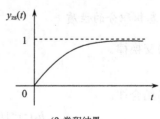

(f) 卷积结果

图 5-2　卷积的图解

　　如果参与卷积的两个信号 $x(t)$ 和 $h(t)$ 都能用解析式表达，则卷积可直接按照定义式进行计算。解析法求解卷积首先要明确积分的范围，即确定积分的上下限。下面通过例题说明相关过程。

　　【例 5-3】　已知一个连续时间线性时不变系统的冲激响应为 $h(t)$，设激励信号为 $x(t)$，分别计算以下两种情况下系统的零状态响应 $y_{zs}(t)$。

　　(1) $h(t) = \varepsilon(t)$，$x(t) = \varepsilon(t)$；　　　　(2) $h(t) = \varepsilon(t)$，$x(t) = e^{-\tau}\varepsilon(t-1)$。

　　解： (1) 系统的零状态响应为

$$y_{zs}(t) = x(t) * h(t) = \varepsilon(t) * \varepsilon(t) = \int_{-\infty}^{\infty} \varepsilon(\tau)\varepsilon(t-\tau)\mathrm{d}\tau$$

只有在被积信号 $\varepsilon(\tau)\varepsilon(t-\tau)$ 不为零的情况下，上式积分结果才为非零。

$t < 0$ 时，$\varepsilon(\tau)\varepsilon(t-\tau)=0$，可得

$$y_{zs}(t) = \int_{-\infty}^{\infty} \varepsilon(\tau)\varepsilon(t-\tau)\mathrm{d}\tau = 0$$

$t > 0$ 时，$\varepsilon(\tau)\varepsilon(t-\tau) \neq 0$ 的范围为 $0 < \tau < t$，可得

$$\begin{aligned}
y_{zs}(t) &= \int_{-\infty}^{\infty} \varepsilon(\tau)\varepsilon(t-\tau)\mathrm{d}\tau \\
&= \int_{-\infty}^{0} \varepsilon(\tau)\varepsilon(t-\tau)\mathrm{d}\tau + \int_{0}^{t} \varepsilon(\tau)\varepsilon(t-\tau)\mathrm{d}\tau + \int_{t}^{\infty} \varepsilon(\tau)\varepsilon(t-\tau)\mathrm{d}\tau \\
&= \int_{0}^{t} \varepsilon(\tau)\varepsilon(t-\tau)\mathrm{d}\tau = \int_{0}^{t} 1\mathrm{d}\tau = t
\end{aligned}$$

结合 $t < 0$ 和 $t > 0$ 时的情况，可得 $y_{zs}(t) = t\varepsilon(t)$。

　　(2) 系统的零状态响应为

$$y_{zs}(t) = x(t) * h(t) = e^{-t}\varepsilon(t-1) * \varepsilon(t) = \int_{-\infty}^{\infty} e^{-\tau}\varepsilon(\tau-1)\varepsilon(t-\tau)\mathrm{d}\tau$$

$t < 1$ 时，$\varepsilon(\tau-1)\varepsilon(t-\tau)=0$，可得

$$y_{zs}(t) = \int_{-\infty}^{\infty} \varepsilon(\tau)\varepsilon(t-\tau)\mathrm{d}\tau = 0$$

$t > 1$ 时，$\varepsilon(\tau-1)\varepsilon(t-\tau) \neq 0$ 的范围为 $1 < \tau < t$，故可得

$$y_{zs}(t) = \int_{-\infty}^{\infty} e^{-\tau}\varepsilon(\tau-1)\varepsilon(t-\tau)\mathrm{d}\tau = \int_{1}^{t} e^{-\tau}\mathrm{d}\tau = e^{-1} - e^{-t}$$

结合 $t < 1$ 和 $t > 1$ 时的情况，可得 $y_{zs}(t) = (e^{-1} - e^{-t})\varepsilon(t-1)$。

　　2. 卷积积分的性质

　　(1) 交换律。

$$h(t) * x(t) = x(t) * h(t) \tag{5-14}$$

　　(2) 结合律。

$$h_2(t) * [h_1(t) * x(t)] = [h_2(t) * h_1(t)] * x(t) \tag{5-15}$$

　　(3) 分配律。

$$[h_1(t) + h_2(t)] * x(t) = h_1(t) * x(t) + h_2(t) * x(t) \tag{5-16}$$

(4)平移特性。

若 $y_{zs}(t) = h(t) * x(t)$，则

$$y_{zs}(t - t_1 - t_2) = h(t - t_1) * x(t - t_2) \tag{5-17}$$

证明：$h(t-t_1) * x(t-t_2) = \displaystyle\int_{-\infty}^{\infty} h(\tau - t_1) * x(t - \tau - t_2) \mathrm{d}\tau$，令 $\lambda = \tau - t_1$ 作变量代换，则

$$h(t-t_1) * x(t-t_2) = \int_{-\infty}^{\infty} h(\lambda) * x(t - t_1 - t_2 - \lambda) \mathrm{d}\lambda = y_{zs}(t - t_1 - t_2)$$

(5)微分特性。

若 $y_{zs}(t) = h(t) * x(t)$，则

$$y_{zs}'(t) = h(t) * x'(t) = h'(t) * x(t) \tag{5-18}$$

证明：$\qquad y_{zs}'(t) = \dfrac{\mathrm{d}}{\mathrm{d}t} \displaystyle\int_{-\infty}^{\infty} h(\tau) x(t - \tau) \mathrm{d}\tau = \int_{-\infty}^{\infty} h(\tau) x'(t - \tau) = h(t) * x'(t)$

同理可证 $y_{zs}'(t) = h'(t) * x(t)$。

(6)积分特性。

若 $y_{zs}(t) = h(t) * x(t)$，则

$$\int_{-\infty}^{t} y_{zs}(\tau) \mathrm{d}\tau = \left[\int_{-\infty}^{t} h(\tau) \mathrm{d}\tau \right] * x(t) = h(t) * \left[\int_{-\infty}^{t} x(\tau) \mathrm{d}\tau \right] \tag{5-19}$$

证明：$\displaystyle\int_{-\infty}^{t} y_{zs}(\tau) \mathrm{d}\tau = \int_{-\infty}^{t} \left[\int_{-\infty}^{\infty} h(\rho) x(\tau - \rho) \mathrm{d}\rho \right] \mathrm{d}\tau$

$$= \int_{-\infty}^{\infty} h(\rho) \left[\int_{-\infty}^{t} x(\tau - \rho) \mathrm{d}\tau \right] \mathrm{d}\rho = h(t) * \int_{-\infty}^{t} x(\tau) \mathrm{d}\tau$$

(7)微积分特性。

若 $y_{zs}(t) = h(t) * x(t)$，则

$$y_{zs}(t) = \left[\int_{-\infty}^{t} h(\tau) \mathrm{d}\tau \right] * x'(t) = h'(t) * \left[\int_{-\infty}^{t} x(\tau) \mathrm{d}\tau \right] \tag{5-20}$$

式 (5-20) 说明，通过冲激响应 $h(t)$ 的积分与激励 $x(t)$ 的微分的卷积，或冲激响应 $h(t)$ 的微分与激励 $x(t)$ 的积分的卷积，同样可以求得系统的零状态响应。这一关系为计算系统的零状态响应提供了新的途径。

3. 奇异信号参与的卷积

(1)延时特性。

$$x(t) * \delta(t - t_0) = x(t - t_0) \tag{5-21}$$

式 (5-21) 表明任意信号 $x(t)$ 与延时冲激信号 $\delta(t - t_0)$ 的卷积等于信号 $x(t)$ 的延时 $x(t - t_0)$。

当 $t = 0$ 时，式 (5-21) 变为 $x(t) * \delta(t) = x(t)$，表明任意信号 $x(t)$ 与冲激信号 $\delta(t)$ 的卷积等于其本身 $x(t)$。

（2）微分特性。

$$x(t) * \delta'(t) = x'(t) \tag{5-22}$$

式（5-22）表明任意信号 $x(t)$ 与冲激偶信号 $\delta'(t)$ 的卷积等于信号 $x(t)$ 的微分 $x'(t)$。

（3）积分特性。

$$x(t) * \varepsilon(t) = \int_{-\infty}^{t} x(\tau)\mathrm{d}\tau = x^{(-1)}(t) \tag{5-23}$$

式（5-23）表明任意信号 $x(t)$ 与阶跃信号 $\varepsilon(t)$ 的卷积等于信号 $x(t)$ 的积分 $x^{(-1)}(t)$。

利用卷积的性质可以简化卷积的运算，下面结合例子进行说明。

【例 5-4】　已知一个连续时间线性时不变系统的冲激响应为 $h(t)$，激励信号为 $x(t)$，分别如图 5-3(a)、图 5-3(b) 所示，利用卷积的平移特性及 $\varepsilon(t) * \varepsilon(t) = t\varepsilon(t) = r(t)$ 这一结果，求系统的零状态响应 $y_{zs}(t)$。

解：系统的零状态响应为 $y_{zs}(t) = h(t) * x(t)$，将冲激响应 $h(t)$ 和激励信号 $x(t)$ 分别用阶跃信号的组合表示，有

$$h(t) = \varepsilon(t) - \varepsilon(t-1), \quad x(t) = \varepsilon(t+1) - \varepsilon(t-1)$$

利用 $\varepsilon(t) * \varepsilon(t) = r(t)$ 及卷积的平移特性，可得

$$
\begin{aligned}
y_{zs}(t) = h(t) * x(t) &= [\varepsilon(t) - \varepsilon(t-1)] * [\varepsilon(t+1) - \varepsilon(t-1)] \\
&= r(t+1) - r(t) - r(t-1) + r(t-2)
\end{aligned}
$$

卷积结果如图 5-3(c) 所示。

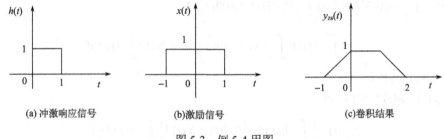

(a) 冲激响应信号　　　　　　　(b) 激励信号　　　　　　　(c) 卷积结果

图 5-3　例 5-4 用图

【例 5-5】　已知 $h(t)$ 和 $x(t)$ 的波形分别如图 5-3(a)、图 5-3(b) 所示，利用卷积的微积分性质求系统的零状态响应 $y_{zs}(t)$。

解：由卷积的微积分性质知

$$y_{zs}(t) = h(t) * x(t) = h^{(-1)}(t) * x'(t)$$

将 $h(t)$ 用阶跃信号的组合表示为 $h(t) = \varepsilon(t) - \varepsilon(t-1)$，其积分为 $h^{(-1)}(t) = r(t) - r(t-1)$，波形如图 5-4(a) 所示。将 $x(t)$ 用阶跃信号的组合表示为 $x(t) = \varepsilon(t+1) - \varepsilon(t-1)$，其微分 $x'(t) = \delta(t+1) - \delta(t-1)$，波形如图 5-4(b) 所示，则零状态响应可表示为

$$y_{zs}(t) = [\delta(t+1) - \delta(t-1)] * h^{(-1)}(t) = h^{(-1)}(t+1) - h^{(-1)}(t-1)$$

$y_{zs}(t)$ 的波形如图 5-4(c) 所示。

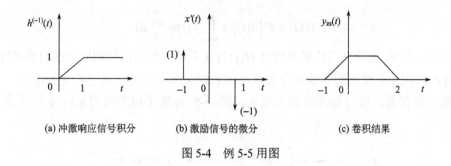

| (a) 冲激响应信号积分 | (b) 激励信号的微分 | (c) 卷积结果 |

图 5-4　例 5-5 用图

5.2　连续时间线性时不变系统的频域分析

5.2.1　连续时间线性时不变系统的频率特性

连续时间 LTI 系统在时域中可以用 n 阶常系数线性微分方程来描述，即

$$y^{(n)}(t) + a_{n-1}y^{(n-1)}(t) + \cdots + a_1 y'(t) + a_0 y(t)$$
$$= b_m x^{(m)}(t) + b_{m-1}x^{(m-1)}(t) + \cdots + b_1 x'(t) + b_0 x(t) \tag{5-24}$$

由于零状态响应和全响应满足的是同一个非齐次微分方程，所以在零状态条件下 $y(t) = y_{zs}(t)$，对式 (5-24) 两边进行傅里叶变换，并利用傅里叶变换的时域微分特性，可得

$$\left[(j\Omega)^{(n)} + a_{n-1}(j\Omega)^{(n-1)} + \cdots + a_1(j\Omega) + a_0 \right] Y_{zs}(j\Omega)$$
$$= \left[b_m(j\Omega)^{(m)} + b_{m-1}(j\Omega)^{(m-1)} + \cdots + b_1(j\Omega) + b_0 \right] X(j\Omega) \tag{5-25}$$

式 (5-25) 称为连续时间 LTI 系统的频域描述，可见傅里叶变换可将描述连续系统时域微分方程变为频域的代数方程。其中 $X(j\Omega)$ 为输入信号 $x(t)$ 的傅里叶变换，$Y_{zs}(j\Omega)$ 为零状态响应 $y_{zs}(t)$ 的傅里叶变换。它们分别反映了输入信号与输出信号的频率特性。

将 $Y_{zs}(j\Omega)$ 与 $X(j\Omega)$ 的比用 $H(j\Omega)$ 表示，称为系统的频率特性。由式 (5-25) 可得

$$H(j\Omega) = \frac{Y_{zs}(j\Omega)}{X(j\Omega)} = \frac{b_m(j\Omega)^{(m)} + b_{m-1}(j\Omega)^{(m-1)} + \cdots + b_1(j\Omega) + b_0}{(j\Omega)^{(n)} + a_{n-1}(j\Omega)^{(n-1)} + \cdots + a_1(j\Omega) + a_0} \tag{5-26}$$

$H(j\Omega)$ 是系统特性的频域描述，可以通过系统的输入信号和输出信号的频谱函数求出，但其实 $H(j\Omega)$ 与系统的输入及输出均无关，只与系统本身的特性有关。

在连续时间 LTI 系统的时域分析中，系统的冲激响应 $h(t)$ 只与系统本身特性有关，反映了系统的时域特性。系统频率特性 $H(j\Omega)$ 也只与系统本身特性有关，因此系统的冲激响应 $h(t)$ 与系统的频率特性 $H(j\Omega)$ 之间必然存在密切的关系。

从系统的时域分析可知，对于一个线性非时变系统，激励信号为 $x(t)$，系统的零状态响应为 $y_{zs}(t)$，$y_{zs}(t)$ 等于 $x(t)$ 与系统的冲激响应 $h(t)$ 的卷积积分，即

$$y_{zs}(t) = x(t) * h(t) \tag{5-27}$$

式 (5-27) 的傅里叶变换为

$$Y_{zs}(j\Omega) = X(j\Omega)H(j\Omega) \tag{5-28}$$

式中，频率特性函数 $H(j\Omega)$ 为冲激响应 $h(t)$ 的傅里叶变换，即

$$H(\mathrm{j}\Omega) = F\{h(t)\} = \int_{-\infty}^{\infty} h(t)\mathrm{e}^{-\mathrm{j}\Omega t}\,\mathrm{d}t \tag{5-29}$$

式(5-29)表明，连续系统的频率特性 $H(\mathrm{j}\Omega)$ 是系统的单位冲激响应 $h(t)$ 的傅里叶变换。系统的冲激响应和系统的频率特性分别从时域和频域两个方面反映了系统的特性，它们都只与系统自身有关，而与系统的输入无关，图 5-5 反映了相关物理量时域和频域的对应关系。

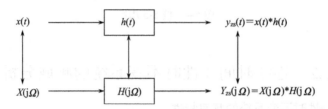

图 5-5　冲激响应和频率特性表征的时域与频域对应关系

【例 5-6】　已知描述某稳定的 LTI 系统的微分方程为 $y''(t) + 3y'(t) + 2y(t) = x(t)$，求该系统的频率特性 $H(\mathrm{j}\Omega)$。

解：对微分方程两边进行傅里叶变换，得

$$\left[(\mathrm{j}\Omega)^2 + 3\mathrm{j}\Omega + 2\right] Y_{\mathrm{zs}}(\mathrm{j}\Omega) = X(\mathrm{j}\Omega)$$

则系统的频率特性为

$$H(\mathrm{j}\Omega) = \frac{Y_{\mathrm{zs}}(\mathrm{j}\Omega)}{X(\mathrm{j}\Omega)} = \frac{1}{(\mathrm{j}\Omega)^2 + 3(\mathrm{j}\Omega) + 2}$$

只有当连续系统是稳定的 LTI 系统时，才可以根据描述系统的微分方程直接求解系统的频率特性 $H(\mathrm{j}\Omega)$，因为频率特性实际是与正弦稳态概念相关联的内容。

5.2.2　连续时间信号通过系统的频域分析

前面关于系统零状态响应的频域求解法的讨论，从理论上来讲是容易理解和接受的，然而其物理意义并不明显。

下面从"信号分解，响应叠加"的角度来分析一个连续时间 LTI 系统零状态响应产生的机理与过程，思路如下。

(1) 将任意信号分解成频域基本信号的线性组合。

(2) 分析在频域基本信号激励下系统的零状态响应。

(3) 利用 LTI 系统的特性分析任意信号激励下系统的零状态响应。

下面将详细地讨论连续时间 LTI 系统的频域分析过程。

1. 连续信号的频域分解

(1) 信号 $x(t)$ 的傅里叶逆变换为

$$x(t) = \frac{1}{2\pi} \int_{-\infty}^{\infty} X(\mathrm{j}\Omega)\mathrm{e}^{\mathrm{j}\Omega t}\,\mathrm{d}\Omega \tag{5-30}$$

该式可看成 $x(t) = \int_{-\infty}^{\infty} \left[\dfrac{X(\mathrm{j}\Omega)}{2\pi} \mathrm{d}\Omega \right] \mathrm{e}^{\mathrm{j}\Omega t}$ 形式，其物理意义是任意信号 $x(t)$ 可以分解为无穷多

个频率为 Ω、振幅为 $\dfrac{X(\mathrm{j}\Omega)}{2\pi} \mathrm{d}\Omega$ 的虚指数信号 $\mathrm{e}^{\mathrm{j}\Omega t}$ 的线性组合。

(2) 信号 $x(t)$ 三角形式的傅里叶逆变换为

$$x(t) = \frac{1}{\pi} \int_0^{\infty} |X(\mathrm{j}\Omega)| \cos[\Omega t + \varphi(\Omega)] \mathrm{d}\Omega \tag{5-31}$$

该式可看成 $x(t) = \int_0^{\infty} \left[\dfrac{|X(\mathrm{j}\Omega)|}{\pi} \mathrm{d}\Omega \right] \cos[\Omega t + \varphi(\Omega)]$ 形式，其物理意义是任意信号 $x(t)$ 可以分

解为无穷多个频率为 Ω、振幅为 $\dfrac{|X(\mathrm{j}\Omega)|}{\pi} \mathrm{d}\Omega$ 的余弦信号 $\cos[\Omega t + \varphi(\Omega)]$ 的线性组合。

2. 基本信号激励下的零状态响应

(1) 虚指数信号激励下的零状态响应。

设线性非时变系统的单位冲激响应为 $h(t)$，系统对基本信号 $\mathrm{e}^{\mathrm{j}\Omega t}$ 的零状态响应为

$$y_{\mathrm{zs}}(t) = \mathrm{e}^{\mathrm{j}\Omega t} * h(t) = \int_{-\infty}^{\infty} \mathrm{e}^{\mathrm{j}\Omega(t-\tau)} * h(\tau)\mathrm{d}\tau = \mathrm{e}^{\mathrm{j}\Omega t} \int_{-\infty}^{\infty} \mathrm{e}^{-\mathrm{j}\Omega\tau} * h(\tau)\mathrm{d}\tau = \mathrm{e}^{\mathrm{j}\Omega t} H(\mathrm{j}\Omega)$$

$H(\mathrm{j}\Omega)$ 一般为复函数，可表示为

$$H(\mathrm{j}\Omega) = |H(\mathrm{j}\Omega)| \mathrm{e}^{\mathrm{j}\varphi_h(\Omega)}$$

因此，基本信号 $\mathrm{e}^{\mathrm{j}\Omega t}$ 的零状态响应为

$$y_{\mathrm{zs}}(t) = \mathrm{e}^{\mathrm{j}\Omega t} H(\mathrm{j}\Omega) = \mathrm{e}^{\mathrm{j}\Omega t} |H(\mathrm{j}\Omega)| \mathrm{e}^{\mathrm{j}\varphi_h(\Omega)} = |H(\mathrm{j}\Omega)| \mathrm{e}^{\mathrm{j}[\varphi_h(\Omega) + \Omega t]} \tag{5-32}$$

式 (5-32) 表明，虚指数信号 $\mathrm{e}^{\mathrm{j}\Omega t}$ 作用于连续时间 LTI 系统时，系统的零状态响应 $y_{\mathrm{zs}}(t)$ 仍为同频率的虚指数信号，虚指数信号的幅度和相位由系统对应频率处的频率特性 $H(\mathrm{j}\Omega)$ 确定。因此，$H(\mathrm{j}\Omega)$ 反映了连续时间 LTI 系统对于不同频率信号的传输特性。其中，$|H(\mathrm{j}\Omega)|$ 称为系统的幅频响应(或幅频特性)，表示系统对不同频率信号的增益；$\varphi_h(\Omega)$ 称为系统的相频响应(或相频特性)。

(2) 余弦信号激励下的零状态响应。

设线性非时变系统的单位冲激响应为 $h(t)$，下面分析系统对基本信号 $\cos[\Omega t + \varphi_x(\Omega)]$ 的零状态响应。由欧拉公式，可得

$$\cos[\Omega t + \varphi_x(\Omega)] = \frac{1}{2}\left\{ \mathrm{e}^{\mathrm{j}[\Omega t + \varphi_x(\Omega)]} + \mathrm{e}^{-\mathrm{j}[\Omega t + \varphi_x(\Omega)]} \right\}$$

$\mathrm{e}^{\mathrm{j}[\Omega t + \varphi_x(\Omega)]}$ 和 $\mathrm{e}^{-\mathrm{j}[\Omega t + \varphi_x(\Omega)]}$ 激励下的零状态响应分别为

$$\mathrm{e}^{\mathrm{j}[\Omega t + \varphi_x(\Omega)]} \rightarrow \boxed{T\{\bullet\}} \rightarrow \mathrm{e}^{\mathrm{j}[\Omega t + \varphi_x(\Omega)]} * h(t) = \mathrm{e}^{\mathrm{j}[\Omega t + \varphi_x(\Omega)]} H(\mathrm{j}\Omega)$$

$$\mathrm{e}^{-\mathrm{j}[\Omega t + \varphi_x(\Omega)]} \rightarrow \boxed{T\{\bullet\}} \rightarrow \mathrm{e}^{-\mathrm{j}[\Omega t + \varphi_x(\Omega)]} * h(t) = \mathrm{e}^{-\mathrm{j}[\Omega t + \varphi_x(\Omega)]} H(-\mathrm{j}\Omega)$$

当 $h(t)$ 为实信号时，应用傅里叶变换的共轭对称性质，有 $H^*(\mathrm{j}\Omega) = H(-\mathrm{j}\Omega)$，再由 $H(\mathrm{j}\Omega) = |H(\mathrm{j}\Omega)| \mathrm{e}^{\mathrm{j}\varphi_h(\Omega)}$ 和系统的线性性质，可有

$$\cos\left[\Omega t + \varphi_x(\Omega)\right] \to \boxed{T\{\bullet\}} \to \left|H(\mathrm{j}\Omega)\right|\cos\left[\Omega t + \varphi_x(\Omega) + \varphi_h(\Omega)\right]$$

$$(5\text{-}33)$$

式(5-33)表明，余弦信号 $\cos\left[\Omega t + \varphi_x(\Omega)\right]$ 作用于连续时间 LTI 系统时，系统的零状态响应 $y_{zs}(t)$ 仍为同频率的余弦信号，余弦信号的幅度和相位由系统的频率特性 $H(\mathrm{j}\Omega)$ 确定。因此，$H(\mathrm{j}\Omega)$ 反映了连续时间 LTI 系统对于不同频率信号的传输特性。

3. 任意信号激励下的零状态响应

(1)任意信号指数形式分解下零状态响应的描述。

当任意信号 $x(t)$ 表示成无穷多个基本信号 $\mathrm{e}^{\mathrm{j}\Omega t}$ 的线性组合时，应用线性系统的齐次性和叠加性，不难得到任意信号 $x(t)$ 激励下系统的零状态响应 $y_{zs}(t)$，其推导过程如下：

$$\mathrm{e}^{\mathrm{j}\Omega t} \to \boxed{T\{\bullet\}} \to \mathrm{e}^{\mathrm{j}\Omega t}H(\mathrm{j}\Omega)$$

$$\frac{1}{2\pi}X(\mathrm{j}\Omega)\mathrm{e}^{\mathrm{j}\Omega t}\mathrm{d}\Omega \to \boxed{T\{\bullet\}} \to \frac{1}{2\pi}X(\mathrm{j}\Omega)H(\mathrm{j}\Omega)\mathrm{e}^{\mathrm{j}\Omega t}\mathrm{d}\Omega$$

$$\frac{1}{2\pi}\int_{-\infty}^{\infty}X(\mathrm{j}\Omega)\mathrm{e}^{\mathrm{j}\Omega t}\mathrm{d}\Omega \to \boxed{T\{\bullet\}} \to \frac{1}{2\pi}\int_{-\infty}^{\infty}X(\mathrm{j}\Omega)H(\mathrm{j}\Omega)\mathrm{e}^{\mathrm{j}\Omega t}\mathrm{d}\Omega$$

故任意信号 $x(t)$ 激励下的零状态响应 $y_{zs}(t)$ 为

$$y_{zs}(t) = \frac{1}{2\pi}\int_{-\infty}^{\infty}Y_{zs}(\mathrm{j}\Omega)\mathrm{e}^{\mathrm{j}\Omega t}\mathrm{d}\Omega = \frac{1}{2\pi}\int_{-\infty}^{\infty}X(\mathrm{j}\Omega)H(\mathrm{j}\Omega)\mathrm{e}^{\mathrm{j}\Omega t}\mathrm{d}\Omega \tag{5-34}$$

由式(5-34)，同样能得到 $Y_{zs}(\mathrm{j}\Omega)$、$X(\mathrm{j}\Omega)$ 和 $H(\mathrm{j}\Omega)$ 之间的重要关系为

$$Y_{zs}(\mathrm{j}\Omega) = X(\mathrm{j}\Omega)H(\mathrm{j}\Omega) \tag{5-35}$$

式(5-35)导出的过程是建立在"信号分解，响应叠加"的基础上的，通过此导出过程可更深刻地理解频域中零状态响应产生的机理与过程。

因此，LTI 系统的输入信号与输出信号幅度的关系可表示为

$$\left|Y(\mathrm{j}\Omega)\right| = \left|X(\mathrm{j}\Omega)\right|\left|H(\mathrm{j}\Omega)\right|$$

或表示为对数形式：

$$20\lg\left|Y(\mathrm{j}\Omega)\right| = 20\lg\left|X(\mathrm{j}\Omega)\right| + 20\lg\left|H(\mathrm{j}\Omega)\right|$$

LTI 系统的输入信号与输出信号的相位关系为

$$\varphi\left[Y(\mathrm{j}\Omega)\right] = \varphi_x\left[X(\mathrm{j}\Omega)\right] + \varphi_h\left[H(\mathrm{j}\Omega)\right]$$

系统频率特性 $H(\mathrm{j}\Omega)$ 的作用就是改变输入信号 $x(t)$ 的频谱，保留(或放大)信号中有用的频率成分，去除(或衰减)无用的频率成分，即对输入信号进行滤波。

(2)任意信号三角形式分解下零状态响应的描述。

由于任意信号 $x(t)$ 表示成了无穷多个基本信号 $\cos\left[\Omega t + \varphi_x(\Omega)\right]$ 的线性组合，应用线性系统的齐次性和叠加性不难得到任意信号 $x(t)$ 激励下系统的零状态响应 $y_{zs}(t)$，其推导过程如下：

$$\cos\left[\Omega t + \varphi_x(\Omega)\right] \to \boxed{T\{\bullet\}} \to \left|H(\mathrm{j}\Omega)\right|\cos\left[\Omega t + \varphi_x(\Omega) + \varphi_h(\Omega)\right]$$

且有

$$\frac{1}{\pi}|X(\mathrm{j}\Omega)|\cos[\Omega t+\varphi_x(\Omega)]\mathrm{d}\Omega$$

$$\downarrow$$

$$\boxed{T\{\bullet\}}$$

$$\downarrow$$

$$\frac{1}{\pi}|X(\mathrm{j}\Omega)||H(\mathrm{j}\Omega)|\cos[\Omega t+\varphi_x(\Omega)+\varphi_h(\Omega)]\mathrm{d}\Omega$$

以及

$$\frac{1}{\pi}\int_0^\infty|X(\mathrm{j}\Omega)|\cos[\Omega t+\varphi_x(\Omega)]\mathrm{d}\Omega$$

$$\downarrow$$

$$\boxed{T\{\bullet\}}$$

$$\downarrow$$

$$\frac{1}{\pi}\int_0^\infty|X(\mathrm{j}\Omega)||H(\mathrm{j}\Omega)|\cos[\Omega t+\varphi_x(\Omega)+\varphi_h(\Omega)]\mathrm{d}\Omega$$

故任意信号 $x(t)$ 激励下的零状态响应 $y_{zs}(t)$ 为

$$
\begin{aligned}
y_{zs}(t)&=\frac{1}{\pi}\int_0^\infty|Y_{zs}(\mathrm{j}\Omega)|\cos[\Omega t+\varphi_{zs}(\Omega)]\mathrm{d}\Omega\\
&=\frac{1}{\pi}\int_0^\infty|X(\mathrm{j}\Omega)||H(\mathrm{j}\Omega)|\cos[\Omega t+\varphi_x(\Omega)+\varphi_h(\Omega)]\mathrm{d}\Omega
\end{aligned}
\tag{5-36}
$$

由式 (5-36) 可得到 $Y_{zs}(\mathrm{j}\Omega)$、$X(\mathrm{j}\Omega)$ 和 $H(\mathrm{j}\Omega)$ 之间的重要关系如下：

$$Y_{zs}(\mathrm{j}\Omega)=X(\mathrm{j}\Omega)H(\mathrm{j}\Omega)$$

$$|Y_{zs}(\mathrm{j}\Omega)|=|X(\mathrm{j}\Omega)||H(\mathrm{j}\Omega)|$$

$$\varphi_{zs}(\Omega)=\varphi_x(\Omega)+\varphi_h(\Omega)$$

由以上推导可看出，傅里叶变换的指数形式和三角形式本质是相同的，只是表示形式上不同而已，指数形式运算方便，三角形式物理含义清晰，两者可通过欧拉公式统一起来。

【例 5-7】 已知一个连续时间 LTI 系统的微分方程为

$$y''(t)+3y'(t)+2y(t)=2x'(t)+3x(t)$$

系统的输入激励 $x(t)=\mathrm{e}^{-3t}\varepsilon(t)$，求系统的零状态响应 $y_{zs}(t)$。

解： 输入信号 $x(t)$ 的频谱函数为

$$X(\mathrm{j}\Omega)=\frac{1}{\mathrm{j}\Omega+3}$$

由微分方程可得该系统的频率特性为

$$H(\mathrm{j}\Omega)=\frac{2(\mathrm{j}\Omega)+3}{(\mathrm{j}\Omega)^2+3(\mathrm{j}\Omega)+2}=\frac{2(\mathrm{j}\Omega)+3}{(\mathrm{j}\Omega+1)(\mathrm{j}\Omega+2)}$$

故该系统的零状态响应 $y_{zs}(t)$ 的频谱函数 $Y_{zs}(\mathrm{j}\Omega)$ 为

$$Y_{zs}(\mathrm{j}\Omega)=X(\mathrm{j}\Omega)H(\mathrm{j}\Omega)=\frac{2(\mathrm{j}\Omega)+3}{(\mathrm{j}\Omega+1)(\mathrm{j}\Omega+2)(\mathrm{j}\Omega+3)}$$

将 $Y_{zs}(\mathrm{j}\Omega)$ 表达式用部分分式展开，得

$$Y_{zs}(j\Omega) = \frac{\frac{1}{2}}{j\Omega + 1} + \frac{1}{j\Omega + 2} + \frac{-\frac{3}{2}}{j\Omega + 3}$$

通过傅里叶逆变换，可得系统的零状态响应 $y_{zs}(t)$ 为

$$y_{zs}(t) = \left(\frac{1}{2} e^{-t} + e^{-2t} - \frac{3}{2} e^{-3t} \right) \varepsilon(t)$$

与连续时间 LTI 系统零状态响应的时域求解相比，频域求解不仅在物理概念上清晰，而且更加简洁，原因是频域求解是通过将时域的卷积运算转换为频域的乘积运算完成的。

【例 5-8】 已知一个连续时间 LTI 系统的输入激励 $x(t) = e^{-t}\varepsilon(t)$，零状态响应 $y_{zs}(t) = (e^{-t} + e^{-2t})\varepsilon(t)$，求系统的频率特性 $H(j\Omega)$ 和单位冲激响应 $h(t)$。

解：对 $x(t)$ 和 $y_{zs}(t)$ 分别进行傅里叶变换，得

$$X(j\Omega) = F\{x(t)\} = \frac{1}{1 + j\Omega}$$

$$Y_{zs}(j\Omega) = F\{y_{zs}(t)\} = \frac{1}{1 + j\Omega} + \frac{1}{2 + j\Omega} = \frac{3 + 2j\Omega}{(1 + j\Omega)(2 + j\Omega)}$$

故系统的频率特性为

$$H(j\Omega) = \frac{Y_{zs}(j\Omega)}{X(j\Omega)} = \frac{3 + 2j\Omega}{2 + j\Omega} = 2 - \frac{1}{2 + j\Omega}$$

对 $H(j\Omega)$ 进行傅里叶逆变换，可得系统的单位冲激响应 $h(t)$ 为

$$h(t) = F^{-1}\{H(j\Omega)\} = 2\delta(t) - e^{-2t}\varepsilon(t)$$

4. 连续时间 LTI 系统的相位延迟和群时延

(1) 相频特性与时延。由

$$x(t) = Ae^{j(\Omega t + \theta)} \quad \rightarrow \quad y(t) = A|H(j\Omega)|e^{j[\Omega t + \varphi_h(\Omega) + \theta]}$$

$$x(t) = A\cos(\Omega t + \theta) \rightarrow y(t) = A|H(j\Omega)|\cos[\Omega t + \varphi_h(\Omega) + \theta]$$

$$x(t) = A\sin(\Omega t + \theta) \rightarrow y(t) = A|H(j\Omega)|\sin[\Omega t + \varphi_h(\Omega) + \theta]$$

可知，频率为 Ω 的单频信号通过连续时间 LTI 系统后相位发生了 $\varphi_h(\Omega)$ 的变化。当系统的相频特性 $\varphi_h(\Omega)$ 非零时，由 $\Omega t + \varphi_h(\Omega) + \theta = \Omega[t + \varphi_h(\Omega)/\Omega] + \theta = \Omega[t - t_0] + \theta$ 可知，频率为 Ω 的单频信号通过系统会有 $t_0 = -\varphi_h(\Omega)/\Omega$ 的时间滞后，故 $t_0 = -\varphi_h(\Omega)/\Omega$ 称为时延。

(2) 线性相位、相位失真与群时延。当单频信号通过系统时，信号的时延为 $t_0 = -\varphi_h(\Omega)/\Omega$。由于一般系统的 $\varphi_h(\Omega)/\Omega$ 不是常数，故当输入信号中含有不同的频率分量时，不同的频率分量将会对应不同的时间延迟，从而引起输出信号的失真。这类由相位因素产生的失真称为相位失真。

若连续时间 LTI 系统的相频特性为

$$\varphi_h(\Omega) = -\Omega\tau \tag{5-37}$$

式中，τ 是不为零的实常数，则称该系统为线性相位系统，系统的相频特性为通过原点的一条直线。对线性相位系统，不同频率分量的信号通过系统的延迟是一个常数，不会引起输出信号的相位失真，故线性相位传输系统也称为无相位失真传输系统。

系统的群时延（Group Delay）定义为

$$\tau_g(\Omega) = -\frac{\mathrm{d}\varphi_h(\Omega)}{\mathrm{d}\Omega} \tag{5-38}$$

由群时延的定义知，当系统的相频特性是线性函数时，群时延 $\tau_g(\Omega)$ 将是一个常数，通过系统的不同频率信号将产生同样的时延。

群时延是衡量传输系统对信号传输时间延迟及信号失真影响的重要参数。

5.2.3　无失真传输系统

1. 线性失真和非线性失真

如果信号通过系统传输时其输出波形发生畸变，失去了原信号波形的样子，就称为失真。反之，若信号通过系统只引起时间延迟及幅度增减，而形状不变，则称为无失真。通常把失真分为线性失真和非线性失真。

信号通过线性系统所产生的失真称为线性失真。其特点是响应中不会产生新的频率成分。也就是说组成响应 $y(t)$ 的各频率分量在激励信号 $x(t)$ 中都有，只不过各频率分量的幅度和相位与 $x(t)$ 相比有所改变而已。

信号通过非线性系统所产生的失真称为非线性失真。其特点是响应 $y(t)$ 中出现了激励信号 $x(t)$ 中没有的新的频率成分。

2. 无失真传输的条件

无失真传输系统在信号处理中具有重要的意义，如输入信号为 $x(t)$，则无失真传输系统的输出信号 $y(t)$ 应为

$$y(t) = Kx(t - t_d) \tag{5-39}$$

式中，K 为一个正常数；t_d 为输入信号通过系统后的延迟时间。

显然，无失真传输系统是线性非时变系统。对式（5-39）进行傅里叶变换，并根据傅里叶变换的时移性质可得

$$Y(\mathrm{j}\Omega) = KX(\mathrm{j}\Omega)\mathrm{e}^{-\mathrm{j}\Omega t_d} \tag{5-40}$$

故无失真传输系统的频率特性为

$$H(\mathrm{j}\Omega) = \frac{Y(\mathrm{j}\Omega)}{X(\mathrm{j}\Omega)} = K\mathrm{e}^{-\mathrm{j}\Omega t_d} = |H(\mathrm{j}\Omega)|\mathrm{e}^{\mathrm{j}\varphi_h(\Omega)} \tag{5-41}$$

可见，无失真传输系统的幅频特性和相频特性分别为

$$\begin{cases} |H(\mathrm{j}\Omega)| = K \\ \varphi_h(\Omega) = -\Omega t_d \end{cases} \tag{5-42}$$

因此，无失真传输系统满足两个条件：系统的幅频特性 $|H(\mathrm{j}\Omega)|$ 在整个频率范围内为常

数 K ，并且系统的通带为无穷大；系统的群时延为定值，即相频特性 $\varphi_h(\Omega)$ 在整个频率范围内与 Ω 呈线性关系，如图 5-6 所示。

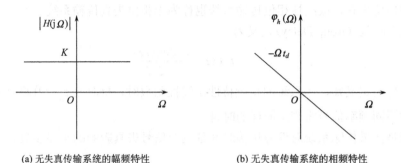

(a) 无失真传输系统的幅频特性　　　　　　　(b) 无失真传输系统的相频特性

图 5-6　无失真传输系统的幅频特性和相频特性

任何一个实际系统，其幅频特性与相频特性都不可能完全满足无失真传输的条件。当系统对信号中各频率分量产生不同程度的衰减时，会产生幅度失真；当系统的群时延不为常数时，会产生相位失真。工程上，待传输的信号都是频率有限的，只要在信号占有的频率范围内，系统的幅频特性和相频特性基本满足无失真传输条件，就可认为达到了无失真传输的条件。

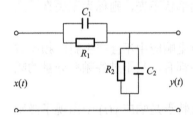

图 5-7　示波器衰减电路

【例 5-9】　示波器探头衰减电路如图 5-7 所示，激励为 $x(t)$ ，零状态响应为 $y(t)$ ，当 R_1 、 R_2 、 C_1 、 C_2 满足什么条件时，该系统为无失真传输系统？

解：由电路理论，可得该电路频率特性函数为

$$H(\mathrm{j}\Omega)=\frac{Y(\mathrm{j}\Omega)}{X(\mathrm{j}\Omega)}=\frac{\dfrac{R_2\times\dfrac{1}{\mathrm{j}\Omega C_2}}{R_2+\dfrac{1}{\mathrm{j}\Omega C_2}}}{\dfrac{R_1\times\dfrac{1}{\mathrm{j}\Omega C_1}}{R_1+\dfrac{1}{\mathrm{j}\Omega C_1}}+\dfrac{R_2\times\dfrac{1}{\mathrm{j}\Omega C_2}}{R_2+\dfrac{1}{\mathrm{j}\Omega C_2}}}=\frac{\dfrac{R_2}{1+\mathrm{j}\Omega R_2 C_2}}{\dfrac{R_1}{1+\mathrm{j}\Omega R_1 C_1}+\dfrac{R_2}{1+\mathrm{j}\Omega R_2 C_2}}$$

当 $R_1 C_1=R_2 C_2$ 时，有 $H(\mathrm{j}\Omega)=\dfrac{R_2}{R_1+R_2}$ ，则幅频特性为 $|H(\mathrm{j}\Omega)|=\dfrac{R_2}{R_1+R_2}$ ，相频特性为 $\varphi(\Omega)=0$ ，无失真传输条件得以满足。

5.2.4　理想模拟滤波器

模拟滤波器是指能够有选择地让输入信号中的某些频率分量通过，而使其他频率分量通过很少的连续系统，可分为低通、高通、带通和带阻等几种。理想情况下低通、高通、带通和带阻的频率特性函数分别如图 5-8 所示，其中 Ω_c 是低通和高通的截止频率， Ω_1 和

Ω_2 是带通和带阻的截止频率。图 5-8(a) 对应于理想低通滤波器；图 5-8(b) 对应于理想高通滤波器；图 5-8(c) 对应于理想带通滤波器；图 5-8(d) 对应于理想带阻滤波器。

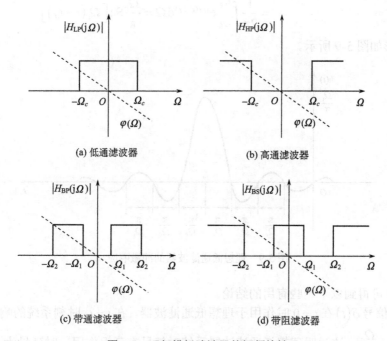

(a) 低通滤波器　　　　　　　(b) 高通滤波器

(c) 带通滤波器　　　　　　　(d) 带阻滤波器

图 5-8　理想模拟滤波器的幅频特性

下面重点研究信号通过理想低通滤波器的情况。对于图 5-8(a) 所示的理想低通滤波器，其频率特性函数可写为

$$H(j\Omega) = |H(j\Omega)| e^{j\varphi(\Omega)} = \begin{cases} e^{-j\Omega t_d}, & |\Omega| < \Omega_c \\ 0, & |\Omega| > \Omega_c \end{cases} \tag{5-43}$$

可知理想低通滤波器的幅频特性和相频特性为

$$\begin{cases} |H(j\Omega)| = 1, & |\Omega| < \Omega_c \\ \varphi(\Omega) = -\Omega t_d, & |\Omega| < \Omega_c \end{cases} \tag{5-44}$$

可见，在 $|\Omega| < \Omega_c$ 内，理想低通滤波器满足无失真传输系统的条件。

由于理想低通滤波器的通频带不是无穷大而是有限值，故系统为带限系统。显然，若信号中包含的频率成分超出通频带，信号通过这种带限系统会产生失真。失真的大小一方面取决于系统的通带宽度，另一方面取决于输入信号的有效带宽，这就是信号与系统之间频率匹配的概念。当理想低通滤波器的通带宽度大于所要传输的信号的有效带宽时，就可以认为系统的频带足够宽，信号通过系统时能实现无失真传输。

下面分析理想低通滤波器的冲激响应并由此得到一些有用的结论。与 $H(j\Omega)$ 对应的冲激响应为

$$h(t) = F^{-1}\{H(j\Omega)\} = \frac{1}{2\pi}\int_{-\Omega_c}^{\Omega_c} e^{-j\Omega t_d} e^{j\Omega t} d\Omega$$

$$= \frac{1}{2\pi}\int_{-\Omega_c}^{\Omega_c} e^{j\Omega(t-t_d)} d\Omega = \frac{\Omega_c}{\pi} Sa\left[\Omega_c(t-t_d)\right] \tag{5-45}$$

它的时域波形如图 5-9 所示。

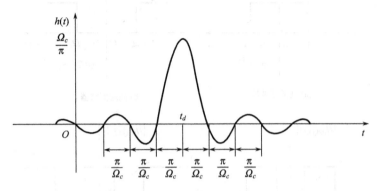

图 5-9　理想低通滤波器的冲激响应

由图 5-9 可得到以下一些有用的结论。

(1)冲激信号 $\delta(t)$ 在 $t=0$ 时作用于理想低通滤波器，在 $t=t_d$ 时刻系统的响应达到最大值，即 $h(t_d) = \frac{\Omega_c}{\pi}$，这说明理想低通滤波器系统对信号有延迟作用，时延量为 t_d。

(2)冲激响应 $h(t)$ 比激励 $\delta(t)$ 展宽了许多，这表明冲激信号中的高频分量被理想低通滤波器衰减了。

(3)理想低通滤波器的通带宽度与输入信号的宽度不相匹配时，输出就会失真。系统的通带宽度越接近信号的带宽，则失真越小；反之，则失真越大。

(4)当 $t<0$ 时，$h(t) \neq 0$，这表明理想低通滤波器是一个非因果系统，它在物理上是无法实现的。其实所有类型的理想滤波器在物理上都无法实现。

实际滤波器为因果系统，其设计原则是研究如何选择一个频率特性函数，使它既能够逼近所要求的 $H(j\Omega)$，并且在物理上又可实现。

5.3　卷　积　和

5.3.1　单位脉冲响应的时域求解

单位脉冲响应记为 $h(n)$，是仅由单位脉冲信号决定的响应，可通过网络函数 $H(z)$ 用逆 z 变换求得，第 3 章已对此进行过讨论。$h(n)$ 是零状态响应，但 $n \geqslant 0$ 后的响应形式与零输入响应类似。$h(n)$ 还可在时域中通过差分方程求出，下面对此加以介绍。

设描述某一系统的差分方程为

$$y(n)+a_1y(n-1)+\cdots+a_{N-1}y(n-N-1)+a_ny(n-N)$$
$$=b_0x(n)+b_1x(n-1)+\cdots+b_{M-1}(n-M-1)+b_Mx(n-M) \tag{5-46}$$

令激励 $x(n)=\delta(n)$，则 $y(n)=y_{zs}(n)=h(n)$，可有

$$h(n)+a_1h(n-1)+\cdots+a_{N-1}h(n-N+1)+a_Nh(n-M)$$
$$=b_0\delta(n)+b_1\delta(n-1)+\cdots+b_{M-1}\delta(n-M+1)+b_M\delta(n-M) \tag{5-47}$$

求解方程需要 N 个初始条件，即 $h(j)$，$j=0,1,\cdots,N-1$。

下面讨论单位脉冲响应 $h(n)$ 的求解过程，令式 (5-47) 差分方程的右端仅含 $\delta(n)$，产生的冲激响应记为 $h_0(n)$，则 $h_0(n)$ 满足如下差分方程：

$$h_0(n)+a_1h_0(n-1)+\cdots+a_{N-1}h_0(n-N+1)+a_Nh_0(n-N)=\delta(n) \tag{5-48}$$

由于 $n>0$ 时，$\delta(n)$ 为零，此时等式右端恒等于零，这时单位脉冲响应 $h_0(n)$ 与差分方程的齐次解有相同形式，假设特征根 λ_i $(i=1,2,\cdots,N)$ 都为单根，则 $h_0(n)$ 应为

$$h_0(n)=\left(\sum_{i=1}^{N}C_i\lambda_i^n\right)\varepsilon(n) \tag{5-49}$$

为确定 C_i $(i=1,2,\cdots,N)$，需 N 个初始条件 $h_0(n)$ $(n=0,1,2,\cdots,N-1)$，可用迭代法求出。将初始条件代入式 (5-49)，即可确定 C_i $(i=1,2,\cdots,N)$，从而求得 $h_0(n)$。

由于系统是 LTI 系统，利用 LTI 系统的线性性质和非时变性质，有如下推理过程：

$$h_0(n)=T\big[\delta(n)\big] \tag{5-50}$$

$$h(n)=T\big[b_0\delta(n)+b_1\delta(n-1)+\cdots+b_{M-1}\delta(n-M+1)+b_M\delta(n-M)\big]$$
$$=b_0h_0(n)+b_1h_0(n-1)+\cdots+b_{M-1}h_0(n-M+1)+b_Mh_0(n-M) \tag{5-51}$$

下面举例说明单位脉冲响应的求解。

【例 5-10】　已知描述某离散时间 LTI 系统的差分方程为

$$y(n)-5y(n-1)+6y(n-2)=x(n)-2x(n-1)$$

试求系统的单位脉冲响应 $h(n)$。

解： 根据单位脉冲响应的定义，当 $x(n)=\delta(n)$ 时，$y(n)$ 即为 $h(n)$，即满足如下差分方程：

$$h(n)-5h(n-1)+6h(n-2)=\delta(n)-2\delta(n-1)$$

假设差分方程右端仅含 $\delta(n)$，产生的单位脉冲响应应记为 $h_0(n)$，则 $h_0(n)$ 满足如下差分方程：

$$h_0(n)-5h_0(n-1)+6h_0(n-2)=\delta(n)$$

当 $n\geqslant0$ 时，可得 $h_0(n)$ 的形式如下：

$$h_0(n)=\big(C_12^n+C_23^n\big)\varepsilon(n)$$

利用迭代法可求得初始条件 $h_0(0)=1$，$h_0(1)=5$，代入上式可求 $C_1=-2$，$C_2=3$，可得

$$h_0(n)=\big(-2\times2^n+3\times3^n\big)\varepsilon(n)$$

由 LTI 系统的线性性质和非时变性质可得系统的单位脉冲响应 $h(n)$ 为

$$h(n) = h_0(n) - 2h_0(n-1)$$
$$= \left(-2 \times 2^n + 3 \times 3^n\right)\varepsilon(n) - 2\left(-2 \times 2^{n-1} + 3 \times 3^{n-1}\right)\varepsilon(n-1) = 3^n \varepsilon(n)$$

系统的单位脉冲响应 $h(n)$ 和系统的差分方程一样都能表征一个系统。因此，求系统的单位脉冲响应是离散时间 LTI 系统分析的重要内容。

5.3.2　零状态响应的卷积和描述

前面已经得到了任意序列 $x(n)$ 的 $\delta(n)$ 分解方式，还有系统在基本序列 $\delta(n)$ 激励下的零状态响应，即单位脉冲响应 $h(n)$。下面利用 LTI 系统的线性和非时变性，导出任意序列 $x(n)$ 激励下系统零状态响应的求解方法。

根据信号分解理论，有

$$x(n) = \sum_{m=-\infty}^{\infty} x(m)\delta(n-m) \tag{5-52}$$

即任意序列可以分解为无穷多单位脉冲序列的线性组合。这样，任意序列 $x(n)$ 作用于系统产生的零状态响应 $y_{zs}(n)$ 可由 $\delta(n-m)$ 产生的响应叠加而成。

单位脉冲序列作用于系统产生的零状态响应称为系统的单位脉冲响应，即

$$T\{\delta(n)\} = h(n) \tag{5-53}$$

由 LTI 系统的非时变性，得

$$T\{\delta(n-m)\} = h(n-m) \tag{5-54}$$

由 LTI 系统的齐次性，得

$$T\{x(m)\delta(n-m)\} = x(m)h(n-m) \tag{5-55}$$

由 LTI 系统的可加性，得

$$T\{\sum_{m=-\infty}^{\infty} x(m)\delta(n-m)\} = \sum_{m=-\infty}^{\infty} x(m)h(n-m) \tag{5-56}$$

式(5-56)右端的求和称为 $x(m)$ 与 $h(m)$ 的卷积和，简称卷积。可见，离散时间 LTI 系统的零状态响应 $y_{zs}(n)$ 等于激励 $x(n)$ 与系统的单位脉冲响应 $h(n)$ 的卷积和，即

$$y_{zs}(n) = \sum_{m=-\infty}^{\infty} x(m)h(n-m) = x(n) * h(n) \tag{5-57}$$

在离散时间 LTI 系统的时域分析中，零状态响应描述为激励信号与单位脉冲响应的卷积是非常重要的结论。下面讨论卷积和的计算方法及性质。

5.3.3　卷积和的计算与性质

卷积和是计算离散时间 LTI 系统零状态响应的基本方法，与卷积积分具有同样的重要性。下面详细介绍卷积和的计算方法及其性质。

1. 卷积和的图解计算法

对于任意两个序列 $x(n)$ 和 $h(n)$，两者的卷积和为

$$x(n) * h(n) = \sum_{m=-\infty}^{\infty} x(m)h(n-m) \tag{5-58}$$

由式(5-58)可看出，$x(n)$ 和 $h(n)$ 的卷积和等于以 m 为变量的序列 $x(m)h(n-m)$ 当 m 取不同值时各项之和。

卷积和的计算可用图解法进行，由式(5-58)可知，利用图解法求解卷积和需要五个步骤。

(1)变量代换。将 $x(n)$ 和 $h(n)$ 中的自变量 n 变成 m 得到 $x(m)$ 和 $h(m)$。

(2)翻转。将 $h(m)$ 翻转得到 $h(-m)$。

(3)位移。将 $h(-m)$ 平移 n 位得到 $h(n-m)$，其中 n 是参变量。$n>0$ 时，$h(-m)$ 图形右移；$n<0$ 时，$h(-m)$ 图形左移。

(4)相乘。将 $x(m)$ 与 $h(n-m)$ 相乘得到 $x(m)h(n-m)$。

(5)求和。对以 m 为自变量,以 n 为参变量的序列 $x(m)h(n-m)$ 在 $(-\infty,+\infty)$ 区间上求和。

下面通过例题说明卷积和的图解法计算过程。

【例 5-11】　已知一个离散时间 LTI 系统的激励 $x(n) = \begin{cases} n+1, & n = 0,1,2 \\ 0, & \text{其他} \end{cases}$，系统单位脉冲响应 $h(n) = \begin{cases} 1, & n = 0,1,2,3 \\ 0, & \text{其他} \end{cases}$，求系统的零状态响应 $y_{zs}(n)$。

解：(1) 将 $x(n)$ 和 $h(n)$ 中的自变量 n 变成 m 得到 $x(m)$ 和 $h(m)$，如图 5-10(a)、图 5-10(b) 所示。

(2)将 $h(m)$ 翻转得到 $h(-m)$，如图 5-10(c) 所示。

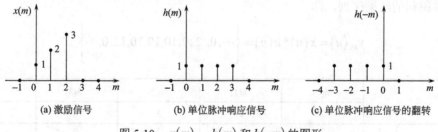

| (a) 激励信号 | (b) 单位脉冲响应信号 | (c) 单位脉冲响应信号的翻转 |

图 5-10　$x(m)$、$h(m)$ 和 $h(-m)$ 的图形

(3)将 $h(-m)$ 平移 n，根据 $x(m)$ 与 $h(n-m)$ 的重叠情况，分别讨论如下。

① 当 $n<0$ 时，$x(m)$ 与 $h(n-m)$ 的图形没有叠加的部分，故 $y_{zs}(n)=0$。

② 当 $0 \leqslant n \leqslant 5$ 时，$x(m)$ 与 $h(n-m)$ 图形有叠加的部分，故 $y_{zs}(n)\neq 0$。

③ $n>5$ 时，$x(m)$ 与 $h(n-m)$ 的图形没有叠加的部分，故 $y_{zs}(n)=0$。

(4) 令 $n=-1,0,1,2,3,4,5,6$ ，计算乘积 $x(m)h(n-m)$ 。

(5) 求各乘积之和。

步骤(4)、步骤(5)计算过程如图 5-11 所示，图中实线所示为 $x(m)$ ，虚线所示为 $h(n-m)$ 。

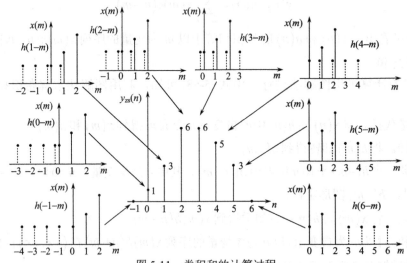

图 5-11 卷积和的计算过程

2. 卷积和的阵列表计算法

卷积和可以用阵列表法求出，这是一种比较简单的方法。下面举例加以说明。

【例 5-12】 已知一个离散时间 LTI 系统的激励 $x(n)=\{1,3,2,4,\cdots\}$ $(n \geqslant 0)$ ，系统的单位脉冲响应 $h(n)=\{2,1,3,0,\cdots\}$ $(n \geqslant 0)$ ，求系统的零状态响应 $y_{zs}(n)$ 。

解： 首先画出序列阵表，如图 5-12 所示，左部放 $x(n)$ ，上部放 $h(n)$ ，然后以 $x(n)$ 的每个样点去乘 $h(n)$ 的每个样点，并将结果放入相应的行，然后把虚斜线上的数分别相加，便可得卷积和的结果序列，即

$$y_{zs}(n)=x(n)*h(n)=\left\{\cdots,0,\underset{\underset{n=0}{\uparrow}}{2},7,10,19,10,12,0,\cdots\right\}$$

		$h(0)$	$h(1)$	$h(2)$	$h(3)$	...
		2	1	3	0	
$x(0)$	1	2	1	3	0	
$x(1)$	3	6	3	9	0	
$x(2)$	2	4	2	6	0	
$x(3)$	4	8	4	12	0	
⋮						

图 5-12 序列阵表

3. 卷积和的性质和用解析法求卷积和

前面介绍的卷积和的图解法和卷积和的阵列表法比较简便直观，但难以得到闭式解，用解析法可以解决这个问题。用解析法求卷积需用到卷积和的性质，卷积和的性质包括交换律、结合律、分配律等。

(1) 交换律。

$$x(n) * h(n) = h(n) * x(n) \tag{5-59}$$

(2) 结合律。

$$[x(n) * h_1(n)] * h_2(n) = x(n) * [h_1(n) * h_2(n)] \tag{5-60}$$

(3) 分配律。

$$x(n) * [h_1(n) + h_2(n)] = x(n) * h_1(n) + x(n) * h_2(n) \tag{5-61}$$

(4) 位移特性。

$$x(n) * \delta(n - n_0) = x(n - n_0) \tag{5-62}$$

式 (5-62) 表明，任意序列 $x(n)$ 与延时单位脉冲序列 $\delta(n - n_0)$ 的卷积，结果等于序列 $x(n)$ 的位移序列 $x(n - n_0)$。当 $n_0 = 0$ 时，式 (5-62) 变为 $x(n) * \delta(n) = x(n)$，说明任意序列 $x(n)$ 与单位脉冲序列 $\delta(n)$ 的卷积等于其本身。若 $y_{zs}(n) = x(n) * h(n)$，则由位移特性可推出 $y_{zs}(n - n_1 - n_2) = x(n - n_1) * h(n - n_1)$。

(5) 差分特性。

若 $y_{zs}(n) = x(n) * h(n)$，则

$$\nabla y_{zs}(n) = \nabla x(n) * h(n) = x(n) * \nabla h(n) \tag{5-63}$$

(6) 求和特性。

若 $y_{zs}(n) = x(n) * h(n)$，则

$$\sum_{m=-\infty}^{n} y_{zs}(m) = \left[\sum_{m=-\infty}^{n} x(m)\right] * h(n) = x(n) * \left[\sum_{m=-\infty}^{n} h(m)\right] \tag{5-64}$$

用卷积和的性质可以简化卷积和的运算，下面结合例子加以说明。

【例 5-13】　已知一个离散时间 LTI 系统的激励 $x(n)$，单位响应 $h(n)$，分别计算以下两种情况下系统的零状态响应 $y_{zs}(n)$。

(1) $x(n) = \varepsilon(n)$，$h(n) = \varepsilon(n)$；　(2) $x(n) = \varepsilon(n+2)$，$h(n) = \varepsilon(n-3)$。

解： (1) 系统的零状态响应为

$$y_{zs}(n) = x(n) * x(n) = \varepsilon(n) * \varepsilon(n) = \sum_{m=-\infty}^{\infty} \varepsilon(m)\varepsilon(n-m)$$

由于只有在序列 $\varepsilon(m)\varepsilon(n-m)$ 不为零的情况下，求和结果才不为零，$\varepsilon(m)\varepsilon(n-m)$ 不为零的范围为 $0 \leqslant m \leqslant n$，故上式可写为

$$y_{zs}(n) = \sum_{m=-\infty}^{\infty} \varepsilon(m)\varepsilon(n-m) = \sum_{m=0}^{n} 1 \times 1 = (n+1)\varepsilon(n)$$

（2）利用卷积和的位移特性可得

$$y_{zs}(n) = x(n)*h(n) = \varepsilon(n+2)*\varepsilon(n-3) = \varepsilon(n)*\varepsilon(n)*\delta(n-1) = n\varepsilon(n-1)$$

【例 5-14】 某离散时间 LTI 系统的输入序列为 $x(n)=\varepsilon(n)-\varepsilon(n-3)$，单位脉冲响应

为 $h(n)=\left(\dfrac{1}{2}\right)^{n}\varepsilon(n)$，试求系统的零状态响应 $y_{zs}(n)$。

解：由式（5-57）可得

$$y_{zs}(n) = x(n)*h(n) = \{\varepsilon(n)-\varepsilon(n-2)\}*h(n)$$

由分配律可得

$$y_{zs}(n) = \varepsilon(n)*h(n) - \varepsilon(n-3)*h(n)$$

式中

$$\varepsilon(n)*h(n) = \varepsilon(n)*\left(\frac{1}{2}\right)^{n}\varepsilon(n) = \left[2-\left(\frac{1}{2}\right)^{n}\right]\varepsilon(n)$$

由时不变特性可知，$\varepsilon(n-3)*h(n)$ 比 $\varepsilon(n)*h(n)$ 的结果右移 3 位，即得

$$\varepsilon(n-3)*h(n) = \left[2-\left(\frac{1}{2}\right)^{n-3}\right]\varepsilon(n-3)$$

最后，由线性性质可得

$$y_{zs} = \left[2-\left(\frac{1}{2}\right)^{n}\right]\varepsilon(n) - \left[2-\left(\frac{1}{2}\right)^{n-3}\right]\varepsilon(n-3)$$

5.4　离散时间线性时不变系统的频域分析

5.4.1　离散时间线性时不变系统的频率特性

对单位脉冲响应 $h(n)$ 进行傅里叶变换可得系统的频率特性函数 $H(\mathrm{e}^{\mathrm{j}\omega})$，即

$$H(\mathrm{e}^{\mathrm{j}\omega}) = \sum_{n=-\infty}^{\infty} h(n)\mathrm{e}^{-\mathrm{j}\omega} = \left|H(\mathrm{e}^{\mathrm{j}\omega})\right|\mathrm{e}^{\mathrm{j}\varphi_h(\omega)} \tag{5-65}$$

$\left|H(\mathrm{e}^{\mathrm{j}\omega})\right|$ 称为系统的幅频特性函数，$\varphi_h(\omega)$ 称为系统的相频特性函数。

将 $h(n)$ 进行 z 变换，得到系统函数 $H(z)$，如果 $H(z)$ 的收敛域包含单位圆 $|z|=1$，则 $H(\mathrm{e}^{\mathrm{j}\omega})$ 与 $H(z)$ 之间有如下关系：

$$H(\mathrm{e}^{\mathrm{j}\omega}) = H(z)\big|_{z=\mathrm{e}^{\mathrm{j}\omega}} \tag{5-66}$$

即系统函数 $H(z)$ 在 z 平面中沿单位圆变化可得系统的频率特性 $H(\mathrm{e}^{\mathrm{j}\omega})$，$H(\mathrm{e}^{\mathrm{j}\omega})$ 是以 2π 为周期的周期函数。

5.4.2　离散时间信号通过系统的频域分析

下面从"信号分解，响应叠加"的角度来分析一个离散时间 LTI 系统零状态响应产生的过程。

设 $X(\mathrm{e}^{\mathrm{j}\omega})$ 为某一序列 $x(n)$ 的傅里叶变换，则有

$$x(n) = \frac{1}{2\pi}\int_{-\pi}^{\pi} X(\mathrm{e}^{\mathrm{j}\omega})\mathrm{e}^{\mathrm{j}\omega n}\,\mathrm{d}\omega \tag{5-67}$$

式 (5-67) 是信号 $x(n)$ 的傅里叶逆变换，可看作 $x(n) = \int_{-\pi}^{\pi}\left[\dfrac{X(\mathrm{e}^{\mathrm{j}\omega})}{2\pi}\mathrm{d}\omega\right]\mathrm{e}^{\mathrm{j}\omega n}$，其物理意义是任

意序列 $x(n)$ 可分解为无穷多个频率为 ω、振幅为 $\dfrac{X(\mathrm{e}^{\mathrm{j}\omega})}{2\pi}\mathrm{d}\omega$ 的虚指数序列 $\mathrm{e}^{\mathrm{j}\omega n}$ 的线性组合。

设线性非时变系统的单位脉冲响应为 $h(n)$，系统对基本序列 $\mathrm{e}^{\mathrm{j}\omega n}$ 的零状态响应为

$$\begin{aligned} y_{\mathrm{zs}}(n) &= \mathrm{e}^{\mathrm{j}\omega n} * h(n) = \sum_{m=-\infty}^{\infty} h(m)\mathrm{e}^{\mathrm{j}\omega(n-m)} = \mathrm{e}^{\mathrm{j}\omega n}\sum_{m=-\infty}^{\infty} h(m)\mathrm{e}^{-\mathrm{j}\omega m} \\ &= \mathrm{e}^{\mathrm{j}\omega n} H(\mathrm{e}^{\mathrm{j}\omega}) = \mathrm{e}^{\mathrm{j}\omega n}\left|H(\mathrm{e}^{\mathrm{j}\omega})\right|\mathrm{e}^{\mathrm{j}\varphi_h(\omega)} = \left|H(\mathrm{e}^{\mathrm{j}\omega})\right|\mathrm{e}^{\mathrm{j}[\varphi_h(\omega)+\omega n]} \end{aligned} \tag{5-68}$$

式 (5-68) 表明，当虚指数信号 $\mathrm{e}^{\mathrm{j}\omega n}$ 作用于离散时间 LTI 系统时，系统的零状态响应 $y_{\mathrm{zs}}(n)$ 仍为同频率的虚指数信号，虚指数信号的幅度和相位由系统对应频率处的频率特性 $H(\mathrm{e}^{\mathrm{j}\omega})$ 确定。因此，$H(\mathrm{e}^{\mathrm{j}\omega})$ 反映了连续时间 LTI 系统对于不同频率信号的传输特性。

因此，LTI 系统的输入信号与输出信号的幅度关系可表示为

$$\left|Y_{\mathrm{zs}}(\mathrm{e}^{\mathrm{j}\omega})\right| = \left|X(\mathrm{e}^{\mathrm{j}\omega})\right|\left|H(\mathrm{e}^{\mathrm{j}\omega})\right| \tag{5-69}$$

LTI 系统的输入信号与输出信号相位关系可表示为

$$\varphi_y(\omega) = \varphi_x(\omega) + \varphi_h(\omega) \tag{5-70}$$

频率特性 $H(\mathrm{e}^{\mathrm{j}\omega})$ 的作用就是改变输入信号 $x(n)$ 的频谱，以达到保留或放大信号中有用频率成分，去除或衰减无用的频率成分的目的，即对输入信号进行滤波。

5.4.3　理想数字滤波器

数字滤波器是指能够有选择性地让输入信号中某些频率分量通过，而其他频率分量通过很少的离散系统。数字滤波器可分为低通、高通、带通、带阻等几种，它们的频率特性如图 5-13 所示。

图 5-13 (a) 所示的理想低通滤波器的频率特性函数可写为

$$H_{\mathrm{LP}}(\mathrm{e}^{\mathrm{j}\omega}) = \left|H_{\mathrm{LP}}(\mathrm{e}^{\mathrm{j}\omega})\right|\mathrm{e}^{\varphi(\omega)} = \begin{cases} \mathrm{e}^{-\mathrm{j}\omega n_0}, & 0 \leqslant |\omega| \leqslant \omega_p \\ 0, & \pi \geqslant |\omega| \geqslant \omega_p \end{cases} \tag{5-71}$$

与 $H_{\mathrm{LP}}(\mathrm{e}^{\mathrm{j}\omega})$ 对应的单位脉冲响应为

$$\begin{aligned} h(n) &= \mathrm{DTFT}^{-1}\left\{H_{\mathrm{LP}}(\mathrm{e}^{\mathrm{j}\omega})\right\} = \frac{1}{2\pi}\int_{-\pi}^{\pi} H_{\mathrm{LP}}(\mathrm{e}^{\mathrm{j}\omega})\mathrm{e}^{\mathrm{j}\omega n}\,\mathrm{d}\omega = \frac{1}{2\pi}\int_{-\omega_c}^{\omega_c} \mathrm{e}^{-\mathrm{j}\omega n_0}\,\mathrm{e}^{\mathrm{j}\omega n}\,\mathrm{d}\omega \\ &= \frac{1}{2\pi}\int_{-\omega_p}^{\omega_p} \mathrm{e}^{\mathrm{j}\omega(n-n_0)}\,\mathrm{d}\omega = \frac{\omega_p}{\pi}\mathrm{Sa}\left[\omega_p(n-n_0)\right] \end{aligned} \tag{5-72}$$

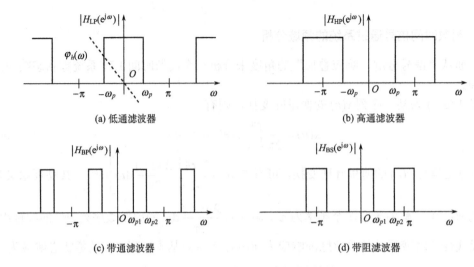

图 5-13　理想数字滤波器的频率特性

从式 (5-72) 中可以看出，当 $n < 0$ 时，$h(n) \neq 0$，这表明理想低通数字滤波器是一个非因果系统，它在物理上是无法实现的。同理，理想高通、带通、带阻数字滤波器也是无法实现的。

尽管理想数字滤波器在实际上无法实现，但对理想数字滤波器特性的分析既有理论意义，又有实际价值。实际数字滤波器的设计原则是研究如何选择一个频率响应函数，使它既能逼近所要求的 $H(\mathrm{e}^{\mathrm{j}\omega})$，又能在物理上可实现，具体内容将在第 8 章中介绍。

习　题

5.1　描述某系统的方程为 $\dfrac{\mathrm{d}^2 y(t)}{\mathrm{d}t^2} + 6\dfrac{\mathrm{d}y(t)}{\mathrm{d}t} + 8y(t) = 2x(t)$，求系统的单位冲激响应。

5.2　描述某系统的方程为 $\dfrac{\mathrm{d}^2 y(t)}{\mathrm{d}t^2} + \sqrt{2}\dfrac{\mathrm{d}y(t)}{\mathrm{d}t} + y(t) = 2x(t)$，求系统的单位冲激响应。

5.3　$x(t)$ 和 $h(t)$ 如题图 5.3 所示，求两者的卷积。

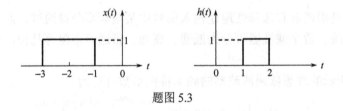

题图 5.3

5.4　求下列信号的卷积。

(1) $x(t) = \begin{cases} 1, & 0 < t < 1 \\ 2, & 1 < t < 2 \\ 0, & \text{其他} \end{cases}$，　　$h(t) = \begin{cases} 2, & 1 < t < 3 \\ 0, & \text{其他} \end{cases}$；

(2) $x(t) = \delta(t-1) - \delta(t-2)$，　　$h(t) = \mathrm{e}^{-2t}\varepsilon(t)$；

(3) $x(t) = \varepsilon(t) - \varepsilon(t-1)$，　　$h(t) = (t+1)[\varepsilon(t-1) - \varepsilon(t-2)]$；

(4) $x(t) = \mathrm{e}^{-\alpha t}\varepsilon(t)$，　　$h(t) = \sin\Omega t\varepsilon(t)$。

5.5　比例积分器的电路如题图 5.5 所示，输入信号分别为以下两种情况时，求输出信号，并画出其波形草图。

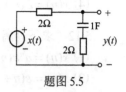

(1) $x(t) = \begin{cases} 4, & 0 < t < 16 \\ 0, & \text{其他} \end{cases}$ ；　(2) $x(t) = \mathrm{e}^{-2t}\varepsilon(t)$ 。

题图 5.5

5.6　描述系统的方程为 (1) $\dfrac{\mathrm{d}^2 y(t)}{\mathrm{d}t^2} + 3\dfrac{\mathrm{d}y(t)}{\mathrm{d}t} + 2y(t) = 2x(t)$ ；

(2) $\dfrac{\mathrm{d}^2 y(t)}{\mathrm{d}t^2} + 2\dfrac{\mathrm{d}y(t)}{\mathrm{d}t} + y(t) = \dfrac{\mathrm{d}^2 x(t)}{\mathrm{d}t^2} + \dfrac{\mathrm{d}x(t)}{\mathrm{d}t} + 2x(t)$ ，　求系统的频率特性。

5.7　一个因果稳定的 LTI 系统，其频率特性为 $H(\mathrm{j}\Omega) = \dfrac{\mathrm{j}\Omega + 4}{6 - \Omega^2 + 5\mathrm{j}\Omega}$ 。

(1) 写出关联系统输入和输出的微分方程；

(2) 求该系统的单位冲激响应 $h(t)$ ；

(3) 如输入为 $x(t) = \mathrm{e}^{-4t}\varepsilon(t) - t\mathrm{e}^{-4t}\varepsilon(t)$ ，求该系统的输出。

5.8　连续时间 LTI 系统其频率响应为 $H(\mathrm{j}\Omega) = \dfrac{a - \mathrm{j}\Omega}{a + \mathrm{j}\Omega}$ ，式中 $a>0$ 。

(1) $H(\mathrm{j}\Omega)$ 的模是什么？ $\arg H(\mathrm{j}\Omega)$ 是什么？该系统的单位冲激响应是什么？

(2) 如 $a=1$ ，输入为 $x(t) = \cos(t/\sqrt{3}) + \cos t + \cos\sqrt{3}t$ ，求该系统输出。

5.9　试求题图 5.9 所示系统的总冲激响应表达式和总系统函数。

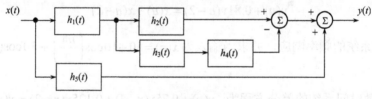

题图 5.9

5.10　根据系统的差分方程求系统的单位脉冲响应 $h(n)$ 。

(1) $y(n) + 2y(n-1) = x(n)$ ；

(2) $6y(n) + 5y(n-1) + y(n-2) = x(n) + x(n-1)$ 。

5.11　求下列离散序列的卷积和 $x(n) * h(n)$ 。

(1) $x(n) = \{-1,\ 0,\ 1,\ 2\}$，　　　　$h(n) = \{2,\ 1,\ 1,\ -1\}$ ；
　　　　　　$\underset{n=-2}{\uparrow}$　　　　　　　　　　　$\underset{n=-1}{\uparrow}$

(2) $x(n)$ 和 $h(n)$ 如题图 5.11 所示。

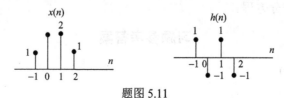

题图 5.11

(3) $x(n) = \delta(n) + \delta(n-1)$, $h(n) = \varepsilon(n) - \varepsilon(n-6)$;

(4) $x(n) = \delta(n+2) - \delta(n-5)$, $h(n) = \left(\dfrac{1}{2}\right)^n \varepsilon(n)$。

5.12   求下列离散序列的卷积和 $x(n) * h(n)$。

(1) $x(n) = a^n \varepsilon(n)$, $h(n) = b^n \varepsilon(n) - ab^{n-1}\varepsilon(n-1)$;

(2) $x(n) = \varepsilon(n+2) - \varepsilon(n-5)$, $h(n) = \varepsilon(n+1) - \varepsilon(n-8)$;

(3) $x(n) = \left(\dfrac{1}{3}\right)^n \varepsilon(n)$, $h(n) = \left(\dfrac{1}{2}\right)^n \varepsilon(n)$;

(4) $x(n) = \varepsilon(n) - \varepsilon(n-3)$, $h(n) = \left(\dfrac{1}{2}\right)^n \varepsilon(n)$。

5.13   某一线性时不变系统,其单位脉冲响应为指数序列 $h(n) = a^n \varepsilon(n)$,$0 < |a| < 1$。当输入序列为 $R_N(n) = \begin{cases} 1, & 0 \leqslant n \leqslant N-1 \\ 0, & \text{其他} \end{cases}$ 时,用卷积方法求出系统的输出。

5.14   利用 z 变换的卷积性质求 $y(n) = x(n) * h(n)$。

(1) $x(n) = \varepsilon(n)$, $h(n) = \left(\dfrac{1}{2}\right)^n \varepsilon(n)$;

(2) $x(n) = \varepsilon(n) - \varepsilon(n-5)$, $h(n) = \left(\dfrac{1}{2}\right)^n \varepsilon(n)$。

5.15   某一系统的差分方程描述如下:

$$y(n) + 0.81y(n-2) = x(n) - x(n-2)$$

试确定该系统的频率响应,并求当输入为 $x(n) = 10 + 10\cos\left(\dfrac{n\pi}{2}\right) + 10\cos(n\pi)$ 时的稳态输出。

5.16   离散时间系统的差分方程为 $y(n) + 0.75y(n-1) + 0.125y(n-2) = x(n) - x(n-1)$,求系统的频率响应 $H(e^{j\omega})$。

5.17   因果稳定 LTI 系统的差分方程为 $y(n) - \dfrac{1}{6}y(n-1) - \dfrac{1}{6}y(n-2) = x(n)$,求:

(1) 系统的频率响应 $H(e^{j\omega})$;

(2) 系统的单位脉冲响应 $h(n)$。

5.18   已知因果稳定系统当输入为 $\left(\dfrac{4}{5}\right)^n \varepsilon(n)$ 时,输出为 $n\left(\dfrac{4}{5}\right)^n \varepsilon(n)$。求:

(1) 系统的频率响应 $H(e^{j\omega})$;

(2) 描述系统的差分方程。

习题参考答案

5.1 $e^{-2t}\varepsilon(t) - e^{-4t}\varepsilon(t)$。

5.2　$2\delta(t) - 2\sqrt{2}e^{-\frac{\sqrt{2}}{2}t}\cos\left(\frac{\sqrt{2}}{2}t\right)\varepsilon(t) - 2\sqrt{2}e^{-\frac{\sqrt{2}}{2}t}\sin\left(\frac{\sqrt{2}}{2}t\right)\varepsilon(t)$。

5.3　$x(t)*h(t) = \begin{cases} t+2, & -2 < t \leqslant -1 \\ 1, & -1 < t \leqslant 0 \\ 1-t, & 0 < t \leqslant 1 \\ 0, & \text{其他} \end{cases}$。

5.4　(1) $x(t)*h(t) = \begin{cases} 2t, & 0 < t \leqslant 1 \\ 4t-2, & 1 < t \leqslant 2 \\ 10-2t, & 2 < t \leqslant 3 \\ 16-4t, & 3 < t \leqslant 4 \\ 0, & \text{其他} \end{cases}$；

(2) $e^{-2(t-1)}\varepsilon(t-1) - e^{-2(t-2)}\varepsilon(t-2)$；

(3) $x(t)*h(t) = \begin{cases} \frac{1}{2}t^2 + t - \frac{3}{2}, & 1 < t \leqslant 2 \\ \frac{9}{2} - \frac{1}{2}t^2, & 2 < t \leqslant 3 \\ 0, & \text{其他} \end{cases}$；

(4) $\left[\dfrac{\alpha}{\alpha^2 + \Omega^2}\sin\Omega t - \dfrac{\Omega}{\alpha^2 + \Omega^2}(\cos\Omega t - e^{-\alpha t})\right]\varepsilon(t)$。

5.5　(1) $y(t) = 4(1 - \frac{1}{2}e^{-\frac{1}{4}t})\varepsilon(t) - 4(1 - \frac{1}{2}e^{-\frac{1}{4}(t-16)})\varepsilon(t-16)$；

(2) $y(t) = \left(\dfrac{1}{14}e^{-\frac{1}{4}t} + \dfrac{3}{7}e^{-2t}\right)\varepsilon(t)$。

5.6　(1) $H(j\Omega) = \dfrac{2}{2 - \Omega^2 + j3\Omega}$；　(2) $H(j\Omega) = \dfrac{2 - \Omega^2 + j\Omega}{1 - \Omega^2 + j2\Omega}$。

5.7　(1) $\dfrac{d^2 y(t)}{dt^2} + 5\dfrac{dy(t)}{dt} + 6y(t) = \dfrac{dx(t)}{dt} + 4x(t)$；

(2) $2e^{-2t}\varepsilon(t) - e^{-3t}\varepsilon(t)$；　(3) $\dfrac{1}{2}e^{-2t}\varepsilon(t) - \dfrac{1}{2}e^{-4t}\varepsilon(t)$。

5.8　(1) $|H(j\Omega)| = 1$，　$\arg H(j\Omega) = -2\arctan\dfrac{\Omega}{a}$，　$h(t) = -\delta(t) + 2ae^{-at}\varepsilon(t)$；

(2) $\cos\left(\dfrac{t}{\sqrt{3}} - \dfrac{\pi}{3}\right) + \cos\left(t - \dfrac{\pi}{2}\right) + \cos\left(\sqrt{3}t - \dfrac{2\pi}{3}\right)$。

5.9　冲激响应 $h(t) = h_5(t) + h_1(t)*[h_2(t) + h_3(t)*h_4(t)]$；
系统函数 $H_5(s) + H_1(s)H_2(s) + H_1(s)H_3(s)H_4(s)$。

5.10　(1) $h(n) = (-2)^n \varepsilon(n)$；　(2) $h(n) = \left(-\dfrac{1}{2}\right)^{n+1} + \dfrac{2}{3}\left(-\dfrac{1}{3}\right)^n$，$n \geqslant 0$。

5.11　(1) $-2\delta(n+3) - \delta(n+2) + \delta(n+1) + 6\delta(n) + 3\delta(n-1) + \delta(n-2) - 2\delta(n-3)$；

(2) $\delta(n+2) + \delta(n+1) + \delta(n) - \delta(n-2) - \delta(n-3) - \delta(n-4)$；

(3) $\delta(n) + \delta(n-6) + 2[\varepsilon(n-1) - \varepsilon(n-6)]$；

(4) $\left(\dfrac{1}{2}\right)^{n+2}\varepsilon(n+2)+\left(\dfrac{1}{2}\right)^{n-5}\varepsilon(n-5)$。

5.12　(1) $b^n\varepsilon(n)$；　(2) $\begin{cases} n+4, & -3\leqslant n\leqslant 3 \\ 7, & 4\leqslant n\leqslant 5 \\ 12-n, & 6\leqslant n\leqslant 11 \\ 0, & 其他 \end{cases}$；　(3) $\left[3\left(\dfrac{1}{2}\right)^n-2\left(\dfrac{1}{3}\right)^n\right]\varepsilon(n)$；

(4) $\left[2-\left(\dfrac{1}{2}\right)^n\right]\varepsilon(n)-[2-2^{3-n}]\varepsilon(n-3)$　　或 $\begin{cases} 2-\left(\dfrac{1}{2}\right)^n, & 0\leqslant n\leqslant 2 \\ 2^{3-n}-\left(\dfrac{1}{2}\right)^n, & n\geqslant 3 \\ 0, & n\leqslant -1 \end{cases}$。

5.13　$y(n)=\begin{cases} 0, & n<0 \\ \dfrac{1-a^{n+1}}{1-a}, & 0\leqslant n\leqslant N-1 \\ a^{n-N+1}\left(\dfrac{1-a^n}{1-a}\right), & N-1<n \end{cases}$。

5.14　(1) $y(n)=2\varepsilon(n)-\left(\dfrac{1}{2}\right)^n\varepsilon(n)$；

(2) $y(n)=\left[2-\left(\dfrac{1}{2}\right)^n\right]\varepsilon(n)-\left[2-\left(\dfrac{1}{2}\right)^{n-5}\right]\varepsilon(n-5)$。

5.15　$H(\mathrm{e}^{\mathrm{j}\omega})=\dfrac{1-\mathrm{e}^{-2\mathrm{j}\omega}}{1+0.81\mathrm{e}^{-2\mathrm{j}\omega}}$；　$y(n)=10.53\cos\left(\dfrac{n\pi}{2}\right)$。

5.16　$H(\mathrm{e}^{\mathrm{j}\omega})=\dfrac{1-\mathrm{e}^{-\mathrm{j}\omega}}{1+0.75\mathrm{e}^{-\mathrm{j}\omega}+0.125\mathrm{e}^{-2\mathrm{j}\omega}}$。

5.17　(1) $H(\mathrm{e}^{\mathrm{j}\omega})=\dfrac{Y(\mathrm{e}^{\mathrm{j}\omega})}{X(\mathrm{e}^{\mathrm{j}\omega})}=\dfrac{1}{1-\frac{1}{6}\mathrm{e}^{-\mathrm{j}\omega}-\frac{1}{6}\mathrm{e}^{-\mathrm{j}2\omega}}$；

(2) $h(n)=\dfrac{3}{5}\left(\dfrac{1}{2}\right)^n\varepsilon(n)+\dfrac{2}{5}\left(-\dfrac{1}{3}\right)^n\varepsilon(n)$。

5.18　(1) $H(\mathrm{e}^{\mathrm{j}\omega})=\dfrac{Y(\mathrm{e}^{\mathrm{j}\omega})}{X(\mathrm{e}^{\mathrm{j}\omega})}=\dfrac{\frac{4}{5}\mathrm{e}^{-\mathrm{j}\omega}}{1-\frac{4}{5}\mathrm{e}^{-\mathrm{j}\omega}}$；　(2) $y(n)-\dfrac{4}{5}y(n-1)=\dfrac{4}{5}x(n-1)$。

第 6 章　离散傅里叶变换

本章介绍离散傅里叶变换内容，包括 5 节内容，分别是：离散傅里叶变换概述、离散傅里叶变换的性质和圆周卷积、利用 DFT 计算线性卷积、利用 DFT 计算信号的频谱、快速傅里叶变换。通过本章的学习，读者应掌握离散傅里叶变换、快速傅里叶变换的相关概念和方法，为数字信号处理的应用奠定基础。

6.1　离散傅里叶变换概述

6.1.1　离散傅里叶变换的定义

从离散序列傅里叶变换公式 $X(\mathrm{e}^{\mathrm{j}\omega}) = \sum\limits_{n=-\infty}^{\infty} x(n)\mathrm{e}^{-\mathrm{j}\omega n}$ 可知，信号的频域表示 $X(\mathrm{e}^{\mathrm{j}\omega})$ 是一个连续函数，不便于计算机的处理。为了利用计算机，必须定义既能表征离散序列的频谱，又能直接利用计算机程序进行计算的频域离散序列，由此推出了离散傅里叶变换（Discrete Fourier Transform，DFT）。

设有长度为 M 的限长序列 $x(n)$，其 $N(N \geqslant M)$ 点离散傅里叶变换 $X(k)$ 定义为

$$X(k) = \sum_{n=0}^{N-1} x(n)\mathrm{e}^{-\mathrm{j}\frac{2\pi}{N}kn} = \sum_{n=0}^{N-1} x(n)W_N^{nk}, \quad k = 0,1,\cdots,N-1, \quad W_N = \mathrm{e}^{-\mathrm{j}\frac{2\pi}{N}} \tag{6-1}$$

写成矩阵形式有

$$\begin{bmatrix} X(0) \\ X(1) \\ \vdots \\ X(N-2) \\ X(N-1) \end{bmatrix} = \begin{bmatrix} W^0 & W^0 & W^0 & \cdots & W^0 \\ W^0 & W^{1\times 1} & W^{1\times 2} & \cdots & W^{1\times(N-1)} \\ \vdots & \vdots & \vdots & & \vdots \\ W^0 & W^{(N-2)\times 1} & W^{(N-2)\times 2} & \cdots & W^{(N-2)\times(N-1)} \\ W^0 & W^{(N-1)\times 1} & W^{(N-1)\times 2} & \cdots & W^{(N-1)\times(N-1)} \end{bmatrix} \begin{bmatrix} x(0) \\ x(1) \\ \vdots \\ x(N-2) \\ x(N-1) \end{bmatrix} \tag{6-2}$$

离散傅里叶逆变换为

$$x(n) = \frac{1}{N} \sum_{k=0}^{N-1} X(k)\mathrm{e}^{\mathrm{j}\frac{2\pi}{N}nk} = \frac{1}{N} \sum_{k=0}^{N-1} X(k)W_N^{-kn}, \quad n = 0,1,\cdots,N-1, \quad W_N = \mathrm{e}^{-\mathrm{j}\frac{2\pi}{N}} \tag{6-3}$$

写成矩阵形式有

$$\begin{bmatrix} x(0) \\ x(1) \\ \vdots \\ x(N-2) \\ x(N-1) \end{bmatrix} = \begin{bmatrix} W^0 & W^0 & W^0 & \cdots & W^0 \\ W^0 & W^{-1\times 1} & W^{-1\times 2} & \cdots & W^{-1\times(N-1)} \\ \vdots & \vdots & \vdots & & \vdots \\ W^0 & W^{-(N-2)\times 1} & W^{-(N-2)\times 2} & \cdots & W^{-(N-2)\times(N-1)} \\ W^0 & W^{-(N-1)\times 1} & W^{-(N-1)\times 2} & \cdots & W^{-(N-1)\times(N-1)} \end{bmatrix} \begin{bmatrix} X(0) \\ X(1) \\ \vdots \\ X(N-2) \\ X(N-1) \end{bmatrix} \tag{6-4}$$

进行 N 点 DFT 时，如果原序列 $x(n)$ 的长度 M 小于 N，则应通过补 0 的方式将原 $x(n)$ 的长度扩展到 N，此时有 $x(n)=0(M<n<N)$。

【例 6-1】 计算 4 点矩形脉冲序列 $x(n)=R_4(n)=\{1,\ 1,\ 1,\ 1\}$ 的 4 点、8 点、16 点 DFT，并画出频谱图。

解：（1）计算 4 点 DFT。由 DFT 定义式(6-1)，令 $N=4$ 可得

$$X(k)=\sum_{n=0}^{N-1}R_N(n)W_N^{nk}=\sum_{n=0}^{3}R_4(n)W_4^{nk}=\sum_{n=0}^{3}W_4^{nk}=\sum_{n=0}^{3}e^{-j\frac{2\pi}{4}nk}=e^{-j\frac{2\pi}{4}0}+e^{-j\frac{2\pi}{4}k}+e^{-j\frac{2\pi}{4}2k}+e^{-j\frac{2\pi}{4}3k}$$

$$X(0)=e^{-j\frac{2\pi}{4}0}+e^{-j\frac{2\pi}{4}1\times0}+e^{-j\frac{2\pi}{4}2\times0}+e^{-j\frac{2\pi}{4}3\times0}=1+1+1+1=4$$

$$X(1)=e^{-j\frac{2\pi}{4}0}+e^{-j\frac{2\pi}{4}1\times1}+e^{-j\frac{2\pi}{4}2\times1}+e^{-j\frac{2\pi}{4}3\times1}=1-j-1+j=0$$

$$X(2)=e^{-j\frac{2\pi}{4}0}+e^{-j\frac{2\pi}{4}1\times2}+e^{-j\frac{2\pi}{4}2\times2}+e^{-j\frac{2\pi}{4}3\times2}=1-1+1-1=0$$

$$X(3)=e^{-j\frac{2\pi}{4}0}+e^{-j\frac{2\pi}{4}1\times3}+e^{-j\frac{2\pi}{4}2\times3}+e^{-j\frac{2\pi}{4}3\times3}=1+j-1-j=0$$

（2）计算 8 点 DFT。由 DFT 定义式(6-1)，令 $N=8$ 可得

$$X(k)=\sum_{n=0}^{N-1}R_N(n)W_N^{nk}=\sum_{n=0}^{7}R_8(n)W_8^{nk}=\sum_{n=0}^{3}W_8^{nk}=\sum_{n=0}^{3}e^{-j\frac{2\pi}{8}nk}=e^{-j\frac{2\pi}{8}0}+e^{-j\frac{2\pi}{8}k}+e^{-j\frac{2\pi}{8}2k}+e^{-j\frac{2\pi}{8}3k}$$

$$=\{4,\ 1-j2.4142,\ 0,\ 1-j0.4142,\ 0,\ 1+j0.4142,\ 0,\ 1+j2.4142\}$$

（3）计算 16 点 DFT。由 DFT 定义式(6-1)，令 $N=16$ 可得

$$X(k)=\sum_{n=0}^{N-1}R_N(n)W_N^{nk}=\sum_{n=0}^{15}R_{16}(n)W_{16}^{nk}=\sum_{n=0}^{3}W_{16}^{nk}=\sum_{n=0}^{3}e^{-j\frac{2\pi}{16}nk}=e^{-j\frac{2\pi}{16}0}+e^{-j\frac{2\pi}{16}k}+e^{-j\frac{2\pi}{16}2k}+e^{-j\frac{2\pi}{16}3k}$$

$$=\{4,\ 3.0137-j2.0137,\ 1-j2.4142,\ -0.2483-j1.2483,\ 0,\ 0.8341+j0.1659,\ 1-j0.4142,$$
$$0.4005-j0.5995,\ 0,\ 0.4005+j0.5995,\ 1+j0.4142,\ 0.8341-j0.1659,\ 0,\ -0.2483+j1.2483,$$
$$1+j2.4142,\ 3.0137+j2.0137\}$$

（4）$x(n)$ 的 4 点、8 点、16 点的 DFT 频谱图如图 6-1 所示。

【例 6-2】 利用 DFT 的矩阵形式求 $x(n)=R_4(n)$ 的 DFT $X(k)$，再由 $X(k)$ 经 IDFT 求 $x(n)$。

解：设 $N=4$，因为 $W_4^0=e^{-j\frac{2\pi}{4}\cdot0}=\cos0-j\sin0=1$，

$$W_4^{\pm1}=e^{-j\frac{2\pi}{4}\cdot(\pm1)}=\cos\left(\pm\frac{\pi}{2}\right)-j\sin\left(\pm\frac{\pi}{2}\right)=\mp j\ ,\quad W_4^{\pm2}=e^{-j\frac{2\pi}{4}\cdot(\pm2)}=\cos(\pm\pi)-j\sin(\pm\pi)=-1\ ,$$

$$W_4^{\pm3}=e^{-j\frac{2\pi}{4}\cdot(\pm3)}=\cos\left(\pm\frac{3\pi}{2}\right)-j\sin\left(\pm\frac{3\pi}{2}\right)=\pm j\ ,\quad W_4^{\pm4}=W_4^0\ ,\quad W_4^{\pm5}=W_4^{\pm4}\cdot W_4^{\pm1}=W_4^{\pm1}\ ,$$

$$W_4^{\pm6}=W_4^{\pm4}\cdot W_4^{\pm2}=W_4^{\pm2}\ ,\quad W_4^{\pm7}=W_4^{\pm4}\cdot W_4^{\pm3}=W_4^{\pm3}\ ,$$

$$W_4^{\pm8}=W_4^{\pm4}\cdot W_4^{\pm4}=W_4^0\ ,\quad W_4^{\pm9}=W_4^{\pm8}\cdot W_4^{13}=W_4^{\pm1}$$

由式(6-2)、式(6-4)可得

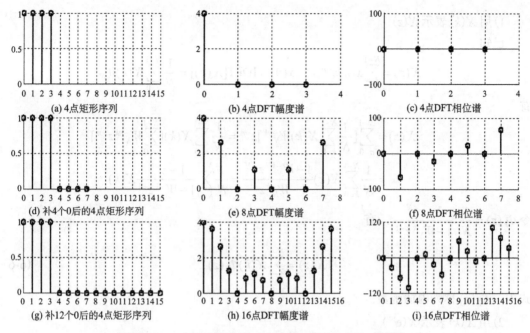

图 6-1　4 点矩形脉冲序列及补零后序列的 DFT 频谱图

$$\begin{bmatrix} X(0) \\ X(1) \\ X(2) \\ X(3) \end{bmatrix} = \begin{bmatrix} W^0 & W^0 & W^0 & W^0 \\ W^0 & W^1 & W^2 & W^3 \\ W^0 & W^2 & W^4 & W^6 \\ W^0 & W^3 & W^6 & W^9 \end{bmatrix} \cdot \begin{bmatrix} x(0) \\ x(1) \\ x(2) \\ x(3) \end{bmatrix} = \begin{bmatrix} 1 & 1 & 1 & 1 \\ 1 & -j & -1 & j \\ 1 & -1 & 1 & -1 \\ 1 & j & -1 & -j \end{bmatrix} \cdot \begin{bmatrix} 1 \\ 1 \\ 1 \\ 1 \end{bmatrix} = \begin{bmatrix} 4 \\ 0 \\ 0 \\ 0 \end{bmatrix}$$

$$\begin{bmatrix} x(0) \\ x(1) \\ x(2) \\ x(3) \end{bmatrix} = \frac{1}{4} \begin{bmatrix} W^0 & W^0 & W^0 & W^0 \\ W^0 & W^{-1} & W^{-2} & W^{-3} \\ W^0 & W^{-2} & W^{-4} & W^{-6} \\ W^0 & W^{-3} & W^{-6} & W^{-9} \end{bmatrix} \cdot \begin{bmatrix} X(0) \\ X(1) \\ X(2) \\ X(3) \end{bmatrix} = \frac{1}{4} \begin{bmatrix} 1 & 1 & 1 & 1 \\ 1 & j & -1 & -j \\ 1 & -1 & 1 & -1 \\ 1 & -j & -1 & j \end{bmatrix} \cdot \begin{bmatrix} 4 \\ 0 \\ 0 \\ 0 \end{bmatrix} = \begin{bmatrix} 1 \\ 1 \\ 1 \\ 1 \end{bmatrix}$$

6.1.2　离散傅里叶变换与 DTFT 和 z 变换的关系

有限长序列的频谱即它的傅里叶变换 $X(e^{j\omega})$ 是一个连续的周期函数；而有限长序列的离散傅里叶变换 $X(k)$ 却是离散的，两者显然不同。两者之间的关系是：$X(k)$ 按其 DFT 的长度 N 周期延拓，正好等于此序列的傅里叶变换 $X(e^{j\omega})$ 在其每个周期(周期为 2π)范围内的 N 点等间隔抽样值，即有

$$X(k) = X(e^{j\omega})|_{\omega=2\pi k/N} = \sum_{n=0}^{N-1} x(n)e^{-j\frac{2\pi}{N}kn} \tag{6-5}$$

即在单位圆上以 $2\pi/N$ 为间隔的 N 个等分点上的 $X(e^{j\omega})$ 的值就是 $X(k)$，这里的 k 指的是第 k 个抽样点。

$x(n)$ 可以由 $X(k)$ 表示，而 $x(n)$ 的 z 变换 $X(z)$ 和频谱 $X(e^{j\omega})$ 都是由 $x(n)$ 确定的，显然，$X(z)$ 和 $X(e^{j\omega})$ 也能用这 N 个频谱抽样值 $X(k)$ 来表示。

1）用 $X(k)$ 表示 $X(z)$

已知

$$X(z) = \sum_{n=0}^{N-1} x(n)z^{-n} , \quad x(n) = \text{IDFT}[X(k)] = \frac{1}{N}\sum_{k=0}^{N-1} X(k)W_N^{-nk}$$

有

$$X(z) = \sum_{n=0}^{N-1}\left[\frac{1}{N}\sum_{k=0}^{N-1} X(k)W_N^{-nk}\right]z^{-n} = \frac{1}{N}\sum_{k=0}^{N-1} X(k)\left[\sum_{n=0}^{N-1} W_N^{-nk}z^{-n}\right]$$

$$= \frac{1}{N}\sum_{k=0}^{N-1} X(k)\frac{1-W_N^{-kN}z^{-N}}{1-W_N^{-k}z^{-1}} = \frac{1}{N}\sum_{k=0}^{N-1}\frac{1-z^{-N}}{1-W_N^{-k}z^{-1}}X(k)$$

令 $\Phi_k(z) = \dfrac{1}{N}\cdot\dfrac{1-z^{-N}}{1-W_N^{-k}z^{-1}}$，有

$$X(z) = \sum_{k=0}^{N-1} X(k)\Phi_k(z) \tag{6-6}$$

式中，$\Phi_k(z)$ 称为内插函数。

2）用 $X(k)$ 表示 $X(\mathrm{e}^{\mathrm{j}\omega})$

由 $X(\mathrm{e}^{\mathrm{j}\omega}) = X(z)|_{z=\mathrm{e}^{\mathrm{j}\omega}}$ 可得

$$X(\mathrm{e}^{\mathrm{j}\omega}) = \frac{1}{N}\sum_{k=0}^{N-1}\frac{1-\mathrm{e}^{-\mathrm{j}\omega N}}{1-W_N^{-k}\mathrm{e}^{-\mathrm{j}\omega}}X(k) = \frac{1}{N}\sum_{k=0}^{N-1}\frac{1-\mathrm{e}^{-\mathrm{j}\omega N}}{1-\mathrm{e}^{-\mathrm{j}\left(\omega-\frac{2\pi}{N}k\right)}}X(k) = \sum_{k=0}^{N-1} X(k)\Phi_k(\mathrm{e}^{\mathrm{j}\omega})$$

式中

$$\Phi_k(\mathrm{e}^{\mathrm{j}\omega}) = \frac{1}{N}\cdot\frac{1-\mathrm{e}^{-\mathrm{j}\omega N}}{1-\mathrm{e}^{-\mathrm{j}(\omega-\frac{2\pi}{N}k)}} = \frac{1}{N}\cdot\frac{\sin\dfrac{N}{2}\omega}{\sin\left(\dfrac{\omega-k2\pi/N}{2}\right)}\mathrm{e}^{-\mathrm{j}\left(\frac{N\omega}{2}-\frac{\omega}{2}+\frac{k\pi}{N}\right)}$$

令 $k=0$，有

$$\Psi(\omega) = \Phi_k(\mathrm{e}^{\mathrm{j}\omega})|_{k=0} = \frac{1}{N}\cdot\frac{\sin\left(\dfrac{N}{2}\omega\right)}{\sin\left(\dfrac{\omega}{2}\right)}\cdot\mathrm{e}^{-\mathrm{j}\omega\left(\frac{N-1}{2}\right)}$$

所以，$\Phi_k(\mathrm{e}^{\mathrm{j}\omega}) = \Psi\left(\omega - k\dfrac{2\pi}{N}\right)$，且有

$$X(\mathrm{e}^{\mathrm{j}\omega}) = \sum_{k=0}^{N-1} X(k)\Psi\left(\omega - k\frac{2\pi}{N}\right) \tag{6-7}$$

式中，$\Psi\left(\omega - k\dfrac{2\pi}{N}\right)$ 称为内插函数。

对 $\Psi(\omega)$ 来说，在 $k=0$ 抽样点处，$\omega=0$，$\Psi(\omega)=1$；在 k 为其他值的抽样点处，$\omega = \dfrac{2\pi}{N}\cdot k$，$\Psi(\omega) = 0$。

由上式可知，$X(e^{j\omega})$ 是由 N 个 $\varPsi\left(\omega - k\dfrac{2\pi}{N}\right)$ 函数组合而成的，其中每个函数的加权值为 $X(k)$。显然，每个抽样点的 $X(e^{j\omega})$ 就等于该点 $X(k)$ 值，因为其余各抽样点的内插函数在这里等于 0，而各抽样点之间的 $X(e^{j\omega})$ 值则由各内插函数延伸叠加而构成。

6.2　离散傅里叶变换的性质和圆周卷积

6.2.1　离散傅里叶变换的性质

1. 线性性质

若

$$\mathrm{DFT}[\,x(n)\,] = X(k)，\quad \mathrm{DFT}[\,y(n)\,] = Y(k)$$

则

$$\mathrm{DFT}[\,ax(n) + by(n)\,] = aX(k) + bY(k)$$

若两序列的长度不等，以最长的序列为基准，对短序列补零。

以上性质通过 DFT 的定义很容易证明，此处从略。

2. 奇偶性与对称性

（1）若 $x(n)$ 为实序列，且 $\mathrm{DFT}[x(n)] = X(k)$，则：①$X(k)$ 的实部 $\mathrm{Re}[X(k)]=X_R(k)$ 是 k 的偶函数，虚部 $\mathrm{Im}[X(k)]=X_I(k)$ 是 k 的奇函数；②$X(k)$ 的幅度谱是 k 的偶函数，相位谱是 k 的奇函数；③$X(k)$ 关于 $N/2$ 对称或具有半周期对称的特点，即 $X(k) = x^*(N-k)$。

（2）若 $x^*(n)$ 是有限长序列 $x(n)$ 的共轭复数序列，并设 $x(n)= x_R(n)+ jx_I(n)$，$x^*(n)= x_R(n)-jx_I(n)$，则有 $\mathrm{DFT}[\,x^*(n)\,] = X^*(N-k)$，且 $\mathrm{Re}[X(k)]=X_R(k)= \mathrm{DFT}[x_R(n)\,] =(X(k)+X^*(N-k))/2$，$\mathrm{Im}[X(k)]=X_I(k)= \mathrm{DFT}[\,jx_I(n)\,] =(X(k)-X^*(N-k))/2$。

以上性质可通过 DFT 的定义证明，此处从略。

3. 循环移位性质

1）时移特性——圆周移位

在 DFT 定义式（6-1）中，$x(n)$ 实际上是对其按 N 为周期进行周期延拓后得到的周期序列 $\tilde{x}_N(n)$ 的主值序列，所以 $x(n-m)$ 应按 $\tilde{x}_N(n-m)$ 理解，示意图如图 6-2 所示。

从图 6-2 中可看到，当序列 $x(n)$ 向右移 m 位时，超出 $N-1$ 以外的 m 个样值又从左边依次填补了空位，因此可以想象序列 $x(n)$ 排列在一个 N 等分的圆周上，n 个样点首尾相接，圆周移 m 个单位表示 $x(n)$ 在圆周上旋转 m 位，如图 6-3 所示。圆周位移也称为循环位移，或者简称圆位移。

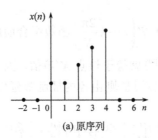

(a) 原序列

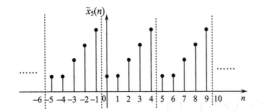

(b) 按N=5为周期进行延拓的周期序列

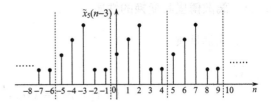

(c) N=5周期序列的移位

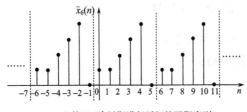

(d) 按N=6为周期进行延拓的周期序列

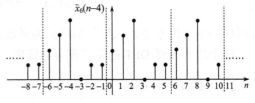

(e) N=6周期序列的移位

图 6-2   时移特性示意图

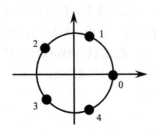

(a) 圆周上的5点序列$x_5(n)$

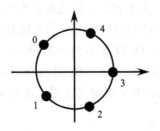

(b) 圆周移位后的5点序列$\tilde{x}_5(n-3)R_5(n)$

图 6-3   圆周移位示意图

2) 时移定理

若 $\mathrm{DFT}[x(n)]=X(k)$，则 $\mathrm{DFT}[\tilde{x}_N(n-m)R_N(n)]=W_N^{mk}X(k)$。

时移定理表明，序列在时域上圆周移位，频域上将产生附加相移。

证明：$\mathrm{DFT}[x(n-m)R_N(n)]=\sum_{n=0}^{N-1}\tilde{x}_N(n-m)W_N^{nk}=\sum_{i=-m}^{N-m-1}\tilde{x}_N(i)W_N^{(i+m)k}$

$$=(\sum_{i=-m}^{N-m-1}\tilde{x}_N(i)W^{ik})W_N^{mk}=W_N^{mk}X(k)$$

4. 频移特性

若 $\mathrm{DFT}[x(n)] = X(k)$ ，则 $\mathrm{DFT}[x(n)W_N^{-nl}] = \tilde{X}_N(k-l)R_N(k)$。

频移特性表明，若序列在时域上乘以复数指数序列 W_N^{nl}，则在频域上，$X(k)$ 将圆周移位 l 位，也称"调制定理"。

6.2.2 圆周卷积

1. 周期卷积的定义

如将两个周期序列按卷积的定义进行卷积运算，由于两个序列不仅为无限长，而且是周期的，求和运算不可能收敛。为解决此问题，对两个具有相同周期的周期序列 $\tilde{x}_N(n)$、$\tilde{h}_N(n)$ 定义如下的周期卷积：

$$y(n) = \sum_{m=0}^{N-1} \tilde{x}_N(m) * \tilde{h}_N(n-m) = \sum_{m=0}^{N-1} \tilde{h}_N(m) * \tilde{x}_N(n-m) \tag{6-8}$$

为了区分和叙述方便，将前面定义的卷积和运算称为线性卷积。周期卷积的计算过程与线性卷积基本相同，差别在于序列相乘后的求和范围。周期卷积仅在 $m = [0, N-1]$ 范围内求和，因而两个周期序列的卷积也是收敛的。

2. 圆周卷积的定义

设有限长序列 $x(n)$ 和 $h(n)$ 处于区间 $[0, N-1]$ 上，进行周期延拓得到的周期序列为 $\tilde{x}_N(n)$、$\tilde{h}_N(n)$，则 $x(n)$ 和 $h(n)$ 的圆周卷积定义为

$$
\begin{aligned}
y(n) = x(n) \otimes h(n) &= \left(\sum_{m=0}^{N-1} \tilde{x}_N(m) * \tilde{h}_N(n-m) \right) \cdot R_N(n) \\
&= \left(\sum_{m=0}^{N-1} \tilde{h}_N(m) * \tilde{x}_N(n-m) \right) \cdot R_N(n) = h(n) \otimes x(n)
\end{aligned}
\tag{6-9}
$$

式中，符号 $\otimes$ 表示圆周卷积。可见圆周卷积是周期卷积在 $n = [0, N-1]$ 上的值。

圆周卷积的特点为：① 要求 $x(n)$、$h(n)$ 长度相等，因此若两序列长度不等，应将较短的一个补零，构成两个等长序列；② $x(n) \otimes h(n)$ 长度与原序列相同。

3. 时域圆周卷积特性

若 $\mathrm{DFT}[x(n)] = X(k)$，$\mathrm{DFT}[h(n)] = H(k)$，则有

$$\mathrm{DFT}[y(n)] = \mathrm{DFT}[x(n) \otimes h(n)] = \mathrm{DFT}\left[\left(\sum_{m=0}^{N-1} \tilde{x}_N(m) * \tilde{h}_N(n-m) \right) \cdot R_N(n) \right] = X(k) \cdot H(k) \tag{6-10}$$

即两个有限长序列的时域圆周卷积对应于两序列 DFT 的乘积，这一特性可用于计算线性卷积。

4. 频域圆周卷积特性

设有限长序列 $x(n)$ 和 $h(n)$ 处于区间 $[0, N-1]$ 上，若 $\mathrm{DFT}[x(n)] = X(k)$，$\mathrm{DFT}[h(n)] =$

$H(k)$。对于 $y(n) = x(n)h(n)$，则有

$$\text{DFT}[x(n)h(n)] = \frac{1}{N}[X_N(k) \otimes H_N(k)] \cdot R_N(k) = \frac{1}{N}[H_N(k) \otimes X_N(k)] \cdot R_N(k) \qquad (6\text{-}11)$$

6.3　利用 DFT 计算线性卷积

6.3.1　两个有限长序列的线性卷积

离散系统的零状态响应可通过系统的输入序列与单位脉冲响应序列的线性卷积而得到。线性卷积可通过 DFT 完成，具体过程是通过圆周卷积实现的。

设有限长序列 $x(n)$ 的长度为 N，起点为 n_1，止点为 n_2，有限长序列 $h(n)$ 的长度为 M，起点为 m_1，止点为 m_2，则两序列的线性卷积 $y(n)=x(n)*h(n)$ 也是一个有限长序列，长度为 $L=N+M-1$，起点为 $n_1 + m_1$，止点为 $n_2 + m_2$。为清楚起见，可将 $y(n)$ 记为 $y_L(n)$。

根据 DFT 的时域圆周卷积性质，$y_L(n)$ 的 L 点 DFT 可表示为

$$
\begin{aligned}
Y_L(k) = \text{DFT}\big[y_L(n)\big] &= \text{DFT}\big[x_N(n) * h_M(n)\big] = \text{DFT}\big[x_L(n) \otimes h_L(n)\big] \\
&= \text{DFT}[(\tilde{x}_L(n) \otimes \tilde{h}_L(n)) \cdot R_L(n)] = X_L(k) \cdot H_L(k)
\end{aligned}
\qquad (6\text{-}12)
$$

式中，$x_L(n)$、$h_L(n)$ 分别表示对 $x(n)$、$h(n)$ 补零得到的 L 点序列；$Y_L(k)$、$X_L(k)$、$H_L(k)$ 分别表示 $y_L(n)$、$x_L(n)$、$h_L(n)$ 的 L 点 DFT。

可利用式(6-12)的关系给出计算线性卷积的另外一种方法，过程如图 6-4 所示。

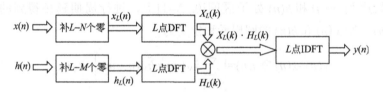

图 6-4　线性卷积的另一种计算过程

由于序列的 DFT 和 IDFT 都存在快速算法，当图 6-4 中的 DFT 和 IDFT 都用快速算法计算时，图 6-4 所示方法的计算效率远超过直接进行线性卷积。

【例 6-3】　已知 $x(n)=\{\underline{1}, 1, 1\}$，$h(n)=\{\underline{1}, 1, 0, 1\}$，下划线对应 $n=0$，计算 $y(n)=x(n)*h(n)$。

解：(1)直接计算线性卷积。

线性卷积公式为

$$y(n) = x(n) * h(n) = \sum_{m=0}^{\infty} x(m)h(n-m)$$

令 $n=0,1,2,3,4,5$，并分别代入上式中，可计算出 $y(n) = x(n) * h(n) = \{\underset{\underset{n=0}{\uparrow}}{1}, 2, 2, 2, 1, 1\}$。

(2)利用 DFT 计算线性卷积。

由于 $x(n)$ 和 $h(n)$ 的序列长度之和为 7，其卷积结果的长度为 $L=7-1=6$，所以有 $x_6(n)=\{1,1,1,\underline{0,0,0}\}$，$h_6(n)=\{1,1,0,1,\underline{0,0}\}$，其中的下划线部分为补的零，则有

$X_6(k) = \text{DFT}[x_6(n)] = \{3, 1-j1.7321, 0, 1, 0, 1+j1.7321\}$

$H_6(k) = \text{DFT}[h_6(n)] = \{3, 0.5-j0.866, 1.5-j0.866, -1, 1.5+j0.866, 0.5+j0.866\}$

$Y_6(k) = X_6(k)H_6(k) = \{9, -1-j1.7321, 0, -1, 0, -1+j1.7321\}$

$y_6(n) = \text{IDFT}[Y_6(k)] = \{\underset{\underset{n=0}{\uparrow}}{1}, 2, 2, 2, 1, 1\}$

6.3.2　短序列与极长序列的线性卷积

在某些情况下，进行卷积的两个序列一个长度较短，另一个非常长，若将整个长序列存储起来再进行卷积运算，则时延较长，无法满足实际需要。实际上往往采用先分段卷积，再将分段卷积结果通过某种方式组合起来的方法来实现。主要有两种方法：重叠相加法和重叠保留法，本书不作详细介绍，感兴趣的读者可参阅其他文献。

6.4　利用 DFT 计算信号的频谱

连续非周期、连续周期、离散非周期、离散周期四种信号时域与频域对应关系如下。

(1) 连续非周期信号时域与频域对应关系（傅里叶正、逆变换）。

$$X(j\Omega) = \text{FT}[x(t)] = \int_{-\infty}^{\infty} x(t)e^{-j\Omega t}dt \quad \Leftrightarrow \quad x(t) = \text{IFT}[X(j\Omega)] = \frac{1}{2\pi}\int_{-\infty}^{\infty} X(j\Omega)e^{j\Omega t}d\Omega$$

(2) 连续周期信号时域与频域对应关系（傅里叶级数）。

$$X(k\Omega_0) = \text{FS}[x_T(t)] = \frac{1}{T}\int_{<T>} x_T(t)e^{-jk\Omega_0 t}dt \quad \Leftrightarrow \quad x_T(t) = \sum_{k=-\infty}^{\infty} X(k\Omega_0)e^{jk\Omega_0 t}$$

(3) 离散非周期信号时域与频域对应关系（序列傅里叶正、逆变换）。

$$X(e^{j\omega}) = \text{DTFT}[x(n)] = \sum_{n=-\infty}^{\infty} x(n)e^{-j\omega n} \quad \Leftrightarrow \quad x(n) = \text{IDTFT}[X(e^{j\omega})] = \frac{1}{2\pi}\int_{2\pi} X(e^{j\omega})e^{-j\omega n}d\omega$$

(4) 离散周期信号时域与频域对应关系（周期序列傅里叶级数）。

$$\tilde{X}_N(k) = \text{DFS}[\tilde{x}_N(n)] = \sum_{n=-\infty}^{\infty} \tilde{x}_N(n)W^{nk} \quad \Leftrightarrow \quad \tilde{x}_N(n) = \text{IDFS}[\tilde{X}_N(k)] = \frac{1}{N}\sum_{k=-\infty}^{\infty} \tilde{X}_N(k)W^{-nk}$$

上述四种信号的时域与频域对应关系如图 6-5 所示。在四种信号中，连续非周期信号在时域、频域上都是连续的，无法在计算机上利用程序进行分析；连续周期信号在时域上是连续的，频域是离散的，无法在计算机上利用程序分析连续信号的频率成分；离散非周期信号在时域上是离散的，频域上是连续的，无法在计算机上利用频域的连续信号进行分析；离散周期信号在时域、频域上都是离散的，但是它们的取值范围 $\in (-\infty, +\infty)$，在计算机上无法实现。DFT 取离散周期信号时域、频域上的主值序列进行计算，这些值的个数是有限的，能在计算机上实现。考虑到 DFT 的隐含周期性，可知 DFT 实际上是对离散周期信号进行的分析。那么如何利用 DFT 对连续时间信号进行分析呢？

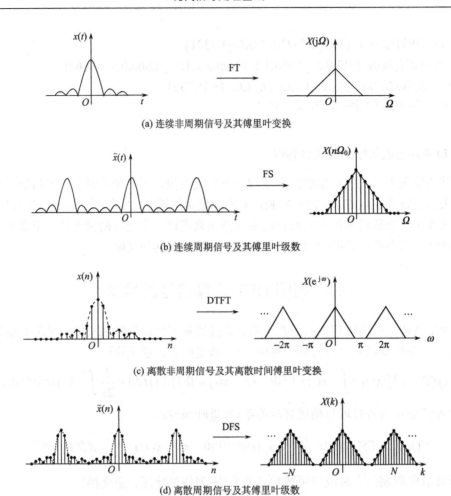

图 6-5　四种信号的时域与频域对应关系

对于连续时间信号 $x(t)$，可利用 DFT 对其进行近似分析，基本思路如下：

$$x(t) \xrightarrow{\ \text{采样}\ } x(nT) \xrightarrow{\ \text{加窗或截断}\ } x(n) \xrightarrow{\ N\text{点DFT}\ } X(k)$$

显然，当 $x(t)$ 的离散时间序列长度小于等于 $x(n)$ 的长度 N 时，$x(n)$ 的 DFT 可以反映 $x(t)$ 的频谱。而当 $x(t)$ 的离散时间序列长度大于 $x(n)$ 的长度 N 时，$x(n)$ 的 DFT 只能反映截取的那段 $x(t)$ 的离散序列并周期延拓后所形成的序列的离散频谱。所以，当 $x(t)$ 持续时间长时，我们只能通过分段的方式近似地分析其频谱。

利用 DFT 对连续信号频谱进行近似分析时，由于有离散、截断(加窗)过程，所以一般会出现混叠现象、泄漏现象和栅栏现象。

6.4.1　混叠现象

设离散时间间隔为 T，即采样频率为 $f_S=1/T$ 或 $\Omega_S=2\pi/T$，$x(n)=x(t)|_{t=nT}$，则离散时间信号 $x(n)$ 的傅里叶变换 $X(\mathrm{e}^{\mathrm{j}\omega})=\mathrm{DTFT}[x(n)]$ 与连续时间信号 $x(t)$ 的傅里叶变换 $X(\mathrm{j}\Omega)=$

FT[$x(t)$]的关系如下：

$$X(\mathrm{e}^{\mathrm{j}\omega}) = \frac{1}{T}\sum_{n=-\infty}^{\infty}X(\mathrm{j}\Omega - \mathrm{j}n\Omega_S) = \frac{1}{T}\sum_{n=-\infty}^{\infty}X\left(\mathrm{j}\frac{1}{T}(\omega - 2n\pi)\right) \tag{6-13}$$

式(6-13)表明，$X(\mathrm{e}^{\mathrm{j}\omega})$ 是 $X(\mathrm{j}\Omega)$ 的周期化，且周期为 2π。若连续信号 $x(t)$ 为带限信号，其最高频率为 Ω_m，则当信号的离散时间间隔满足 $T\leqslant\pi/\Omega_m$ 时，根据信号的时域抽样定理，在 $X(\mathrm{e}^{\mathrm{j}\omega})$ 中可以得到完整的 $X(\mathrm{j}\Omega)$，这样就可以通过分析 $X(\mathrm{e}^{\mathrm{j}\omega})$ 来近似分析 $X(\mathrm{j}\Omega)$，而 $X(\mathrm{e}^{\mathrm{j}\omega})$ 可以通过频域抽样由 DFT 来近似计算。如果连续信号 $x(t)$ 不是带限信号，或信号的离散时间间隔不满足 $T\leqslant\pi/\Omega_m$，在连续时间信号离散化时，就会出现信号频谱的混叠，也就不能通过分析 $X(\mathrm{e}^{\mathrm{j}\omega})$ 来分析 $X(\mathrm{j}\Omega)$。对此，可借助图 6-6 所示的 $X(\mathrm{j}\Omega)$、$X(\mathrm{e}^{\mathrm{j}\omega})$、$X(k)$ 之间关系的图形进行理解。

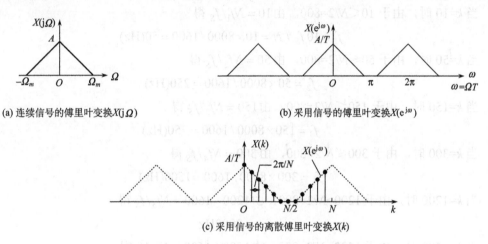

(a) 连续信号的傅里叶变换$X(\mathrm{j}\Omega)$　　　　　　(b) 采用信号的傅里叶变换$X(\mathrm{e}^{\mathrm{j}\omega})$

(c) 采用信号的离散傅里叶变换$X(k)$

图 6-6　信号的 $X(\mathrm{j}\Omega)$、$X(\mathrm{e}^{\mathrm{j}\omega})$、$X(k)$ 的关系图

解决连续时间信号离散化过程中带来的频谱混叠，主要采用两种方法：对于带限连续信号，提高抽样频率使之满足时域抽样定理；对于非带限连续信号，根据实际情况预先对其进行低通滤波，使之成为带限信号。实际应用时，连续信号一般不是带限信号，在抽样前通常都要经过一个低通滤波器(称为抗混叠滤波器)进行滤波，以减少混叠误差，提高频谱分析精度。

【例 6-4】 已知信号 $x(t)$ 的不同成分中的最高频率为 f_m=2500Hz，用 f_S=8kHz 对 $x(t)$ 进行抽样。如对抽样信号进行 n=1600 点 DFT，试确定 $X(k)$ 中 k=10、50、150、300、1200、1500 点分别对应的原连续信号的连续频谱点 f_1、f_2、f_3、f_4、f_5、f_6。

解： 对连续信号 $x(t)$ 按 f_S=8kHz 进行抽样，得到离散序列 $x(n)$。利用离散序列 $x(n)$ 的离散傅里叶变换 $X(k)$ 分析连续信号 $x(t)$ 的频谱 $X(\mathrm{j}\Omega)$ 时，连续信号频率 Ω 和 f、离散信号频率 ω、0～2π 范围内离散频率点 k 的关系如图 6-7 所示。

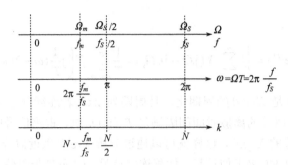

图 6-7　连续信号频率 Ω 和 f、离散信号频率 ω、$0\sim2\pi$ 范围内离散频率点 k 的关系

根据图 6-6 所示的 $X(\mathrm{j}\Omega)$、$X(\mathrm{e}^{\mathrm{j}\omega})$、$X(k)$ 之间的关系可知，$0\leqslant k<N/2$ 时，$X(k)$ 对应 $X(\mathrm{j}\Omega)$ 的正频率成分，$N/2\leqslant k<N$ 时，$X(k)$ 对应 $X(\mathrm{j}\Omega)$ 的负频率成分。

当 $k=10$ 时，由于 $10\leqslant N/2=800$，由 $10=Nf_1/f_S$ 得

$$f_1 = 10f_S / N = 10\times 8000 / 1600 = 50(\mathrm{Hz})$$

当 $k=50$ 时，由于 $50\leqslant N/2=800$，由 $50=Nf_2/f_S$ 得

$$f_2 = 50\times 8000 / 1600 = 250(\mathrm{Hz})$$

当 $k=150$ 时，由于 $150\leqslant N/2=800$，由 $150=Nf_3/f_S$ 得

$$f_3 = 150\times 8000 / 1600 = 750(\mathrm{Hz})$$

当 $k=300$ 时，由于 $300\leqslant N/2=800$，由 $300=Nf_4/f_S$ 得

$$f_4 = 300\times 8000 / 1600 = 1500(\mathrm{Hz})$$

当 $k=1200$ 时，由于 $1200>N/2=800$，由 $1200-1600=Nf_5/f_S$ 得

$$f_5 = -2000\mathrm{Hz}$$

当 $k=1500$ 时，由于 $1500>N/2=800$，由 $1500-1600=Nf_6/f_S$ 得

$$f_6 = -500\mathrm{Hz}$$

6.4.2　频谱泄漏

如果连续时间信号在时域为无限长，则离散序列 $x(n)$ 也为无限长，无法用 DFT 进行分析，因此需要对其进行加窗处理使之成为有限长序列 $x_N(n)$，即 $x_N(n)=x(n)\cdot w_N(n)$，这个过程称为时域加窗。

由 DTFT 的频域卷积性质可知，时域两个序列的相乘，在频域上是两个序列的 DTFT 的周期卷积，即加窗后序列 $x_N(n)$ 的频谱 $X_N(\mathrm{e}^{\mathrm{j}\omega})$ 为

$$X_N(\mathrm{e}^{\mathrm{j}\omega}) = \frac{1}{2\pi}\int_{-\pi}^{\pi} X(\mathrm{e}^{\mathrm{j}\theta})W_N(\mathrm{e}^{\mathrm{j}(\omega-\theta)})\mathrm{d}\theta \tag{6-14}$$

式中，$W_N(\mathrm{e}^{\mathrm{j}\omega})$ 是窗函数 $w_N(n)$ 的 DTFT。

当 $w_N(n)$ 长度等于 N 的矩形窗 $R_N(n)$ 时，相当于对序列 $x(n)$ 直接截断。$R_N(n)$ 的 DTFT 为

$$W_N(\mathrm{e}^{\mathrm{j}\omega}) = \mathrm{DTFT}\{R_N(n)\} = \frac{\sin(N\omega/2)}{\sin(\omega/2)}\mathrm{e}^{-\mathrm{j}\omega\frac{N-1}{2}} \tag{6-15}$$

其幅度谱如图 6-8 所示。

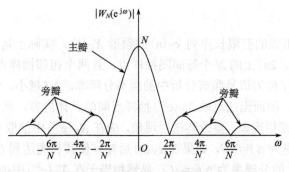

图 6-8　矩形窗 $R_N(n)$ 的幅度谱

图 6-9(a)为正弦信号频谱 $X(\mathrm{j}\Omega)$，图 6-9(b)、(c)分别为加 32 点、64 点矩形窗后正弦信号的频谱$|X_{32}(\mathrm{j}\Omega)|$、$|X_{64}(\mathrm{j}\Omega)|$。

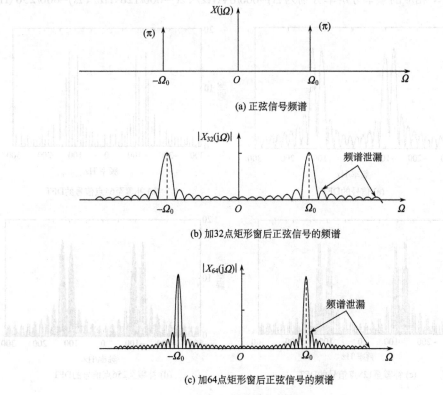

(a) 正弦信号频谱

(b) 加32点矩形窗后正弦信号的频谱

(c) 加64点矩形窗后正弦信号的频谱

图 6-9　频谱泄漏示意图

从图 6-9 可知，加窗对信号频谱分析结果的影响主要有两方面：一是计算出的频谱中多了原来不存在的频率分量（图 6-9 中 Ω_0 左右两边的波动部分），这是由于窗函数截断信号

$x(n)$ 引起的，这个现象称为频谱泄漏；二是谱线变成了具有一定宽度的谱峰（图 6-9 中以 Ω_0 为中心的谱峰），从而降低了频率分辨率。频率分辨率用于表示分辨信号频谱中相邻谱峰的能力。

6.4.3　栅栏现象

利用 DFT 计算出来的有限长序列 $x_N(n)$ 的频谱 $X_N(k)$，实际上是 $x_N(n)$ 的 DTFT 结果 $X_N(e^{j\omega})$ 在一个周期$[0,2\pi)$上的 N 个等间隔抽样点，且两个相邻抽样点之间的频率间隔（单位为 Hz）$\Delta f = f_S/N$，Δf 称为信号频谱分析中的频率分辨率。Δf 越小，频率分辨率越高。由于 $X_N(k)$ 是离散序列，因而无法反映 $X_N(e^{j\omega})$ 抽样点间的具体内容，就如同隔着百叶窗观察窗外的景色，称此为栅栏现象。要改善栅栏现象，应在 $X_N(e^{j\omega})$ 中抽取更多的样点值。$x_N(n)$ 的 N 点 DFT 的分辨率为 $\Delta f = f_S/N$，如果在 $x_N(n)$ 后补零使其长度达到 $L(L>N)$，再进行 L 点 DFT，此时 L 点 DFT 的分辨率为 $\Delta f = f_S/L$，显然相当于在 $X_N(e^{j\omega})$ 中抽取出了更多的样点。

图 6-10 反映了补零对 DFT 分析信号频谱的影响。设有连续时间信号为 $x(t) = \cos(2\pi \cdot 100t) + \cos(2\pi \cdot 120t)$，采样频率为 $f_S = 600$Hz，样本点 $N = 30$，DFT 结果如图 6-10(a) 所示；当样本点 $N = 30$，分别补零至 64 点、128 点、256 点时，得到的 DFT 结果如图 6-10(b)、(c)、(d) 所示，相应的频率分辨率分别为 $\Delta f = 600/64$(Hz)、$\Delta f = 600/128$(Hz)、$\Delta f = 600/256$(Hz)。

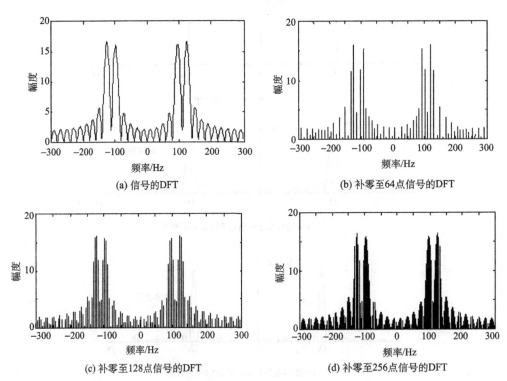

(a) 信号的DFT

(b) 补零至64点信号的DFT

(c) 补零至128点信号的DFT

(d) 补零至256点信号的DFT

图 6-10　栅栏现象和补零对 DFT 的影响

6.4.4　利用 DFT 进行频谱分析时的参数选择

在利用 DFT 分析连续时间信号的频谱时，对连续时间信号进行离散处理，会出现频谱混叠现象；对长的时域信号进行加窗（截断）处理，会出现频谱泄漏现象；因为 DFT 的点数有限，会出现栅栏现象。下面根据信号傅里叶变换的理论，讨论利用 DFT 进行频谱分析的参数（抽样频率、持续时间、样点数）选择的原则。

1. 抽样频率 f_S

f_S 应该满足时域抽样定理，即 $f_S \geqslant 2f_m$。f_m 是待分析连续时间信号的最高频率。抽样间隔 T 应该满足 $T = \dfrac{1}{f_S} \leqslant \dfrac{1}{2f_m}$。

2. 信号抽样持续时间 T_p

T_p 应满足频率分辨率 Δf 的要求，即 $T_p = NT = \dfrac{N}{f_S} = \dfrac{1}{\Delta f}$，其中 N 为信号抽样点数。可见，频率分辨率 Δf 与信号抽样的持续时间 T_p 之间存在反比关系，若希望得到较高的频率分辨率，则需要较长的信号抽样持续时间。在许多实际信号的频谱分析中，信号抽取时间受到一定限制，需要通过其他的方法来改善频率分辨率。

3. 确定 DFT 的点数 N

根据抽样间隔 T 与信号持续时间 T_p，可确定 DFT 的点数 N，即 $N \geqslant \dfrac{T_{p\min}}{T_{\max}} = \dfrac{2f_m}{\Delta f}$，并且 N 要求为 2 的整数次幂。

【例 6-5】　利用 DFT 分析一个连续信号，已知其最高频率 $f_m=1000$Hz，要求频率分辨率 $\Delta f \leqslant 2$Hz，DFT 的点数必须为 2 的整数次幂，确定以下参数：最大的抽样间隔、最少的信号持续时间、最少的 DFT 点数。

解： （1）由于最高频率 $f_m=1000$Hz，可知最小抽样频率 $f_{S\min}$、最大的抽样间隔 $T_{\max}$ 为

$$f_{S\min} = 2f_m = 2000\text{Hz}, \quad T_{\max} = \frac{1}{2f_m} = \frac{1}{2 \times 1000} = 0.5 \times 10^{-3}(\text{s})$$

（2）由于要求频率分辨率 $\Delta f \leqslant 2$Hz，所以最少的信号持续时间 $T_{p\min}$ 为 $T_{p\min} = \dfrac{1}{\Delta f} = \dfrac{1}{2} = 0.5(\text{s})$。

（3）最少 DFT 点数 N 为 $N \geqslant \dfrac{T_{p\min}}{T_{\max}} = \dfrac{0.5}{0.5 \times 10^{-3}} = 1000$。故选择 DFT 的点数为 $M=1024$，以满足其为 2 的整数次幂的要求。

6.5　快速傅里叶变换

6.5.1　DFT 的运算量分析

DFT 虽然在理论上阐述了如何利用数字化的方法进行信号分析与处理，但按照 DFT 的公式直接进行计算，效率非常低，其应用受到了极大的限制。快速傅里叶变换(Fast Fourier Transform，FFT)的出现，使 DFT 的广泛应用成为现实。

N 点 DFT 公式为

$$X(k) = \sum_{n=0}^{N-1} x(n)W_N^{nk} = \sum_{n=0}^{N-1} x(n)e^{-j\frac{2\pi}{N}nk} = \sum_{n=0}^{N-1} x(n)\left[\cos\left(\frac{2\pi}{N}nk\right) - j\sin\left(\frac{2\pi}{N}nk\right)\right], \quad k = 0,1,\cdots,N-1$$

$$(6\text{-}16)$$

由于 $X(k) = \{X(0)，X(1)，\cdots，X(N-1)\}$ 是 N 点序列，所以当 $x(n)$ 是复数时，N 点 DFT 的运算量为

$$N \times (N \text{ 次复数乘法运算 } + (N-1) \text{ 次复数加法运算})$$

一般的复数乘法运算，如

$$(a + jb) \times (c + jd) = (ac - bd) + j(ad + bc)$$

运算量为 4 次实数乘法运算(ac、bd、ad 和 bc)和两次实数加法运算(ac–bd 和 ad+bc)。

一般的复数加法运算，如

$$(a + jb) + (c + jd) = (a + c) + j(b + d)$$

运算量为两次实数加法运算(a+c 和 b+d)。

所以，当 $x(n)$ 是复数时，N 点 DFT 的实数运算量为

$$N \times [N \times (4 \text{ 次实数乘法 } + 2 \text{ 次实数加法}) + (N-1) \times 2 \text{ 次实数加法}]$$

或

$$4N^2 \text{ 次实数乘法} + (4N^2 - 2N) \text{ 次实数加法}$$

显然，当 $N=1024$ 时，N 点 DFT 的实数运算量为：4194304 次实数乘法 + 4192256 次实数加法。如果处理器执行一次实数乘法和一次实数加法运算的时间都是 1μs,那么计算一次 $N=1024$ 点 DFT 所需的时间是 8.38656s。在对处理速度和反应速度要求不高的情况下，8.38656s 的时间不算长，但是，很多情况下 8.38656s 的时间就太长了。

6.5.2　减少 DFT 运算量的基本思路

通过对 DFT 计算的研究,发现在 DFT 计算中有很多重复的计算可以省去。利用系数(旋转因子) W_N^{nk} 的对称性、周期性、可约性、特殊值，可以提高 DFT 的运算效率。W_N^{nk} 的对称性、周期性、可约性、特殊值如下。

(1)周期性：$W_N^{(n+N)k} = W_N^{n(k+N)} = W_N^{nk}$。

(2)对称性：$W_N^{nk+\frac{N}{2}} - = W_N^{nk}$，$W_N^{n(N-k)} = W_N^{(N-n)k} = (W_N^{nk})^*$。

(3)可约性：$W_N^{nk} = W_{mN}^{mnk}$，$W_N^{mk} = W_{N/m}^{nk/m}$，$N/m$ 为整数。

(4)特殊值：$W_N^0 = e^{-j\frac{2\pi}{N}\cdot 0} = e^{-j0} = 1$，$W_N^{\pm N} = e^{\mp j\frac{2\pi}{N}N} = e^{\mp j2\pi} = 1$，$W_2^{\pm 1} = e^{\mp j\frac{2\pi}{2}\cdot 1} = e^{\mp j\pi} = -1$，

$W_4^{\pm 1} = e^{\mp j\frac{2\pi}{4}\cdot 1} = e^{\mp j\frac{\pi}{2}} = \mp j$，　$W_N^{\pm\frac{N}{2}} = W_2^{\pm 1} = -1$，　$W_N^{\pm\frac{N}{4}} = W_4^{\pm 1} = \mp j$，　$W_N^{N-m} = W_N^{-m} = (W_N^m)^*$，

$W_N^{N+m} = W_N^m$。

利用 W_N^{nk} 的周期性、对称性和可约性，DFT 运算中的有些项可以合并，可以减少乘法次数，也可将长序列 DFT 分解成多个短序列 DFT。由于 DFT 的运算量与 N^2 成正比，如果将一个大 N 点 DFT 分解成若干个小 N 点 DFT 的组合，显然可以提高 DFT 的计算效率。一般的 FFT 正是基于这一基本思想而发展起来的。

一般把长序列分解为短序列的过程称为抽取。抽取可在时域进行，即时间抽取(Decimation in Time，DIT)法，也可在频域进行，即频率抽取(Decimation in Frequency，DIF)法。

6.5.3　基 2 时间抽取 FFT 算法

将时域序列分为两组子序列，一组由偶数点序列按顺序组成，另一组由奇数点序列按顺序组成，然后利用旋转因子的特性，由两组子序列的 DFT 来实现整个序列的 DFT。如果 DFT 的点数 N 是 2 的整数次幂，这个分解过程可一直持续下去，直到作 2 个点的 DFT。

如果 N 是 2 的整数倍，有

$$X(k) = \sum_{n=0}^{N-1} x(n)W_N^{nk} = \sum_{\text{偶数} n} x(n)W_N^{nk} + \sum_{\text{奇数} n} x(n)W_N^{nk}$$

$$= \sum_{n_1=0}^{N/2-1} x(2n_1)W_N^{2n_1 k} + \sum_{n_1=0}^{N/2-1} x(2n_1+1)W_N^{(2n_1+1)k} = \sum_{n_1=0}^{N/2-1} x(2n_1)W_{N/2}^{n_1 k} + \sum_{n_1=0}^{N/2-1} x(2n_1+1)W_{N/2}^{n_1 k}W_N^k$$

令 $x_1(r) = x(2n_1)$，$x_2(r) = x(2n_1+1)$，$r = n_1 = 0,1,\cdots,N/2-1$，即 $x_1(r)$ 是由 $x(n)$ 的偶数点序列按顺序构成的 $N/2$ 点新序列，$x_2(r)$ 是由 $x(n)$ 的奇数点序列按顺序构成的 $N/2$ 点新序列，有

$$X_N(k) = \text{DFT}[x(n)]_N = \sum_{n=0}^{N-1} x(n)W_N^{nk} = \sum_{r=0}^{N/2-1} x_1(r)W_{N/2}^{rk} + \sum_{r=0}^{N/2-1} x_2(r)W_{N/2}^{rk}W_N^k$$

$$= \text{DFT}[x_1(r)]_{N/2} + W_N^k \text{DFT}[x_2(r)]_{N/2}$$

设 $X_1(k_1) = \text{DFT}[x_1(r)]_{N/2}$，$X_2(k_1) = \text{DFT}[x_2(r)]_{N/2}$，$r = k_1 = 0,1,\cdots,N/2-1$，有

$$X(k) = X_1(k_1) + W_N^k X_2(k_1)$$

显然，当 $k = k_1 = 0,1,\cdots,N/2-1$ 时，有

$$X(k) = X_1(k_1) + W_N^k X_2(k_1) \tag{6-17}$$

当 $k = k_1 + N/2 = 0 + N/2, 1 + N/2, \cdots, N-1$ 时，有

$$X(k) = X_1(k_1) + W_N^{k_1+N/2} X_2(k_1) = X_1(k_1) - W_N^{k_1} X_2(k_1) \tag{6-18}$$

为方便画运算流图，一般用图 6-11 所示的蝶形运算流图描述式(6-17)和式(6-18)的运算。

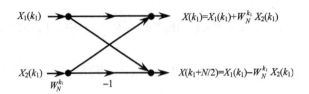

图 6-11　描述式(6-17)和式(6-18)的蝶形运算流图

显然，一个蝶形结构的运算量为：1 次复数乘法、2 次复数加法，或 4 次实数乘法、6 次实数加法。但是当 $W_N^{k_1} = \pm 1$ 或 $\pm j$ 时，蝶形结构的运算量为 2 次复数加法或 4 次实数加法。

图 6-12 是直接计算 8 点 DFT 的框图，图 6-13 是利用 2 个 4 点 DFT 组合成 8 点 DFT 的框图。在图 6-13 中，序列 $\{x(0)，x(2)，x(4)，x(6)\}$ 是 8 点序列中的偶数点序列，序列 $\{x(1)，x(3)，x(5)，x(7)\}$ 是 8 点序列中的奇数点序列。

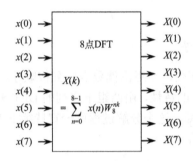

图 6-12　直接计算 8 点 DFT 框图

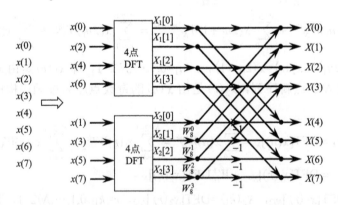

图 6-13　利用 2 个 4 点 DFT 组合成 8 点 DFT 框图

如果 $N/2$ 也是 2 的整数倍，则 $N/2$ 点 DFT $X_1(k_1)$ 和 $X_2(k_1)$ 也可以用 $N/4$ 点 DFT 来计算。如果 N 是 2 的正整数次幂，这个过程可一直持续下去。图 6-14 描述的是经过 2 级分解计算 8 点 DFT 的流图，图 6-15 描述的是经过 3 级分解计算 8 点 DFT 的流图或完整的 8 点 FFT 运算流图。

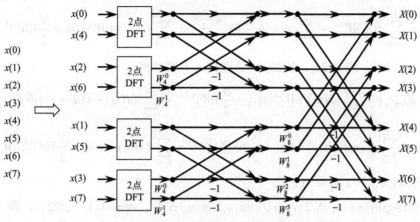

图 6-14　经过 2 级分解计算 8 点 DFT 的流图

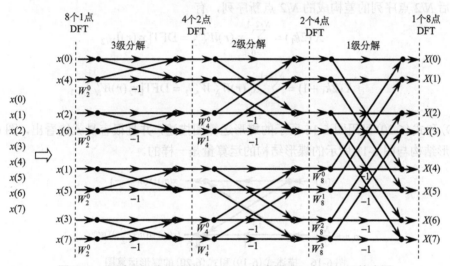

图 6-15　经过 3 级分解计算 8 点 DFT 的流图或 8 点 FFT 运算流图

图 6-15 中，第 1、2、3 级分解各有 4 个蝶形结构，共 12 个蝶形结构。由于 $W_2^0 = W_4^0 = W_8^0 = 1$，$W_4^1 = W_8^2 = -j$，仅 W_8^1 和 W_8^3 是复数，并且它们只位于两个蝶形结构中，所以图 6-15 中 8 点 FFT 的运算量为：$2 \times (1$ 次复数乘法+2 次复数加法$) + 10 \times 2$ 次复数加法 $= 2$ 次复数乘法+24 次复数加法，或 8 次实数乘法+52 次实数加法。

6.5.4　基 2 频率抽取 FFT 算法

将频域序列分解为两组子序列，一组由偶数点序列按顺序组成，另一组由奇数点序列按顺序组成，由于是在频域进行的，所以称为频率抽取法。这种分解的结果实际上对应将时域序列分成由前 $N/2$ 个点构成的子序列和由后 $N/2$ 个点构成的子序列。

如果 N 是 2 的整数倍，有

$$X(k) = \sum_{n=0}^{N-1} x(n)W_N^{nk} = \sum_{n=0}^{N/2-1} x(n)W_N^{nk} + \sum_{n=N/2}^{N-1} x(n)W_N^{nk}$$

$$= \sum_{n_1=0}^{N/2-1} x(n_1)W_N^{n_1 k} + \sum_{n_1=0}^{N/2-1} x(n_1+\frac{N}{2})W_N^{(n_1+\frac{N}{2})k} = \sum_{n_1=0}^{N/2-1} (x(n_1)+W_2^k x(n_1+\frac{N}{2}))W_N^{n_1 k}$$

设 $k_1=0,1,\cdots,N/2-1$，将 $k=2k_1$、$k=2k_1+1$ 分别代入上式可得

$$X(2k_1) = \sum_{n_1=0}^{N/2-1} (x(n_1)+W_2^{2k_1}x(n_1+\frac{N}{2}))W_N^{n_1\cdot 2k_1} = \sum_{n_1=0}^{N/2-1} (x(n_1)+x(n_1+\frac{N}{2}))W_{N/2}^{n_1 k_1} \quad (6\text{-}19)$$

$$X(2k_1+1) = \sum_{n_1=0}^{N/2-1} (x(n_1)+W_2^{2k_1+1}x(n_1+\frac{N}{2}))W_N^{n_1\cdot(2k_1+1)} = \sum_{n_1=0}^{N/2-1} (x(n_1)-x(n_1+\frac{N}{2}))W_{N/2}^{n_1 k_1}\cdot W_N^{n_1} \quad (6\text{-}20)$$

式中，$W_2^{2k_1}=1,W_2^{2k_1+1}=W_2^1=-1$。

令 $x_1(r)=x(n_1)+x(n_1+N/2)$，$x_1(r)=x(n_1)-x(n_1+N/2)$，$r=n_1=0,1,\cdots,N/2-1$，即 $x_1(r)$ 是由 $x(n)$ 的前 $N/2$ 点序列与后 $N/2$ 点序列的和构成的 $N/2$ 点新序列，$x_2(r)$ 是由 $x(n)$ 的前 $N/2$ 点序列与后 $N/2$ 点序列的差构成的 $N/2$ 点新序列，有

$$X(2k_1) = \sum_{r=0}^{N/2-1} x_1(r)W_{N/2}^{rk_1} = \mathrm{DFT}[x_1(r)]_{N/2}$$

$$X(2k_1+1) = \sum_{r=0}^{N/2-1} x_2(r)W_N^r W_{N/2}^{rk_1} = \mathrm{DFT}[x_2(r)W_N^r]_{N/2}$$

式(6-19)和式(6-20)可用图 6-16 所示的蝶形运算图描述，并且很容易就能看出，图 6-16 所示的蝶形结构与图 6-11 所示的蝶形结构的运算量是一样的。

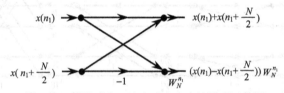

图 6-16　描述式(6-19)和式(6-20)的蝶形运算图

显然，如果 N 是 2 的正整数次幂，这个分解过程可一直持续下去。图 6-17 是 8 点 DFT 的基 2 频率抽取 FFT 运算流图。

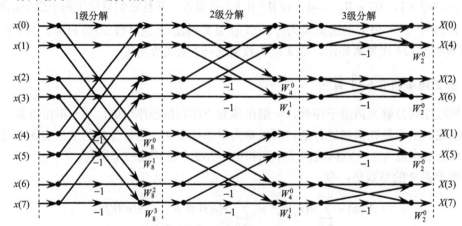

图 6-17　8 点 DFT 的基 2 频率抽取 FFT 运算流图

习 题

6.1 计算以下各序列的 N 点 DFT。在区间 $0 \leqslant n \leqslant N-1$ 内，序列定义为

(1) $x(n) = e^{j\frac{2\pi}{N}mn}$, $0 < m < N$；　(2) $x(n) = R_m(n)$, $0 < m < N$；

(3) $x(n) = 1$；　　　　　　　　(4) $x(n) = \varepsilon(n) - \varepsilon(n - n_0)$, $0 < n_0 < N$。

6.2 设 $X(k) = 1 + 2\delta(k)$, $0 \leqslant k \leqslant 9$，求其原序列 $x(n) = \text{IDFT}[X(k)]$。

6.3 已知下列 $X(k)$, $0 \leqslant k \leqslant N-1$，求 $x(n) = \text{IDFT}[X(k)]$，其中

$$X(k) = \begin{cases} \dfrac{N}{2} e^{j\theta}, & k = m \\[2mm] \dfrac{N}{2} e^{-j\theta}, & k = N - m, \\[2mm] 0, & \text{其他} \end{cases} \quad 0 < m < N$$

6.4 已知序列 $x(n)$ 的 4 点离散傅里叶变换为 $X(k) = \{2 + j, 3, 2 - j, 1\}$，求其复共轭序列 $x^*(n)$ 的离散傅里叶变换 $X_1(k)$。

6.5 令 $X(k)$ 表示 N 点序列 $x(n)$ 的 N 点离散傅里叶变换。$X(k)$ 本身也是个 N 点序列。如果计算 $X(k)$ 的离散傅里叶变换得序列 $x_1(n)$，试用 $x(n)$ 求 $x_1(n)$。

6.6 一个长度为 8 的有限时宽序列 $x(n)$ 的 8 点离散傅里叶变换 $X(k)$，如题图 6.6 所示，

令 $y(n) = \begin{cases} x(\dfrac{n}{2}), & n\ 为偶数 \\[2mm] 0, & n\ 为奇数 \end{cases}$，求 $y(n)$ 的 16 点 DFT，并画出其图形。

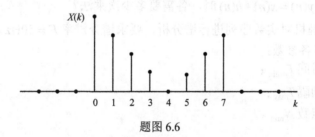

题图 6.6

6.7 已知序列 $x(n) = 4\delta(n) + 3\delta(n-1) + 2\delta(n-2) + \delta(n-3)$，$X(k)$ 是 $x(n)$ 的 6 点 DFT。

(1)若有限长序列 $y(n)$ 的 6 点 DFT 是 $Y(k) = W_6^{4k} X(k)$，求 $y(n)$；

(2)若有限长序列 $q(n)$ 的 3 点 DFT 满足 $Q(k) = X(2k)$, $k = 0, 1, 2$，求 $q(n)$。

6.8 已知 $x_1(n) = \{\underline{0}, 1, -1, 2\}$，$x_2(n) = \{\underline{0}, 1\}$，求 $y_1(n) = x_1(n) * x_2(n)$ 和 $y(n) = x_1(n) \otimes x_2(n)$；欲使两卷积相同，则循环卷积的长度 L 的最小值应为多少？

6.9 已知序列 $x(n) = \delta(n) + 2\delta(n-2) + \delta(n-3)$，若 $y(n)$ 是 $x(n)$ 与它本身的 4 点循环卷积，求 $y(n)$ 及其 4 点的 DFT $Y(k)$。

6.10 已知序列 $x(n) = \delta(n) + 2\delta(n-2) + \delta(n-3)$。

(1)求 $x(n)$ 的 4 点 DFT；

(2)若 $y(n)$ 是 $x(n)$ 与它本身的 4 点循环卷积，求 $y(n)$ 及其 4 点 DFT $Y(k)$；

(3) $h(n) = \delta(n) + \delta(n-1) + 2\delta(n-3)$，求 $x(n)$ 与 $h(n)$ 的 4 点循环卷积。

6.11　序列 $x(n)$ 为 $x(n) = 2\delta(n) + \delta(n-1) + \delta(n-3)$，计算 $x(n)$ 的 5 点 DFT，然后对得到的序列求平方 $Y(k) = X^2(k)$，求 $Y(k)$ 的 5 点 DFT 逆变换 $y(n)$。

6.12　考虑两个序列：$x(n) = 4\delta(n) + 3\delta(n-1) + 3\delta(n-2) + 2\delta(n-3)$，$h(n) = \delta(n) + \delta(n-1) + \delta(n-2) + \delta(n-3)$，设 $X(k)$、$H(k)$ 分别是 $x(n)$ 和 $h(n)$ 的 5 点 DFT，若 $Y(k) = X(k)H(k)$，用对 $Y(k)$ 作 DFT 逆变换的方法求序列 $y(n)$。

6.13　已知实序列 $x(n)$ 的 8 点 DFT 前 5 个值为 0.25, 0.125 − j0.3, 0, 0.125 − j0.05, 0。求 $X(k)$ 其余三点的值。

6.14　已知 $x(n)$、$y(n)$ 是长度为 4 的实序列，$f(n) = x(n) + \mathrm{j}y(n)$，$F(k) = \mathrm{DFT}[f(n)] = \{\underline{1}, 1+4\mathrm{j}, 1-4\mathrm{j}, 1\}$，求序列 $x(n)$，$y(n)$。

6.15　已知序列 $x(n) = 4\delta(n) + 3\delta(n-1) + 2\delta(n-2) + \delta(n-3)$，$X(k)$ 是 $x(n)$ 的 6 点 DFT，若有限长序列 $\omega(n)$ 的 6 点 DFT 等于 $X(k)$ 的实部，即 $W(k) = \mathrm{Re}\{X(k)\}$，求 $\omega(n)$。

6.16　设 $x(n) = \{1-2\mathrm{j}, 3, 1+2\mathrm{j}, 1\}$，试分别画出时域、频域基 2 FFT 流图，并根据流图计算每个碟形运算的结果，最后写出 $X(k) = \mathrm{DFT}[x(n)]$ 的序列值。

6.17　已知序列 $x(n) = \{\underline{0}, 1, 0, 1, 1, 1, 0, 0\}$，用 FFT 蝶形运算方法计算其 8 点的 DFT。画出计算流图，标出各节点数值。

6.18　如果通用计算机平均每次复数乘需用时 $5\mu s$，每次复数加需用时 $1\mu s$，用该计算机计算 $N = 1024$ 点 DFT，直接计算和用 FFT 计算分别需要多少时间？照此，用 FFT 通过卷积对信号进行处理，可实现实时处理的信号最高频率为何？

6.19　序列 $x(n)$ 长 240 点，$h(n)$ 长 10 点。当采用直接计算法和快速卷积法(用基 2 FFT)求它们的线性卷积 $y(n) = x(n) * h(n)$ 时，各需要多少次乘法？

6.20　用微处理机对实数序列进行谱分析，要求谱分辨率 $F = 50\mathrm{Hz}$，信号最高频率为 $1\mathrm{kHz}$，试确定以下各参数：

(1) 最小记录时间 $T_{p\min}$；

(2) 最大取样间隔 $T_{\max}$；

(3) 最少采样点数 $N_{\min}$。

习题参考答案

6.1　(1) $X(k) = \begin{cases} N, & k = m \\ 0, & k \neq m \end{cases}$, $0 \leqslant k \leqslant N-1$；(2) $X(k) = \mathrm{e}^{-\mathrm{j}\frac{\pi}{N}k(m-1)} \dfrac{\sin\left(\dfrac{\pi}{N}km\right)}{\sin\left(\dfrac{\pi}{N}k\right)}$；

(3) $X(k) = \begin{cases} N, & k = 0 \\ 0, & k = 1, 2, \cdots, N-1 \end{cases}$；(4) $X(k) = \mathrm{e}^{-\mathrm{j}\frac{2\pi k}{N}\left(\frac{n_0-1}{2}\right)} \dfrac{\sin(n_0\pi k/N)}{\sin(\pi k/N)}$，$k = 0, 1, 2, \cdots, N-1$。

6.2　$x(n) = \dfrac{1}{5} + \delta(n)$。

6.3　$x(n) = \cos\left(\dfrac{2\pi}{N}mn + \theta\right)$。

6.4　$X_1(k) = X^*(N-k) = \{(2+\mathrm{j})^*, 1, (2-\mathrm{j})^*, 3\} = \{2-\mathrm{j}, 1, 2+\mathrm{j}, 3\}$。

6.5 $x_1(n) = \sum_{n'=0}^{N-1} Nx(-n+Nl) = Nx((-n))_N R_N(n)$ 。

6.6 $Y(k) = \begin{cases} X(k), & 0 \leqslant k \leqslant 7 \\ X(k-8), & 8 \leqslant k \leqslant 15 \\ 0, & \text{其他} \end{cases}$ ，图略。

6.7 (1) $y(n) = 4\delta(n-4) + 3\delta(n-5) + 2\delta(n) + \delta(n-1)$ ；

(2) $q(n) = 5\delta(n) + 3\delta(n-1) + 2\delta(n-2)$ 。

6.8 $y_1(n) = \{0,0,1,-1,2\}, y(n) = \{2,0,1,-1\}$ ， $L=4+2-1=5$ 。

6.9 $Y(k) = 5 + 4W_4^k + 5W_4^{2k} + 2W_4^{3k}$ ， $y(n) = 5\delta(n) + 4\delta(n-1) + 5\delta(n-2) + 2\delta(n-3)$

6.10 (1) $X(k) = \begin{cases} 3 + (-1)^{\frac{k}{2}}, & k = 0, \pm 2, \pm 4, \cdots \\ -1 - (-1)^{\frac{k+1}{2}}\mathrm{j}, & k = 1,3,5, \cdots \\ -1 + (-1)^{\frac{-k+1}{2}}\mathrm{j}, & k = -1,-3,-5,\cdots \end{cases}$ ；

(2) $y(n) = \{\underline{5},4,5,2\}$ ， $Y(k) = \begin{cases} 10 + 6(-1)^{\frac{k}{2}}, & k = 0, \pm 2, \pm 4, \cdots \\ -2\mathrm{j}(-1)^{\frac{k-1}{2}}, & k = 1,3,5,\cdots \\ 2\mathrm{j}(-1)^{\frac{-k-1}{2}}, & k = -1,-3,-5,\cdots \end{cases}$ ；

(3) $z(n) = \{\underline{2},5,4,5\}$ 。

6.11 $y(n) = 4\delta(n) + 5\delta(n-1) + \delta(n-2) + 4\delta(n-3) + 2\delta(n-4)$ 。

6.12 $y(n) = \{\underline{6},6,7,9,8\}$ 。

6.13 $0.125 + \mathrm{j}0.05$ ， 0 ， $0.125 + \mathrm{j}0.3$

6.14 $x(n) = \{1,-1,0,1\}$ ， $y(n) = \{0,1,-2,1\}$ 。

6.15 $\omega(n) = \left[4, \dfrac{3}{2}, 1, 1, 1, \dfrac{3}{2}\right]$ 。

6.16 $X(k) = \{6, -6\mathrm{j}, -2, -2\mathrm{j}\}$ ， $k = 0,1,2,3$ 。

6.17 略

6.18 $T_\mathrm{D} = 6.290432\mathrm{s}$ ， $T_\mathrm{F} = 35.84\mathrm{ms}$ ， $f_{\max} < \dfrac{f_S}{2} = \dfrac{13333.3}{2} = 6666.7(\mathrm{Hz})$ 。

6.19 3328 次。

6.20 (1) $T_{p\min} = 0.02\mathrm{s}$ ； (2) $T_{\max} = 0.5\mathrm{ms}$ ； (3) $N_{\min} = 40$ 。

第7章 模拟滤波器

本章介绍模拟滤波器的概念和设计实现方法，包括 4 节内容，分别是：模拟滤波器的几个概念、模拟滤波器设计、无源模拟滤波器的实现、有源模拟滤波器的实现。通过本章的学习，读者应建立模拟滤波器的概念，具备对模拟滤波器进行设计和实现的基本能力。

7.1 模拟滤波器的几个概念

7.1.1 因果系统的一些特性

在第 5 章的讨论中我们已经知道，理想滤波器是非因果系统，物理上不可实现。那么物理上可实现系统其频率响应特性有些什么特点呢？希尔伯特变换和佩利-维纳准则可回答这一问题。

系统的频率特性可表示为

$$H(j\Omega) = H_r(\Omega) + jH_i(\Omega) \tag{7-1}$$

可以证明，因果系统频率特性的实部和虚部之间满足希尔伯特变换关系，即

$$H_r(\Omega) = \frac{1}{\pi} \int_{-\infty}^{\infty} \frac{H_i(\lambda)}{\Omega - \lambda} d\lambda \tag{7-2}$$

佩利-维纳准则的内容是：如果系统的幅频特性 $|H(j\Omega)|$ 平方可积，且满足如下关系：

$$\int_{-\infty}^{\infty} \frac{\left| \ln |H(j\Omega)| \right|}{1 + \Omega^2} d\Omega < \infty \tag{7-3}$$

则系统是因果的。

希尔伯特变换告诉我们，因果滤波器的幅频特性和相频特性之间存在约束关系，设计时滤波器的幅频特性要求和相频特性要求不能同时得到满足；佩利-维纳准则告诉我们，因果滤波器的幅频特性 $|H(j\Omega)|$ 不会在某一频带范围内为零。实际滤波器是因果系统，故实际滤波器设计时，幅频特性要求和相频特性要求不能同时得到满足，且幅频特性 $|H(j\Omega)|$ 不会在某一频带范围内为零。

7.1.2 滤波器逼近

模拟滤波器的设计，实质是寻求一个满足设计要求的系统函数 $H(s)$。一般设计过程是：给定实际滤波器的指标参数，找出满足指标要求的滤波器幅频特性 $|H(j\Omega)|$ 并进而得出相应的系统函数 $H(s)$，这一过程也称为滤波器逼近。在得到的 $H(s)$ 基础上进一步确定滤波器的结构和参数，并搭建实际电路加以实现，这一过程称为滤波器实现。若还需满足相频特性要求，需另外设计全通滤波器并通过级联加以实现。

由于高通、带通、带阻滤波器的系统函数都能用
频率转换的方法从低通滤波器得到，所以低通滤波器
往往称为原型低通滤波器。

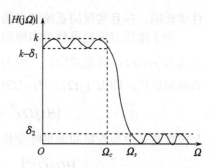

滤波器有多种类型，椭圆滤波器是其中的一种。
实际椭圆低通滤波器幅频特性如图 7-1 所示，其中 δ_1
是通带内允许的误差，δ_2 是阻带内允许的误差，Ω_c 是
通带截止频率，Ω_s 是阻带起始频率，Ω_c 和 Ω_s 之间是过
渡带。低通滤波器的设计指标通常是给出 Ω_c、Ω_s 处的
增益要求。

图 7-1 椭圆低通滤波器的幅频特性

7.1.3 归一化和去归一化

由于应用场合不同，滤波器通带、阻带的频率及元件参数范围会有很大的变化。为了
便于工程应用，通常需要以数据或表格的形式给出统一的设计结果，为此需将滤波器的幅
频特性进行归一化。归一化过程涉及两个方面：一是以某个频率值对频率变量进行归一化，
二是将滤波器的最大增益归一化为 1。

将归一化后的频率特性记为 $H(j\overline{\Omega})$，这里 $\overline{\Omega}$ 是频率变量 Ω 对某个频率值(通常是通带
截止频率 Ω_c)归一化后的值，同时将对应于 $H(j\overline{\Omega})$ 的系统函数记为 $H(\overline{s})$，因此归一化前
后各变量和函数之间的关系为

$$\overline{\Omega} = \frac{\Omega}{\Omega_c}, \quad \overline{s} = \frac{s}{\Omega_c}, \quad H(j\Omega) = H(j\overline{\Omega})\Big|_{\overline{\Omega}=\frac{\Omega}{\Omega_c}}, \quad H(s) = H(\overline{s})\Big|_{\overline{s}=\frac{s}{\Omega_c}} \tag{7-4}$$

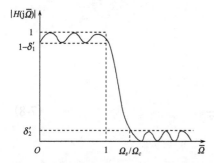

图 7-2 所示的频率特性归一化后如图 7-2 所示。

设计滤波器时，幅频特性指标往往用分贝表示，
即表示为 $G(j\Omega) = 20\lg|H(j\Omega)|$ 的形式；$A_p = -20\lg(1-\delta_1')$
为通带内允许的最大衰减；$A_s = -20\lg(\delta_2')$ 为阻带内要
求的最小衰减；Ω_c 一般是 3dB 截止频率，即满足
$20\lg|H(j\Omega_c)| = -3$dB 的关系。

频率特性去归一化过程是滤波器逼近和实现过程
中不可缺少的一步。有两种方法进行去归一化：一种
是由归一化的 $H(\overline{s})$ 去归一化，然后用 $H(s)$ 实现电路；

图 7-2 低通滤波器归一化的幅频特性

另一种方法是由归一化的 $H(\overline{s})$ 实现电路，得到具有归一化参数的电路后，再对电路参数进
行去归一化，从而得到实际电路的参数。电路参数去归一化公式依赖于具体的电路形式。

7.2 模拟滤波器设计

7.2.1 模拟滤波器模平方函数

模拟滤波器逼近的基本问题就是找出满足实际要求的频域函数 $H(j\Omega)$，这并不是一件
很容易的事情，因为它不仅是一个逼近的问题，还要保证得到的 $H(j\Omega)$ 必须是可用实际元

件实现的，并且实现的系统还必须是稳定的。

为了比较方便地得到可实现的、稳定的系统函数 $H(s)$，滤波器的逼近函数往往用模平方函数 $|H(j\Omega)|^2$ 的形式给出。因为可实现滤波器的冲激响应 $h(t)$ 是实函数，频率特性满足共轭对称性，即 $H^*(j\Omega) = H(-j\Omega)$，所以

$$|H(j\Omega)|^2 = H(j\Omega)H^*(j\Omega) = H(j\Omega)H(-j\Omega) \tag{7-5}$$

又根据拉普拉斯变换和傅里叶变换的关系得

$$|H(j\Omega)|^2\Big|_{j\Omega=s} = H(j\Omega)H(-j\Omega)\Big|_{j\Omega=s} = H(s)H(-s) \tag{7-6}$$

式 (7-6) 表明，$|H(j\Omega)|^2\Big|_{j\Omega=s}$ 的 s 域零极点分布在 s 平面上必定关于纵轴镜像对称。若将所有左半平面的极点归于 $H(s)$，则 $H(s)$ 是一个稳定系统。

值得指出，由于稳定系统的零点不一定要求位于左半 s 平面，因此零点在 $H(s)$ 和 $H(-s)$ 之间的分配有多种可能。但如果要求构成最小相移系统，则所有左半 s 平面的零点均应归于 $H(s)$。即给定 $|H(j\Omega)|^2$ 后，最小相移系统的 $H(s)$ 是唯一的。

模拟低通滤波器一般具有下面的模平方函数形式：

$$|H(j\Omega)|^2 = \frac{1}{1+|K(j\Omega)|^2} \tag{7-7}$$

已经找到了多种模拟低通滤波器的模平方函数，如巴特沃思（Butterworth）型、切比雪夫（Chebyshev）型、椭圆（Elliptic）型等。

7.2.2 巴特沃思模拟低通滤波器设计

1. 巴特沃思模拟低通滤波器的幅频特性

巴特沃思模拟低通滤波器的逼近函数为

$$|H(j\Omega)|^2 = \frac{1}{1+(\Omega/\Omega_c)^{2N}} \tag{7-8}$$

式中，N 为滤波器的阶数，其幅频特性如图 7-3 所示。

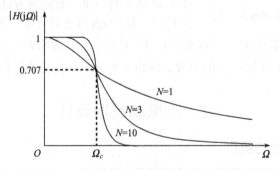

图 7-3　巴特沃思模拟低通滤波器的幅度响应

巴特沃思模拟低通滤波器的幅频特性有如下特点。

(1) $|H(j0)|=1$，$|H(j\infty)|=0$。由于 $-20\lg|H(j\Omega_c)|\approx 3\text{dB}$，故 Ω_c 称为 3dB 截止频率，频率归一化的巴特沃思模拟低通滤波器 $\Omega_c=1$。

(2) 幅度响应单调下降。

(3) $|H(j\Omega)|^2$ 在 $\Omega = 0$ 处的第 $1\sim 2N-1$ 阶导数为零，表明滤波器在 $\Omega = 0$ 处附近的频率范围内是非常平直的，实际上，巴特沃思模拟低通滤波器是在 $\Omega = 0$ 处具有最大平坦性能的滤波器。

2. 巴特沃思原型低通滤波器的设计步骤

令 $\bar{\Omega} = \Omega / \Omega_c$，可得到巴特沃思原型模拟低通滤波器的幅频特性为

$$\left|H(j\bar{\Omega})\right|^2 = \frac{1}{1+\bar{\Omega}^{2N}} \tag{7-9}$$

式中，N 为滤波器的阶数；$\bar{\Omega} = \Omega / \Omega_c$ 为归一化后的频率值。

设计低通滤波器时，往往需给出通带截止频率 Ω_p 和通带内的最大衰减 A_p、阻带截止频率 Ω_s 和阻带内的最小衰减 A_s 等指标，有时也会直接给出 3dB 截止频率 Ω_c。设计步骤如下。

(1) 确定滤波器阶数 N。根据 Ω_p、A_p、Ω_s、A_s 以及滤波器特性方程，有

$$A_s = G(j\Omega_s) = 10\lg|H(j\Omega_s)|^2 = 10\lg\left[1+\left(\frac{\Omega_s}{\Omega_c}\right)^{2N}\right] \Rightarrow 1+\left(\frac{\Omega_s}{\Omega_c}\right)^{2N} = 10^{0.1A_s} \tag{7-10}$$

$$A_p = G(j\Omega_p) = 10\lg|H(j\Omega_p)|^2 = 10\lg\left[1+\left(\frac{\Omega_p}{\Omega_c}\right)^{2N}\right] \Rightarrow 1+\left(\frac{\Omega_p}{\Omega_c}\right)^{2N} = 10^{0.1A_p} \tag{7-11}$$

由上面两式可得

$$N = \frac{1}{2}\lg\left(\frac{10^{0.1A_s}-1}{10^{0.1A_p}-1}\right)\bigg/\lg\left(\frac{\Omega_s}{\Omega_p}\right) \tag{7-12}$$

通常 N 不为整数，一般取 N 为大于以上计算值的最小整数。

(2) 确定滤波器的 3dB 截止频率 Ω_c。

根据 Ω_p、A_p 及幅度平方函数，可得 3dB 截止频率 $\Omega_c = \dfrac{\Omega_p}{(10^{0.1A_p}-1)^{1/(2N)}}$。利用这个 Ω_c 确定的滤波器在通带内满足指标要求，在阻带内会超过指标要求 (因为滤波器的阶数 N 取整后大于计算值)。

根据 Ω_s、A_s 及幅度平方函数，可得 3dB 截止频率 $\Omega_c = \dfrac{\Omega_s}{(10^{0.1A_s}-1)^{1/(2N)}}$。利用这个 Ω_c 确定的滤波器在阻带内满足指标要求，在通带内会超过指标要求 (因为滤波器的阶数 N 取整后大于计算值)。

实际设计时，可在 $\dfrac{\Omega_p}{(10^{0.1A_p}-1)^{1/(2N)}} \leqslant \Omega_c \leqslant \dfrac{\Omega_s}{(10^{0.1A_s}-1)^{1/(2N)}}$ 范围内确定 Ω_c。

(3) 根据确定的阶次 N，查表得到原型模拟低通滤波器的系统函数 $H(\overline{s})$ 为

$$H(\overline{s}) = \frac{1}{(\overline{s}-s_0)(\overline{s}-s_1)(\overline{s}-s_2)\cdots(\overline{s}-s_{N-1})} = \frac{1}{\prod\limits_{k=0}^{N-1}(\overline{s}-s_k)} \tag{7-13}$$

(4) 去归一化，得到模拟低通滤波器的系统函数 $H(s)$ 为

$$H(s) = H(\overline{s})\big|_{\overline{s}=s/\Omega_c} \tag{7-14}$$

3. 巴特沃思原型模拟低通滤波器的系统函数

$1\sim5$ 阶巴特沃思原型模拟低通滤波器的系统函数如表 7-1 所示。

表 7-1　$1\sim5$ 阶巴特沃思原型模拟低通滤波器的系统函数

阶次 N	模平方函数 $\left|H(\mathrm{j}\overline{\Omega})\right|^2 = \dfrac{1}{1+\overline{\Omega}^{2N}}$	归一化系统函数 $H(\overline{s})$
1	$\left|H(\mathrm{j}\overline{\Omega})\right|^2 = \dfrac{1}{1+\overline{\Omega}^2}$	$H(\overline{s}) = \dfrac{1}{\overline{s}+1}$
2	$\left|H(\mathrm{j}\overline{\Omega})\right|^2 = \dfrac{1}{1+\overline{\Omega}^4}$	$H(\overline{s}) = \dfrac{1}{\overline{s}^2+1.4142\overline{s}+1}$
3	$\left|H(\mathrm{j}\overline{\Omega})\right|^2 = \dfrac{1}{1+\overline{\Omega}^6}$	$H(\overline{s}) = \dfrac{1}{\overline{s}^3+2\overline{s}^2+2\overline{s}+1}$
4	$\left|H(\mathrm{j}\overline{\Omega})\right|^2 = \dfrac{1}{1+\overline{\Omega}^8}$	$H(\overline{s}) = \dfrac{1}{\overline{s}^4+2.6131\overline{s}^3+3.4142\overline{s}^2+2.6131\overline{s}+1}$
5	$\left|H(\mathrm{j}\overline{\Omega})\right|^2 = \dfrac{1}{1+\overline{\Omega}^{10}}$	$H(\overline{s}) = \dfrac{1}{\overline{s}^5+3.2361\overline{s}^4+5.2361\overline{s}^3+5.2361\overline{s}^2+3.2361\overline{s}+1}$

【例 7-1】　设计一个满足 $\Omega_p=1\pi\times10^3\mathrm{rad/s}$，　$A_p\leqslant1\mathrm{dB}$，$\Omega_s=4\pi\times10^3\ \mathrm{rad/s}$，$A_s\geqslant10\mathrm{dB}$ 的巴特沃思模拟低通滤波器。

解：(1) 确定滤波器的阶数 N：

$$N \geqslant \frac{1}{2}\lg\left(\frac{10^{0.1A_s}-1}{10^{0.1A_p}-1}\right)\bigg/\lg\left(\frac{\Omega_s}{\Omega_p}\right)=1.28$$

由于阶数 N 必须是整数，大于 1.28 的最小整数是 2，所以取 $N=2$。

(2) 确定滤波器的 3dB 截止频率 Ω_c。

将阶数 $N=2$ 代入满足通带要求的方程，可得到由通带截止频率确定的 3dB 截止频率为

$\Omega_c \geqslant \dfrac{1\pi\times10^3}{(10^{0.1}-1)^{1/4}}=4.404\times10^3(\mathrm{rad/s})$；将阶数 $N=2$ 代入满足阻带要求的方程，可得到由阻带

截止频率确定的 3dB 截止频率为 $\Omega_c \leqslant \dfrac{4\pi\times10^3}{(10^1-1)^{1/4}}=7.255\times10^3(\mathrm{rad/s})$。所以 Ω_c 的取值范围为

$4.404\times10^3\mathrm{rad/s} \leqslant \Omega_c \leqslant 7.255\times10^3\mathrm{rad/s}$。

(3) 查表可得模拟低通原型滤波器的系统函数为

$$H(\overline{s}) = \frac{1}{\overline{s}^2+\sqrt{2}\overline{s}+1}$$

（4）去归一化，得到模拟低通滤波器的系统函数。取 $\Omega_c=4.404\times10^3\text{rad/s}$，有

$$H(s) = H(\overline{s})\big|_{\overline{s}=s/\Omega_c} = \frac{1}{(s/\Omega_c)^2 + \sqrt{2}(s/\Omega_c) + 1} = \frac{\Omega_c^2}{s^2 + \sqrt{2}\Omega_c s + \Omega_c^2} = \frac{(4.404\times10^3)^2}{s^2 + 6.228\times10^3 s + (4.404\times10^3)^2}$$

7.2.3　切比雪夫模拟低通滤波器设计

1. 切比雪夫型模拟低通滤波器的幅频特性

切比雪夫滤波器分 I 型和 II 型。I 型模拟低通滤波器的逼近函数为

$$|H(\mathrm{j}\Omega)|^2 = \frac{1}{1 + \varepsilon^2 C_N^2(\Omega/\Omega_c)} \tag{7-15}$$

式中，ε 为通带波纹，是一个小于 1 的正数，表示通带内幅度波动的程度；Ω_c 为通带截止频率，是指被通带波纹所限制的最高频率，Ω_c 不一定是衰减 3dB 的频率；N 为阶数，由阻带指标确定，其中 $C_N(x)$ 是 N 阶切比雪夫多项式。

N 阶切比雪夫多项式 $C_N(x)$ 的定义为

$$C_N(x) = \begin{cases} \cos[N\arccos(x)], & |x| \leqslant 1 \\ \cosh[N\operatorname{arcosh}(x)], & |x| > 1 \end{cases} \tag{7-16}$$

由式（7-16）可知

$$C_0(x) = 1, \quad C_1(x) = x$$

由三角公式 $\cos(A+B) + \cos(A-B) = 2\cos A\cos B$，可得

$$\cos\big[(N+1)\arccos x\big] + \cos\big[(N-1)\arccos x\big] = 2\cos(\arccos x)\cos(N\arccos x)$$

即

$$C_{N+1}(x) + C_{N-1}(x) = 2xC_N(x) \quad \text{或} \quad C_{N+1}(x) = 2xC_N(x) - C_{N-1}(x)$$

依次递推可得

$$C_2(x) = 2x^2 - 1$$
$$C_3(x) = 4x^3 - 3x$$
$$C_4(x) = 8x^4 - 8x^2 + 1$$

$$\cdots$$

图 7-4 是切比雪夫 I 型模拟低通滤波器的幅度响应特性图。由图可见，幅频特性在通带内等波纹波动，波动大小由参数 ε 控制。

切比雪夫 I 型模拟低通滤波器的幅频特性具有以下特点。

（1）$|H(\mathrm{j}\Omega)|^2$ 在 $\Omega=0$ 时，$|H(\mathrm{j}0)|^2 = \dfrac{1}{1 + \varepsilon^2 C_N^2(0/\Omega_c)} = \begin{cases} 1, & N\text{为奇数} \\ 1/(1+\varepsilon^2), & N\text{为偶数} \end{cases}$。

（2）$0 \leqslant \Omega \leqslant \Omega_c$ 时，$|H(\mathrm{j}\Omega)|^2$ 在最小值 $1/(1+\varepsilon^2)$ 和最大值 1 之间等幅波动。参数 ε 控制了滤波器幅度响应在通带内波动的大小。

（3）$\Omega \geqslant \Omega_c$ 时，$|H(\mathrm{j}\Omega)|^2$ 单调下降。N 越大，下降速度越快。所以切比雪夫 I 型模拟低通滤波器阻带衰减主要由 N 确定。

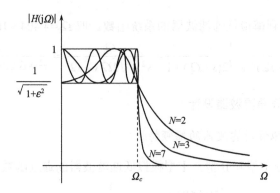

图 7-4　切比雪夫 I 型模拟低通滤波器的幅度响应

切比雪夫 II 型模拟滤波器与切比雪夫 I 型模拟滤波器的特性有所不同，具有通带内单调变化、阻带内等纹波的特点；椭圆模拟滤波器具有通带、阻带内都为等纹波的特点，如图 7-2 所示。限于篇幅，详细内容本书不作进一步介绍。

2. 切比雪夫 I 型模拟低通滤波器设计步骤

(1) 确定截止频率 Ω_c。

由通带截止频率 Ω_p 确定 Ω_c，即 $\Omega_c = \Omega_p$。

(2) 确定参数 ε。由通带衰减确定 ε，即 $\varepsilon = \sqrt{10^{0.1A_p} - 1}$。

(3) 由通带、阻带指标确定阶次 N：

$$N \geqslant \frac{\operatorname{arcosh}\left(\dfrac{1}{\varepsilon}\sqrt{10^{0.1A_s} - 1}\right)}{\operatorname{arcosh}(\Omega_s / \Omega_p)}$$

(4) 利用阶次 N，查表 7-2 可得归一化原型切比雪夫低通原型滤波器的系统函数为

$$H(\overline{s}) = \frac{\dfrac{1}{\varepsilon \times 2^{N-1}}}{\overline{s}^N + a_{N-1}\overline{s}^{N-1} + \cdots + a_1\overline{s} + a_0}$$

(5) 去归一化，得到模拟低通滤波器的系统函数 $H(s) = H(\overline{s})|_{\overline{s} = s/\Omega_c}$。

表 7-2　切比雪夫低通原型滤波器的系统函数的分母多项式（1dB 波纹，$\varepsilon = 0.5088471$）

阶次 N	a_0	a_1	a_2	a_3	a_4
1	1.9652				
2	1.1025	1.0977			
3	0.4913	1.2384	0.9883		
4	0.2756	0.7426	1.4539	0.9528	
5	0.1228	0.5805	0.9744	1.6888	0.9368

7.2.4 巴特沃思逼近与切比雪夫逼近的比较

与巴特沃思逼近相比较，切比雪夫逼近在截止频率处具有更陡的斜率。四阶切比雪夫滤波器和四阶巴特沃思滤波器的幅频特性的比较如图 7-5 所示。

在相同阶数的情况下，切比雪夫滤波器有更好的阻带衰减特性；在相同阻带衰减特性的情况下，切比雪夫滤波器阶数较少，电路结构较简单。

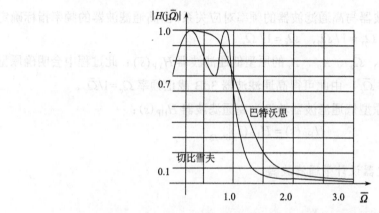

图 7-5 四阶切比雪夫滤波器和四阶巴特沃思滤波器特性的比较

7.2.5 利用原型模拟低通滤波器设计模拟高通、带通、带阻滤波器

实际的巴特沃思模拟低通、带通、高通、带阻滤波器的幅频特性如图 7-6 所示。

根据实际模拟低通、高通、带通、带阻滤波器幅频特性的特点，利用模拟低通滤波器设计模拟高通、带通、带阻滤波器的基本过程如图 7-7 所示。

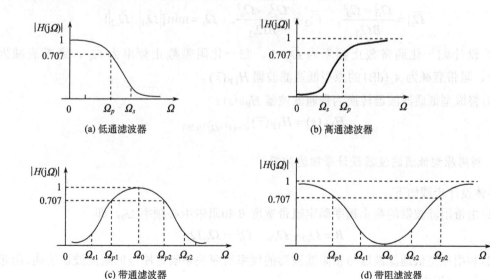

图 7-6 实际模拟滤波器的幅频特性

$$\Omega_p, \Omega_s \xrightarrow[\text{变换}]{\text{频率}} \overline{\Omega}_p, \overline{\Omega}_s \xrightarrow{\substack{\text{设计原型} \\ \text{低通滤波器}}} H_L(\overline{s}) \xrightarrow[\text{变换}]{\text{复频率}} H(s)$$

图 7-7　用模拟低通滤波器设计模拟高通、带通、带阻滤波器的过程

1. 利用原型低通滤波器设计高通滤波器

具体设计步骤如下。

(1)利用原型低通滤波器与高通滤波器的频率对应关系,由高通滤波器的频率指标确定低通滤波器的频率指标: $\overline{\Omega}_p = 1/\Omega_p$, $\overline{\Omega}_s = 1/\Omega_s$。

(2)设计满足指标 $\overline{\Omega}_p$、$\overline{\Omega}_s$、A_p、A_s 的原型低通滤波器 $H_{\mathrm{LP}}(\overline{s})$;此过程中会明确原型低通滤波器 3dB 截止频率 $\overline{\Omega}_c$,由此可得高通滤波器 3dB 截止频率 $\Omega_c = 1/\overline{\Omega}_c$。

(3)由复频率变换将原型低通滤波器转换为高通滤波器 $H_{\mathrm{HP}}(s)$:

$$H_{\mathrm{HP}}(s) = H_{\mathrm{LP}}(\overline{s})\big|_{\overline{s} = \Omega_c/s}$$

2. 利用原型低通滤波器设计带通滤波器

具体设计步骤如下。

(1)由带通滤波器的截止频率确定通带宽度 B 和通带中心频率 Ω_0,即

$$B = \Omega_{p2} - \Omega_{p1}, \quad \Omega_0^2 = \Omega_{p1}\Omega_{p2}$$

(2)利用原型低通滤波器与带通滤波器的频率对应关系确定原型低通滤波器的通、阻带截止频率,过程为

$$\overline{\Omega}_{p1} = \frac{\Omega_{p1}^2 - \Omega_0^2}{B\Omega_{p1}} = -1, \quad \overline{\Omega}_{p2} = \frac{\Omega_{p2}^2 - \Omega_0^2}{B\Omega_{p2}} = 1, \quad \overline{\Omega}_p = \overline{\Omega}_{p2} = 1$$

$$\overline{\Omega}_{s1} = \frac{\Omega_{s1}^2 - \Omega_0^2}{B\Omega_{s1}}, \quad \overline{\Omega}_{s2} = \frac{\Omega_{s2}^2 - \Omega_0^2}{B\Omega_{s2}}, \quad \overline{\Omega}_s = \min\{|\overline{\Omega}_{s1}|, |\overline{\Omega}_{s2}|\}$$

(3)设计归一化通带截止频率为 $\overline{\Omega}_p = 1$、归一化阻带截止频率为 $\overline{\Omega}_s$、通带衰减为 $A_p(\mathrm{dB})$、阻带衰减为 $A_s(\mathrm{dB})$ 的原型低通滤波器 $H_{\mathrm{LP}}(\overline{s})$。

(4)将原型低通滤波器转换为带通滤波器 $H_{\mathrm{BP}}(s)$:

$$H_{\mathrm{BP}}(s) = H_{\mathrm{LP}}(\overline{s})\big|_{\overline{s} = (s^2 + \Omega_0^2)/(Bs)}$$

3. 利用原型低通滤波器设计带阻滤波器

具体设计步骤如下。

(1)由带阻滤波器的截止频率确定阻带宽度 B 和阻带中心频率 Ω_0,即

$$B = \Omega_{s2} - \Omega_{s1}, \quad \Omega_0^2 = \Omega_{s1}\Omega_{s2}$$

(2)利用原型低通滤波器与带阻滤波器的频率对应关系确定原型低通滤波器的通、阻带截止频率,过程为

$$\overline{\Omega}_{s1} = \frac{B\Omega_{s1}}{-\Omega_{s1}^2 + \Omega_0^2} = 1, \quad \overline{\Omega}_{s2} = \frac{B\Omega_{s2}}{-\Omega_{s2}^2 + \Omega_0^2} = -1, \quad \overline{\Omega}_s = \overline{\Omega}_{s1} = 1$$

$$\overline{\Omega}_{p1} = \frac{B\Omega_{p1}}{-\Omega_{p1}^2 + \Omega_0^2}, \quad \overline{\Omega}_{p2} = \frac{B\Omega_{p2}}{-\Omega_{p2}^2 + \Omega_0^2}, \quad \overline{\Omega}_p = \max\{|\overline{\Omega}_{p1}|, |\overline{\Omega}_{p2}|\}$$

（3）设计通带截止频率为 $\overline{\Omega}_p$、阻带截止频率为 $\overline{\Omega}_s = 1$、通带衰减为 $A_p(\mathrm{dB})$、阻带衰减为 $A_s(\mathrm{dB})$ 的原型低通滤波器 $H_{\mathrm{LP}}(\overline{s})$。

（4）将低通滤波器转换为带阻滤波器 $H_{\mathrm{BS}}(s)$：

$$H_{\mathrm{BS}}(s) = H_{\mathrm{LP}}(\overline{s})|_{\overline{s} = Bs/(s^2 + \Omega_0^2)}$$

7.3　无源模拟滤波器的实现

模拟滤波器的实现（即网络综合）有着丰富的内容，而且问题的处理较为繁杂。这里主要用实例介绍综合方法，以便对模拟滤波器的设计和实现建立完整的概念，并掌握初步的方法。

7.3.1　无源单端口 LC 网络的综合

单端口网络的综合是二端口网络综合的基础。对单端口网络而言，激励和响应均在同一个端口，如图 7-8 所示，因此系统函数只有两种情况。

阻抗函数：

$$H(s) = U(s)/I(s) = Z(s) \tag{7-17}$$

或导纳函数：

$$H(s) = I(s)/U(s) = Y(s) \tag{7-18}$$

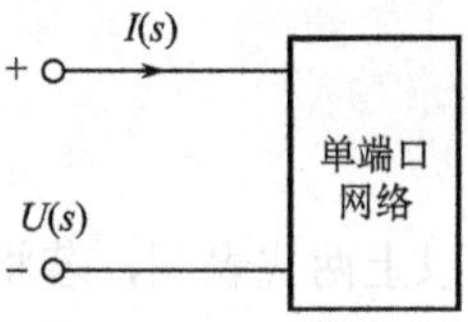

对于式（7-17）或式（7-18），可以用所谓的考尔 I 型梯形网络实现，如图 7-9 和图 7-10 所示。

图 7-8　单端口网络

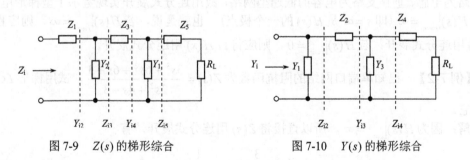

图 7-9　$Z(s)$ 的梯形综合　　　　　　　图 7-10　$Y(s)$ 的梯形综合

在图 7-9 中，可以通过逐级求解的方法获得该网络的总输入阻抗 Z_{i}。

最后一级：

$$Z_{i5} = Z_5 + R_{\mathrm{L}}$$

倒数第二级：

$$Y_{i4} = Y_4 + \frac{1}{Z_{i5}}$$

倒数第三级：

$$Z_{i3} = Z_3 + \frac{1}{Y_{i4}}$$

倒数第二级：

$$Y_{i2} = Y_2 + \frac{1}{Z_{i3}}$$

总输入阻抗：

$$Z_i = Z_1 + \frac{1}{Y_{i2}}$$

若由前向后逐级将各式代入总输入阻抗中，则可得到用连分式表达的总输入阻抗 Z_i 为

$$Z_i = Z_1 + \cfrac{1}{Y_2 + \cfrac{1}{Z_3 + \cfrac{1}{Y_4 + \cfrac{1}{Z_5 + R_L}}}}$$

类似，在图 7-10 中，可求得用连分式表示的输入导纳函数 Y_i 为

$$Y_i = Y_1 + \cfrac{1}{Z_2 + \cfrac{1}{Y_3 + \cfrac{1}{Z_4 + R_L}}}$$

以上两式表明，若将 $H(s)$ 用连分式展开，则可得到无源单端口网络的实现电路。

$Z(s)$ 与 $Y(s)$ 互为倒数，已知其中一个则意味着已知另一个，那么是将 $Z(s)$ 进行连分式展开，还是将 $Y(s)$ 进行连分式展开呢？在下面的例题中将会看到，考尔 I 型梯形结构是水平支路为电感、垂直支路为电容的低通型网络，故用连分式展开实现考尔 I 型梯形电路时，应有 $H(s)\big|_{s=\infty} = \infty$（即 $s = \infty$ 是 $H(s)$ 的一个极点）。也就是说，若 $H(s)\big|_{s=\infty} = \infty$，则应直接将 $H(s)$ 用连分式展开；若 $H(s)\big|_{s=\infty} = 0$，则应将 $1/H(s)$ 用连分式展开。

【例 7-2】　已知单端口网络的阻抗函数为 $Z(s) = \dfrac{3s^3 + 6s^2 + 6s + 3}{2s^2 + 4s + 3}$，试用梯形 LC 网络实现它。

解：因为 $H(s)\big|_{s=\infty} = \infty$，所以直接将 $Z(s)$ 用连分式展开，有

$$Z(s) = \frac{3}{2}s + \cfrac{1}{\cfrac{4}{3}s + \cfrac{1}{\cfrac{1}{2}s + 1}}$$

电路如图 7-11 所示。

【例7-3】 已知单端口网络的阻抗函数为 $Z(s) = \dfrac{s^4 + 10s^2 + 9}{s^5 + 20s^3 + 64s}$，试用梯形 LC 网络实现它。

解：因为 $H(s)\big|_{s=\infty} = 0$，将 $Y(s) = 1/Z(s)$ 用连分式展开，有

$$Y(s) = \frac{1}{Z(s)} = s + \cfrac{1}{\cfrac{1}{10}s + \cfrac{1}{\cfrac{20}{9}s + \cfrac{1}{\cfrac{9}{70}s + \cfrac{1}{\cfrac{35}{9}s}}}}$$

电路如图 7-12 所示。

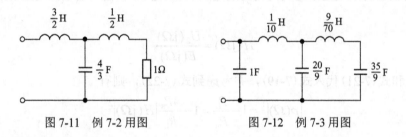

图 7-11 例 7-2 用图   图 7-12 例 7-3 用图

7.3.2 无源模拟滤波器的综合

二端口网络如图 7-13 所示，其中 R_s、R_L 分别为信号源的内阻和负载电阻，$Z_i(s)$ 为输入阻抗。因为滤波器一般为二端口网络，所以无源滤波器的实现问题也就是无源二端口网络的综合问题。图 7-13 所示电路也称为达林顿电路，其中的 LC 网络是无损网络，综合该电路的方法称为达林顿法。

无源二端口网络的综合以单端口网络的综合为基础，需设法将二端口网络系统函数 $H(s)$ 转变为网络输入阻抗 $Z_i(s)$ 然后加以实现。在二端口的情况下，$H(s)$ 和 $Z_i(s)$ 之间已不再是一种简单而直接的关系。为建立系统函数 $H(s)$ 与 $Z_i(s)$ 之间的关系，这里引入一个物理参数——反射系数 ρ。

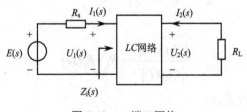

图 7-13 二端口网络

1. 反射系数和系统函数 $H(s)$

对于图 7-13 所示二端口网络，设负载电阻 R_L 消耗的功率为 P_L，信号源 E 能为网络提

供的最大功率为 P_m，则 $P_L - P_m$ 是从输出端"反射"到信号源的功率，因此定义反射系数 ρ 为

$$\left|\rho(\Omega)\right|^2 = \frac{P_m - P_L}{P_m} = 1 - \frac{P_L}{P_m} \tag{7-19}$$

式中

$$P_L = \frac{1}{2}\frac{\left|U_2(\Omega)\right|^2}{R_L} \tag{7-20}$$

$$P_m = \frac{1}{2}\frac{\left|E(\Omega)\right|^2}{4R_s} \tag{7-21}$$

若将滤波器的系统函数定义为输出端电压(响应电压)和输入端电源电压(激励电压)之比，即

$$H(\mathrm{j}\Omega) = \frac{U_2(\mathrm{j}\Omega)}{E(\mathrm{j}\Omega)} \tag{7-22}$$

将式(7-20)和式(7-21)代入式(7-19)，并考虑到式(7-22)，则有

$$\left|\rho(\Omega)\right|^2 = 1 - \frac{P_L}{P_m} = 1 - \frac{4R_s}{R_L}\left|H(\mathrm{j}\Omega)\right|^2 \tag{7-23}$$

由此可得

$$\rho(s)\rho(-s) = 1 - \frac{4R_s}{R_L}H(s)H(-s) \tag{7-24}$$

式(7-24)给出了系统函数和反射系数之间的关系，取 $\rho(s)\rho(-s)$ 所有左半 s 平面的极点构成 $\rho(s)$。

2. 反射系数和输入阻抗

为了表示方便，将输入阻抗写成直角坐标的形式，即 $Z_i(\mathrm{j}\Omega) = R_i(\Omega) + \mathrm{j}X_i(\Omega)$。纯 LC 网络是无损网络，即网络输出端口的消耗功率等于输入端口的消耗功率，因此

$$\frac{1}{2}\frac{\left|U_2(\mathrm{j}\Omega)\right|^2}{R_L} = \frac{1}{2}R_i(\Omega)\cdot\left|I_1(\mathrm{j}\Omega)\right|^2 \tag{7-25}$$

即

$$\frac{\left|U_2(\mathrm{j}\Omega)\right|^2}{\left|I_1(\mathrm{j}\Omega)\right|^2} = R_L\cdot R_i(\Omega) \tag{7-26}$$

另一方面，由图 7-13 不难看出：

$$\frac{\left|E(\mathrm{j}\Omega)\right|^2}{\left|I_1(\mathrm{j}\Omega)\right|^2} = R_s + Z_i(\mathrm{j}\Omega) \tag{7-27}$$

由式(7-26)和式(7-27)得

$$|H(\mathrm{j}\varOmega)|^2 = \frac{|U_2(\mathrm{j}\varOmega)|^2}{|E(\mathrm{j}\varOmega)|^2} = \frac{|U_2(\mathrm{j}\varOmega)|^2}{|I_1(\mathrm{j}\varOmega)|^2} \cdot \frac{|I_1(\mathrm{j}\varOmega)|^2}{|E(\mathrm{j}\varOmega)|^2} = \frac{R_{\mathrm{L}} \cdot R_{\mathrm{i}}(\varOmega)}{|R_{\mathrm{s}} + Z_{\mathrm{i}}(\mathrm{j}\varOmega)|^2} \tag{7-28}$$

将式(7-28)代入式(7-23)中并整理，得

$$|\rho(\mathrm{j}\varOmega)|^2 = 1 - \frac{4R_{\mathrm{s}}}{R_{\mathrm{L}}}|H(\mathrm{j}\varOmega)|^2 = \frac{|Z_{\mathrm{i}}(\mathrm{j}\varOmega) - R_{\mathrm{s}}|^2}{|Z_{\mathrm{i}}(\mathrm{j}\varOmega) + R_{\mathrm{s}}|^2}$$

由此可得

$$\rho(s) \cdot \rho(-s) = \frac{Z_{\mathrm{i}}(s) - R_{\mathrm{s}}}{Z_{\mathrm{i}}(s) + R_{\mathrm{s}}} \cdot \frac{Z_{\mathrm{i}}(-s) - R_{\mathrm{s}}}{Z_{\mathrm{i}}(-s) + R_{\mathrm{s}}}$$

满足上式的 $\rho(s)$ 为

$$\rho(s) = \pm \frac{Z_{\mathrm{i}}(s) - R_{\mathrm{s}}}{Z_{\mathrm{i}}(s) + R_{\mathrm{s}}}$$

于是

$$Z_{\mathrm{i}}(s) = R_{\mathrm{s}} \frac{1 \pm \rho(s)}{1 \mp \rho(s)} \tag{7-29}$$

已知 $\rho(s)$ 后，则可通过上式求得 $Z_{\mathrm{i}}(s)$。

式(7-29)中的 $Z_{\mathrm{i}}(s)$ 有两个值，也就是说对同一个 $H(s)$ 可能会有两个实现电路；当限定 R_{L} 时，其中的一个 $Z_{\mathrm{i}}(s)$ 可能不满足要求。

3. 实现步骤

滤波器的具体实现步骤如下。

(1)根据式(7-24)，由滤波器的 $H(s)$ 得到 $\rho(s) \cdot \rho(-s)$，用 $\rho(s) \cdot \rho(-s)$ 的左半 s 平面的零极点构成反射系数函数 $\rho(s)$。

(2)根据式(7-29)确定输入阻抗函数 $Z_{\mathrm{i}}(s)$。

(3)按照单端口网络的综合方法实现 $Z_{\mathrm{i}}(s)$。

应该指出，上述讨论注重的是介绍无源滤波器实现的基本原理，当需实现的滤波器阶数高于三阶，按照这一步骤实现滤波器的 $H(s)$ 时，运算将变得十分复杂。显然，要将这一设计方法应用于实践，还必须作进一步的分析和推导，得出易用的设计公式。相关内容可参阅其他文献，这里不再讨论。

【例 7-4】　参见图 7-13，设 $R_{\mathrm{s}} = 1\Omega$，$H(s) = \dfrac{U_2(s)}{E(s)} = \dfrac{K}{s^2 + 3s + 3}$。(1) $R_{\mathrm{L}} = 1\Omega$；(2) $R_{\mathrm{L}} = 2\Omega$。试在两种负载情况下用无源 LC 网络实现 $H(s)$。

解：(1) $H(s)$ 是低通滤波系统函数，当 $R_{\mathrm{L}} = 1\Omega$ 时，可用考尔 I 型实现。

由 $H(s)$ 可求得直流增益为 $H(0) = K/3$。将图 7-9 所示梯形电路和图 7-13 所示的二端口网络结合起来看，由于水平支路为电感，垂直支路为电容，可知相对于图 7-13 所示的二端口，其直流增益为 $R_{\mathrm{L}}/(R_{\mathrm{L}} + R_{\mathrm{s}})$，故有 $H(0) = \dfrac{K}{3} = \dfrac{R_{\mathrm{L}}}{R_{\mathrm{L}} + R_{\mathrm{s}}}$。把 $R_{\mathrm{s}} = 1\Omega$、$R_{\mathrm{L}} = 1\Omega$ 代入可得

$K = \dfrac{3}{2}$。所以

$$\rho(s)\rho(-s) = 1 - \frac{4R_s}{R_L}H(s)H(-s) = 1 - \frac{4 \times 1}{1} \times \frac{3/2}{s^2 + 3s + 3} \times \frac{3/2}{(-s)^2 + 3(-s) + 3}$$

$$= \frac{s(s + \sqrt{3})}{s^2 + 3s + 3} \times \frac{-s(-s + \sqrt{3})}{(-s)^2 + 3(-s) + 3}$$

所以得到 $\rho(s) = \dfrac{s(s + \sqrt{3})}{s^2 + 3s + 3}$。

$Z_i(s)$ 有两个值：

$$Z_{i1}(s) = \frac{1 + \rho(s)}{1 - \rho(s)} = \frac{2s^2 + (3 + \sqrt{3})s + 3}{(3 - \sqrt{3})s + 3}$$

$$Z_{i2}(s) = \frac{1 - \rho(s)}{1 + \rho(s)} = \frac{(3 - \sqrt{3})s + 3}{2s^2 + (3 + \sqrt{3})s + 3}$$

将 $Z_{i1}(s)$、$Z_{i2}(s)$ 进行连分式展开，有

$$Z_{i1}(s) = 1.577s + \cfrac{1}{0.423s + 1}$$

$$Y_{i2}(s) = \frac{1}{Z_{i2}(s)} = \cfrac{1}{1.577s + \cfrac{1}{0.423s + 1}}$$

根据 $Z_{i1}(s)$、$Z_{i2}(s)$ 实现的电路如图 7-14 所示。

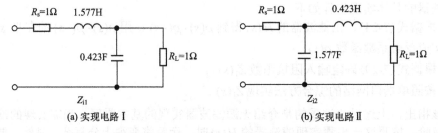

(a) 实现电路 Ⅰ   (b) 实现电路 Ⅱ

图 7-14 $R_L = 1\Omega$ 时 $H(s)$ 的两种实现电路

(2) 当 $R_L = 2\Omega$ 时，$H(0) = \dfrac{K}{3} = \dfrac{R_L}{R_L + R_s}$，即 $K = 2$。可求得 $\rho(s) = \dfrac{s^2 + \sqrt{5}s + 1}{s^2 + 3s + 3}$，由此可得

$$Z_{i1}(s) = \frac{1 + \rho(s)}{1 - \rho(s)} = \frac{2s^2 + (3 + \sqrt{5})s + 4}{(3 - \sqrt{3})s + 2} = 2.618s + \cfrac{1}{1.91s + \cfrac{1}{2}}$$

$$Z_{i2}(s) = \frac{1 - \rho(s)}{1 + \rho(s)} = \frac{(3 - \sqrt{3})s + 2}{2s^2 + (3 + \sqrt{5})s + 4}$$

当 $R_L = 2\Omega$ 时，网络输入端的直流电阻应为 2Ω，而 $Z_{i2}(0) = 1/2$，即直流电阻为 $1/2\Omega$，不

合要求，故应舍弃 $Z_{i2}(s)$ 。 $Z_{i1}(s)$ 的实现电路如图 7-15 所示。

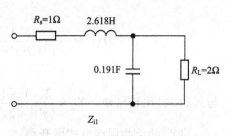

4. 当 $R_s = 0$ 或 $R_L = \infty$ 时的 $H(s)$ 实现

对于 $R_s = 0$ 或 $R_L = \infty$ 的情景，前面介绍的实现方法不能应用。下面针对 $R_s = 0$ 或 $R_L = \infty$ 情况下的实现问题分别作简单介绍。

图 7-15　$R_L = 2\Omega$ 时 $H(s)$ 的实现电路

（1）$R_s = 0$ 时，设双口网络的 y 参数方程为

$$I_1 = Y_{11}U_1 + Y_{12}U_2$$
$$I_2 = Y_{21}U_1 + Y_{22}U_2$$

(7-30)

由图 7-13 所示二端口网络，可知 $U_2 = -I_2 R_L$。将式(7-30)第 2 式代入得

$$U_2 = -I_2 R_L = -(Y_{21}U_1 + Y_{22}U_2)R_L$$

整理得

$$\frac{U_2}{U_1} = \frac{-Y_{21}}{\dfrac{1}{R_L} + Y_{22}}$$

当 $R_s = 0$ 时，$E = U_1$，同时考虑到 $Y_{21} = Y_{12}$，则

$$H(s) = \frac{U_2}{E} = \frac{U_2}{U_1} = \frac{-Y_{12}}{\dfrac{1}{R_L} + Y_{22}}$$

(7-31)

对于无损网络，Y_{22} 和 Y_{12} 一定是奇函数。

当给定 $H(s)$ 时，按照 Y_{22} 和 Y_{12} 一定是奇函数的特性将 $H(s)$ 写成式(7-31)的形式，当实现了 Y_{22} 后，也就实现了 $H(s)$。

设 $H(s) = \dfrac{N(s)}{D(s)} = \dfrac{N(s)}{E_v(s) + O_d(s)}$，令 $E_v(s)$、$O_d(s)$ 分别为分母多项式 $D(s)$ 的偶部、奇部，

当分子多项式 $N(s)$ 为偶次多项式时，应有 $H(s) = \dfrac{N(s)}{D(s)} = \dfrac{\dfrac{N(s)}{O_d(s)}}{1 + \dfrac{E_v(s)}{O_d(s)}}$，当分子多项式 $N(s)$ 为

奇次多项式时，应有 $H(s) = \dfrac{N(s)}{D(s)} = \dfrac{\dfrac{N(s)}{E_v(s)}}{1 + \dfrac{O_d(s)}{E_v(s)}}$，这样可保证 Y_{22} 和 Y_{12} 一定是奇函数。

【例 7-5】　设归一化频率 $\Omega_c = 2\pi \times 10^3 \text{ rad/s}$，负载电阻 $R_L = 1\text{k}\Omega$，电源内阻 $R_s = 0$，试实现三阶巴特沃思低通滤波器。

解： 三阶归一化巴特沃思 $H(s')$ 的分子多项式 $N(s)$ 为偶次多项式，因而

$$H(s')=\frac{1}{(s')^3+2(s')^2+2s'+1}=\frac{\dfrac{N(s)}{O_d(s)}}{1+\dfrac{E_v(s)}{O_d(s)}}=\frac{\dfrac{1}{(s')^3+2s'}}{1+\dfrac{2(s')^2+1}{(s')^3+2s'}}$$

与式（7-31）比较可知，$Y_{22}=\dfrac{2(s')^2+1}{(s')^3+2s'}$，$Y_{12}=-\dfrac{1}{(s')^3+2s'}$。

将 Y_{22} 的倒数用连分式展开得

$$Z_2=\frac{1}{Y_{22}}=\frac{1}{2}s'+\cfrac{1}{\cfrac{4}{3}s'+\cfrac{1}{\cfrac{3}{2}s'}}=L_1's'+\cfrac{1}{C_2's'+\cfrac{1}{L_3's'}}$$

去归一化得到的元件参数值为

$$L_1=\frac{L_1'R_L}{\Omega_c}=80\text{mH}，\qquad C_2=\frac{C_2'R_L}{\Omega_c}=0.212\mu\text{F}，\qquad L_3=\frac{L_3'R_L}{\Omega_c}=239\text{mH}$$

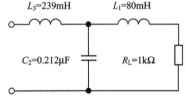

图 7-16　　$R_s=0$ 时的实现电路

电路实现如图 7-16 所示。应特别注意：由于实现的是 Y_{22}，梯形结构的元件是自右（输出端）向左（输入端）排列的。

（2）$R_L=\infty$ 时，二端口网络的 Z 参数方程为

$$U_1=Z_{11}I_1+Z_{12}I_2$$
$$U_2=Z_{21}I_1+Z_{22}I_2$$

当 $R_L=\infty$ 时，$I_2=0$，即 $U_1=Z_{11}I_1$，$U_2=Z_{21}I_1$。同时考虑到 $E=R_sI_1+U_1$，所以

$$H(s)=\frac{U_2}{E}=\frac{Z_{21}I_1}{R_sI_1+U_1}=\frac{Z_{21}I_1}{R_sI_1+Z_{11}I_1}=\frac{Z_{21}}{R_s+Z_{11}}\tag{7-32}$$

对于无损网络，Z_{11} 和 Z_{21} 是奇函数，$Z_{12}=Z_{21}$。将 $H(s)$ 变换为式（7-32）的形式，然后实现 Z_{11} 即可。

设 $H(s)=\dfrac{N(s)}{D(s)}=\dfrac{N(s)}{E_v(s)+O_d(s)}$，令 $E_v(s)$、$O_d(s)$ 分别为分母多项式 $D(s)$ 的偶部、奇部，

当分子多项式 $N(s)$ 为偶次多项式时，应有 $H(s)=\dfrac{N(s)}{D(s)}=\dfrac{\dfrac{N(s)}{O_d(s)}}{1+\dfrac{E_v(s)}{O_d(s)}}$，当分子多项式 $N(s)$ 为

奇次多项式时，应有 $H(s)=\dfrac{N(s)}{D(s)}=\dfrac{\dfrac{N(s)}{E_v(s)}}{1+\dfrac{O_d(s)}{E_v(s)}}$，这样可保证 Z_{11} 和 Z_{21} 一定是奇函数。

【例 7-6】　若归一化电源内阻负载电阻 $R_s'=1\Omega$，$R_L''=\infty$，试实现归一化三阶巴特沃思低通滤波器 $H(s')$。

解： 三阶归一化巴特沃思 $H(s')$ 的分子多项式 $N(s)$ 为偶次多项式，因而

$$H(s')=\frac{1}{(s')^3+2(s')^2+2s'+1}=\frac{\dfrac{N(s')}{O_d(s')}}{1+\dfrac{E_v(s')}{O_d(s')}}=\frac{\dfrac{1}{(s')^3+2s'}}{1+\dfrac{2(s')^2+1}{(s')^3+2s'}}=\frac{Z'_{21}}{R'_s+Z'_{11}}$$

应该实现导纳函数 $Y'_{11}=\dfrac{1}{Z'_{11}}=\dfrac{(s')^3+2s'}{2(s')^2+1}$，连分式展开的结果与上例相同。归一化参数的实现电路如图 7-17 所示。

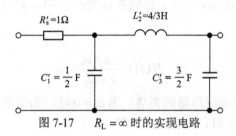

图 7-17　$R_L=\infty$ 时的实现电路

7.4　有源模拟滤波器的实现

7.4.1　有源模拟滤波器概述

无源滤波器具有易于实现的优点，但由于电感元件的存在，具有电路体积大、制造成本高的缺点，并且低频时性能较差。20 世纪 60 年代中期，集成运算放大器开始商品化，有源 RC 滤波器得到了很大发展。

有源电路有很多优点：一是体积小、重量轻；二是可获得一定的增益，使电路更加灵活；三是转移函数各参数可以做到独立调节，而不互相影响；四是当电路的输出量从运算放大器的输出端取出时，整个电路具有低的输出阻抗。这样，在电路接上负载以后，不会影响电路的转移函数，便于各电路的直接级联。有源滤波器的不足之处是由于受到有源器件有限带宽的影响，工作频率较无源电路低，另外，由于参数灵敏度高，电路的可靠性和稳定性较差。

有源网络综合与无源网络综合类似，首先根据给定的技术要求求出可以实现的转移函数，然后对转移函数用有源 RC 网络进行综合。其实现的路径有两种，一种是把转移函数先用无源网络实现，然后把其中的电感元件用其他方法实现（例如，可用回转器和电容实现电感），这种方法称为有源模拟法；另一种方法是直接由转移函数实现有源 RC 网络，需用到级联连接，称为级联法。

用级联法实现网络的过程是先把转移函数分解为若干低阶转移函数之积，然后分别将这些低阶函数实现后，再进行级联构成网络，如网络转移函数为

$$H(s)=\frac{a_m s^m+a_{m-1}s^{m-1}+\cdots+a_1 s+a_0}{b_n s^n+b_{n-1}s^{n-1}+\cdots+b_1 s+b_0} \tag{7-33}$$

可把转移函数分解为若干个一阶或二阶转移函数的乘积，如下所示：

$$H(s)=H_1(s)H_2(s)\cdots H_k(s) \tag{7-34}$$

式中，$H_1(s), H_2(s), \cdots, H_k(s)$ 为一阶或二阶函数，$k \leqslant n$。

7.4.2　一阶转移函数实现电路

典型的一阶系统转移函数为

$$H(s) = \frac{a_1 s + a_0}{s + b_0} \tag{7-35}$$

该滤波电路的传输极点为 $s = -b_0$，传输零点为 $s = -\dfrac{a_0}{a_1}$。式(7-35)也可表示为截止频率 Ω_0 的形式：

$$H(s) = \frac{a_1 s + a_0}{s + \Omega_0} \tag{7-36}$$

分子的系数 a_0 和 a_1 决定滤波器的类型。当 $a_1 = 0$ 时，为低通滤波器；当 $a_0 = 0$ 时，为高通滤波器；当 $a_0 = -a_1 \Omega_0$ 时，为全通滤波器。

一阶低通滤波器的转移函数为

$$H(s) = \frac{a_0}{s + \Omega_0} \tag{7-37}$$

实现以上转移函数的有源电路如图 7-18 所示，该电路满足 $\Omega_0 = \dfrac{1}{R_2 C}$，直流增益为 $-\dfrac{R_2}{R_1}$。

一阶高通滤波器的转移函数为

$$H(s) = \frac{a_1 s}{s + \Omega_0} \tag{7-38}$$

实现以上转移函数的有源电路如图 7-19 所示，该电路满足 $\Omega_0 = \dfrac{1}{R_1 C}$，高频增益为 $-\dfrac{R_2}{R_1}$。

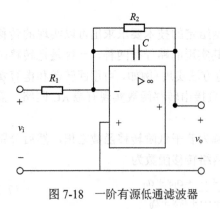

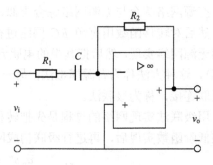

图 7-18　一阶有源低通滤波器　　　　　　图 7-19　一阶有源高通滤波器

7.4.3　二阶转移函数实现电路

1. 二阶系统及其一般描述

二阶系统是构成高阶系统的基本模块，二阶系统的转移函数为

$$H(s) = \frac{N(s)}{D(s)} = \frac{a_2 s^2 + a_1 s + a_0}{s^2 + b_1 s + b_0} = H_0 \times \frac{s^2 + \frac{\Omega_z}{Q_z} s + \Omega_z^2}{s^2 + \frac{\Omega_p}{Q_p} s + \Omega_p^2} \tag{7-39}$$

通过合理设置转移函数的极点并调整二阶系统表达式的分子可实现各种二阶滤波函数。当 $a_1 = a_2 = 0$ 时，可实现二阶低通滤波函数；当 $a_0 = a_1 = 0$ 时，可实现二阶高通滤波函数；当 $a_0 = a_2 = 0$ 时，可实现二阶带通滤波函数；当 $a_1 = 0$ 时，可实现二阶带阻滤波函数；当 $a_0 = b_0$，$a_1 = -b_1$，$a_2 = 1$ 时，可实现二阶全通滤波函数。

2. 双二次型电路结构

双二次型有源 RC 电路(也称双二次节)是实现高阶有源滤波器的基本电路，它由一个 RC 网络和一个运算放大器组成。按照 RC 网络与运算放大器输入端连接方式的不同，双二次型电路分为正反馈和负反馈两种，分别如图 7-20、图 7-21 所示。图 7-20 之所以称为正反馈结构，是因为这种结构中，作为反馈电路的 RC 网络有一个端纽接到运算放大器的输出端，一个端纽接到运算放大器的同相端，构成正反馈；图 7-21 之所以称为负反馈结构，是因为这种结构中，作为反馈电路的 RC 网络有一个端纽接到运算放大器的输出端，一个端纽接到运算放大器的反相端，构成负反馈。

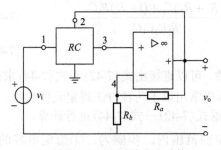　　　　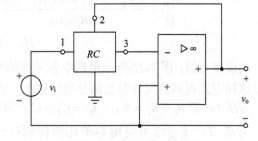

图 7-20　正反馈电路结构　　　　　　　图 7-21　负反馈电路结构

3. 二阶低通滤波器的实现

二阶低通滤波器的转移函数为

$$H(s) = \frac{a_0}{s^2 + b_1 s + b_0} = H_0 \times \frac{\Omega_p^2}{s^2 + \frac{\Omega_p}{Q_p} s + \Omega_p^2} \tag{7-40}$$

利用图 7-20 的正反馈结构 RC 网络实现的二阶低通滤波器如图 7-22 所示，称为

Sallen-Key 低通滤波器。经过推导，可得该电路的转移函数为

$$\frac{V_o(s)}{V_i(s)} = \frac{\dfrac{K}{R_1 R_2 C_1 C_2}}{s^2 + s\left(\dfrac{1}{R_1 C_2} + \dfrac{1}{R_2 C_2} + \dfrac{1-K}{R_2 C_1}\right) + \dfrac{1}{R_1 R_2 C_1 C_2}} \tag{7-41}$$

式中，$K = 1 + \dfrac{R_a}{R_b}$。

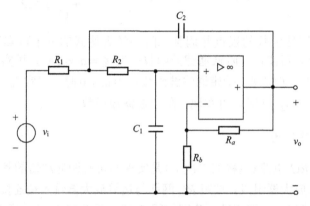

图 7-22　Sallen-Key 低通滤波器

将式(7-41)和式(7-40)进行比较，可得电路参数与元件值的关系如下：

$$\Omega_p = \frac{1}{\sqrt{R_1 R_2 C_1 C_2}} \tag{7-42}$$

$$\frac{\Omega_p}{Q} = \frac{R_1 C_1 + R_2 C_1 + R_1 C_2 (1-K)}{R_1 R_2 C_1 C_2} = \frac{(R_1 + R_2)C_1 + (1-K)R_1 C_2}{R_1 R_2 C_1 C_2} \tag{7-43}$$

$$H_0 = K \tag{7-44}$$

从原理上讲，图 7-22 所示电路中各元件的参数，可以直接由式(7-42)～式(7-44)求得，但以这种方式得到的元件参数值分散性较大。实际中常用以下两种方法确定元件参数。

方法 1：取 $R_1 = R_2 = R$，　$C_1 = C_2 = C$，再根据式(7-42)～式(7-44)进行计算。

方法 2：该方法可将电容的比值控制在一定的范围内。步骤为：①给定电容的比值 α，即令 $C_1 = C$，$C_2 = \alpha C$；②由给定的 Ω_p、Q 和 K，根据式(7-42)～式(7-44)求出其他元件值。这样求出的电阻值 R_1 和 R_2 一般不相等，其比值 β 符合关系 $\beta = \left[\dfrac{\sqrt{\alpha}}{2Q} \pm \sqrt{\dfrac{\alpha}{4Q^2} + (K-1)\alpha - 1}\right]^2$；③$\alpha$ 的取值 $K=1$ 时，$\alpha > 4Q^2$；$K=2$ 时，$\alpha \geqslant \dfrac{1}{1 + \dfrac{1}{4Q^2}}$。

【例 7-7】　Sallen-Key 低通滤波器如图 7-22 所示，要求设计一个 $\Omega_p = 10^4\,\text{rad/s}$，$Q = 1/\sqrt{2}$ 的 Sallen-Key 低通滤波器，分别用两种方法求电路参数。

解：方法 1：(1)电路参数与元件值的关系为

$$\Omega_p = \frac{1}{\sqrt{R_1 R_2 C_1 C_2}}, \qquad Q = \frac{\sqrt{R_1 R_2 C_1 C_2}}{(R_1 + R_2)C_1 + (1-K)R_1 C_2}$$

(2)取 $R_1 = R_2 = R$，$C_1 = C_2 = C = 1 \times 10^{-9}\text{F}$。

(3)根据给定的 Ω_p，求出 R。

根据题意有

$$\Omega_p = \frac{1}{\sqrt{R_1 R_2 C_1 C_2}} = \frac{1}{RC} = 10^4$$

所以

$$R = \frac{1}{10^4 C} = \frac{1}{10^4 \times 10^{-9}} = 10^5 = 100(\text{k}\Omega)$$

(4)根据给定的 Q，求出 K。

因为

$$Q = \frac{\sqrt{R_1 R_2 C_1 C_2}}{(R_1 + R_2)C_1 + (1-K)R_1 C_2} = \frac{RC}{2RC + (1-K)RC} = \frac{1}{3-K}$$

所以

$$K = \frac{1}{3-Q} = \frac{1}{3-\sqrt{2}} = 1.268，取 K = 2$$

(5)根据求出的 K 值，确定 R_a 和 R_b。

因为　$K = 1 + \dfrac{R_a}{R_b} = 2$，所以 $R_a = R_b$，取 $R_a = R_b = 10\text{k}\Omega$。

方法 2：(1)取 $C_2 = \alpha C_1 = \alpha C$，其中 α 应满足 $\alpha > 4Q^2 = 2$，取 $\alpha = 2$。即设 $C_2 = 2C_1 = 2C$，若取 $C = 0.01\mu\text{F}$，则有 $C_1 = 0.01\mu\text{F}$，$C_2 = 0.02\mu\text{F}$。

(2)根据给定的 Ω_p 和 K 值，求出 R。 设两电阻之比为 β，即设 $R_1 = R$，$R_2 = \beta R$，再设 $K = 1$。 根据题意知 β 必须满足

$$\beta = \left[\frac{\sqrt{\alpha}}{2Q} \pm \sqrt{\frac{\alpha}{4Q^2} + (K-1)\alpha - 1}\right]^2 = \left[\frac{\sqrt{2}}{2\frac{1}{\sqrt{2}}} \pm \sqrt{\frac{2}{4\left(\frac{1}{\sqrt{2}}\right)^2} + (1-1)\times 2 - 1}\right]^2 = 1$$

根据题意有

$$\Omega_p = \frac{1}{\sqrt{R_1 R_2 C_1 C_2}} = \frac{1}{\sqrt{R \times \beta R \times C \times 2C}} = \frac{1}{\sqrt{2\beta}RC} = \frac{1}{\sqrt{2}R \times 10^{-8}} = 10^4$$

所以

$$R = \frac{1}{\sqrt{2\beta} \times 10^{-4}} = 7.07\text{k}\Omega$$

最终有

$$R_1 = R_2 = 7.07\text{k}\Omega$$

(3) 根据给出的 K 值，确定 R_a 和 R_b。

因为

$$K = 1 + \frac{R_a}{R_b} = 1$$

所以

$$R_a = 0(R_a 短路), \quad R_b = \infty(R_b 开路)$$

利用负反馈结构实现的低通滤波器如图 7-23 所示。它实际上是一种多路反馈低通滤波器，从运算放大器的输出端到反相输入端有两个反馈通路。由于电路为负反馈结构，不会出现振荡或不稳定的现象。

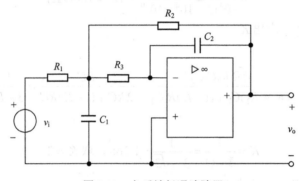

图 7-23　负反馈低通滤波器

图 7-23 电路的转移函数为

$$\frac{V_o(s)}{V_i(s)} = \frac{-\dfrac{1}{R_1 R_3 C_1 C_2}}{s^2 + s\left(\dfrac{1}{R_1} + \dfrac{1}{R_2} + \dfrac{1}{R_3}\right)\dfrac{1}{C_1} + \dfrac{1}{R_2 R_3 C_1 C_2}} \tag{7-45}$$

将式(7-45)与标准的二阶低通转移函数式(7-39)比较，可求得

$$\Omega_p = \frac{1}{\sqrt{R_2 R_3 C_1 C_2}}$$

$$Q = \frac{\sqrt{R_2 R_3 C_1 C_2}}{\left(\dfrac{R_2 R_3}{R_1} + R_2 + R_3\right) C_2}$$

$$|H_0| = \frac{R_2}{R_1}$$

4. 其他类型二阶滤波器的实现

1) 二阶带通滤波器

二阶带通滤波器的转移函数为

$$H(s) = \frac{a_1 s}{s^2 + b_1 s + b_0} = H_0 \times \frac{\dfrac{\Omega_z}{Q_z} s}{s^2 + \dfrac{\Omega_p}{Q_p} s + \Omega_p^2} \tag{7-46}$$

正反馈结构的 Sallen-Key 二阶带通滤波器电路如图 7-24 所示。

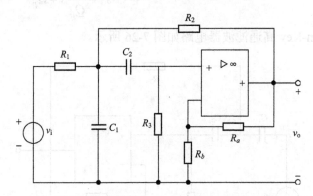

图 7-24　正反馈结构的 Sallen-Key 带通滤波器电路

图 7-24 所示电路的转移函数为

$$\frac{V_o(s)}{V_i(s)} = \frac{s\dfrac{K}{R_1 C_1}}{s^2 + s\left[\left(\dfrac{1}{R_1} + \dfrac{1}{R_2}\right)\dfrac{1}{C_1} + \dfrac{1}{R_3}\left(\dfrac{1}{C_1} + \dfrac{1}{C_2}\right) - K\dfrac{1}{R_2 C_1}\right] + \left(\dfrac{1}{R_1} + \dfrac{1}{R_2}\right)\dfrac{1}{R_3 C_1 C_2}} \tag{7-47}$$

式中，$K = 1 + R_a/R_b$。

负反馈结构的 Delyiannis 二阶带通滤波器如图 7-25 所示。

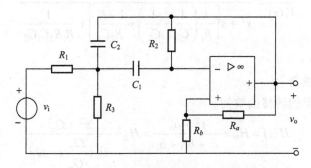

图 7-25　负反馈结构的 Delyiannis 二阶带通滤波器

图 7-25 所示电路的转移函数为

$$\frac{V_o(s)}{V_i(s)} = \frac{-s\dfrac{1}{R_1 C_2}\dfrac{K}{K-1}}{s^2 + s\left[\dfrac{1}{R_2}\left(\dfrac{1}{C_1} + \dfrac{1}{C_2}\right) + \left(\dfrac{1}{1-K}\right)\left(\dfrac{1}{R_1} + \dfrac{1}{R_3}\right)\dfrac{1}{C_2}\right] + \left(\dfrac{1}{R_1} + \dfrac{1}{R_3}\right)\dfrac{1}{R_2 C_1 C_2}} \tag{7-48}$$

式中，$K = 1 + R_a/R_b$。

2）二阶高通滤波器

二阶高通滤波器的转移函数为

$$H(s) = H_0 \times \frac{s^2}{s^2 + b_1 s + b_0} = H_0 \times \frac{s^2}{s^2 + \dfrac{\Omega_p}{Q_p} s + \Omega_p^2} \tag{7-49}$$

正反馈结构的 Sallen-Key 高通滤波器电路如图 7-26 所示。

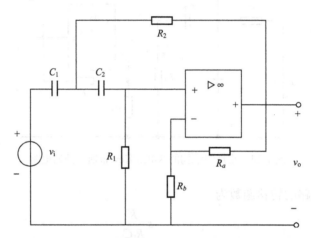

图 7-26　正反馈结构的 Sallen-Key 高通滤波器电路

图 7-26 所示电路的转移函数为

$$\frac{V_o(s)}{V_i(s)} = \frac{K s^2}{s^2 + s\left[\dfrac{1}{R_1}\left(\dfrac{1}{C_1} + \dfrac{1}{C_2} \right) + \dfrac{1-K}{R_2 C_1} \right] + \dfrac{1}{R_1 R_2 C_1 C_2}} \tag{7-50}$$

式中，$K = 1 + R_a/R_b$。

3）二阶带阻滤波器

二阶带阻滤波器的转移函数为

$$H(s) = H_0 \times \frac{s^2 + a_0}{s^2 + b_1 s + b_0} = H_0 \times \frac{s^2 + \Omega_z^2}{s^2 + \dfrac{\Omega_p}{Q_p} s + \Omega_p^2} \tag{7-51}$$

正反馈结构的带阻滤波器电路如图 7-27 所示。

设计过程中，图 7-27 中各参数之间的关系确定为 $R_1 = R_2 = R$，$R_3 = R/2$，$R_4 = R/\beta$，$C_1 = C_2 = C$，$C_3 = 2C$，$C_4 = \alpha C$，$K = 1 + R_a/R_b$；相关方程为 $H_0 = \dfrac{K}{1 + 2\beta}$，$\Omega_z = \dfrac{1}{RC}$，$\Omega_p = \Omega_z \sqrt{\dfrac{1 + 2\beta}{1 + 2\alpha}}$，$\Omega_p = \Omega_z \sqrt{\dfrac{1 + 2\beta}{1 + 2\alpha}}$。

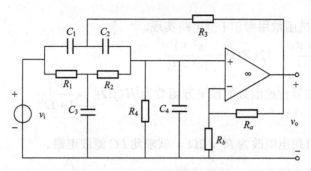

图 7-27　正反馈结构的带阻滤波器电路

有源滤波器中的电阻可用开关电容实现。在集成电路芯片中，用开关电容实现的电阻较直接实现的电阻占用的面积小，还可采用开关电流技术进一步减小芯片面积，降低成本。目前已有多款集成有源滤波器产品出现，并广泛应用于众多的电子产品中。

习　　题

7.1　下列各函数是否为可实现系统的频率特性幅度模平方函数？如果是，请求出相应的最小相移系统函数；如果不是，请说明理由。

(1) $|H(\mathrm{j}\Omega)|^2 = \dfrac{1}{\Omega^4 + \Omega^2 + 1}$；　(2) $|H(\mathrm{j}\Omega)|^2 = \dfrac{1+\Omega^4}{\Omega^4 - 3\Omega^2 + 2}$；

(3) $|H(\mathrm{j}\Omega)|^2 = \dfrac{100 - \Omega^4}{\Omega^4 + 20\Omega^2 + 10}$。

7.2　给定 $|H(\mathrm{j}\Omega)|^2 = \dfrac{1}{1 + 64\Omega^6}$，确定模拟滤波器的系统函数 $H(s)$。

7.3　给定低通滤波器的指标为通带边界频率 $\Omega_p = 2\pi \times 50 \times 10^3 \mathrm{rad/s}$，衰减 $\alpha_p \leqslant 3\mathrm{dB}$；阻带某点 $\Omega_s = 2\pi \times 100 \times 10^3 \mathrm{rad/s}$，衰减 $\alpha_s \geqslant 15\mathrm{dB}$。试确定巴特沃思滤波器的阶数及其传递函数。

7.4　给定模拟低通滤波器的设计指标为：$f_p = 25\mathrm{Hz}$，$\alpha_p = 3\mathrm{dB}$；$f_s = 50\mathrm{Hz}$，$\alpha_s = 25\mathrm{dB}$，试确定巴特沃思滤波器的阶数及其传递函数。

7.5　给定低通滤波器的指标为：通带允许起伏 $1\mathrm{dB}$，通带边界频率 $\Omega_p = 2\pi \times 10^4 \mathrm{rad/s}$，阻带某点 $\Omega_s = 2\pi \times 2 \times 10^4 \mathrm{rad/s}$，$\alpha_s \geqslant 15\mathrm{dB}$，试确定切比雪夫 I 型低通滤波器阶数，并给出传递函数。

7.6　确定巴特沃思高通滤波器的传递函数，要求通带边界频率 $f_p = 4\mathrm{kHz}$ 时，$\alpha_p \leqslant 3\mathrm{dB}$；阻带某点频率 $f_s = 2\mathrm{kHz}$，$\alpha_s \geqslant 15\mathrm{dB}$。

7.7　带通滤波器技术指标为 $\alpha_p \leqslant 3\mathrm{dB}$，$\alpha_s \geqslant 35\mathrm{dB}$，通带边界频率分别为 $\Omega_{p1} = 5000\mathrm{rad/s}$，$\Omega_{p2} = 10000\mathrm{rad/s}$；阻带边界频率分别为 $\Omega_{s1} = 2250\mathrm{rad/s}$，$\Omega_{s1} = 22222\mathrm{rad/s}$。试设计巴特沃思滤波器。

7.8　一个带通滤波器的技术指标为 $f_{p1} = 2760\mathrm{Hz}$，$f_{p1} = 2850\mathrm{Hz}$；$\alpha_p \leqslant 0.5\mathrm{dB}$；阻带边界频率分别为 $f_{s1} = 2630\mathrm{Hz}$，$f_{s2} = 2995\mathrm{Hz}$，$\alpha_s \geqslant 25\mathrm{dB}$。试设计切比雪夫 I 型滤波器。

7.9 将下列阻抗函数用考尔 I 型电路实现。

(1) $Z(s) = \dfrac{2s^3 + 8s}{s^2 + 1}$; (2) $Z(s) = \dfrac{s^2 + 1}{2s^3 + 3s}$ 。

7.10 低通滤波器传递函数的模平方函数为 $\left| H(\mathrm{j}\Omega) \right|^2 = \dfrac{H_0^2}{1 + \Omega^6}$, $R_s = R_L = 1\Omega$, 试求此 LC 滤波电路。

7.11 将上题负载电阻改为 $R_L = 2\Omega$, 试求此 LC 滤波电路。

7.12 已知负载电阻为 1Ω , 给出实现 $H(s) = \dfrac{s^2}{s^4 + 3s^3 + 7s^2 + 7s + 6}$ 的 LC 网络。

7.13 电源阻抗为 0Ω , 负载为 1Ω 和 50Ω , 分别给出实现下列传递函数的电路。

$$H(s) = H_0 \frac{s}{(s+1)\left[(s + \frac{1}{2})^2 + \frac{3}{4} \right]}$$

7.14 电源阻抗为 1Ω 和 50Ω , 负载开路, 分别给出实现下列传递函数的电路。

$$H(s) = H_0 \frac{s}{(s+1)\left[(s + \frac{1}{2})^2 + \frac{3}{4} \right]}$$

7.15 试用 Sallen-Key 电路设计方法 1 设计一个二阶低通滤波器, 该滤波器的极点频率为 $100\mathrm{rad/s}$, $Q = 10$, 并选取 $C = 1\mu\mathrm{F}$ 。

7.16 低通电路的电压转移函数 $H(s) = \dfrac{K_0}{s^2 + 100s + 25 \times 10^4}$ 。

(1) 试用 Sallen-Key 电路加以实现;

(2) 若要求直流增益为 0dB, 求此时电路。

7.17 用 Sallen-Key 电路设计一个二阶带通滤波器, 该滤波器的极点频率为 $100\mathrm{rad/s}$, $Q = 10$ 。

7.18 试用 Delyiannis 电路实现带通函数 $H(s) = \dfrac{400s}{s^2 + 400s + 10^8}$ 。

7.19 试用 Sallen-Key 电路实现高通函数 $H(s) = \dfrac{s^2}{s^2 + 200s + 64 \times 10^4}$ 。

7.20 试用 Sallen-Key 电路实现带阻函数 $H(s) = \dfrac{s^2 + 10^8}{s^2 + 2 \times 10^3 s + 4 \times 10^8}$ 。

习题参考答案

7.1 (1) 是, $H(s) = \dfrac{1}{s^2 + \sqrt{3}s + 1}$; (2) 和 (3) 都不是。

7.2 $H(s) = \dfrac{0.125}{(s + 0.5)(s^2 + 0.5s + 0.25)}$ 。

7.3 阶数 $N = 3$, 归一化传递函数为 $H(\overline{s}) = \dfrac{1}{\overline{s}^3 + 2\overline{s}^2 + 2\overline{s} + 1}$, 令 $\overline{s} = s / \Omega_p$, 可求得去归一化传递函数 $H(s)$ 。

7.4 阶数 $N=5$，归一化传递函数为

$$H(s) = \frac{1}{s^5 + 3.236068s^4 + 5.235068s^3 + 5.235068s^2 + 3.236068s + 1}$$，去归一化传递函数为

$$H(s) = \frac{1}{1.048 \times 10^{-11}s^5 + 5.326 \times 10^{-9}s^4 + 5.326 \times 10^{-9}s^4 + 1.095 \times 10^{-6}s^3 + 1.719 \times 10^{-4}s^2 + 0.021s + 1}$$。

7.5 阶数 $N=3$，归一化传递函数 $H(\overline{s}) = \dfrac{0.4913}{\overline{s}^3 + 0.9883\overline{s}^2 + 1.2384\overline{s} + 0.4913}$，去归一化传递函数为

$$H(s) = \frac{1.2187 \times 10^{14}}{s^3 + 6.2104 \times 10^4 s^2 + 4.8893 \times 10^9 s + 1.2187 \times 10^{14}}$$。

7.6 高通滤波器指标转化为低通滤波器指标，低通滤波器为 $H(s_{\mathrm{L}}) = \dfrac{1}{s_{\mathrm{L}}^3 + 2s_{\mathrm{L}}^2 + 2s_{\mathrm{L}} + 1}$，高通滤波器为

$$H(s_{\mathrm{H}}) = \frac{s_{\mathrm{H}}^3}{s_{\mathrm{H}}^3 + 2s_{\mathrm{H}}^2 + 2s_{\mathrm{H}} + 1}$$。 将 $s_{\mathrm{H}} = \mathrm{j}\Omega / \Omega_p$ 代入，可得高通滤波器频率特性为

$$H(\mathrm{j}\Omega) = \frac{\mathrm{j}\Omega^3}{\mathrm{j}\Omega^3 + 2\Omega_p \Omega^2 - \mathrm{j}2\Omega_p^2 \Omega - \Omega_p^3}$$，其中 $\Omega_p = 2\pi \times 4 \times 10^3 (\mathrm{rad/s})$。

7.7 略

7.8 略

7.9 （1） $Z(s) = 2s + \dfrac{1}{\dfrac{1}{6}s + \dfrac{1}{6s}} = sL_1 + \dfrac{1}{sC_2 + \dfrac{1}{sL_3}}$，电路如题 7.9 用图 (a) 所示；

（2） $Z(s) = \dfrac{1}{2s + \dfrac{1}{s + \dfrac{1}{s}}} = \dfrac{1}{sC_2 + \dfrac{1}{sL_3 + \dfrac{1}{sC_4}}}$，电路如题 7.9 用图 (b) 所示。

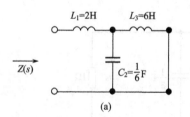 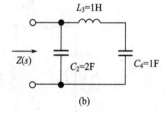

题 7.9 用图

7.10 取左半平面极点，有 $H(s) = \dfrac{H_0}{s^3 + 2s^2 + 2s + 1}$， $H(0) = H_0 = \dfrac{1}{2}$， $\rho(s) = \dfrac{s^3}{s^3 + 2s^2 + 2s + 1}$，

$$Z_{\mathrm{i}} = \frac{1 + \rho(s)}{1 - \rho(s)} R_1 = \frac{2s^3 + 2s^2 + 2s + 1}{2s^2 + 2s + 1} = s + \frac{1}{2s + \frac{1}{s + \frac{1}{1}}}$$，电路如题 7.10 用图 (a) 所示。

或者 $Z_{\mathrm{i}} = \dfrac{1 - \rho(s)}{1 + \rho(s)} R_1 = \dfrac{2s^2 + 2s + 1}{2s^3 + 2s^2 + 2s + 1} = \dfrac{1}{s + \dfrac{1}{2s + \dfrac{1}{s + \dfrac{1}{1}}}}$，电路如题 7.10 用图 (b) 所示。

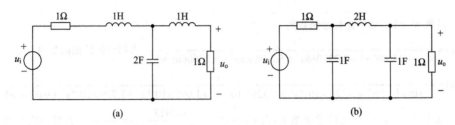

题 7.10 用图

7.11　$H(0) = H_0 = \dfrac{2}{3}$,　$\rho(s)\rho(-s) = \dfrac{\dfrac{1}{9} - s^6}{(s^3 + 2s^2 + 2s + 1)(-s^3 + 2s^2 - 2s + 1)}$,

$\rho(s) = \dfrac{s^3 + \dfrac{1}{3}}{s^3 + 2s^2 + 2s + 1}$（零点没有全部取左半平面），

$Z_i = \dfrac{1 + \rho(s)}{1 - \rho(s)} R_1 = \dfrac{2s^3 + 2s^2 + 2s + \dfrac{3}{4}}{2s^2 + 2s + \dfrac{2}{3}} = s + \dfrac{1}{\dfrac{3}{2}s + \dfrac{1}{2s + \dfrac{2}{1}}}$。

实现电路略。

7.12　$Y_{22}(s) = \dfrac{s^4 + 7s^2 + 6}{3s^3 + 7s} = \dfrac{s}{3} + \dfrac{1}{\dfrac{9}{14}s + \dfrac{1}{\dfrac{21}{11s} + \dfrac{1}{\dfrac{33}{49s}}}}$,　实现电路如题 7.12 用图所示。

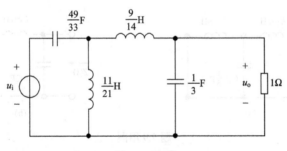

题 7.12 用图

7.13　$Z_{22} = \dfrac{\dfrac{1}{2}}{s} + \dfrac{\dfrac{3}{2}s}{s^2 + 2} = \dfrac{1}{2s} + \dfrac{1}{\dfrac{2}{3}s + \dfrac{4}{3s}} = \dfrac{1}{sC_1} + \dfrac{1}{sC_2 + \dfrac{1}{sL_1}}$,　负载为 1Ω, 实现电路如题 7.13 用图 (a) 所示;

负载为 50Ω, 实现电路如题 7.13 用图 (b) 所示。

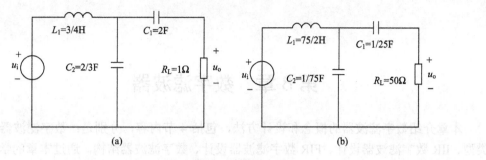

题 7.13 用图

7.14　$Z_{11} = \dfrac{1}{2}s + \dfrac{\dfrac{3}{4}s}{s^2 + \dfrac{1}{2}} = \dfrac{1}{2}s + \dfrac{1}{\dfrac{4}{3}s + \dfrac{2}{3s}} = sL_1 + \dfrac{1}{sC_1 + \dfrac{1}{sL_2}}$。　电源电阻为 1Ω，实现电路如题 7.14 用图

(a) 所示；电源电阻为 50Ω，实现电路如题 7.14 用图 (b) 所示。

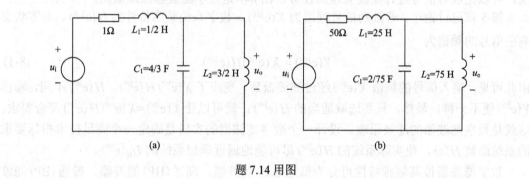

题 7.14 用图

7.15～7.20　略

第8章 数字滤波器

本章介绍数字滤波器的概念和设计方法，包括 4 节内容，分别是：数字滤波器原理与类型、IIR 数字滤波器设计、FIR 数字滤波器设计、数字滤波器结构。通过本章的学习，读者应建立数字滤波器的概念，具备对数字滤波器进行设计的基本能力。

8.1 数字滤波器原理与类型

数字滤波器通常是指用一种算法(程序)或者数字电路实现的线性时不变离散时间系统，可以完成对信号进行滤波处理的任务。图 8-1 是数字滤波器原理框图。

第 5 章已讨论过，若激励信号频谱为 $X(e^{j\omega})$，数字系统频率特性为 $H(e^{j\omega})$，则零状态响应信号的频谱为

$$Y(e^{j\omega}) = X(e^{j\omega})H(e^{j\omega}) \tag{8-1}$$

由此可见，输入信号的频谱 $X(e^{j\omega})$ 经过滤波器后，变成了 $X(e^{j\omega})H(e^{j\omega})$。$H(e^{j\omega})$ 不同，输出 $Y(e^{j\omega})$ 便不一样。显然，只要选取适当的 $H(e^{j\omega})$，就可以让 $Y(e^{j\omega})=X(e^{j\omega})H(e^{j\omega})$ 符合要求，这就是数字滤波器的滤波原理。设计一个数字滤波器的实质是确定一个满足技术指标要求的系统函数 $H(z)$，使实际系统的 $H(e^{j\omega})$ 尽可能地逼近理想系统的 $H_d(e^{j\omega})$。

数字滤波器按其幅频特性可分为低通(LP)滤波器、高通(HP)滤波器、带通(BP)滤波器、带阻(BS)滤波器，理想低通滤波器的频率特性如图 8-2 所示。

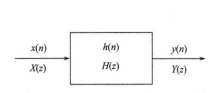

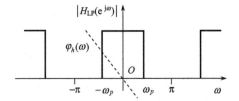

图 8-1 数字滤波器原理框图　　　　图 8-2 理想低通数字滤波器的频率特性

实际上，图 8-2 所示的理想滤波器的幅频特性在物理上是不可实现的。实际中可实现的数字低通滤波器的一种幅频特性如图 8-3 所示。

图 8-3 中，ω_p 和 ω_s 分别称为通带截止频率和阻带截止频率。通带内允许的最大衰减用 α_p 表示，阻带内允许的最小衰减用 α_s 表示。 实际中数字滤波器的幅频特性一般采用对数单位 dB。当幅频特性采用对数单位时，可以得到通带内允许的最大衰减 α_p 和阻带内允许的最小衰减 α_s 分别为

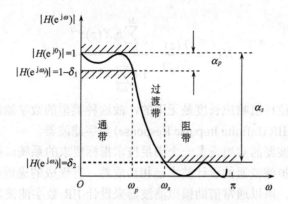

图 8-3　实际数字低通滤波器的幅频特性及技术指标

$$\alpha_p = 20\lg\frac{\left|H(\mathrm{e}^{\mathrm{j}0})\right|}{\left|H(\mathrm{e}^{\mathrm{j}\omega_p})\right|} = 20\lg\left|H(\mathrm{e}^{\mathrm{j}0})\right| - 20\lg\left|H(\mathrm{e}^{\mathrm{j}\omega_p})\right|$$

$$\alpha_s = \lg 20\lg\frac{\left|H(\mathrm{e}^{\mathrm{j}0})\right|}{\left|H(\mathrm{e}^{\mathrm{j}\omega_s})\right|} = 20\lg\left|H(\mathrm{e}^{\mathrm{j}0})\right| - 20\lg\left|H(\mathrm{e}^{\mathrm{j}\omega_s})\right|$$

幅度归一化后两式可表示为

$$\alpha_p = -20\lg\left|H(\mathrm{e}^{\mathrm{j}\omega_p})\right| = -20\lg(1-\delta_1)$$

$$\alpha_s = -20\lg\left|H(\mathrm{e}^{\mathrm{j}\omega_s})\right| = -20\lg\delta_2$$

如果一个数字滤波器的输出序列 $y(n)$ 只取决于有限个现在的和过去的输入序列 $x(n)$，$x(n-1)$，$\cdots$，$x(n-M)$，那么这个滤波器的输入-输出关系可用如下的差分方程来表示：

$$y(n) = \sum_{i=0}^{M} b_i x(n-i) = \sum_{i=0}^{M} h(i)x(n-i)$$

当 $i>M$ 时，$h(i)=0$，也就是说，这个数字滤波器的单位样值响应长度是有限的。z 变换可得系统函数为

$$H(z) = \sum_{i=0}^{M} b_i X(z)z^{-i} \tag{8-2}$$

这种类型的数字滤波器称为有限冲激响应数字滤波器，简称 FIR（Finite Impulse Response）数字滤波器。

如果一个数字滤波器的输出序列 $y(n)$ 不仅取决于现在的和过去的输入，还取决于过去的输出，那么这个滤波器的输入-输出关系可用如下的差分方程来表示：

$$y(n) + \sum_{j=1}^{N} a_j y(n-j) = \sum_{i=0}^{M} b_i x(n-i) \tag{8-3}$$

z 变换可得系统函数为

$$H(z) = \frac{Y(z)}{X(z)} = \frac{\displaystyle\sum_{i=0}^{M} b_i X(z) z^{-i}}{1 + \displaystyle\sum_{i=1}^{N} a_i Y(z) z^{-j}} \tag{8-4}$$

这种数字滤波器的单位样值响应长度是无限的，故这种类型的数字滤波器称为无限冲激响应数字滤波器，简称 IIR(Infinite Impulse Response)数字滤波器。

设计一个数字滤波器的实质是求一个满足技术指标要求的系统函数 $H(z)$。对 IIR 数字滤波器来说，由于模拟滤波器的设计技术已相当成熟，有现成的逼近函数，如巴特沃思函数、切比雪夫函数等，所以通常借助模拟滤波器来设计 IIR 数字滤波器；对 FIR 数字滤波器来说，由于不能通过模拟滤波器的设计转换得到，一般采用窗函数、频率采样等方法来进行设计。

8.2　IIR 数字滤波器设计

将模拟滤波器转变为数字滤波器的方法一般有两种：脉冲响应不变法和双线性变换法，流程见图 8-4。

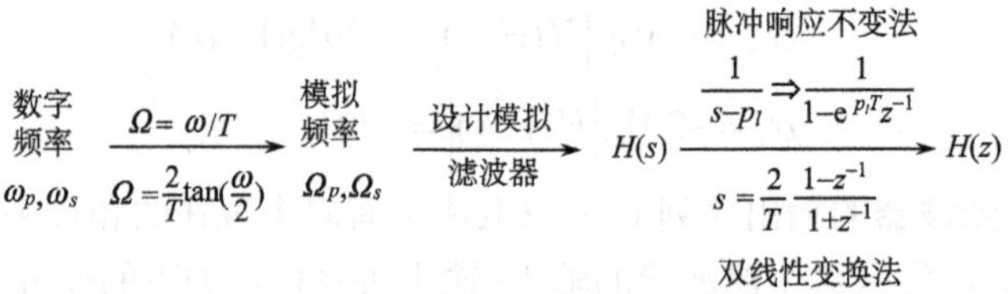

图 8-4　模拟滤波器转变为数字滤波器的流程

8.2.1　脉冲响应不变法设计 IIR 滤波器

1. 脉冲响应不变法的基本原理

脉冲响应不变法设计 IIR 数字滤波器的基本原理为：对模拟滤波器的单位冲激响应 $h(t)$ 等间隔抽样来获得数字滤波器的单位脉冲响应 $h(n)$，即 $h(n) = h(nT) = h(t)|_{t=nT}$，$T$ 是抽样间隔，如图 8-5 所示。注意：若 $h(t)$ 在零点有跳变，则 $h(n)$ 在 $n=0$ 等于跳变后的值。

已知设计出来的模拟滤波器的系统函数为 $H(s)$，通过脉冲响应不变法由 $H(s)$ 得到 $H(z)$ 的步骤如下。

(1)将模拟滤波器的系统函数 $H(s)$ 变成部分分式和，即 $H(s) = \displaystyle\sum_{i=1}^{M} \frac{A_i}{s - p_i}$。

(2)对 $H(s)$ 进行拉普拉斯逆变换，有 $h(t) = L^{-1}[H(s)] = \displaystyle\sum_{i=1}^{M} A_i \mathrm{e}^{p_i t} \varepsilon(t)$。

(3)对 $h(t)$ 等间隔采样，采样间隔为 T，有 $h(n) = h(nT) = \displaystyle\sum_{i=1}^{M} A_i \mathrm{e}^{p_i nT} \delta(n - i)$。

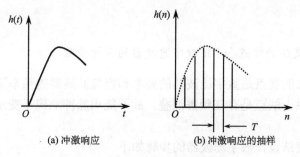

(a) 冲激响应   (b) 冲激响应的抽样

图 8-5 单位冲激响应的等间隔抽样

(4) 对 $h(n)$ 进行 z 变换，有 $H(z) = Z[h(n)] = \sum_{i=1}^{M} \frac{A_i}{1 - e^{p_i T} z^{-1}}$。

比较 $H(z)$ 和 $H(s)$ 可知，利用 $1 - e^{p_i T} z^{-1}$ 替换 $H(s)$ 表达式中的 $s - p_i$，即可由 $H(s)$ 得到 $H(z)$。所以将 $H(s)$ 转换成 $H(z)$ 的关系式为 $s - p_i \rightarrow 1 - e^{p_i T} z^{-1}$。

如果模拟滤波器是稳定的，其 $H(s)$ 的所有极点 p_k 均在 s 左半平面内，即 $\mathrm{Re}[p_k] < 0$，则极点 p_k 映射到 z 平面的对应点 $|z_k| = |e^{p_k T}| = e^{\mathrm{Re}[p_k T]} < 1$。可见，如果模拟滤波器是稳定的，则数字滤波器一定也是稳定的。

2. 数字滤波器的 $H(e^{j\omega})$ 和模拟滤波器的 $H(j\Omega)$ 之间的关系

因为单位冲激响应 $h(t)$ 的抽样函数 $h_S(t) = h(t) \sum_{k=-\infty}^{\infty} \delta(t - kT)$，其拉普拉斯变换为

$$
\begin{aligned}
H_S(s) &= L[h_S(t)] = L[h(t) \sum_{k=-\infty}^{\infty} \delta(t - kT)] = L\left[h(t) \frac{1}{T} \sum_{k=-\infty}^{\infty} e^{j\frac{2\pi}{T}kt} \right] \\
&= \frac{1}{T} L\left[\sum_{k=-\infty}^{\infty} h(t) e^{j\frac{2\pi}{T}kt} \right] = \frac{1}{T} \sum_{k=-\infty}^{\infty} H\left(s - j\frac{2\pi}{T}k \right)
\end{aligned}
\tag{8-5}
$$

因为 $H_S(s) = H(z)|_{z = e^{Ts}}$，所以有

$$
H(z)|_{z = e^{Ts}} = \frac{1}{T} \sum_{k=-\infty}^{\infty} H\left(s - j\frac{2\pi}{T}k \right)
$$

将 $s = j\Omega$ 代入上式，得

$$
H(z)|_{z = e^{jT\Omega}} = \frac{1}{T} \sum_{k=-\infty}^{\infty} H\left(j\Omega - j\frac{2\pi}{T}k \right)
$$

而

$$
H(z)|_{z = e^{jT\Omega}} = H(z)|_{z = e^{j\omega}} = H(e^{j\omega})
$$

所以

$$
H(e^{j\omega}) = \frac{1}{T} \sum_{k=-\infty}^{\infty} H\left(j\Omega - j\frac{2\pi}{T}k \right)\bigg|_{\Omega = \frac{\omega}{T}}
\tag{8-6}
$$

可见，数字滤波器的频率响应是模拟滤波器的频率响应的周期延拓，频率变量存在 $\omega = \Omega T$

的线性映射关系。

3. 脉冲响应不变法的特点和 IIR 数字滤波器的设计步骤

脉冲响应不变法的优点是数字滤波器的频率和模拟滤波器的频率满足关系式 $\omega=\Omega T$，这一关系为线性关系，缺点是存在频谱混叠。故不能用脉冲响应不变法设计高通、带阻等滤波器。

用脉冲响应不变法设计数字滤波器的步骤如下。

(1) 利用数字滤波器和模拟滤波器的频率关系 $\omega=\Omega T$ 将数字滤波器的频率指标 ω_p、ω_s 分别转换为模拟滤波器的频率指标 Ω_p、Ω_s。

(2) 由 Ω_p、Ω_s、A_p、A_s 设计模拟滤波器的 $H(s)$；

(3) 根据脉冲响应不变法，用 $1-\mathrm{e}^{p_i T}z^{-1}$ 替换 $H(s)$ 表达式中的 $s-p_i$，即可由模拟滤波器的系统函数 $H(s)$ 得到数字滤波器的系统函数 $H(z)$。

【**例 8-1**】 已知模拟滤波器的系统函数为 $H(s)=\dfrac{2}{s^2+4s+3}$，试用脉冲响应不变法，求出 IIR 数字滤波器的系统函数 $H(z)$。

解：为了消除式 (8-6) 表示的数字滤波器频率响应幅度中的 $1/T$，常将 $TH(s)$ 转化成 $H(z)$，这里的 T 是离散时间间隔。由

$$H(s)=\frac{2}{s^2+4s+3}=\frac{1}{s+1}-\frac{1}{s+3}=\frac{1}{s-(-1)}-\frac{1}{s-(-3)}$$

得到

$$T\cdot H(s)=\frac{T}{s-(-1)}-\frac{T}{s-(-3)}$$

利用 $s-p_i \Rightarrow 1-\mathrm{e}^{p_i T}z^{-1}$ 的转换关系，可得数字滤波器的系统函数为

$$H(z)=\frac{T}{1-\mathrm{e}^{-T}z^{-1}}-\frac{T}{1-\mathrm{e}^{-3T}z^{-1}}=\frac{Tz^{-1}(\mathrm{e}^{-T}-\mathrm{e}^{-3T})}{1-(\mathrm{e}^{-T}+\mathrm{e}^{-3T})z^{-1}+\mathrm{e}^{-4T}z^{-2}}$$

当 $T=1$ s 时

$$H(z)=\frac{0.318z^{-1}}{1-0.4177z^{-1}+0.01831z^{-2}}$$

当 $T=0.1$ s 时

$$H(z)=\frac{0.01640z^{-1}}{1-1.6457z^{-1}+0.6703z^{-2}}$$

【**例 8-2**】 利用巴特沃思型模拟低通滤波器和脉冲响应不变法设计满足指标 $\omega_p=\pi/3$，$A_p=3\mathrm{dB}$，$N=1$ 的数字低通滤波器。

解：(1) 用式 $\Omega=\omega/T$ 将数字低通指标转换成模拟低通指标有

$$\Omega_p=\omega_p/T$$

(2) 设计 $\Omega_p=\omega_p/T$、$A_p=3\mathrm{dB}$、$N=1$ 的巴特沃思型模拟低通滤波器，即

$$\Omega_c=\Omega_p=\omega_p/T$$

$$H(\overline{s}) = \frac{1}{\overline{s}+1} \quad\Rightarrow\quad H(s) = H(\overline{s})\Big|_{\overline{s}=\frac{s}{\Omega_c}} = \frac{1}{s/\Omega_c+1} = \frac{\Omega_c}{s+\Omega_c} \quad\Rightarrow\quad T\cdot H(s) = \frac{T\cdot\Omega_c}{s-(-\Omega_c)}$$

(3)将模拟低通滤波器转换成数字低通滤波器。

利用 $s-p_i \Rightarrow 1-\mathrm{e}^{p_iT}z^{-1}$ 转换关系可得数字滤波器的系统函数为

$$H(z) = \frac{T\Omega_c}{1-\mathrm{e}^{-\Omega_cT}z^{-1}} = \frac{\omega_c}{1-\mathrm{e}^{-\omega_c}z^{-1}}$$

由于在数字滤波器的设计过程中，参数 T 可以被抵消，故脉冲响应不变法中通常取 $T=1\mathrm{s}$。

【例 8-3】　利用巴特沃思型模拟低通滤波器及脉冲响应不变法设计一个数字滤波器，满足 $\omega_p=0.2\pi$, $\omega_s=0.6\pi$, $A_p\leqslant2\mathrm{dB}$, $A_s\geqslant15\mathrm{dB}$。

解：(1)将数字低通指标转换成模拟低通指标，取 $T=1\mathrm{s}$，有

$$\Omega_p=0.2\pi\ \mathrm{rad/s}, \quad \Omega_s=0.6\pi\ \mathrm{rad/s}, \quad A_p\leqslant2\mathrm{dB}, \quad A_s\geqslant15\mathrm{dB}$$

(2)设计巴特沃思型模拟低通滤波器，即

$$N \geqslant \frac{1}{2}\lg\left(\frac{10^{0.1A_s}-1}{10^{0.1A_p}-1}\right)\Big/\lg\left(\frac{\Omega_s}{\Omega_p}\right) = 2, \quad \Omega_c = \frac{\Omega_s}{(10^{0.1A_s}-1)^{1/(2N)}} = 0.8013$$

$$H_{\mathrm{LP}}(\overline{s}) = \frac{1}{\overline{s}^2+\sqrt{2}\,\overline{s}+1}$$

$$H_{\mathrm{LP}}(s)\big|_{\overline{s}=s/\Omega_c} = \frac{1}{\left(\dfrac{s}{\Omega_c}\right)^2+\sqrt{2}\,\dfrac{s}{\Omega_c}+1} = \frac{0.6421}{s^2+1.1356s+0.6421}$$

$$= \frac{-\mathrm{j}0.5678}{s-(-0.5678+\mathrm{j}0.5654)} + \frac{\mathrm{j}0.5678}{s-(-0.5678-\mathrm{j}0.5654)}$$

$$= \frac{-\mathrm{j}0.5678}{s-(-0.5678+\mathrm{j}0.5654)} + \frac{\mathrm{j}0.5678}{s-(-0.5678-\mathrm{j}0.5654)}$$

(3)将模拟低通滤波器转换成数字低通滤波器。

利用 $s-p_i \Rightarrow 1-\mathrm{e}^{p_iT}z^{-1} = 1-\mathrm{e}^{p_i}z^{-1}$，可得数字的系统函数为

$$H(z) = \frac{-\mathrm{j}0.5678}{1-\mathrm{e}^{-0.5678+\mathrm{j}0.5654}z^{-1}} + \frac{\mathrm{j}0.5678}{1-\mathrm{e}^{-0.5678-\mathrm{j}0.5654}z^{-1}} = \frac{0.3448z^{-1}}{1-0.9571z^{-1}+0.3212z^{-2}}$$

8.2.2　双线性变换法设计 IIR 滤波器

1. 双线性变换法的基本原理

线性时不变连续时间系统的输入-输出关系为

$$y(t) = x(t)*h(t) \tag{8-7}$$

线性时不变离散时间系统的输入-输出关系为

$$y(n) = x(n)*h(n) \tag{8-8}$$

如果用离散的 $x(n)$ 模仿 $x(t)$，用离散的 $y(n)$ 模仿 $y(t)$，由此导出的设计滤波器方法，称为

双线性变换法。而前面介绍的脉冲响应不变法则是用离散的 $h(n)$ 模仿 $h(t)$，由此得到数字系统。

双线性变换基于模拟滤波器与数字滤波器的输入、输出互相模仿，从而达到频率响应的相互模仿，实际是用数字滤波器的差分方程解来近似模拟滤波器的微分方程解。

数值近似的方法很多，例如，可用差分直接代替微分，但结果会使时域、频域中产生大的误差；也可先对微分方程进行积分，再对积分后结果进行数值近似（梯形近似积分）。双线性变换法采用的是后一种近似方法，过程如下。

已知模拟滤波器的系统函数为 $H(s)$，展开为 $H(s)=\sum_{k=1}^{N}\dfrac{A_k}{s-s_k}$。对每项分式 $H_k(s)=\dfrac{A_k}{s-s_k}$ $=\dfrac{Y(s)}{X(s)}$，可得 $sY(s)-s_kY(s)=A_kX(s)$。利用拉普拉斯的微分性质知有 $\dfrac{\mathrm{d}y(t)}{\mathrm{d}t}-s_ky(t)$ $=A_kx(t)$。对方程两边同时积分得

$$\int_{(n-1)T}^{nT}\frac{\mathrm{d}y(t)}{\mathrm{d}t}\mathrm{d}t-s_k\int_{(n-1)T}^{nT}y(t)\mathrm{d}t=A_k\int_{(n-1)T}^{nT}x(t)\mathrm{d}t$$

用梯形面积＝（上底＋下底）×高/2 进行近似积分，有

$$\left[y(n)-y(n-1)\right]-s_k\frac{T}{2}\left[y(n)+y(n-1)\right]=A_k\frac{T}{2}\left[x(n)+x(n-1)\right]$$

整理之后，有

$$\left(1-\frac{s_kT}{2}\right)y(n)-\left(1+\frac{s_kT}{2}\right)y(n-1)=A_k\frac{T}{2}\left[x(n)+x(n-1)\right]$$

z 变换得

$$\left(1-\frac{s_kT}{2}\right)Y(z)-\left(1+\frac{s_kT}{2}\right)Y(z)z^{-1}=\frac{A_kT}{2}(1+z^{-1})X(z)$$

整理后，有

$$H_k(z)=\frac{Y(z)}{X(z)}=\frac{A_k}{\dfrac{2}{T}\dfrac{1-z^{-1}}{1+z^{-1}}-s_k}$$

将上式和 $H_k(s)=\dfrac{A_k}{s-s_k}$ 对照可以看出，若要 $H(s)$ 转换成 $H(z)$，则 z 和 s 之间存在 $s=\dfrac{2}{T}\times\dfrac{1-z^{-1}}{1+z^{-1}}$ 或 $z=\dfrac{2/T+s}{2/T-s}$ 的关系。由此可得

$$H(z)=H(s)\bigg|_{\frac{2}{T}\times\frac{1-z^{-1}}{1+z^{-1}}}=\sum_{k=1}^{N}\frac{A_k}{\dfrac{2}{T}\times\dfrac{1-z^{-1}}{1+z^{-1}}-s_k}$$

将 $s=\mathrm{j}\Omega$、$z=\mathrm{e}^{\mathrm{j}\omega}$ 代入 $s=\dfrac{2}{T}\times\dfrac{1-z^{-1}}{1+z^{-1}}$ 中，可得模拟频率与数字频率的关系为 $\Omega=\dfrac{2}{T}\tan(\omega/2)$。

2. 系统稳定性分析

对 $z = \dfrac{2/T+s}{2/T-s}$，令 $s=\sigma+j\omega$，有 $|z| = \sqrt{\dfrac{(2/T+\sigma)^2+\omega^2}{(2/T-\sigma)^2+\omega^2}}$。

(1) 当 $\sigma<0$，$|z|<1$ 时，s 域左半平面映射到 z 域单位圆内。

(2) 当 $\sigma=0$，$|z|=1$ 时，s 域虚轴映射到 z 域单位圆上。

(3) 当 $\sigma>0$，$|z|>1$ 时，s 域右半平面映射到 z 域单位圆外。

由此可知，因果、稳定的模拟滤波器映射为因果、稳定的数字滤波器。

3. 双线性变换法设计数字滤波器的步骤

双线性变换法设计数字滤波器的优点是频谱无混叠，缺点是幅度响应不是常数时会产生幅度失真。其设计步骤如下。

(1) 将数字滤波器的通带截止频率 ω_p、阻带截止频率 ω_s 分别转换为模拟滤波器的通带截止频率 Ω_p、阻带截止频率 Ω_s，转换关系为 $\Omega = \dfrac{2}{T}\tan(\omega/2)$。

(2) 由模拟滤波器的指标设计模拟滤波器的 $H(s)$。

(3) 利用双线性变换法，将 $H(s)$ 转换 $H(z)$。即 $H(z) = H(s)\Big|_{s=\frac{2}{T}\times\frac{1-z^{-1}}{1+z^{-1}}}$。

以上介绍了两种设计 IIR 数字滤波器的方法。IIR 数字滤波器的特点是，能在较低的阶数下获得较好的幅度响应，但相位特性无法满足线性要求，且系统不一定稳定。

【例 8-4】 利用巴特沃思型模拟低通滤波器和双线性变换法设计满足指标 $\omega_p=\pi/3$ rad，$A_p=3$dB，$N=1$ 的数字低通滤波器。

解：(1) 将数字滤波器的频率指标转换为模拟滤波器的频率指标：

$$\Omega_p = \frac{2}{T}\tan\left(\frac{\omega_p}{2}\right)$$

(2) 设计 3dB 截止频率为 $\Omega_c=\Omega_p$、$A_p=3$dB 的一阶巴特沃思型模拟低通滤波器，即

$$H(s) = \frac{1}{s/\Omega_c+1} = \frac{1}{s/\Omega_p+1} = \frac{1}{\dfrac{sT}{2\tan(\omega_p/2)}+1} = \frac{\tan(\omega_p/2)}{\dfrac{T}{2}\cdot s+\tan(\omega_p/2)}$$

(3) 用双线性变换法将模拟滤波器转换为数字滤波器，即

$$H(z) = H(s)\Big|_{s=\frac{2}{T}\frac{1-z^{-1}}{1+z^{-1}}} = \frac{\tan(\omega_p/2)}{\dfrac{1-z^{-1}}{1+z^{-1}}+\tan(\omega_p/2)} = \frac{\tan(\omega_p/2)(1+z^{-1})}{1+\tan(\omega_p/2)+(\tan(\omega_p/2)-1)z^{-1}}$$

$$= \frac{0.366+0.366z^{-1}}{1-0.2697z^{-1}}$$

由于参数 T 的取值和最终的设计结果无关，为简单起见，双线性变换法中一般取 $T=2$。

【例 8-5】 基于巴特沃思模拟低通滤波器用双线性变换法设计一个数字滤波器，要求

满足 $\omega_p = 0.2\pi$ rad，$\omega_s = 0.6\pi$ rad，$A_p \leqslant 2$dB，$A_s \geqslant 15$dB。

解：（1）将数字低通指标转换成模拟低通指标，取 $T = 2$，则

$$\Omega_p = \frac{2}{T}\tan\left(\frac{\omega_p}{2}\right) = \tan\left(\frac{0.2\pi}{2}\right) = 0.3249\,(\text{rad/s}), \quad \Omega_s = \frac{2}{T}\tan\left(\frac{\omega_s}{2}\right) = \tan\left(\frac{0.6\pi}{2}\right) = 1.3764\,(\text{rad/s})$$

$$A_p \leqslant 2\text{dB}, \quad A_s \geqslant 15\text{dB}$$

（2）设计巴特沃思型模拟低通滤波器，即

$$N \geqslant \frac{\lg\left(\dfrac{10^{0.1A_s} - 1}{10^{0.1A_p} - 1}\right)}{2\lg(\Omega_s / \Omega_p)} = 2, \quad \Omega_c = \frac{\Omega_s}{(10^{0.1A_s} - 1)^{1/(2N)}} = 0.5851$$

$$H(s) = \frac{1}{\left(\dfrac{s}{\Omega_c}\right)^2 + \sqrt{2}\,\dfrac{s}{\Omega_c} + 1} = \frac{0.3423}{s^2 + 0.8275s + 0.3423}$$

（3）用双线性变换法将模拟低通滤波器转换成数字低通滤波器，其幅度谱和相位谱如图 8-6 所示。

$$H(z) = H(s)\Big|_{s = \frac{1-z^{-1}}{1+z^{-1}}} = \frac{0.1578 + 0.3155z^{-1} + 0.1578z^{-2}}{1 - 0.6062z^{-1} + 0.2373z^{-2}}$$

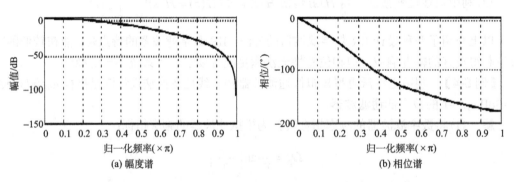

图 8-6　双线性变换法设计的数字低通滤波器幅度谱、相位谱

8.3　FIR 数字滤波器设计

8.3.1　线性相位系统及时域特性

FIR 数字滤波器的特点是：①容易设计成线性相位；②$h(n)$ 在有限范围内非零，系统总是稳定的；③非因果 FIR 系统能经过延时变成因果 FIR 系统；④可利用 FFT 实现。

1. 线性相位系统

对于数字滤波器的 $H(\mathrm{e}^{\mathrm{j}\omega}) = \left|H(\mathrm{e}^{\mathrm{j}\omega})\right|\mathrm{e}^{\mathrm{j}\phi(\omega)}$ 来说，若 $\phi(\omega) = -\alpha\omega$，则称系统 $H(z)$ 是严格线性相位的。如果数字滤波器的 $H(\mathrm{e}^{\mathrm{j}\omega}) = H(\omega)\mathrm{e}^{-\mathrm{j}(\alpha\omega + \beta)}$，$H(\omega)$ 是 ω 的实函数，称为幅度函数，则称系统 $H(z)$ 是广义线性相位的。

　　如果一个 M 阶的 FIR 系统的单位脉冲响应 $h(n)$ 是实数，则系统为线性相位系统的充要条件是 $h(n)=\pm h(M-n)$，阶数 M 是序列 $h(n)$ 的长度 $N-1$。

2. 线性相位系统的时域特性

　　按照 $h(n)$ 阶数和对称性来看，线性相位 FIR 系统有四种类型，如图 8-7 所示。

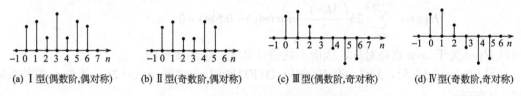

(a) Ⅰ型(偶数阶,偶对称)　(b) Ⅱ型(奇数阶,偶对称)　(c) Ⅲ型(偶数阶,奇对称)　(d) Ⅳ型(奇数阶,奇对称)

图 8-7　线性相位 FIR 系统的四种类型

3. 线性相位系统的频率特性

1) Ⅰ型 （阶数 M 为偶数，$h[n]=h[M-n]$ 偶对称）

$$H(\mathrm{e}^{\mathrm{j}\omega}) = \mathrm{DTFT}[h(n)] = \sum_{n=0}^{M} h(n)\mathrm{e}^{-\mathrm{j}\omega n}$$

$$= \sum_{n=0}^{0.5M-1} h(n)\mathrm{e}^{-\mathrm{j}\omega n} + h(0.5M)\mathrm{e}^{-\mathrm{j}0.5M\omega} + \sum_{n=0.5M+1}^{M} h(n)\mathrm{e}^{-\mathrm{j}\omega n}$$

$$= \sum_{n=0}^{0.5M-1} h(n)(\mathrm{e}^{-\mathrm{j}\omega n} + \mathrm{e}^{-\mathrm{j}\omega(M-n)}) + h(0.5M)\mathrm{e}^{-\mathrm{j}0.5M\omega}$$

$$= \mathrm{e}^{-\mathrm{j}0.5M\omega}\Big(\sum_{n=0}^{0.5M-1} 2h(n)\cos(\omega(n-0.5M)) + h(0.5M)\Big)$$

$$= \mathrm{e}^{-\mathrm{j}0.5M\omega}\Big(h(0.5M) + \sum_{n=0}^{0.5M-1} 2h(0.5M-n)\cos(\omega k)\Big)$$

设 $h(n)=\{1,2,1\}$，$M=2$，有

$$H(\mathrm{e}^{\mathrm{j}\omega}) = \mathrm{DFTF}[h(n)] = \mathrm{e}^{-\mathrm{j}\omega}4\cos^2(\omega/2) = H(\omega)\mathrm{e}^{-\mathrm{j}\omega}$$

$$H(\omega+2\pi) = 4\cos^2((\omega+2\pi)/2) = 4\cos^2(\omega/2) = H(\omega)$$

$$H(-\omega) = 4\cos^2(-\omega/2) = 4\cos^2(\omega/2) = H(\omega)$$

$$H(2\pi-\omega) = 4\cos^2((2\pi-\omega)/2) = 4\cos^2(\omega/2) = H(\omega)$$

其 $H(\omega)$ 与 ω 的关系如图 8-8 所示。从图中可看出，$H(\omega)$ 关于 0 和 π 点偶对称，可设计低通、高通、带通、带阻滤波器。

2) Ⅱ型 （阶数 M 为奇数，$h(n)=h(M-n)$ 偶对称）

$$H(\mathrm{e}^{\mathrm{j}\omega}) = \mathrm{DTFT}[h(n)] = \sum_{n=0}^{M} h(n)\mathrm{e}^{-\mathrm{j}\omega n} = \mathrm{e}^{-\mathrm{j}0.5M\omega}\sum_{n=0}^{(M-1)/2} 2h\Big(\frac{M-1}{2}-n\Big)\cos((n+0.5)\omega)$$

$$H(\omega) = \sum_{n=0}^{(M-1)/2} 2h\Big(\frac{M-1}{2}-n\Big)\cos((n+0.5)\omega)$$

$H(\omega)$ 的周期 $= 4\pi$

$$H(-\omega) = \sum_{n=0}^{(M-1)/2} 2h\left(\frac{M-1}{2}-n\right)\cos((n+0.5)(-\omega)) = H(\omega)$$

$$H(2\pi-\omega) = \sum_{n=0}^{(M-1)/2} 2h\left(\frac{M-1}{2}-n\right)\cos((n+0.5)(2\pi-\omega)) = -H(\omega)$$

$$H(\pi) = \sum_{n=0}^{(M-1)/2} 2h\left(\frac{M-1}{2}-n\right)\cos((n+0.5)\pi) = 0$$

所以 $H(\omega)$ 关于 $\omega=\pi$ 点奇对称，因而不能设计高通、带阻滤波器。

设 $h(n)=\{0.5,0.5\}$，$M=1$，有 $H(e^{j\omega}) = \text{DTFT}[h(n)] = e^{-j0.5\omega}\cos(\omega/2)$，其与 ω 的关系如图 8-9 所示。

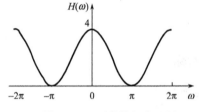

图 8-8　Ⅰ型线性相位示例　　　　图 8-9　Ⅱ型线性相位示例

3）Ⅲ型（阶数 M 为偶数，$h(n)=-h(M-n)$ 奇对称）

$$H(e^{j\omega}) = \text{DTFT}[h(n)] = \sum_{n=0}^{M} h(n)e^{-j\omega n} = e^{-j(0.5M\Omega-0.5\pi)}\sum_{n=1}^{M/2} 2h\left(\frac{M}{2}-n\right)\sin(n\omega)$$

$$H(\omega) = \sum_{n=1}^{M/2} 2h\left(\frac{M}{2}-n\right)\sin(n\omega)$$

$H(\omega)$ 的周期 $= 2\pi$

$$H(-\omega) = \sum_{n=1}^{M/2} 2h\left(\frac{M}{2}-n\right)\sin(-n\omega) = -H(\omega)$$

$$H(2\pi-\omega) = \sum_{n=1}^{M/2} 2h\left(\frac{M}{2}-n\right)\sin(n(2\pi-\omega)) = -H(\omega)$$

$$H(0) = \sum_{n=1}^{M/2} 2h\left(\frac{M}{2}-n\right)\sin(n\cdot 0) = 0$$

$$H(\pi) = \sum_{n=1}^{M/2} 2h\left(\frac{M}{2}-n\right)\sin(n\cdot\pi) = 0$$

$H(\omega)$ 关于 $\omega=0,\pi$ 点奇对称，不能用于设计低通、高通滤波器。

设 $h(n)=\{0.5,-0.5\}$，$M=2$，有 $H(\omega) = \sum_{n=1}^{2/2} 2h\left(\frac{2}{2}-n\right)\sin(n\omega) = \sin(\omega)$，其与 ω 的关系如图 8-10 所示。

4）Ⅳ型（阶数 M 为奇数，$h(n)=-h(M-n)$ 奇对称）

$$H(\mathrm{e}^{\mathrm{j}\omega}) = \mathrm{e}^{-\mathrm{j}(0.5M\Omega - 0.5\pi)} \sum_{n=0}^{(M-1)/2} 2h\left(\frac{M-1}{2} - n\right)\sin((n+1/2)\omega)$$

$$H(\omega) = \sum_{n=0}^{(M-1)/2} 2h\left(\frac{M-1}{2} - n\right)\sin((n+1/2)\omega)$$

$H(\omega)$ 的周期 $= 4\pi$

$$H(-\omega) = \sum_{n=0}^{(M-1)/2} 2h\left(\frac{M-1}{2} - n\right)\sin((n+1/2)(-\omega)) = -H(\omega)$$

$$H(2\pi - \omega) = \sum_{n=0}^{(M-1)/2} 2h\left(\frac{M-1}{2} - n\right)\sin((n+1/2)(2\pi - \omega)) = H(\omega)$$

$$H(0) = \sum_{n=0}^{(M-1)/2} 2h\left(\frac{M-1}{2} - n\right)\sin((n+1/2)\cdot 0) = 0$$

$$H(2\pi) = \sum_{n=0}^{(M-1)/2} 2h\left(\frac{M-1}{2} - n\right)\sin((n+1/2)\cdot 2\pi) = 0$$

$H(\omega)$ 关于 $\omega=0$ 点奇对称，关于 $\omega=\pi$ 点偶对称，不能用于设计低通滤波器。

设 $h(n) = \{0.5, -0.5\}$，$M=1$，有 $H(\omega) = \sin(0.5\omega)$，其与 ω 的关系如图 8-11 所示。

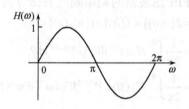

图 8-10　Ⅲ型线性相位示例

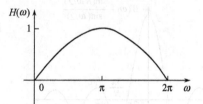

图 8-11　Ⅳ型线性相位示例

8.3.2　窗函数法设计 FIR 数字滤波器

窗函数法设计 FIR 数字滤波器的基本思路是，根据已知的理想滤波器 $H_d(\mathrm{e}^{\mathrm{j}\omega})$ 和给定的滤波器技术指标，设计一个物理可实现的滤波器，使其频响特性逼近 $H_d(\mathrm{e}^{\mathrm{j}\omega})$。

由理想的 $H_d(\mathrm{e}^{\mathrm{j}\omega})$ 可得到 $h_d(n) = \dfrac{1}{2\pi}\displaystyle\int_{-\pi}^{\pi} H_d(\mathrm{e}^{\mathrm{j}\omega})\mathrm{e}^{\mathrm{j}n\omega}\mathrm{d}\omega$，由于 $h_d(n)$ 一般情况下是非因果无限长序列，因此需对其进行截断和因果化处理。

【例 8-6】　设计一个幅度响应能逼近理想带通滤波器的线性相位 FIR 滤波器。

解：（1）确定线性相位 FIR 滤波器类型：由于要设计的是带通滤波器，因此 FIR 滤波器只能选择Ⅰ型（$h(n)$ 长度为奇数，偶对称）或Ⅱ型（$h(n)$ 长度为偶数，偶对称）。

（2）根据给定技术指标确定理想带通滤波器的幅度函数 $H_d(\omega)$ 和相位 $\varphi_d(\omega)$：

$$H_d(\mathrm{e}^{\mathrm{j}\omega}) = H_d(\omega)\mathrm{e}^{\mathrm{j}\phi_d(\omega)}$$

$$H_d(\omega) = \begin{cases} 1, & \omega_{c1} \leqslant |\omega| \leqslant \omega_{c2} \leqslant \pi \\ 0, & \text{其他} \end{cases}$$

$$\phi_d(\omega) = -0.5M\omega$$

(3) 由理想的 $H_d(\mathrm{e}^{\mathrm{j}\omega})$ 计算得到理想的 $h_d(n)$，即

$$h_d(n) = \frac{1}{2\pi}\int_{-\pi}^{\pi}H_d(\mathrm{e}^{\mathrm{j}\omega})\mathrm{e}^{\mathrm{j}n\omega}\mathrm{d}\omega = \frac{1}{2\pi}\int_{-\pi}^{\pi}H_d(\omega)\mathrm{e}^{\mathrm{j}\varphi_d(\omega)}\mathrm{e}^{\mathrm{j}n\omega}\mathrm{d}\omega$$

$$= \frac{1}{2\pi}\int_{-\omega_{c2}}^{-\omega_{c1}}\mathrm{e}^{\mathrm{j}\omega(n-0.5M)}\mathrm{d}\omega + \frac{1}{2\pi}\int_{\omega_{c1}}^{\omega_{c2}}\mathrm{e}^{\mathrm{j}\omega(n-0.5M)}\mathrm{d}\omega$$

$$= \frac{\omega_{c2}}{\pi}\mathrm{Sa}\big[\omega_{c2}(n-0.5M)\big] - \frac{\omega_{c1}}{\pi}\mathrm{Sa}\big[\omega_{c1}(n-0.5M)\big]$$

(4) 对理想的 $h_d(n)$ 进行截断处理得到实际的 $h(n)$：

$$h(n) = h_d(n) \cdot w_N(n)$$

式中，$w_N(n)$ 为长度为 $N=M+1$ 的窗函数。

(5) 检查 $H(\mathrm{e}^{\mathrm{j}\omega})$ 对 $H_d(\mathrm{e}^{\mathrm{j}\omega})$ 的逼近。

$w_N(n)$ 的形状、长度不同，$H(\mathrm{e}^{\mathrm{j}\omega})$ 对 $H_d(\mathrm{e}^{\mathrm{j}\omega})$ 的逼近存在区别，所以需要通过检验，找到合适的 $h(n)$。

设 $w_N(n) = R_N(n)$，有 $W(\mathrm{e}^{\mathrm{j}\omega}) = \mathrm{DTFT}[w_N(n)] = \mathrm{e}^{-\mathrm{j}\omega(N-1)/2}\dfrac{\sin(N\omega/2)}{\sin(\omega/2)} = W(\omega)\mathrm{e}^{-\mathrm{j}\omega(N-1)/2}$，

其幅度函数 $W(\omega)$ 如图 8-12 所示。

则 FIR 滤波器的频率响应 $H(\mathrm{e}^{\mathrm{j}\omega})$ 为

$$H(\mathrm{e}^{\mathrm{j}\omega}) = L[h(n)] = L[h_d(n) \cdot w_N(n)]$$

$$= \frac{1}{2\pi}\int_{-\pi}^{\pi}H_d(\mathrm{e}^{\mathrm{j}\theta})W_N(\mathrm{e}^{\mathrm{j}(\omega-\theta)})\mathrm{d}\theta$$

$$= \frac{1}{2\pi}\int_{-\pi}^{\pi}H_d(\theta)\mathrm{e}^{-\mathrm{j}\theta M/2}W_N(\omega-\theta)\mathrm{e}^{-\mathrm{j}(\omega-\theta)M/2}\mathrm{d}\theta$$

$$= \mathrm{e}^{-\mathrm{j}\omega M/2}\frac{1}{2\pi}\int_{-\pi}^{\pi}H_d(\theta)W_N(\omega-\theta)\mathrm{d}\theta$$

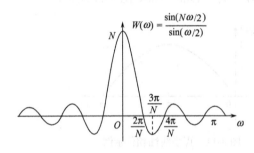

图 8-12　$R_N(n)$ 的幅度函数 $W(\omega)$

所以 FIR 滤波器的幅度函数为

$$H(\omega) = \frac{1}{2\pi}\int_{-\pi}^{\pi}H_d(\theta)W_N(\omega-\theta)\mathrm{d}\theta$$

其卷积过程可用图 8-13 表示。

从图 8-13 可以得出以下结论。

(1) 当 $0 \leqslant \omega < \omega_c - 2\pi/N$ 时，$W(\omega)$ 的主瓣和第一旁瓣都位于 $-\omega_c \leqslant \omega \leqslant \omega_c$ 内，这时 $H(\omega)$ 主要由 $W(\omega)$ 的主瓣面积确定，旁瓣将引起 $H(\omega)$ 的波动（这种波动现象称为吉布斯现象）。当 N 增加时，$W(\omega)$ 的主瓣、旁瓣的宽度都将减小，但它们的基本面积不变，所以增加 N 并不能减小波动的幅度。

(2) 当 $\omega = \omega_c - 2\pi/N$ 时，$W(\omega)$ 的主瓣位于 $-\omega_c \leqslant \omega \leqslant \omega_c$ 内，而主瓣右边的第一旁瓣正好位于 $-\omega_c \leqslant \omega \leqslant \omega_c$ 之外，因此 $H(\omega)$ 有最大值，出现正肩峰。

(3) 当 $\omega = \omega_c$ 时，$W(\omega)$ 的主瓣的中心位于 $\omega = \omega_c$ 处，因此 $H(\omega_c)$ 为 $H(0)$ 的一半，即 $H(\omega_c)/H(0) = 0.5$。

(4) 当 $\omega = \omega_c + 2\pi/N$ 时，$W(\omega)$ 的主瓣正好位于 $-\omega_c \leqslant \omega \leqslant \omega_c$ 之外，而主瓣左边的第一旁瓣正好全部位于 $-\omega_c \leqslant \omega \leqslant \omega_c$ 内，因此 $H(\omega)$ 有负的最大值，出现负肩峰。

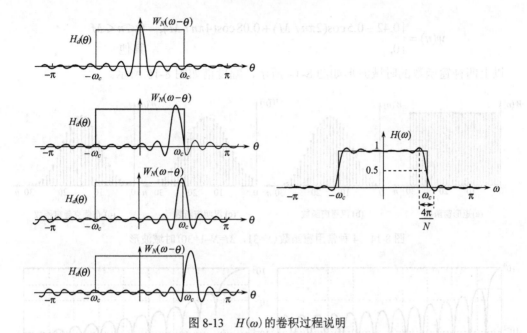

图 8-13　$H(\omega)$ 的卷积过程说明

(5) 在 $\omega_c - 2\pi / N < \omega < \omega_c + 2\pi / N$ 范围内,由于主瓣逐渐位于 $-\omega_c \leqslant \omega \leqslant \omega_c$ 之外,形成了过渡带。显然 $H(\omega)$ 过渡带的宽度与 $W(\omega)$ 的主瓣宽度密切相关,且从正肩峰过渡到负肩峰的宽度为 $4\pi / N$。工程应用中,$H(\omega)$ 过渡带的宽度并不是指从正肩峰过渡到负肩峰的频率差(即 $W(\omega)$ 的主瓣宽度),而是指通带衰减到 A_p 时的截止频率、阻带衰减到 A_s 时的截止频率之差,通常都小于 $W(\omega)$ 的主瓣宽度。

(6) 当 $\omega > \omega_c + 2\pi / N$ 时,$W(\omega)$ 的主瓣已完全在 $-\omega_c \leqslant \omega \leqslant \omega_c$ 之外,$H(\omega)$ 的值完全由旁瓣的面积决定,因此,旁瓣的大小决定了 FIR 滤波器在阻带内的衰减。

由以上分析可得如下结论:①窗函数的主瓣宽度决定了 $H(\mathrm{e}^{\mathrm{j}\omega})$ 过渡带的宽度,窗函数长度 N 增大,过渡带减小;②旁瓣的大小决定了 FIR 滤波器在阻带的衰减。

8.3.3　几种常用的窗函数

常用的窗函数有以下几种。

(1) 矩形窗函数。
$$w_N(n) = R_N(n) = \begin{cases} 1, & 0 \leqslant n \leqslant N-1 \\ 0, & \text{其他} \end{cases}$$

(2) 汉恩(Hann)窗函数或升余弦窗。
$$w(n) = \begin{cases} 0.5 - 0.5\cos(2\pi n / M), & 0 \leqslant n \leqslant M \\ 0, & \text{其他} \end{cases}$$

(3) 汉明(Hamming)窗函数或改进升余弦窗。
$$w(n) = \begin{cases} 0.54 - 0.46\cos(2\pi n / M), & 0 \leqslant n \leqslant M \\ 0, & \text{其他} \end{cases}$$

(4) 布莱克曼 (Blackman)窗函数或二阶升余弦窗。

$$w(n) = \begin{cases} 0.42 - 0.5\cos(2\pi n / M) + 0.08\cos(4\pi n / M), & 0 \le n \le M \\ 0, & \text{其他} \end{cases}$$

以上四种窗函数的时域波形如图 8-14 所示，幅度谱如图 8-15 所示。

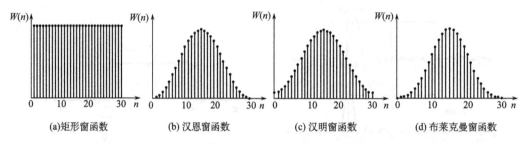

(a)矩形窗函数　　(b) 汉恩窗函数　　(c) 汉明窗函数　　(d) 布莱克曼窗函数

图 8-14　4 种常用窗函数(N=31，M=N–1=30)时域波形

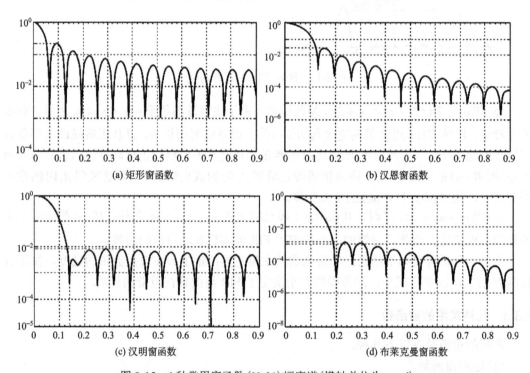

(a) 矩形窗函数　　(b) 汉恩窗函数

(c) 汉明窗函数　　(d) 布莱克曼窗函数

图 8-15　4 种常用窗函数(N=31)幅度谱(横轴单位为 π rad)

矩形窗 $W(\omega)$ 的半个主瓣宽度为 0.0645π，旁瓣相对最大值为 0.218，衰减约 13.2dB；汉恩窗 $W(\omega)$ 的半个主瓣宽度为 0.1333π，旁瓣相对最大值为 0.0267，衰减约 31.5dB；汉明窗 $W(\omega)$ 的半个主瓣宽度为 0.13965π，旁瓣相对最大值(第三旁瓣相对值)为 0.008218，衰减约 41.8dB；布莱克曼窗 $W(\omega)$ 的半个主瓣宽度为 0.2π，旁瓣相对最大值(第三旁瓣相对值)为 0.00124，衰减约 58.1dB。

常用窗函数的特性参见表 8-1。

表 8-1　常用窗函数的特性

窗函数	近似主瓣宽度 (2π/N)	旁瓣衰减 /dB	加窗后滤波器性能指标	
			近似过渡带宽度 $\Delta\omega\,(2\pi/N)$	阻带最小衰减 /dB
矩形窗	2	−13	0.9	21
汉恩窗	4	−31	3.1	44
汉明窗	4	−41	3.5	53
布莱克曼窗	6	−57	5.7	74

【例 8-7】　用非矩形窗设计截止频率为 $\omega_c=0.5\pi$ 的线性相位理想低通滤波器，并将设计结果与利用矩形窗设计的结果进行比较。

解：（1）确定线性相位 FIR 滤波器类型：由于要设计的是低通滤波器，因此可选择 I 型（$h(n)$ 长度为奇数，偶对称）或 II 型（$h(n)$ 长度为偶数，偶对称）FIR。

（2）根据给定技术指标确定理想带通滤波器的幅度函数 $H_d(\omega)$ 和相位 $\varphi_d(\omega)$，即

$$H_d(\mathrm{e}^{\mathrm{j}\omega})=\begin{cases}1, & |\omega|\leqslant\omega_c \\ 0, & \text{其他}\end{cases}, \quad \varphi_d(\omega)=-0.5M\omega$$

（3）由理想的 $H_d(\mathrm{e}^{\mathrm{j}\omega})$ 计算理想的 $h_d(n)$：

$$h_d(n)=\frac{\omega_c}{\pi}\mathrm{Sa}(\omega_c(n-0.5M))$$

（4）对理想的 $h_d(n)$ 进行截断处理得到实际的 $h(n)$：

$$h(n)=h_d(n)\cdot w_N(n)$$

如果选用汉恩窗，则

$$h(n)=\frac{\omega_c}{\pi}\mathrm{Sa}(\omega_c(n-0.5M))\cdot(0.5-0.5\cos(2\pi n/M))$$

如果选用汉明窗，则

$$h(n)=\frac{\omega_c}{\pi}\mathrm{Sa}(\omega_c(n-0.5M))\cdot(0.54-0.46\cos(2\pi n/M))$$

如果选用布莱克曼窗，则

$$h(n)=\frac{\omega_c}{\pi}\mathrm{Sa}(\omega_c(n-0.5M))\cdot(0.42-0.5\cos(2\pi n/M)+0.08\cos(4\pi n/M))$$

矩形窗、汉恩窗、汉明窗、布莱克曼窗设计的低通滤波器对比结果如图 8-16 所示。

【例 8-8】　设计一个满足指标 $\omega_p=0.67\pi$、$\omega_s=0.53\pi$、$A_p=0.3\mathrm{dB}$、$A_s=50\mathrm{dB}$ 的线性相位 FIR 高通滤波器。

解：（1）根据给定指标中的阻带衰减确定选用的窗函数。

由于指标中的阻带衰减 $A_s=50\mathrm{dB}$，查表 8-1 可知，可选用的窗函数有汉明窗、布莱克曼窗，本题选用汉明窗。加布莱克曼窗后滤波器过渡带宽度为 $7\pi/N$。

（2）由给定指标中的通带、阻带截止频率核算滤波器长度 N 和截止频率 ω_c。

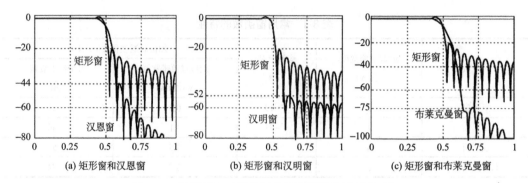

(a) 矩形窗和汉恩窗　　　　　　　(b) 矩形窗和汉明窗　　　　　　　(c) 矩形窗和布莱克曼窗

图 8-16　矩形窗和三种常用非矩形窗设计的低通对比

(横轴单位为 πrad，纵轴单位为 dB)

由通带、阻带截止频率可知过渡带宽度：$\Delta\omega = \omega_p - \omega_s = 0.67\pi - 0.53\pi = 0.14\pi$。为满足过渡带宽度要求，有 $\dfrac{7\pi}{N} \leqslant 0.14\pi$，即 $N \geqslant 50$。由于理想低通滤波器的 $|H(e^{j\omega})|$ 在截频 ω_c 处收敛于 0.5，因此常将截频 ω_c 取在过渡带的中点，即

$$\omega_c = (\omega_p + \omega_s)/2 = 0.6\pi$$

(3) 选择线性相位 FIR 滤波器类型。

由于要求设计高通滤波器，所以可选 I 型滤波器（N=51，M=N–1=50），或选 IV 型滤波器（N=50，M=N–1=49）。

(4) 设计截止频率 ω_c =0.6π 的线性相位 FIR 高通滤波器。

采用 I 型线性相位滤波器（N=51，M=50）有

$$H_d(e^{j\omega}) = \begin{cases} 1, & \omega_c \leqslant \omega \leqslant 2\pi - \omega_c \\ 0, & \text{其他} \end{cases}, \quad \varphi_d(\omega) = -0.5M\omega$$

$$h_d(n) = \frac{1}{2\pi}\int_{\langle 2\pi\rangle} H_d(\omega)e^{j\varphi_d(\omega)}e^{jn\omega}d\omega = \frac{1}{2\pi}\int_{\omega_c}^{2\pi-\omega_c} e^{-j0.5M\omega}\cdot e^{jn\omega}d\omega$$

$$= \delta(n - 0.5M) - \frac{\omega_c}{\pi}\text{Sa}(\omega_c(n - 0.5M))$$

$$h(n) = h_d(n)\cdot w_{51}(n) = \left(\delta(n - 25) - \frac{\omega_c}{\pi}\text{Sa}(\omega_c(n - 25))\right)\cdot(0.54 - 0.46\cos(\pi n/25))$$

采用 IV 型线性相位滤波器，n=50，M=49 有

$$H_d(e^{j\omega}) = \begin{cases} 1, & \omega_c \leqslant \omega \leqslant 2\pi - \omega_c \\ 0, & \text{其他} \end{cases}, \quad \varphi_d(\omega) = -0.5M\omega + 0.5\pi$$

$$h_d(n) = \frac{1}{2\pi}\int_{\langle 2\pi\rangle} H_d(\omega)e^{j\varphi_d(\omega)}e^{jn\omega}d\omega = \frac{1}{2\pi}\int_{\omega_c}^{2\pi-\omega_c} je^{-j0.5M\omega}\cdot e^{jn\omega}d\omega = \frac{-\cos((n - 0.5M)\omega_c)}{\pi(n - 0.5M)}$$

$$h(n) = h_d(n)\cdot w_{50}(n) = \frac{-\cos((n - 24.5)\omega_c)}{\pi(n - 24.5)}\cdot(0.54 - 0.46\cos(2\pi n/49))$$

用汉明窗设计的 ω_c=0.6π FIR 高通滤波器的幅度响应如图 8-17 所示。

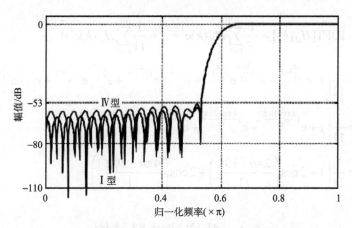

图 8-17　用汉明窗设计的 ω_c=0.6π FIR 高通滤波器的幅度响应

8.3.4　频率取样法设计线性相位 FIR 滤波器

频率取样法设计线性相位 FIR 滤波器的基本思想是，已知 $H_d(e^{j\omega})$ 在 N 点上的抽样值 $\{H_d(e^{j\omega k})；n=0,1,\cdots,N-1\}$，设计 $\{h(n)；n=0,1,\cdots,N-1\}$，使设计出的滤波器 $H(z)$ 满足

$$H_d(e^{j\omega_k}) = \sum_{n=0}^{N-1} h(n)e^{-jn\omega_k}, \quad k=0,1,\cdots,N-1$$

频率取样法设计线性相位 FIR 数字滤波器的步骤如下。

(1)根据所需设计的数字滤波器类型，确定线性相位 FIR 滤波器的类型。

(2)获得 $H_d(e^{j\omega})$ 在 ω=0～2π 区间的 N=M+1 个取样点上的值 $H_d(k)$，并使 $H_d(k)$ 满足线性相位条件 $\varphi_d(\omega) = -0.5M\omega+\beta$，即

$$H_d(k) = H_d(e^{j\omega})\Big|_{\omega=\frac{2\pi}{N}k} = e^{j\varphi_d(\omega)}H_d(\omega)\Big|_{\omega=\frac{2\pi}{N}k} = e^{j(-\frac{N-1}{2}\omega+\beta)}H_d(\omega)\Big|_{\omega=\frac{2\pi}{N}k} = e^{j\beta}\cdot e^{-j\frac{N-1}{N}\pi k}H_d\left(\frac{2\pi}{N}k\right)$$

(3)利用 IDFT 得到 $h(n)$，即

$$h(n) = \frac{1}{N}\sum_{k=0}^{N-1} H_d(k)W_N^{-kn}$$

【例 8-9】　用频率取样法设计一个逼近截止频率 ω_c=0.5π 的理想低通滤波器。

解：(1)确定线性相位 FIR 滤波器的类型，Ⅰ、Ⅱ型均可采用。本例选用Ⅰ型线性相位系统，其线性相位 $\varphi_d(\omega) = -0.5M\omega+\beta$ 中的 $\beta=0$。

(2)获得 $H_d(e^{j\omega})$ 在 ω=0～2π 区间的 N=11 个取样点上的值 $H_d(k)$。取 N=11，有

$$H_d(k) = e^{j\beta}\cdot e^{-j\frac{N-1}{N}\pi k}H_d\left(\frac{2\pi}{N}k\right) = e^{-j\frac{10}{11}\pi k}H_d\left(\frac{2\pi}{11}k\right)$$

$$= \{1, e^{-j\frac{10\pi}{11}}, e^{-j\frac{20\pi}{11}}, 0, 0, 0, 0, 0, 0, e^{j\frac{20\pi}{11}}, e^{j\frac{10\pi}{11}}\}$$

(3)利用 IDFT 得到 $h(n)$，即

$$h(n) = \text{IDFT}[H_d(k)] = \frac{1}{N}\sum_{k=0}^{N-1}H_d(k)e^{j\frac{2\pi}{N}kn} = \frac{1}{11}\sum_{k=0}^{10}H_d(k)e^{j\frac{2\pi}{11}kn}$$

$$= \frac{1}{11}\left(1\cdot e^{j\frac{2\pi}{11}0\cdot n} + e^{-j\frac{10\pi}{11}}e^{j\frac{2\pi}{11}1\cdot n} + e^{-j\frac{20\pi}{11}}e^{j\frac{2\pi}{11}2\cdot n} + e^{j\frac{20\pi}{11}}e^{j\frac{2\pi}{11}9\cdot n} + e^{j\frac{10\pi}{11}}e^{j\frac{2\pi}{11}10\cdot n}\right)$$

$$= \frac{1}{11}\left(1 + e^{j\frac{2\pi n-10\pi}{11}} + e^{j\frac{4\pi n-20\pi}{11}} + e^{j\frac{18\pi n+20\pi}{11}} + e^{j\frac{20\pi n+10\pi}{11}}\right)$$

$$= \frac{1}{11}\left(1 + 2\cos\left(\frac{2\pi n-10\pi}{11}\right) + 2\cos\left(\frac{4\pi n-20\pi}{11}\right)\right)$$

8.4 数字滤波器结构

8.4.1 IIR 数字滤波器结构

IIR 数字滤波器的基本结构一般有直接型结构、级联型结构、并联型结构几种，系统函数一般形式为

$$H(z) = \frac{Y(z)}{X(z)} = \frac{\sum_{i=0}^{M}b_iz^{-i}}{1+\sum_{j=1}^{N}a_jz^{-j}}$$

1. 直接型结构

由系统函数可写出如下形式的差分方程：

$$y(n) + \sum_{j=1}^{N}a_jy(n-j) = \sum_{i=0}^{M}b_ix(n-i)$$

或

$$y(n) = b_0x(n) + b_1x(n-1) + \cdots + b_Mx(n-M) - a_1y(n-1) - a_2y(n-2) - \cdots - a_Ny(n-N)$$

利用差分方程可画出图 8-18(a)所示的直接 I 型结构图。

对系统函数的一般形式进行整理，可得

$$H(z) = \sum_{i=0}^{M}b_iz^{-i}\cdot\frac{1}{1+\sum_{j=1}^{N}a_jz^{-j}} = \frac{1}{1+\sum_{j=1}^{N}a_jz^{-j}}\cdot\sum_{i=0}^{M}b_iz^{-i} = H_1(z)\cdot H_2(z) = H_2(z)\cdot H_1(z)$$

式中

$$H_1(z) = \frac{W(z)}{X(z)} = \sum_{i=0}^{M}b_iz^{-i}, \quad H_2(z) = \frac{Y(z)}{W(z)} = \frac{1}{1+\sum_{j=1}^{N}a_jz^{-j}}$$

由 $H_1(z)$、$H_2(z)$ 可写出如下形式的差分方程：

$$w(n) = b_0 x(n) + b_1 x(n-1) + \cdots + b_N x(n-M)$$
$$y(n) = w(n) - a_1 w(n-1) - a_2 w(n-2) - \cdots - a_N w(n-N)$$

利用上面的差分方程可画出图 8-18(b)所示的直接Ⅱ型结构图。

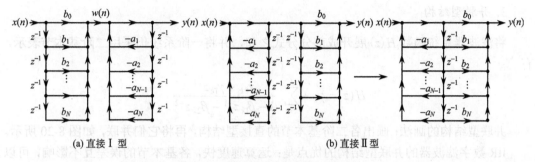

(a) 直接Ⅰ型　　　　　　　　　　　(b) 直接Ⅱ型

图 8-18　IIR 数字滤波器的直接型结构($M=N$)

与直接Ⅰ型结构相比，在直接Ⅱ型结构中，交换了 $H_1(z)$、$H_2(z)$ 两级联子系统的级联顺序，可以让 $H_2(z)$ 系统与 $H_1(z)$ 系统共用延时器。

IIR 数字滤波器的直接型结构的优点是简单、直观，缺点是：①改变某一个系数 a_j 将影响所有的极点；②改变某一个系数 b_i 将影响所有的零点；③对有限字长效应太敏感，容易出现不稳定现象。因此，对于三阶以上的 IIR 滤波器，几乎都不采用直接型结构，而是采用级联型、并联型等其他形式的结构。

2. 级联型结构

将滤波器系统函数 $H(z)$ 的分子和分母分解为一阶和二阶实系数因子之积的形式，即

$$H(z) = K \frac{\displaystyle\prod_{k=1}^{M_1}(1 - z_k z^{-1})\prod_{k=1}^{M_2}(1 + \alpha_{1k} z^{-1} + \alpha_{2k} z^{-2})}{\displaystyle\prod_{k=1}^{N_1}(1 - p_k z^{-1})\prod_{k=1}^{N_2}(1 + \beta_{1k} z^{-1} + \beta_{2k} z^{-2})}$$

$$= A \prod_{i=1}^{L} \frac{1 + \alpha_{1i} z^{-1} + \alpha_{2i} z^{-2}}{1 + \beta_{1i} z^{-1} + \beta_{2i} z^{-2}} = A \prod_{i=1}^{L} H_i(z)$$

式中，$\dfrac{1 + \alpha_{1i} z^{-1} + \alpha_{2i} z^{-2}}{1 + \beta_{1i} z^{-1} + \beta_{2i} z^{-2}}$ 称为二阶基本节。

级联型结构的画法：先画出各二阶基本节的直接型结构，再将它们级联，如图 8-19 所示。

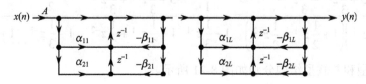

图 8-19　IIR 数字滤波器的级联型结构

IIR 数字滤波器的级联型结构的优点是：用硬件实现时，可以用一个二阶节进行时分复用；每一个基本节系数变化只影响该子系统的零极点；对系数变化的敏感度小，受有限字长的影响比直接型低。

3. 并联型结构

将滤波器系统函数 $H(z)$ 展开成部分分式之和，并将一阶系统仍采用二阶基本节表示，有

$$H(z) = \gamma_0 + \sum_{k=1}^{L} \frac{\gamma_{0k} + \gamma_{1k} z^{-1}}{1 - \beta_{1k} z^{-1} - \beta_{2k} z^{-2}}$$

并联型结构的画法：画出各二阶基本节的直接型结构，再将它们并联，如图 8-20 所示。

IIR 数字滤波器的并联型结构的优点是：运算速度快，各基本节的误差互不影响，可以单独调整极点的位置；缺点是不能向级联型结构那样直接调整零点。

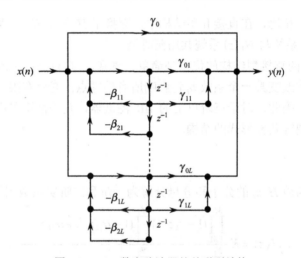

图 8-20　IIR 数字滤波器的并联型结构

【例 8-10】　已知某三阶数字滤波器的系统函数为 $H(z) = \dfrac{3 + \dfrac{5}{3} z^{-1} + \dfrac{2}{3} z^{-2}}{\left(1 - \dfrac{1}{3} z^{-1}\right)\left(1 + \dfrac{1}{2} z^{-1} + \dfrac{1}{2} z^{-2}\right)}$，

试画出其直接型、级联型和并联型结构。

解：

$$H(z) = \frac{3 + \dfrac{5}{3} z^{-1} + \dfrac{2}{3} z^{-2}}{\left(1 - \dfrac{1}{3} z^{-1}\right)\left(1 + \dfrac{1}{2} z^{-1} + \dfrac{1}{2} z^{-2}\right)} = \frac{1}{1 - \dfrac{1}{3} z^{-1}} \cdot \frac{3 + \dfrac{5}{3} z^{-1} + \dfrac{2}{3} z^{-2}}{1 + \dfrac{1}{2} z^{-1} + \dfrac{1}{2} z^{-2}} = \frac{2}{1 - \dfrac{1}{3} z^{-1}} + \frac{1 + z^{-1}}{1 + \dfrac{1}{2} z^{-1} + \dfrac{1}{2} z^{-2}}$$

直接型、级联型和并联型结构分别如图 8-21 所示。

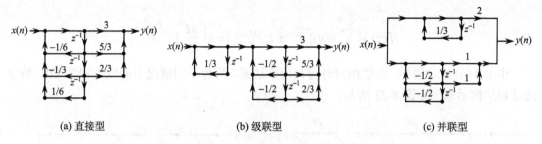

(a) 直接型   (b) 级联型   (c) 并联型

图 8-21 例 8-10 的直接型、级联型和并联型结构

8.4.2 FIR 数字滤波器结构

FIR 数字滤波器的基本结构有直接型、线性相位型、级联型、频率取样型等几种结构。

M 阶 FIR 数字滤波器的系统函数可写成下面的形式：

$$H(z) = \sum_{n=0}^{M} h(n)z^{-n} = \sum_{i=0}^{M} b_i z^{-i}$$

上式可写成如下形式的差分方程：

$$y(n) = \sum_{i=0}^{M} h(i)x(n-i)$$

1. 直接型结构

按上面的差分方程可直接画出图 8-22 所示的 FIR 数字滤波器的直接型结构形式。

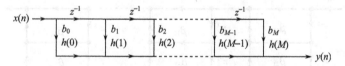

图 8-22 FIR 数字滤波器的直接型结构示意图

显然，实现上面的形式，需要 $M+1$ 个乘法器，M 个延迟器，M 个加法器。

2. 线性相位型结构

利用 $h(n)$ 的对称特性：$h(n) = \pm h(M-n)$，在实现 FIR 数字滤波器直接型结构时共用乘法器即得线性相位 FIR 数字滤波器结构。

当 FIR 数字滤波器为奇数阶即 $M=N-1$ 为奇数时，线性相位 FIR 数字滤波器的系统函数可写成

$$H(z) = \sum_{n=0}^{\frac{M-1}{2}} h(n) \left[z^{-n} \pm z^{-(M-n)} \right]$$

当 FIR 数字滤波器为偶数阶即 $M=N-1$ 为偶数时，线性相位 FIR 数字滤波器的系统函数可写成

$$H(z) = \sum_{n=0}^{\frac{M}{2}-1} h(n)\left[z^{-n} \pm z^{-(M-n)}\right] + h\left(\frac{M}{2}\right)z^{\frac{N-1}{2}}$$

由于 $h(n)$ 的对称性，系数相同时可共用乘法器。两种不同情况下的线性相位 FIR 数字滤波器结构示意图如图 8-23 所示。

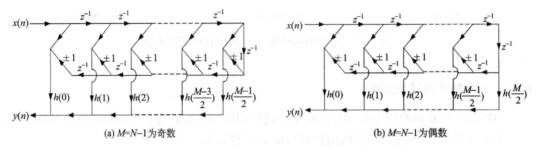

(a) $M=N-1$ 为奇数　　　　　　　　　(b) $M=N-1$ 为偶数

图 8-23　线性相位 FIR 数字滤波器结构示意图

3. 级联型结构

将 $H(z)$ 分解为若干个实系数一阶、二阶因子相乘，有

$$H(z) = h(0)\prod_{k=1}^{L}(1 + \beta_{1k}z^{-1} + \beta_{2k}z^{-2})$$

按照上式得到 FIR 数字滤波器的级联型结构示意图如图 8-24 所示。

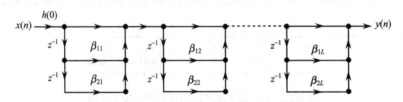

图 8-24　FIR 数字滤波器的级联型结构示意图

FIR 数字滤波器的级联型结构需要用到 $2L=M$ 个延迟器，$2L+1=M+1$ 个乘法器，$2L=M$ 个加法器。特点是可以分别控制每个子系统的零点。

习　题

8.1　已知 $H_a(s) = \dfrac{1}{1+s/\Omega_c}$，使用脉冲响应不变法和双线性变换法分别设计数字低通滤波器，使得 3dB 截止频率为 $\omega_c = 0.25\pi$ rad。

8.2　要求设计一个数字低通滤波器，在频率低于 $\omega = 0.316\pi$ rad 的范围内，通带衰减小于 0.75dB，在频率 $\omega = 0.4018\pi$ rad ～ π rad，阻带衰减大于等于 20dB。试求出满足这些指标的最低阶巴特沃思滤波器的传递函数 $H(z)$，要求采用双线性变换法。

8.3　试设计巴特沃思数字低通滤波器，设计指标为：在 0.3π 通带频率范围内，通带幅度波动小于1dB，在0.5π rad～π rad阻带频率范围内，阻带衰减大于等于12dB。

8.4 用双线性变换法设计数字低通滤波器，等效模拟滤波器指标参数如下：输入模拟信号$x_a(t)$的最高频率$f_d=100$Hz；选用巴特沃思滤波器，3dB截止频率$f_c=100$Hz，阻带截止频率$f_s=150$Hz，阻带最小衰减$\alpha_s=20$dB。

8.5 试设计一个数字高通滤波器，要求通带下限频率$\omega_p=0.8\pi$ rad。阻带上限频率为$\omega_s=0.44\pi$ rad，通带衰减不大于3dB，阻带衰减不小于20dB。

8.6 数字系统的抽样频率$f_s=2000$Hz，试设计一个为此系统使用的带通数字滤波器$H(z)$，要求采用巴特沃思滤波器，通带范围为300～400Hz，在带边频率处的衰减不大于3dB；在200Hz以下和500Hz以上衰减不小于18dB。

8.7 一个数字系统的抽样频率为1000Hz，已知该系统受到频率为100Hz的噪声干扰，拟设计一个带阻滤波器$H(z)$去掉该噪声。要求3dB的带边频率为95Hz和105Hz，阻带衰减不小于14dB，阻带的下边和上边频率分别为99Hz和101Hz。

8.8 试用矩形窗设计一个FIR线性相位低通数字滤波器，已知$\omega_c=0.5\pi$ rad，$N=21$。画出$h(n)$和$20\lg\left|\dfrac{H(\omega)}{H(0)}\right|$曲线，再计算正、负肩峰值的位置和过渡带宽度。

8.9 试用窗函数法设计一个第Ⅰ类线性相位FIR数字高通滤波器，已知$H_d(e^{j\omega})=e^{-j\omega\alpha}$，$\dfrac{3\pi}{4}\leqslant\omega\leqslant\pi$，$H_d(e^{j\omega})=0$，$0\leqslant\omega<\dfrac{3\pi}{4}$，对于矩形窗，过渡带宽度为0。

(1)确定$h(n)$的长度；

(2)求$h(n)$的表达式；

(3)求α。

8.10 用矩形窗设计线性相位数字低通滤波器，理想滤波器传输函数$H_d(e^{j\omega})$为

$$H_d(e^{j\omega})=\begin{cases}e^{-j\omega\alpha}, & 0\leqslant\omega\leqslant\omega_c\\0, & \omega_c\leqslant\omega\leqslant\pi\end{cases}$$

(1)求出相应的理想低通滤波器的单位脉冲响应$h_d(n)$；

(2)分别求出用矩形窗、汉恩窗、汉明窗、布莱克曼窗函数法设计的FIR滤波器的$h(n)$表达式。

8.11 用矩形窗设计线性相位高通滤波器，逼近滤波器传输函数$H_d(e^{j\omega})$为

$$H_d(e^{j\omega})=\begin{cases}e^{-j\omega\alpha}, & \omega_c\leqslant|\omega|<\pi\\0, & 其他\end{cases}$$

(1)求出相应理想低通的单位脉冲响应$h_d(n)$；

(2)求出矩形窗设计法的$h(n)$表达式，确定α与N之间的关系；

(3)N的取值有什么限制？为什么？

8.12 使用频率取样设计法设计一个FIR线性相位低通数字滤波器。已知条件为$\omega_c=0.5\pi$ rad，$N=51$。

8.13 用频率采样法设计第一类线性相位FIR低通滤波器，要求通带截止频率

$\omega_p = \dfrac{\pi}{3}$，阻带最大衰减 25 dB，过渡带宽度 $\Delta\omega = \dfrac{\pi}{16}$，问滤波器长度至少为多少才可能满足要求？

8.14　利用频率采样法设计线性相位 FIR 低通滤波器，设 $N=16$，要求逼近的滤波器的幅度采样为

$$H_{dg}(k) = \begin{cases} 1, & k = 0,1,2,3 \\ 0.389, & k = 4 \\ 0, & k = 5,6,7 \end{cases}$$

8.15　画出 $H(z) = \dfrac{(2 - 0.379z^{-1})(4 - 1.24z^{-1} + 5.264z^{-2})}{(1 - 0.25z^{-1})(1 - z^{-1} + 0.5z^{-2})}$ 的直接型、级联型、并联型结构图。

8.16　画出 $H(z) = \dfrac{(2 - 3z^{-1})(4 - 6z^{-1} + 5z^{-2})}{(1 - 7z^{-1})(1 - z^{-1} + 8z^{-2})}$ 的直接型、级联型、并联型结构图。

8.17　已知 FIR 滤波器的系统函数为 $H(z) = (1 - 0.7z^{-1} + 0.5z^{-2})(1 + 2z^{-1})$，画出该 FIR 滤波器的直接型、级联型、线性相位型的结构图。

8.18　已知一个 FIR 系统的转移函数为 $H(z) = 1 + 1.25z^{-1} - 2.75z^{-2} - 2.75z^{-3} + 1.23z^{-4} + z^{-5}$，画出该 FIR 滤波器的直接型、级联型结构图。

习题参考答案

8.1　(1) 脉冲响应不变法 $H(z) = \dfrac{0.828 / T}{1 - e^{-T \cdot 0.828/T} z^{-1}} = \dfrac{0.828 / T}{1 - e^{0.828} z^{-1}}$；

(2) 双线性变换法 $H(z) = 0.2920 \dfrac{1 + z^{-1}}{1 - 0.4159z^{-1}}$。

8.2　$H(z) = \dfrac{0.0044(1 + z^{-1})^6}{1 - 1.0915z^{-1} + 0.8127z^{-2}} \times \dfrac{1 - 0.8691z^{-1} + 0.4434z^{-2}}{1 - 0.9392z^{-1} + 0.5597z^{-2}}$。

8.3　$H(z) = \dfrac{0.0766 + 0.2327z^{-1} + 0.2327z^{-2} + 0.0766z^{-3}}{1 - 0.8004z^{-1} + 0.5040z^{-2} - 0.6799z^{-3}}$。

8.4　$H(z) = \dfrac{0.1667 + 0.5z^{-1} + 0.5z^{-2} + 0.1667z^{-3}}{1 - 1.3278 \times 10^{15} z^{-1} + 0.3333z^{-2} + 3.362 \times 10^{16} z^{-3}}$。

8.5　$H(z) = H(s)\big|_{s = \frac{1 - z^{-1}}{1 + z^{-1}}} = \dfrac{0.06745(1 - z^{-1})^2}{1 + 1.143z^{-1} + 0.428z^{-2}}$。

8.6　$H(z) = \dfrac{0.0471(1 - 2z^{-2} + z^{-4})}{2.3446 - 3.838z^{-1} + 5.2464z^{-2} - 3.066z^{-3} + 1.505z^{-4}}$。

8.7　$H(z) = \dfrac{0.969(1 - 1.633z^{-1} + z^{-2})}{1 - 1.583z^{-1} + 0.939z^{-2}}$。

8.8　$h(n) = \{0, 0.0354, 0, -0.0455, 0, 0.0637, 0, -0.1061, 0, 0.3183, 0.5, 0.3183, 0, -0.1061, 0.0637, 0, -0.0455, 0, 0.0354, 0\}$ 正肩峰为 $\omega_c - \dfrac{2\pi}{N} = 0.5\pi - \dfrac{2\pi}{21}$，负肩峰为 $\omega_c + \dfrac{2\pi}{N} = 0.5\pi + \dfrac{2\pi}{21}$，过渡带宽度 0.19π。

8.9　(1) $N = 66$；

(2) $h_d(n) = \dfrac{1}{2\pi} \displaystyle\int_{-\pi}^{\pi} H_d(e^{j\omega}) e^{j\omega n} d\omega = \dfrac{1}{\pi(n - \alpha)} \left[\sin(\pi(n - \alpha)) - \sin\left(\dfrac{3\pi}{4}(n - \alpha)\right) \right]$，

$$h(n) = h_d(n)R_{65}(n);$$

(3) $\alpha = \dfrac{N-1}{2} = \dfrac{65-1}{2} = 32$。

8.10　(1) $h_d(n) = \dfrac{1}{2\pi}\displaystyle\int_{-\pi}^{\pi} H_d(\mathrm{e}^{-\mathrm{j}\omega})\mathrm{e}^{\mathrm{j}\omega n}\mathrm{d}\omega = \dfrac{1}{2\pi}\displaystyle\int_{-\omega_c}^{\omega_c} \mathrm{e}^{-\mathrm{j}\omega\alpha}\mathrm{e}^{\mathrm{j}\omega n}\mathrm{d}\omega = \dfrac{\sin[\omega_c(n-\alpha)]}{\pi(n-\alpha)};$

8.11　(1) $h_d(n) = \delta(n-\alpha) - \dfrac{\sin[\omega_c(n-\alpha)]}{\pi(n-\alpha)};$

(2) $h(n) = h_d(n) \times R_N(n) = \left\{\delta(n-\alpha) - \dfrac{\sin[\omega_c(n-\alpha)]}{\pi(n-\alpha)}\right\}R_N(n),\ \alpha = \dfrac{N-1}{2};$

(3) N 必须取奇数。因为 N 为偶数时，$H(\mathrm{e}^{\mathrm{j}\pi}) = 0 = 0$，不能实现高通。

8.12　$H(\mathrm{e}^{\mathrm{j}\omega}) = \dfrac{\mathrm{e}^{-\mathrm{j}25\omega}}{51}\left\{\dfrac{\sin\dfrac{51\omega}{2}}{\sin\dfrac{\omega}{2}} + \displaystyle\sum_{k=1}^{12}\left[\dfrac{\sin\left(\dfrac{51\omega}{2}-k\pi\right)}{\sin\left(\dfrac{\omega}{2}-\dfrac{k\pi}{51}\right)} + \dfrac{\sin\left(\dfrac{51\omega}{2}+k\pi\right)}{\sin\left(\dfrac{\omega}{2}+\dfrac{k\pi}{51}\right)}\right]\right\}。$

8.13　$N \geqslant 64$

8.14　$h(n) = \dfrac{1}{16}\left\{1 + 2\cos\left[\dfrac{\pi}{8}\left(n-\dfrac{15}{2}\right)\right] + 2\cos\left[\dfrac{\pi}{4}\left(n-\dfrac{15}{2}\right)\right] + 2\cos\left[\dfrac{3\pi}{8}\left(n-\dfrac{15}{2}\right)\right] + 0.778\cos\left[\dfrac{\pi}{2}\left(n-\dfrac{15}{2}\right)\right]\right\}。$

8.15～8.18　略

第9章 现代信号分析与处理简介

本章介绍现代信号分析与处理的相关理论，包括 3 节内容，分别是：时频分析方法、小波变换、希尔伯特-黄变换。通过本章的学习，可使读者对现代信号分析与处理的一些方法建立一定认识。

9.1 时频分析方法

9.1.1 时频分析的基本概念

1. 时频分析的由来

傅里叶变换(FT)可将时间信号变换成频率信号，从频域方面揭示信号的本质，因而在信号处理领域中得到了广泛的应用。但傅里叶分析是一种纯频域的分析方法，它在频域中的定位是完全准确的(即频域分辨力最高)，但在时域中无任何定位能力(或分辨能力)，即傅里叶变换所反映的是整个信号全部时间下的整体频域性质，而不能提供任何局部时间段上的频域性质(信号的时频局部性质)，而时频局部性质恰好是非平稳信号最基本和最关键的性质。

时间和频率是描述信号的两个最重要的物理量。信号的时域和频域之间具有紧密的联系。在不少实际问题中，我们关心的是信号在局部范围中的特征，例如，在音乐信号中人们关心什么时刻演奏什么样的音符、对地震波的记录人们关心什么位置出现什么样的反射波、图像识别中的边缘检测关心信号突变部分的位置。为克服傅里叶变换全局性变换的局限性，必须采用局部变换的方法，用时间和频率的联合函数来分析信号，这就是时频分析思想的来源。

2. 时频分析的分类

时频分析方法按照时频联合函数的不同可分为线性时频表示和双线性时频表示。

1) 线性时频表示

线性时频表示由傅里叶变换演化而来，满足线性性质。设 $x(t) = ax_1(t) + bx_2(t)$，令 $x(t)$、$x_1(t)$ 和 $x_2(t)$ 的线性时频表示分别为 $P(t,f)$、$P_1(t,f)$ 和 $P_2(t,f)$，则有

$$P(t,f) = aP_1(t,f) + bP_2(t,f) \tag{9-1}$$

常见的线性时频表示主要有短时傅里叶变换、Gabor 展开和小波变换等。短时傅里叶变换实质上是加窗的傅里叶变换，随时间窗的移动而形成信号的时频表示。Gabor 展开可以看作短时傅里叶变换在时域和频域进行取样的结果。与小波变换相比，短时傅里叶变换和 Gabor 展开的窗函数宽度是固定的，而小波变换的窗函数宽度是可调的。

2) 双线性时频表示

双线性时频表示也称作二次型时频表示，它反映的是信号能量的时频分布。双线性时频表示不满足线性性质。设 $x(t) = ax_1(t) + bx_2(t)$，令 $x(t)$、$x_1(t)$ 和 $x_2(t)$ 的线性时频表示分别为 $P(t, f)$、$P_1(t, f)$ 和 $P_2(t, f)$，则有

$$P(t, f) = a^2 P_1(t, f) + b^2 P_2(t, f) + ab^* P_{12}(t, f) + ba^* P_{21}(t, f) \tag{9-2}$$

式中，$P_1(t, f)$ 和 $P_2(t, f)$ 为信号项；$P_{12}(t, f)$ 和 $P_{21}(t, f)$ 为交叉项或干扰项。交叉项是双线性时频表示固有的一个属性。

双线性时频表示主要有 Cohen 类时频分布和 Affine 双线性时频分布，其中最著名的是 Wigner-Ville 分布。

下面将对短时傅里叶变换以及典型的双线性时频表示——Wigner-Ville 分布加以介绍。

9.1.2　短时傅里叶变换

短时傅里叶变换由 Dennis Gabor 于 1946 年引入，其基本思想是：把信号划分成许多小的时间间隔，用傅里叶变换分析每个时间间隔，以便确定该时间间隔存在的频率。图 9-1 为短时傅里叶变换对信号分析的示意图。

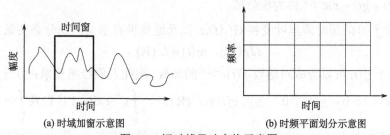

(a) 时域加窗示意图　　　　　　　　　(b) 时频平面划分示意图

图 9-1　短时傅里叶变换示意图

假设对信号 $f(t)$ 在时间 $t = \tau$ 附近内的频率感兴趣，显然一个最简洁的方法是仅取傅里叶变换在某个时间段 T_τ 内的值，即定义

$$\hat{f}(\Omega, \tau) = \frac{1}{|T_\tau|} \int_{T_\tau} f(t) \mathrm{e}^{-\mathrm{j}\Omega t} \mathrm{d}t \tag{9-3}$$

式中，$|T_\tau|$ 表示区域 T_τ 的长度。如果定义方波函数 $g_\tau(t)$ 为

$$g_\tau(t) = \begin{cases} \dfrac{1}{|T_\tau|}, & t \in T_\tau \\[2mm] 0, & \text{其他} \end{cases} \tag{9-4}$$

则式 (9-3) 又可以表示为

$$\hat{f}(\Omega, \tau) = \int_{\mathbf{R}} f(t) g_\tau(t) \mathrm{e}^{-\mathrm{j}\Omega t} \mathrm{d}t \tag{9-5}$$

式中，$\mathbf{R}$ 表示整个实轴。从式 (9-5) 可以看到，为了分析信号 $f(t)$ 在时刻 τ 的局部频域信息，式 (9-5) 实质上是对函数 $f(t)$ 加上窗口函数 $g_\tau(t)$。显然，窗口的长度 $|T_\tau|$ 越小，则越能够反映出信号的局部频域信息。容易得到式 (9-4) 定义的函数 $g_\tau(t)$ 具有下面的简单性质：

① $\int_{\mathbf{R}} g_{\tau}(t)\mathrm{d}t = 1$; ② $t \in T_{\tau}$, $\lim_{\tau \to 0} g_{\tau}(t) = \infty$ 。

将函数 $g_{\tau}(t)$ 与 "δ 函数" 及其性质 $\delta(t) = \begin{cases} 0, t \neq 0 \\ \infty, t = 0 \end{cases}$ 以及 $\int_{\mathbf{R}} \delta(t)\mathrm{d}t = 1$ 比较不难发现，"δ 函数" $\delta(t)$ 实际上可以视为函数 $g_{\tau}(t)$ 的极限函数。从另外一个角度来看，窗口函数可以看作对于原信号在区域上的加权，而利用方波函数 $g_{\tau}(t)$ 作为窗口函数时存在的一个明显缺陷就是在区域 T_{τ} 上平均使用权值，不符合权值应该重点位于时刻 τ 且距离该时刻越远权值越小的特点。也就是权函数主值位于时刻 τ，在该时刻的两端函数图像迅速衰减的特点。在满足上述特性并保持函数的光滑性质的前提下，Dennis Gabor 于 1946 年提出利用具有无穷次可微的高斯函数 $g_a(t) = \dfrac{1}{2\sqrt{\pi a}} \mathrm{e}^{-\frac{t^2}{4a}}, a > 0$ 作为窗口函数。显然高斯函数具有窗口函数所需要的性质。

Gabor 变换是一种特殊的短时傅里叶变换，而一般的短时傅里叶变换（STFT）可表示为

$$\mathrm{Gf}(\Omega, \tau) = \int_{\mathbf{R}} f(t)g(t-\tau)\mathrm{e}^{-\mathrm{j}\Omega t}\mathrm{d}t = \int_{\mathbf{R}} f(t)g_{\Omega,\tau}^{*}(t)\mathrm{d}t \tag{9-6}$$

式中， $g_{\Omega,\tau}^{*}(t) = g(t-\tau)\mathrm{e}^{-\mathrm{j}\Omega t}$ 称为积分核。

保证信号 $f(t)$ 的短时傅里叶变换 $\mathrm{Gf}(\Omega, \tau)$ 以及逆变换有意义的充分必要条件为

$$\Omega\hat{g}(\Omega)、tg(t) \in L^2(\mathbf{R}) \tag{9-7}$$

另外，由于 $g(t)$ 可以看成对函数 $f(t)\mathrm{e}^{-\mathrm{j}\Omega t}$ 的加权，因此人们经常要求：①当 $g(t) \in L^1(\mathbf{R})$ 时 ， $\int_{\mathbf{R}} g(t)\mathrm{d}t = A > 0$ ， $g(t) \geqslant 0$ ；②当 $g(t) \in L^2(\mathbf{R})$ 时， $\int_{\mathbf{R}} g^2(t)\mathrm{d}t = 1$ ；以及 $\int_{\mathbf{R}} \hat{g}^2(\Omega)\mathrm{d}\Omega = 1$ 。

$g(t-\tau)$ 作为对于 $f(t)\mathrm{e}^{-\mathrm{j}\Omega t}$ 的加权，其贡献应该主要集中在 $t=\tau$ 附近。最常见的要求是： $g(t-\tau)$ 在 $t=\tau$ 附近迅速衰减，使窗口外的信息几乎可以忽略，而 $g(t-\tau)$ 起到时限作用，$\mathrm{e}^{-\mathrm{j}\Omega t}$ 起到频限作用。当 "时间窗" 在 t 轴上移动时，信号 $f(t)$ "逐渐" 进入分析状态，其短时傅里叶变换 $\mathrm{Gf}(\Omega, \tau)$ 反映了 $f(t)$ 在时刻 $t=\tau$、频率 Ω 附近 "信号成分" 的相对含量。

短时傅里叶变换时间-频率窗口的宽度对于所观察的所有频率的谱具有不变特性，这一特性用来分析分段平稳信号或者近似平稳信号犹可。但是对于非平稳信号，当信号变化剧烈时，要求窗函数有较高的时间分辨率；而波形变化比较平缓的时刻，主要存在低频信号，则要求窗函数有较高的频率分辨率。短时傅里叶变换不能兼顾频率与时间分辨率的需求，时间与频率分辨率不能同时达到最优。

9.1.3 Wigner-Ville 分布

短时傅里叶变换本质上是线性时频表示，它不能描述信号的瞬时功率谱密度。此时，双线性时频表示就是一种更加直观和合理的信号表示方法，也称为时频分布，其中 Wigner-Ville 分布就是常用的一种时频分布。

Wigner-Ville 分布以信号的自相关函数的相对位移作为积分变量，通过对信号的自相关

函数作傅里叶变换得到分析信号的时间和频率的二维函数。由于 Wigner-Ville 分布直接定义为信号的时间和频率为自变量的二维函数，而使其在分析信号过程中和信号的时间分辨率与频率分辨率的选取无关，从而避免了短时傅里叶变换中时间分辨率与频率分辨率相互制约的缺陷。所以，在一定程度上可以说 Wigner-Ville 分布能有效地适应非平稳信号时频分析的客观要求。在已知的各种时频分布中，Wigner-Ville 分布最简单，并具有很好的性质。

1. Wigner-Ville 分布的定义

信号 $f(t)$ 的 Wigner-Ville 分布定义为

$$W_z(t,\Omega) = \int_{-\infty}^{\infty} z\left(t+\frac{\tau}{2}\right) z^*\left(t-\frac{\tau}{2}\right) e^{-j\Omega\tau} d\tau \tag{9-8}$$

式中，$z(t) = f(t) + jH[f(t)]$ 定义为 $f(t)$ 的解析信号，其中 $H[f(t)]$ 为 $f(t)$ 的 Hilbert 变换，解析信号的优点在于它剔除了实信号中的负频率成分，同时不会造成任何信息损失，也不会带来虚假信息；$z\left(t+\frac{\tau}{2}\right) z^*\left(t-\frac{\tau}{2}\right)$ 为 $f(t)$ 信号的瞬时自相关。

Wigner-Ville 分布也可用解析信号的频谱表示为

$$W_z(t,\Omega) = \frac{1}{2\pi} \int_{-\infty}^{\infty} z^*\left(\Omega+\frac{v}{2}\right) z\left(\Omega-\frac{v}{2}\right) e^{j\Omega v} dv \tag{9-9}$$

2. Wigner-Ville 分布的性质

Wigner-Ville 分布具有以下重要性质。

(1) 实值特性。$W_z(t,\Omega)$ 为实值，即有 $W_z^*(t,\Omega) = W_z(t,\Omega)$。

(2) 时移不变特性。若 $\tilde{z}(t) = z(t-t_0)$，则有 $W_{\tilde{z}}(t,\Omega) = W_z(t-t_0,\Omega)$。

(3) 频移不变特性。若 $\tilde{z}(t) = z(t)e^{j\Omega_0 t}$，则有 $W_{\tilde{z}}(t,\Omega) = W_z(t,\Omega-\Omega_0)$。

(4) 时间边缘特性。即 $\int_{-\infty}^{\infty} W_z(t,\Omega) d\Omega = |z(t)|^2$。

(5) 频率边缘特性。即 $\int_{-\infty}^{\infty} W_z(t,\Omega) dt = |z(\Omega)|^2$。

(6) 时频伸缩相似性。若 $\tilde{z}(t) = \sqrt{c} z(ct)$，则有 $W_{\tilde{z}}(t,\Omega) = W_z(ct,\Omega/c)$。

(7) 卷积性质。若 $y(t)$ 是信号 $z(t)$ 和 $h(t)$ 的卷积，则有

$$W_y(t,\Omega) = \int_{-\infty}^{\infty} W_h(t-\tau,\Omega) \ W_z(\tau,\Omega) d\tau$$

(8) 乘积性质。若 $y(t)$ 是信号 $z(t)$ 和 $h(t)$ 的乘积，则有

$$W_y(t,\Omega) = \int_{-\infty}^{\infty} W_h(t,\Omega-\tau) \ W_z(t,\tau) d\tau$$

(9) 有限支撑性质。若 $z(t)$ 是时域有限支撑的，则它的 Wigner-Ville 分布具有同样的时域有限支撑。即若 $z(t) = 0$，$|t| > T$，则有 $W_z(t,\Omega) = 0$，$|t| > T$。

类似地，若 $z(t)$ 是频域有限支撑的，则它的 Wigner-Ville 分布具有同样的频域有限支撑。

3. 交叉项问题

虽然 Wigner-Ville 分布具有较好的时频聚焦性，但是对于多分量信号，根据卷积性质，其 Wigner-Ville 分布会出现交叉项，产生"虚假信号"，这是 Wigner-Ville 分布的主要缺陷。

交叉项是双线性时频分布的固有结果，它来自于多分量信号中不同信号分量之间的交叉作用。交叉项会造成信号的时频特性模糊不清。因此如何有效抑制交叉项，对时频分析非常重要。

交叉项的抑制主要通过核函数的设计来实现，还有一些其他方法，如预滤波法、多分量分离法和辅助函数法。

9.1.4　时频分析实例

某时域信号波形如图 9-2 所示，对其进行 Wigner-Ville 分布分析、伪 Wigner-Ville 分布分析和平滑伪 Wigner-Ville 分布分析(对伪 Wigner-Ville 分布分析理论和平滑伪 Wigner-Ville 分布分析理论，请读者参阅其他书学习)，得到的结果如图 9-3 所示。

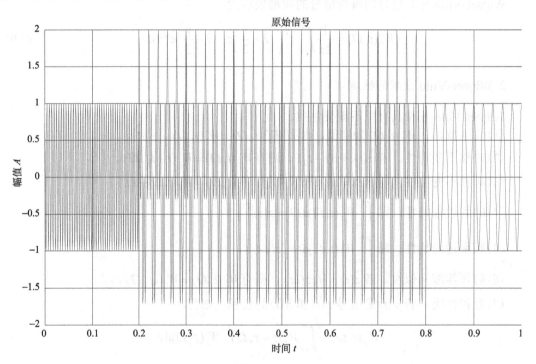

图 9-2　某时域信号波形图

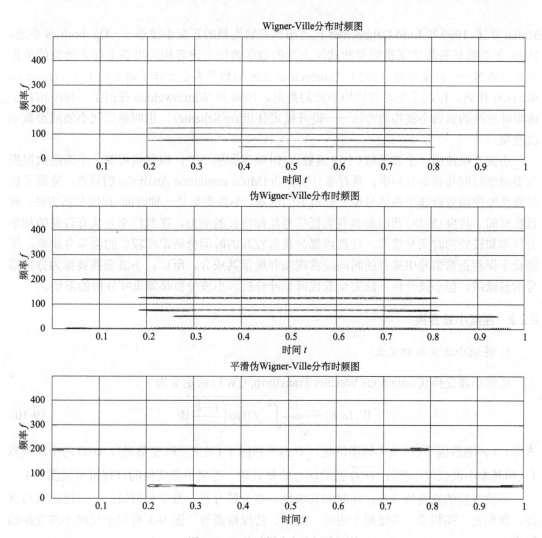

图 9-3　三种时频分布分析结果图

9.2　小波变换

9.2.1　概述

1994 年 Jean Morlet 与 A.Grossman 一起提出了小波变换(Wavelet Transform, WT)的概念并定义了小波函数的伸缩平移系$\left\{\dfrac{1}{\sqrt{|a|}}\psi\left(\dfrac{t-b}{a}\right)\right\}$，1996 年法国数学家 Yves Meyer 构造出平方可积空间 L^2 的规范正交基——二进制伸缩平移系：$\left\{\psi_{j,k}(t)=2^{-\frac{j}{2}}\psi(2^{-j}t-k)\right\}$，小波开始得到数学界的认可。

1997 年 Stephane Mallat 提出了多分辨分析的概念和构造正交小波的快速算法——

Mallat 算法，1999 年 Inrid Daubechies 构造出具有紧支集的正交小波基——Daubechies 小波，1990 年美籍华裔数学家崔锦泰和武汉大学的数学教授王建忠构造出基于样条函数的单正交小波函数——样条小波。1992 年 Daubechies 在应用数学大会上作了著名的 *Ten Lectures on Wavelets* 报告，掀起了学习与应用小波的高潮。1994 年 Wim Swelden 提出了一种不依赖于傅里叶变换的新的小波构造方法——提升模式（Lifting Scheme），也叫第二代小波或整数小波变换。

　　小波变换使用一个窗函数（小波函数），时频窗面积不变，但形状可变。小波函数根据需要调整时间与频率分辨率，具有多分辨分析（Multi-resolution Analysis）的特点，克服了短时傅里叶变换分析非平稳信号单一分辨率的困难。小波变换是一种时间-尺度分析方法，而且在时间、尺度（频率）两域都具有表征信号局部特征的能力，在低频部分具有较高的频率分辨率和较低的时间分辨率，在高频部分具有较高的时间分辨率和较低的频率分辨率，很适合于探测正常信号中夹带的瞬间反常现象并展示其成分。所以，小波变换被称为分析信号的显微镜。但小波分析不能完全取代傅里叶分析，小波分析是傅里叶分析的发展。

9.2.2　连续小波变换

1. 连续小波变换的定义

连续小波变换（Continuous Wavelet Transform, CWT）的定义为

$$W_f(a,b) = \frac{1}{\sqrt{|a|}} \int_{-\infty}^{\infty} f(t) \overline{\psi\left(\frac{t-b}{a}\right)} \mathrm{d}t \tag{9-10}$$

式中，a 为缩放因子（对应于频率信息）；b 为平移因子（对应于时空信息）；$\psi(t)$ 为小波函数（又叫基本小波或母小波）；$\overline{\psi(t)}$ 表示 $\psi(t)$ 的复共轭。连续小波变换的过程可参见图 9-4。

　　小波变换的重要特点是：①时频局域性、多分辨分析、数学显微镜；②自适应窗口滤波，低频宽、高频窄；③适用于去噪、滤波、边缘检测等。图 9-5 可用于反映小波变换的特点。

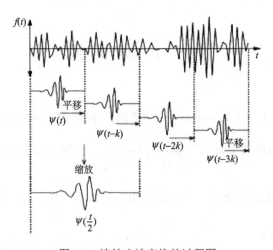

图 9-4　连续小波变换的过程图

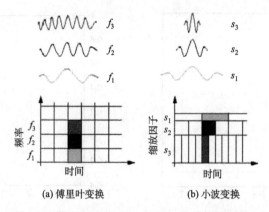

(a) 傅里叶变换　　　　　　　　(b) 小波变换

图 9-5　窗口傅里叶变换与小波变换的时频特征

2. 小波函数

小波变换与傅里叶变换比较，变换核不同：傅里叶变换的变换核为固定的虚指数函数（复三角函数）$e^{-j\Omega t}$，而小波变换的变换核为任意的母小波 $\psi(t)$。前者是固定的，后者是可选的。母小波 $\psi(t)$ 有无穷多种，需满足下列条件：①绝对可积且平方可积，即 $\psi \in L^1 \bigcap L^2$；②正负部分相抵，即 $\int_{-\infty}^{\infty} \psi(t)\mathrm{d}t = 0$（即 $\hat{\psi}(0) = 0$）；③满足允许条件（Admissible Condition），即 $\int_{-\infty}^{\infty} \dfrac{\left|\hat{\psi}(\Omega)\right|^2}{\Omega}\mathrm{d}\Omega < \infty$（广义积分收敛），其中 $\hat{\psi}(\Omega)$ 为 $\psi(t)$ 的傅里叶变换。

下面列举几个常用的小波函数。

1）Haar 小波

$$\psi(t) = \begin{cases} 1, & 0 \leqslant t < 0.5 \\ -1, & 0.5 \leqslant t < 1 \\ 0, & \text{其他} \end{cases} \tag{9-11}$$

Haar 小波是所有已知小波中最简单的，如图 9-6 所示。对于 t 的平移，Haar 小波是正交的。对于一维 Haar 小波可以看成完成了差分运算，即给出与观测结果的平均值不相等的部分的差。显然，Haar 小波不是连续可微函数。

2）Mexico 草帽小波

Mexico 草帽小波是高斯函数的二阶导数，即

$$\psi(t) = \frac{2}{\sqrt{3}}\pi^{-1/4}(1-t^2)\mathrm{e}^{-t^2/2} \tag{9-12}$$

系数 $\dfrac{2}{\sqrt{3}}\pi^{-1/4}$ 主要是保证 $\psi(t)$ 的归一化，即 $\|\psi\|^2 = 1$。这个小波使用的是高斯平滑函数的二阶导数，由于波形与墨西哥草帽（Mexican Hat）抛面轮廓线相似而得名，如图 9-7 所示。

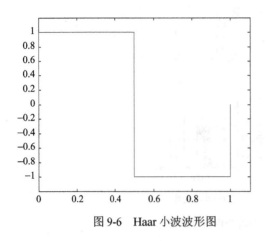

图 9-6　Haar 小波波形图

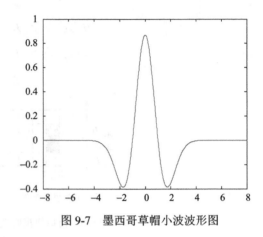

图 9-7　墨西哥草帽小波波形图

3）Morlet 实小波

$$\psi_0(t) = \pi^{-1/4} \cos(5t) e^{-t^2/2} \tag{9-13}$$

4）Morlet 复值小波

Morlet 波是最常用到的复值小波，其定义为式（9-14），波形如图 9-8 所示。

$$\psi_0(t) = (\pi f_B)^{0.5} e^{j2\pi f_C t} e^{-t^2/f_B} \tag{9-14}$$

式（9-14）的傅里叶变换为

$$\psi_0(f) = e^{\dfrac{-(f-f_0)^2}{f_B}} \tag{9-15}$$

式中，f_B 为带宽，f_C 为中心频率。

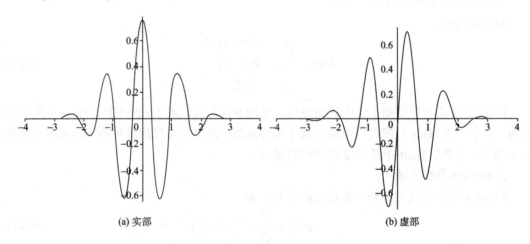

(a) 实部　　　　　　　　　　　　　(b) 虚部

图 9-8　Morlet 复值小波的波形图

3. 小波变换的性质

小波变换与短时傅里叶变换相比，除了时间轴上的平移，还多了频率轴上的伸缩。正是由于同时引入时间平移与频率伸缩，才保证建立起了具有时间、频率同时局部化的窗口函数。

现在讨论由式(9-10)定义的窗口函数的时频局部化性质。从时域角度来看，当 $\Psi_{a,b}(t)$ 作为窗口函数时，其中心 t_0 与窗口宽 $\sigma_{\psi_{a,b}}$ 分别为

$$
\begin{cases}
\sigma_{\psi_{a,b}} = \dfrac{1}{\|\psi_{a,b}\|_2}\left\{\int_{\mathbf{R}}(t-t_0)^2\,|\psi_{a,b}(t)|^2\,\mathrm{d}t\right\}^{\frac{1}{2}} \\[3mm]
t_0 = \dfrac{1}{\|\psi_{a,b}\|_2^2}\int_{\mathbf{R}}t\,|\psi_{a,b}(t)|^2\,\mathrm{d}t
\end{cases}
$$

从频率的角度来看，利用 Parseval 等式，又有 $W_\psi f(a,b)=\dfrac{1}{2\pi}\displaystyle\int_{-\infty}^{\infty}\hat f(\Omega)\hat\psi_{a,b}(\Omega)\mathrm{d}\Omega$，因此利用 $\hat\psi_{a,b}=|a|^{\frac{1}{2}}\mathrm{e}^{-\mathrm{i}b\Omega}\hat\psi(a\Omega)$，得到频率窗口的中心 Ω_0 与宽度 $\sigma_{\psi_{a,b}}$ 分别为

$$
\begin{cases}
\Omega_0 = \dfrac{1}{\|\hat\psi_{a,b}\|_2^2}\int_{\mathbf{R}}\Omega\left|\hat\psi_{a,b}(\Omega)\right|^2\,\mathrm{d}\Omega \\[3mm]
\sigma_{\psi_{a,b}} = \dfrac{1}{\|\hat\psi_{a,b}\|_2}\left\{\int_{\mathbf{R}}(\Omega-\Omega_0)^2\left|\hat\psi_{a,b}(\Omega)\right|^2\,\mathrm{d}\Omega\right\}^{\frac{1}{2}}
\end{cases}
\tag{9-16}
$$

记 $a=1$，$b=0$，此时 $\psi_{a,b}(t)=\psi(t)$，而相应的时、频窗口参数分别记为 t_0^*，σ_ψ 以及 Ω_0^*，$\sigma_{\hat\psi}$。于是，可以建立下面的等式：

$$
\begin{cases}
t_0 = at_0^* + b, & \sigma_{\psi_{a,b}} = a\sigma_\psi \\[2mm]
\Omega_0 = \dfrac{\Omega_0^*}{a}, & \sigma_{\hat\psi_{a,b}} = \dfrac{\sigma_{\hat\psi}}{a}
\end{cases}
\tag{9-17}
$$

下面讨论式(9-17)的证明。由于两个等式的证明相似，为节省篇幅，只证明式(9-17)中第一行的等式。事实上，直接计算有

$$
t_0 = \frac{\displaystyle\int_{\mathbf{R}}t\left|\frac{1}{\sqrt a}\psi\left(\frac{t-b}{a}\right)\right|^2\,\mathrm{d}t}{\displaystyle\int_{\mathbf{R}}\left|\frac{1}{\sqrt a}\psi\left(\frac{t-b}{a}\right)\right|^2\,\mathrm{d}t} = \frac{\displaystyle\int_{\mathbf{R}}(ax+b)\,|\psi(x)|^2\,\mathrm{d}x}{\displaystyle\int_{\mathbf{R}}|\psi(x)|^2\,\mathrm{d}x} = at_0^* + b
$$

用类似方法可得到 $\sigma_{\psi_{a,b}} = a\sigma_\psi$。

由式(9-17)建立的时-频窗口满足：

$$
[t_0-\sigma_{\psi_{a,b}},\,t_0+\sigma_{\psi_{a,b}}]\times[\Omega_0-\sigma_{\psi_{a,b}},\,\Omega_0+\sigma_{\psi_{a,b}}]
$$

$$
=[at_0^*+b-a\sigma_\psi,\,at_0^*+b+a\sigma_\psi]\times\left[\frac{\Omega_0-\sigma_{\hat\psi}}{a},\,\frac{\Omega_0+\sigma_{\hat\psi}}{a}\right]
$$

此时，窗口的时间宽度为 $2a\delta_\psi$，频率宽度为 $2\delta_{\hat\psi}/a$，因此其面积为 $4\sigma_\psi\times\sigma_{\hat\psi}$，与 a 和 b 的选取无关。

窗口的特点：当需要检测高频分量时，减少 a 的值，时间窗口自动变窄，而频率窗口

自动变宽，此时为一个时宽窄而频宽大的高频窗；当需要检测低频分量时，增加 a 的值，时间窗口自动变宽，而频率窗口自动变窄，此时为一个时宽大而频宽窄的低频窗。

根据前面的讨论，作为窗口函数，$\psi(x)$ 应该具有快速衰减性质，谓之为"小"，同时其振幅为正负相间的振荡形式，谓之为"波"，特别地，将式(9-10)所定义的变换称为小波变换，而相应的函数 $\psi(x)$ 称为小波函数。

下面从系统响应的角度讨论小波变换的物理意义。

设输入信号为 $f(t)$，而系统的单位冲激响应设为 $h_a(t) = \dfrac{1}{\sqrt{|a|}} \psi\left(-\dfrac{t}{a}\right)$，于是系统的输出满足：

$$f(t) \otimes h_a(t) = \frac{1}{\sqrt{|a|}} \int_{\mathbf{R}} f(t) \psi\left(\frac{t-b}{a}\right) dt = W_\psi f(a,b) \tag{9-18}$$

式(9-18)表明，信号 $f(t)$ 的连续小波变换等价于信号 $f(t)$ 通过一个单位冲激响应为 $h_a(t) = \dfrac{1}{\sqrt{|a|}} \psi\left(-\dfrac{t}{a}\right)$ 的系统输出。另外，傅里叶变换有如下性质：若 $f(t)$ 的傅里叶变换为 $\hat{f}(\Omega)$，则 $f(t-b)$ 的傅里叶变换为 $\mathrm{e}^{-jb\Omega}\hat{f}(\Omega)$，$f\left(\dfrac{t}{a}\right)$ 的傅里叶变换为 $|a|\hat{f}(a\Omega)$。可知

$$H_a(\Omega) = \hat{h}_a(\Omega) = \sqrt{|a|}\hat{\psi}(-a\Omega)$$

因此，也可以将 $f(t)$ 的连续小波变换视为传递函数为 $H_a(\Omega)$ 的系统的输出。另外，通过前面的窗口函数的时频特性分析可知，$\psi(t)$ 本质上是一个带通系统，而随着伸缩因子 a 的改变，$\psi_{a,b}(t)$ 为对应着一系列带宽和中心频率各异的带通系统。根据式(9-18)可以总结出小波变换的下列物理特性。

(1)信号 $f(t)$ 的连续小波变换是一系列带通滤波器对 $f(t)$ 滤波后的输出，$W_\psi f(a,b)$ 中的参数 a 反映了带通滤波器的带宽和中心频率，而参数 b 反映了滤波后输出的时间参数。

(2)设 Q 为滤波器的中心频率与带宽之比，即品质因数，则伸缩因子 a 的变化形成的带通滤波器都是恒 Q 滤波器。

(3)当伸缩因子 a 变化时，带通滤波器的带宽和中心频率也变化。当 a 较小时，中心频率较大，带宽变宽；当 a 变大时，中心频率变小，带宽变窄。这一特性对于信号 $f(t)$ 的局部特性分析具有重要的应用价值。例如，对于信号变化缓慢的地方，主要为低频成分，频率范围比较窄，此时小波变换的带通滤波器相当于 a 较大的情况；反之，信号发生突变的地方，主要为高频成分，频率范围比较宽，小波的带通滤波器相当于 a 较小的情形。总之，当伸缩因子从小到大变化时，滤波的范围从高频到低频变化，因此，小波变换具有变焦特性。

(4)线性变换。小波变换是线性变换，具有线性变换具有的齐次性和叠加性。

(5)时移特性。如果 $f(t) \xrightarrow{\mathrm{CWT}} W_f(a,b)$，那么 $f(t-t_0) \xrightarrow{\mathrm{CWT}} W_f(a,b-t_0)$。

(6)尺度转换。如果 $f(t) \xrightarrow{\mathrm{CWT}} W_f(a,b)$，那么 $f\left(\dfrac{t}{\lambda}\right) \xrightarrow{\mathrm{CWT}} \sqrt{\lambda}W_f\left(\dfrac{a}{\lambda},b\right)$。

(7)重建核(Reproduction Kernel)与重建核方程。重建核说明了小波变换的冗余性。即

在 (a,b) 半平面内各点小波变换的值是相关的。点 (a_0,b_0) 处的小波变换值可由 (a,b) 半平面内各点小波变换的值来表示：

$$W_f(a_0,b_0) = \int_0^\infty \frac{\mathrm{d}a}{a^2} \int_{-\infty}^\infty W_f(a_0,b_0) K_\psi(a_0,b_0,a_0,b_0) \mathrm{d}\tau \tag{9-19}$$

式中

$$K_\psi(a_0,b_0,a_0,b_0) = \frac{1}{c_\psi} \int \psi_{a,b}(t) \psi_{a_0,b_0}^*(t) \mathrm{d}t = \frac{1}{c_\psi} \left\langle \psi_{a,b}(t), \psi_{a_0,b_0}(t) \right\rangle \tag{9-20}$$

K_ψ 是 $\psi_{a,b}(t)$ 与 $\psi_{a_0,b_0}(t)$ 的内积，反映了两者的相关程度，称为重建核；式(9-20)称为重建核方程。当 $a=a_0$，$b=b_0$ 时，K_ψ 有最大值。当 (a,b) 偏离了 (a_0,b_0) 时，K_ψ 的值快速衰减，两者的相关区域就越小。如果 $K_\psi=\delta(a-a_0,b-b_0)$，此时 (a,b) 平面内的小波变换值是互不相关的，小波变换所含的信息才没有冗余，这就要求不同尺度及不同平移的小波互相正交。不过，当 (a,b) 是连续变量时很难达到这样的要求。

(8)小波谱图交叉项的性质。小波变换具有线性性质，不存在交叉项。但是由小波变换引申出来的能量分布函数 $|W_f(a,b)|^2$ 在多信号情况下具有交叉项。

设

$$f(t)=f_1(t)+f_2(t)$$

则

$$\left|W_f(a,b)\right|^2 = \left|W_{f_1}(a,b)\right|^2 + \left|W_{f_2}(a,b)\right|^2 + 2\left|W_{f_1}(a,b)\right| \cdot \left|W_{f_2}(a,b)\right| \cdot \cos(\theta_1 - \theta_2) \tag{9-21}$$

小波变换的交叉项只出现在 W_{f_1}、W_{f_2} 同时不为零的 (a,b) 处。这一点与 Wigner-Ville 分布不同。两个信号在时频平面内不重叠，但是由两个信号线性组合而成的信号显然存在交叉项。

如果小波函数 $\psi(t)$ 为墨西哥草帽小波：

$$\psi(t) = \left(\frac{2\pi^{-\frac{1}{4}}}{\sqrt{3}}\right)(1-t^2)\mathrm{e}^{-\frac{t^2}{2}} \tag{9-22}$$

它是高斯概率密度函数的二阶导函数。容易验证，式(9-22)定义的函数对于任意 $f(t) \in L^2(\mathbf{R})$，式(9-10)均有意义。直接计算得到系统的传递函数满足：

$$H_a(\Omega) = \sqrt{|a|}\hat{\psi}(-a\Omega) = \sqrt{|a|^5}\left(\frac{2\pi^{-\frac{1}{4}}}{\sqrt{3}}\right)\Omega^2 \mathrm{e}^{-a^2\Omega^2/2} \tag{9-23}$$

不难看出，$H_a(\Omega)$ 是一个典型的带通滤波器。其中心频率 $\Omega_0 = \dfrac{\sqrt{2}}{a}$；带宽 $B = \dfrac{\sigma_{\hat{\psi}}}{a}$；品质因数 $Q = \dfrac{B}{\omega_0} = \dfrac{\sigma_{\hat{\psi}}}{\sqrt{2}}$。

另外，不难比较出连续小波变换与短时傅里叶变换存在如下区别。

(1)从频率角度来看，小波函数 $\psi_{a,b}(t)$ 与短时傅里叶变换中的基函数 $g(t-\tau)\mathrm{e}^{-\mathrm{j}\Omega t}$ 同为

带通滤波器组，但是，小波变换对应的带宽是可调的，而短时傅里叶变换对应的带宽是恒定的。因此，小波变换将信号分解为对数坐标中具有相同频宽的函数集合，而短时傅里叶变换将信号分解为线性坐标中具有相同频宽的函数集合。

(2) 从时频分辨率的角度看，短时傅里叶变换中当窗口函数给定后，其时间分辨率和频率分辨率在信号的整个时频段为恒定常数。而小波变换在信号低频段采样取高的频率分辨率和低的时间分辨率，而在信号高频段采样则取低的频率分辨率和高的时间分辨率。

(3) 从基函数的角度看，短时傅里叶变换具有正交特性，基函数由连续三角正交基 $e^{i\omega t}$ 构成，导致的结果是：在处理非平稳信号时，由于频率成分比较丰富，利用短时傅里叶变换展开时其系数的能量必然包含很宽的范围；而小波变换则不一定要求其正交特性，基函数可以取非三角函数，因此，在更宽松的条件下可以取到合适的小波，使得按照小波变换展开时其系数的能量比较集中，这一点对于图像与数据的压缩相当重要。

9.2.3　离散小波变换

将连续小波变换的缩放因子 a 离散化，就得到二进小波变换；再将平移因子 b 也离散化，就得到离散小波变换。

1. 二进小波变换与滤波器

为了适应数字信号处理，需将小波变换离散化。先进行缩放因子的离散化。若小波函数 ψ 满足：

$$\sum_{k\in Z} |\hat{\psi}(2^k\omega)|^2 = 1$$

则称 ψ 为基本二进小波。

在连续小波变换中，若 ψ 为基本二进小波，则令 $a=2^k$，得到二进小波变换：

$$W_{2^k} f(b) = \frac{1}{\sqrt{2^k}} \int_{-\infty}^{\infty} f(x)\overline{\psi\left(\frac{x-b}{2^k}\right)}dx \tag{9-24}$$

为了构造基本二进小波，可设 ϕ 满足：

$$|\hat{\phi}(\omega)|^2 = \sum_{j=1}^{\infty} |\hat{\psi}(2^j\omega)|^2$$

可推出 $|\hat{\phi}(0)|^2 = 1$，则 ϕ 大体上相当于一个低通滤波器，因此，$\phi(2x)$ 的通道比 $\phi(x)$ 的通道宽，可设 ϕ 满足如下的双尺度方程：

$$\phi(x) = 2\sum_{n\in Z} h_n \phi(2x-n)$$

其傅里叶变换为

$$\hat{\phi}(\omega) = H\left(\frac{\omega}{2}\right)\hat{\phi}\left(\frac{\omega}{2}\right) \tag{9-25}$$

式中，$H(\omega) = \sum_{n\in Z} h_n e^{-i\omega n}$ 为低通滤波器。由 $|\hat{\phi}(0)|^2 = 1$，可得 $H(0)=1$ 即 $\sum h_n = 1$。

若设

$$|G(\omega)|^2 = 1 - |H(\omega)|^2 \tag{9-26}$$

式中，$G(\omega) = \sum\limits_{n \in Z} g_n e^{-i\omega n}$，则 G 为高通滤波器，有

$$\psi(x) = 2\sum\limits_{n \in Z} g_n \phi(2x - n) \tag{9-27}$$

其傅里叶变换为

$$\hat{\psi}(2\omega) = G(\omega)\hat{\phi}(\omega) \tag{9-28}$$

因 $\hat{\psi}(0) = 0$ 且 $|\hat{\phi}(0)|^2 = 1$，得 $G(0) = 0$ 即 $\Sigma g_n = 0$。

例如，对 B2 滤波器，若取 ϕ 为二次 B 样条，则

$$H(\omega) = e^{-i\frac{\omega}{2}}\left(\cos\frac{\omega}{2}\right)^2 = \frac{1}{8}(e^{i\omega} + 3 + 3e^{-i\omega} + e^{-i2\omega})$$

可得 $h_n = h_{1-n}$，$h_0 = h_1 = 3/9 = 0.375$，$h_{-1} = h_2 = 1/9 = 0.125$，其余 $h_n = 0$。

因 G 不唯一，可令 $G(\omega) = -G(-\omega)$，$g_n = -g_{1-n}$，解得 $-g_0 = g_1 = 0.5799$，$-g_{-1} = g_2 = 0.0969$，$-g_{-2} = g_3 = 0.0061$，其余 $g_n = 0$。

又如，对 B3 滤波器，若取 ϕ 为中心三次 B 样条，则

$$H(\omega) = \left(\cos\frac{\omega}{2}\right)^4 = \frac{1}{16}(e^{i2\omega} + 4e^{i\omega} + 6 + 4e^{-i\omega} + e^{-i2\omega})$$

可得 $h_n = h_{-n}$，$h_0 = 3/9 = 0.375$，$h_{-1} = h_1 = 1/4 = 0.25$，$h_{-2} = h_2 = 1/16 = 0.0625$，其余 $h_n = 0$。

类似上例可得 $g_n = -g_{-n}$，$-g_{-1} = g_1 = 0.59261$，$-g_{-2} = g_2 = 0.10972$，$-g_{-3} = g_3 = 0.00009$，其余 g_n 为 0。

2. 离散小波变换的定义

将二进小波变换中的平移因子也离散化，即令 $b = n2^k$，可得离散小波变换为

$$W_{2^k}f(n) = 2^{-k/2}\int_{-\infty}^{\infty} f(x)\overline{\psi(2^{-k}x - n)}\mathrm{d}x \tag{9-29}$$

可以用前面所讲的滤波器系数将式(9-29)改写成如下循环形式：

$$W_{2^j}f(n) = \sum\limits_{k} g_k S_{2^{j-1}}f(n - 2^{j-1}k)$$

$$S_{2^j}f(n) = \sum\limits_{k} h_k S_{2^{j-1}}f(n - 2^{j-1}k) \tag{9-30}$$

其中，$S_{2^0}f(n) = f(n)$，$D = Wf$ 为差(高频部分)，$A = Sf$ 为剩余(低频部分)，h_k 与 g_k 为上面讲过的滤波器 $H(\omega)$ 与 $G(\omega)$ 的系数。

以 Mallat 数据为例，其离散小波变换如图 9-9 所示。

说明：(1)图形的横纵坐标分别表示时间(平移因子)和变换结果 Sf 与 Wf 的值。

(2)小波分解可以无限进行下去，J 是自己指定的最大分解次数，一般为 9~10。

(3)求和符号中 $k \in Z$，无上下限，但具体计算时，由于只有有限个 h_k、g_k 不为 0，所以实际上是有限的。

(4)求 Sf 与 Wf 都涉及对所有的样本求和，不可能只处理一个样本。

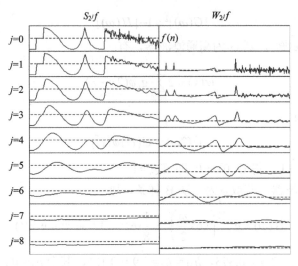

图 9-9　Mallat 数据的离散小波变换

3. 小波分解

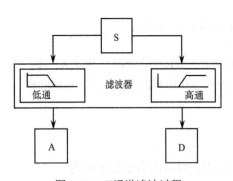

图 9-10　双通道滤波过程

执行离散小波变换的有效方法是使用滤波器。该方法是 Mallat 在 1999 年开发的,称为 Mallat 算法。这种方法实际上是一种信号的分解方法,在数字信号处理中称为双通道子带编码。用滤波器执行离散小波变换的概念如图 9-10 所示。

图 9-10 中,S 表示原始的输入信号,通过两个互补的滤波器产生 A 和 D 两个信号,A 表示信号的近似值(Approximations), D 表示信号的细节值(Detail)。在许多应用中,信号的低频部分是最重要的, 而高频部分起一个“添加剂”的作用。犹如声音那样,把高频分量去掉之后,听起来声音确实是变了,但还能够听清楚说的是什么内容。相反,如果把低频部分去掉,听起来就莫名其妙。在小波分析中,近似值是大的缩放因子产生的系数,表示信号的低频分量。而细节值是小的缩放因子产生的系数,表示信号的高频分量。

由此可见,离散小波变换可以表示成由低通滤波器和高通滤波器组成的一棵树。原始信号通过这样的一对滤波器进行的分解称为一级分解。可进行多级分解。如果对信号的高频分量不再分解,而对低频分量连续进行分解,就可得到许多分辨率较低的低频分量,形成如图 9-11 所示的一棵比较大的树。这种树称为小波分解树(Wavelet Decomposition Tree)。分解级数取决于要被分析的数据和用户的需要。小波分解树表示只对信号的低频分量进行连续分解。

需要特别指出的是,在使用滤波器对真实的数字信号进行变换时,得到的数据将是原始数据的两倍。例如, 如果原始信号的数据样本为 1000 个,通过滤波之后每一个通道的数据均为 1000 个,总共为 2000 个。于是, 根据奈奎斯特采样定理就提出了降采样

（Down-sampling）的方法，即在每个通道中每两个样本数据取一个，得到离散小波变换的系数（Coefficient），分别用 cD 和 cA 表示，如图 9-12 所示。图中的符号⊙表示降采样。

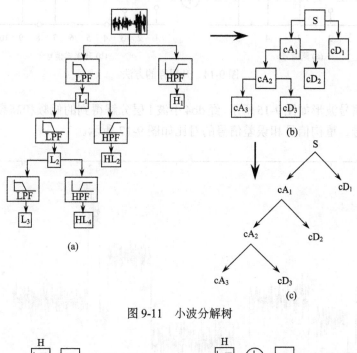

图 9-11　小波分解树

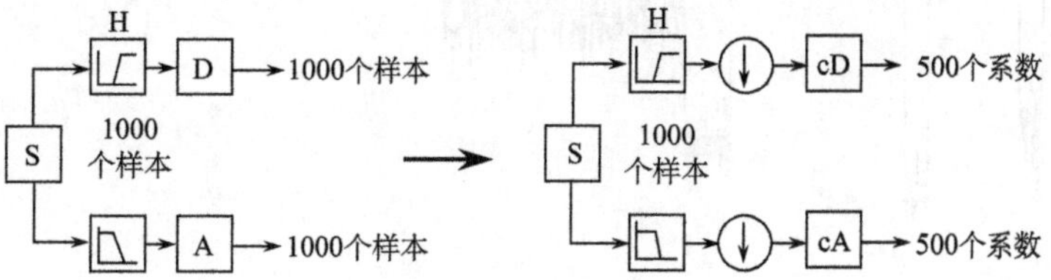

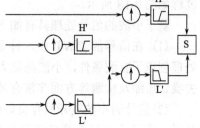

H：高通滤波器　　L：低通滤波器

图 9-12　降采样过程

4. 小波重构

离散小波变换可以用来分析或者分解信号，把分解的系数还原成原始信号的过程称为小波重构（Wavelet Reconstruction）或者称为合成（Synthesis），数学上称为离散小波逆变换（Inverse Discrete Wavelet Transform，IDWT）。

在使用滤波器进行小波变换时包含滤波和降采样两个过程，在小波重构时要包含升采样（Up-sampling）和滤波过程。小波重构的方法如图 9-13 所示，图中的符号⊙表示升采样。

升采样是在两个样本数据之间插入"0"，目的是把信号的分量加长。升采样的过程如图 9-14 所示。

H'：高通滤波器　　L'：低通滤波器

图 9-13　小波重构方法

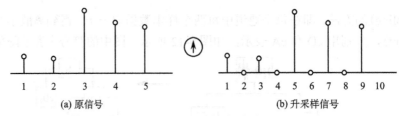

(a) 原信号　　　　　　　　　　　　　　(b) 升采样信号

图 9-14　升采样的方法

一个原始信号波形如图 9-15 所示，经 db4 小波 1 层分解得到的低频和高频信号如图 9-16 所示，原始信号、重构信号和误差信号的对比如图 9-17 所示。

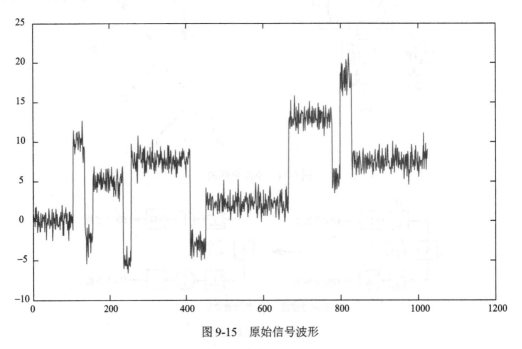

图 9-15　原始信号波形

5. 基于小波的信号处理

在小波分解和小波重构的基础上，可以实现一些信号处理运算。基于小波的信号处理过程如图 9-18 所示。

基于小波的信号处理具有如下特性。

(1) 在信号的 DWT 中，许多实际信号的展开系数大多集中在较少的系数上，为数据处理创造了有利条件，小波基称为无条件基(Unconditional Basis)，这也是小波分析在信号去噪、压缩及检测等方面非常有效的重要原因。

(2) 信号的小波展开具有良好的时频描述，因而可以更有效地分离出信号中不同特性的分量。在基于小波变换的信号处理中，可以根据有用信号与无用信号的展开系数的幅值(Amplitude)来分离信号的不同分量。有用分量对应的少数展开系数的幅值必然较大，而无用分量对应的多数展开系数的幅值必然较小。

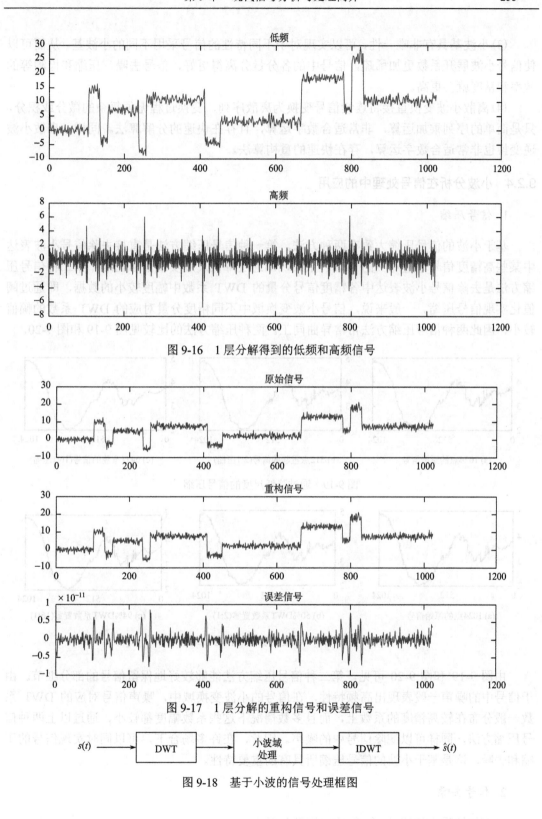

图 9-16 1 层分解得到的低频和高频信号

图 9-17 1 层分解的重构信号和误差信号

图 9-18 基于小波的信号处理框图

（3）小波基具有非唯一性，可以实现对于不同特性的信号采用不同的小波基，从而可以使信号小波展开系数更加稀疏，信号中的各分量分离得更好，信号去噪、压缩和检测等的效率和精度就会更高。

（4）离散小波变换直接将连续信号变换为离散序列，变换过程无须复杂的微分或积分，只是简单的序列乘加运算，非常适合数字运算，且存在快速的分解算法。同样，离散小波逆变换也非常适合数字运算，存在快速的重构算法。

9.2.4　小波分析在信号处理中的应用

1. 信号压缩

基于小波的信号压缩大致有两种方法。第一种信号压缩方法是直接去除信号小波表达中某些高精度信号分量对应的 DWT 系数，即通过降低尺度实现信号压缩；第二种信号压缩方法是去除信号小波表达中各精度信号分量的 DWT 系数中幅度较小的数据，即通过阈值化实现信号压缩。一般来说，信号小波变换域中不同精度分量对应的 DWT 系数的幅值较小，因此两种信号压缩方法常常异曲同工。两种压缩方法的比较见图 9-19 和图 9-20。

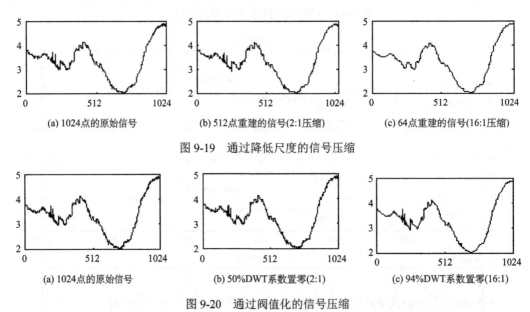

(a) 1024点的原始信号　　　(b) 512点重建的信号(2:1压缩)　　　(c) 64点重建的信号(16:1压缩)

图 9-19　通过降低尺度的信号压缩

(a) 1024点的原始信号　　　(b) 50%DWT系数置零(2:1)　　　(c) 94%DWT系数置零(16:1)

图 9-20　通过阀值化的信号压缩

由图 9-19 和图 9-20 可见，第二种信号压缩方法能够较好地保留信号的部分细节。由于信号中的噪声一般表现出高频特性，在信号的小波变换域中，噪声信号对应的 DWT 系数一般分布在较高精度的系数上，而且多数情况下这些系数幅度都较小，通过以上两种信号压缩方法，同样可以滤除信号中的噪声。因此，在许多场合下，可以同时实现信号的压缩和去噪，这是基于小波的信号压缩所具有的重要特性。

2. 信号去噪

含有加性噪声的信号 $s(t)$ 的数学模型一般为

$$s(t) = x(t) + e(t) \tag{9-31}$$

式中，$x(t)$ 为有用信号；$e(t)$ 为噪声信号。对信号 $s(t)$ 进行去噪处理的目的就是抑制其噪声信号分量 $e(t)$，从而恢复信号 $x(t)$。

基于小波的信号去噪过程如下。

(1) 选择一个小波基函数，对信号进行等间隔取样，得到信号对应的样点序列即 $c_{J+1}[k]$，然后基于序列 $c_{J+1}[k]$ 进行 N 级 DWT，得到 N 级不同尺度的小波展开系数 $d_J[k]$，$d_{J-1}[k]$，$\cdots$，$d_{J-N+1}[k]$ 以及一级尺度展开系数 $c_J[k]$。

(2) 对各级小波展开系数选择相应的阈值以及阈值规则进行阈值化 (Thresholding) 处理，得到处理后的各级小波展开系数 $\hat{d}_J[k]$，$\hat{d}_{J-1}[k]$，$\cdots$，$\hat{d}_{J-N+1}[k]$。

(3) 根据阈值处理后的小波展开系数 $\hat{d}_J[k]$，$\hat{d}_{J-1}[k]$，$\cdots$，$\hat{d}_{J-N+1}[k]$ 以及未处理的尺度展开系数 $c_{J-N+1}[k]$，进行 N 级离散小波逆变换重构信号 $\hat{s}(t)$。

阈值方式一般分为软阈值和硬阈值。软阈值处理是将低于阈值的系数置为零，而高于阈值的系数也相应减少；硬阈值处理是直接将低于阈值的系数都置为零。软阈值和硬阈值的公式见式 (9-32) 和式 (9-33)，图形见图 9-21。

$$\text{Th}_{\text{soft}}(x) = \begin{cases} \text{sgn}(x)(|x|-t), & |x| \geqslant t \\ 0, & |x| < t \end{cases} \tag{9-32}$$

$$\text{Th}_{\text{hard}}(x) = \begin{cases} x, & |x| \geqslant t \\ 0, & |x| < t \end{cases} \tag{9-33}$$

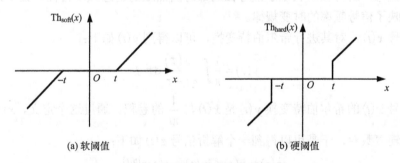

(a) 软阈值   (b) 硬阈值

图 9-21 软阈值和硬阈值的图形

不同阈值下的去噪效果如图 9-22 所示。

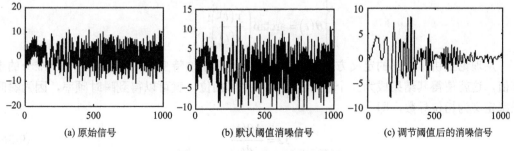

(a) 原始信号   (b) 默认阈值消噪信号   (c) 调节阈值后的消噪信号

图 9-22 不同阈值下的去噪效果

9.3　希尔伯特-黄变换

9.3.1　概述

傅里叶分析是一种纯频域的分析方法,后来出现的小波(Wavelet)变换通过一种可伸缩和平移的小波对信号进行变换,从而达到时频局域化分析的目的。但这种变换并没有完全摆脱傅里叶变换的局限,实际是一种窗口可调的傅里叶变换,其窗内的信号必须是平稳的。另外,小波变换是非适应性的,小波基一旦选定,在整个信号分析过程中就只能使用这一个小波基了。

希尔伯特-黄变换(Hilbert-Huang Transform, HHT)是 1998 年由 Norden E. Huang 等提出的新的信号处理方法。该方法适用于非线性、非平稳的信号分析,被认为是近年来对以傅里叶变换为基础的线性和稳态谱分析的一个重大突破,已广泛应用于多个领域的研究,并具有较好的结果。

尽管 HHT 技术在处理非线性、非稳态信号方面有很大的优势,但方法本身还有许多问题有待进一步研究。

9.3.2　瞬时频率

频率是个极其重要的物理量,定义为信号周期的倒数,其物理含义显而易见。对于正弦信号,它的频率为恒值。但是对于大部分信号,它的频率是随时间变化的函数,故产生了瞬时频率概念。瞬时频率表征了信号在局部时间点上的瞬态频率特性,整个持续期上的瞬时频率反映了信号频率的时变规律。

对于信号 $x(t)$,对其进行希尔伯特变换,可以得到 $y(t)$ 如下:

$$y(t) = \frac{1}{\pi} \int_{-\infty}^{\infty} \frac{x(\tau)}{t-\tau} \mathrm{d}\tau \tag{9-34}$$

该式表明信号 $x(t)$ 的希尔伯特变换 $y(t)$ 是 $x(t)$ 与 $\frac{1}{\pi t}$ 的卷积。通过这个定义,$x(t)$ 和 $y(t)$ 组成了一个共轭复数对,于是可以得到一个解析信号 $z(t)$ 如下:

$$z(t) = x(t) + \mathrm{i}y(t) = a(t)\mathrm{e}^{\mathrm{i}\theta(t)} \tag{9-35}$$

式中

$$\begin{cases} a(t) = \left[x^2(t) + y^2(t) \right]^{1/2} \\ \theta(t) = \arctan\left(\dfrac{y(t)}{x(t)} \right) \end{cases}$$

从理论上讲,虚部的定义方法有很多种。但是希尔伯特变换为其提供了一个唯一的虚部值,这就使得其结果成为一个解析函数。得到了相位,就可以得到瞬时频率,因为瞬时频率定义为相位导数,即

$$\Omega = \frac{\mathrm{d}\theta(t)}{\mathrm{d}t} \tag{9-36}$$

从本质上说，式(9-34)将希尔伯特变换定义为 $x(t)$ 与 $\dfrac{1}{\pi t}$ 的卷积，因此它强调了 $x(t)$ 的局部特性。式(9-35)的极坐标表达式更进一步澄清了这个表达式的局部特性：它的幅值和相位的最佳局部匹配随三角函数变化。

9.3.3　固有模态函数

1. 固有模态函数的定义

固有模态函数(Intrinsic Mode Function)简写为 IMF。由瞬时频率的物理意义可知，并不是任意的信号都能用瞬时频率来讨论。只有当信号满足只包括一种振动模式，而没有复杂叠加波的情况时才行。实际上，定义一个有意义的瞬时频率的必要条件就是要求函数关于局部零平均值对称，并且零交叉点和极值点数量相同。基于这种原因，固有模态函数的概念被提出。固有模态函数满足以下两个条件：①整个数据范围内，极值点和过零点的数量相等或者相差一个；②在任意点处，所有极大值点形成的包络线和所有极小值点形成的包络线的平均值为零。

第一个条件是显而易见的，它类似于平稳过程中传统的稳定且满足高斯分布的窄带信号条件。第二个条件把传统的全局条件调整到局部情况。只有满足了这个条件，得到的瞬时频率才不会因为不对称波形的存在而引起不规则波动。所以这一点是得到正确瞬时频率的必要条件，因为这样瞬时频率就可以不包含由于不对称波形造成的波动。

为了使用瞬时频率定义，必须要把随机数据归结为 IMF 组件，这样才可以为每个 IMF 组件定义瞬时频率。为了将数据归结为所需的 IMF 组件，接下来引入经验模态分解方法。

2. 经验模态分解

经验模态分解(Empirical Mode Decomposition)简写为 EMD。经验模态分解方法的大体思路是利用时间序列上、下包络的平均值确定"瞬时平衡位置"，进而提取固有模态函数。这种方法基于如下假设：①信号至少有两个极点：一个极大值和一个极小值；②信号特征时间尺度是由极值间的时间间隔确定的；③如果数据没有极值而仅有拐点，可以通过微分、分解，再积分的方法获得 IMF。

在以上假设的基础上，Huang 等进一步指出：可以用经验模态分解方法将信号的固有模态筛选出来。经验模态分解过程就是个筛选过程，实现振动模式的提取。该方法的基本思路是用波动上、下包络的平均值去确定"瞬时平衡位置"，进而提取出固有模态函数。上、下包络线是由三次样条函数对极大值点和极小值点进行拟合得到的。

经验模态分解的基本过程可概括如下。

(1)寻找信号 $x(t)$ 所有局部极大值和局部极小值。为更好地保留原序列的特性，局部极大值定义为时间序列中的某个时刻的值，它只要满足既大于前一时刻的值又大于后一时刻的值即可。局部极小值的提取同理，即该时刻的值满足既小于前一时刻的值也小于后一时刻的值。使用三次样条函数进行拟合，获得上包络线 $x_{\max}(t)$ 和下包络线 $x_{\min}(t)$。

(2)计算上、下包络线的均值 $m(t)=[x_{\max}(t)+x_{\min}(t)]/2$。

(3)用原信号 $x(t)$ 减去均值 $m(t)$，得到第一个组件 $h(t)=x(t)-m(t)$。由于原始序列的差异，组件 $h(t)$ 不一定就是一个 IMF，如果 $h(t)$ 不满足固有模态函数的两个条件，就把 $h(t)$ 当成原始信号，重复步骤(1)~(3)，直到满足条件，这时满足固有模态函数条件的 $h(t)$ 作为一个 IMF，令 $I_1(t)=h(t)$，至此第一个 IMF 已经成功地提取了。由于剩余的 $r(t)=x(t)-I_1(t)$ 仍然包含具有更长周期组件的信息，因此可以把它看成新的信号，重复上述过程，依次得到第二个 $I_2(t)$，第三个 $I_3(t)$，…，当 $r(t)$ 满足单调序列或常值序列条件时，终止筛选过程，可以认为完成了提取固有模态函数的任务，最后的 $r(t)$ 称为余项，它是原始信号的趋势项。由此可得 $x(t)$ 的表达式 $x(t)=\sum_{i=1}^{n} I_i(t)+r(t)$，即原始序列是由 n 个 IMF 与一个趋势项组成的。如上所述，整个过程就像筛选过程，根据时间特性把固有模态函数从信号中提取出。

3. 端点延拓

HHT 方法的分析质量很大程度上取决于 EMD 分解的质量，而在应用 EMD 方法时的一个非常棘手的问题是，由于信号两端不可能同时处于极大值和极小值，这样，"筛选"过程中构成上、下包络的三次样条函数在数据序列的两端就会出现发散现象，并且这种发散的结果会随着"筛选"过程的不断进行逐渐向内"污染"整个数据序列，从而使所得结果严重失真。

另外，在进行希尔伯特变换时，信号的两端也会出现严重的端点效应。对于一个较长的数据序列来讲，可以根据极值点的情况不断抛弃两端的数据来保证所得到的包络的失真度达到最小。但对于一个数据点数少的序列来讲，这样的操作就变得完全不可行。因此，必须对信号或其极值向外进行延拓，以确保包络线抵达端点。

端点延拓的目的是确保上、下包络都与端点相交，以便有与每一个信号点相对应的局部平均值。而上、下包络是由极大值和极小值连接而成的，因此只要对极大值和极小值进行延拓，而不必对信号本身进行延拓。极大值和极小值是相间分布的，同时考虑到样条插值的要求，所以只要在信号左、右两端分别延拓两个极大值和两个极小值即可。

4. EMD 结束准则

根据理论分析 IMF 必须满足两个条件，但是在实际筛选过程中，严格满足这两个条件的信号几乎不存在，因此如果以这两个条件为依据判定 IMF，可能根本就得不到结果或者要以冗长的程序执行时间为代价。

因此筛选过程要小心进行，为了保证 IMF 组件的调幅和调频都具有物理意义，同时考虑到程序可行性，必须制定一个结束筛选的准则。习惯上，可以通过标准偏差 SD 来完成，它可以由连续两个筛选结果得到：

$$SD=\sum_{t-0}^{T}\left[\frac{\left|\left(h_{1(k-1)}(t)-h_{1k}(t)\right)\right|^2}{h_{1(k-1)}^2(t)}\right] \tag{9-37}$$

式中，$h_{1(k-1)}(t)$ 和 $h_{1k}(t)$ 分别表示两个连续的筛选结果，一般来说，SD 值越小，所得的 IMF 分量的线性和稳定性就越好，典型的 SD 值为 0.2~0.3，这样对于不同筛选过程就有严格的

SD 限制了。但是在筛选过程中发现，SD 的这个范围过于死板，对很多信号而言，以 0.2～0.3 为限制的 SD 值并不科学，因此在实际筛选过程中，可以以 0.2～0.3 为参考值，根据实际情况进行适当调整。另外，如果不是进行信号精确处理，可以考虑控制筛选次数来决定筛选结果，这样不仅保障了程序的有效性，也控制了程序的执行时间。

9.3.4　希尔伯特谱

完成了经验模式分解过程就得到了所有可提取的固有模态函数，在希尔伯特变换的基础上，只要根据式(9-34)～式(9-36)计算瞬时频率就可以了。对固有模态函数进行希尔伯特变换后，可以用下面的方式表示信号：

$$X(t) = \sum_{j=1}^{n} a_j(t) \exp\left(i \int \Omega_j(t) dt \right) \tag{9-38}$$

式(9-38)没有考虑余项 r_n，因为它只是单调函数或常量。尽管希尔伯特变换可以把单调函数看成振动的一部分，但是其余项中的能量很小，一般情况下可以不用考虑。

由希尔伯特变换得出的振幅和频率都是时间的函数，如果用三维图形表达幅值、频率和时间之间的关系，或者把振幅用灰度的形式显示在频率-时间平面上，就可以得到希尔伯特谱 $H(\Omega, t)$。

如果把 $H(\Omega, t)$ 对时间积分，就得到希尔伯特边际谱 $h(\Omega)$：

$$h(\Omega) = \int_0^T H(\Omega, t) dt \tag{9-39}$$

边际谱提供了对每个频率的总振幅的量测，表达了整个时间长度内累积的振幅。另外，作为希尔伯特边际谱的附加结果，可以得到如式(9-40)定义的希尔伯特瞬时能量：

$$IE(t) = \int_\Omega H^2(\Omega, t) d\Omega \tag{9-40}$$

瞬时能量提供了信号能量随时间的变化情况。事实上，如果振幅的平方对时间积分，可以得到希尔伯特能量谱：

$$ES(\Omega) = \int_0^T H^2(\Omega, t) dt \tag{9-41}$$

希尔伯特能量谱提供了对于每个频率的能量的量测，表达了每个频率在整个时间长度内所累积的能量。

9.3.5　希尔伯特-黄变换应用实例

某 115kHz 高频振动信号时域波形如图 9-23 所示，对其进行 HHT 分析，得到的分析结果如图 9-24～图 9-28 所示。

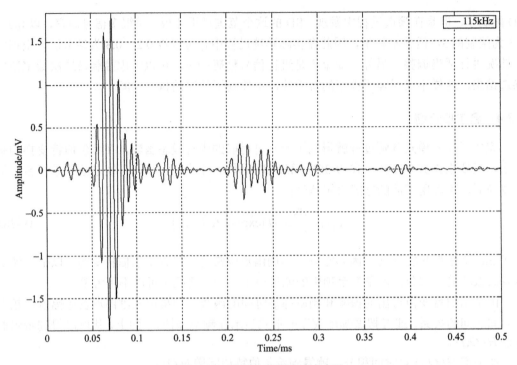

图 9-23　高频振动信号时域波形

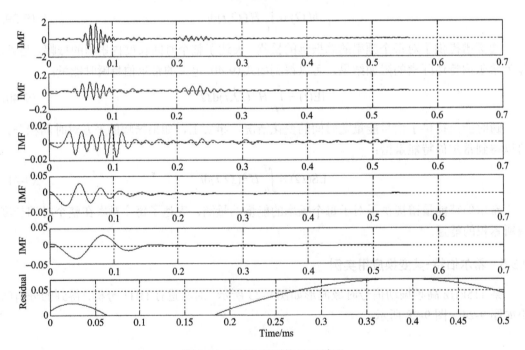

图 9-24　EMD 得到的 IMF 波形

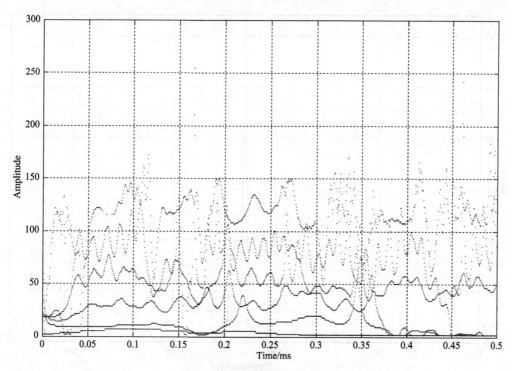

图 9-25　信号的希尔伯特谱

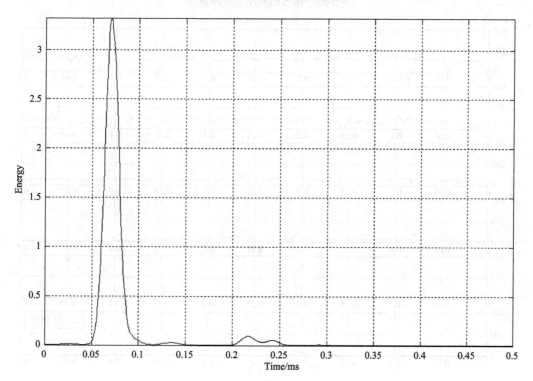

图 9-26　信号的瞬时能量谱

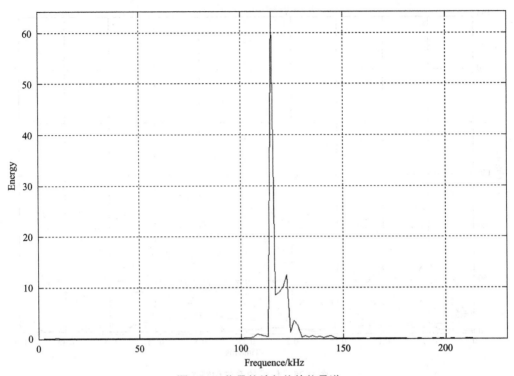

图 9-27　信号的希尔伯特能量谱

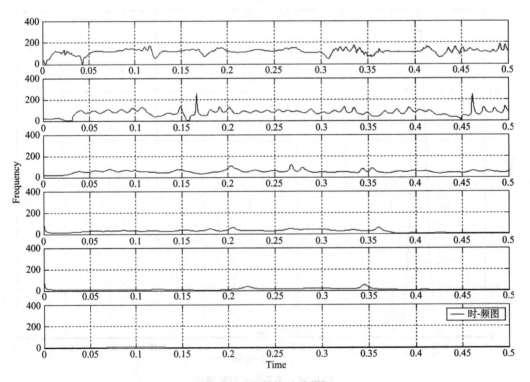

图 9-28　信号的时-频图

习　题

9.1　常见的时频分析有哪些？各有什么特点？

9.2　短时傅里叶变换中窗函数对时频分辨率有何影响？

9.3　说明 Wigner-Ville 分布与短时傅里叶变换的关系。

9.4　已知 $s = 2\sin(0.1t)$，n 为服从标准正态分布的随机噪声，$y=s+n$。采用不同的小波函数对信号 y 进行连续小波分析并对结果进行比较。

9.5　对题 9.4 中的信号 y，采用不同的小波函数进行多分辨率分解与重构，并对结果进行比较。

9.6　以小波包分析对 MATLAB 自带的信号 noismima 进行去噪处理。调节阈值大小并对结果进行比较。

9.7　用 MATLAB 生成具有不同频率的三种正弦信号及噪声信号的叠加，用小波变换进行去噪处理及信号分析。

9.8　说明 HHT 的定义和性质。

9.9　什么是 IMF 和 EMD？说明 EMD 的过程。

9.10　说明 HHT 和小波变换的区别和联系。

习题参考答案

9.1～9.10　略

参 考 文 献

安颖, 崔东艳, 刘利平, 2017. 现代信号处理 [M]. 北京: 清华大学出版社.

陈洪亮, 田社平, 张峰, 2006. 谈谈开关元件的特性[J]. 电气电子教学学报, 28(1): 33-35.

陈后金, 胡健, 薛健, 2017. 信号与系统[M]. 3 版. 北京: 高等教育出版社.

陈后金, 薛健, 胡健, 2010. 数字信号处理[M]. 2 版. 北京: 高等教育出版社.

崔翔, 2016. 信号分析与处理[M]. 3 版. 北京: 中国电力出版社.

邸继征, 2010. 小波分析原理[M] . 北京: 科学出版社.

范承志, 孙盾, 童梅, 等, 2016. 电路原理[M]. 北京: 机械工业出版社.

方勇, 2010. 数字信号处理原理与实践[M]. 2 版. 北京: 清华大学出版社.

甘良志, 胡福年, 2009. 电路分析的公理化与教学实践[J]. 电气电子教学学报, 31(4): 53-54.

管致中, 夏恭恪, 孟桥, 2015. 信号与线性系统[M]. 6 版. 北京: 高等教育出版社.

胡广书, 2015. 现代信号处理教程[M]. 2 版. 北京: 清华大学出版社.

胡钋, 2015. 信号与系统分析[M]. 北京: 机械工业出版社.

吉培荣, 陈成, 吉博文, 等, 2017. 理想运算放大器 "虚短虚断" 描述存在的问题分析[J]. 电气电子教学学报, 39(1) : 106-108.

吉培荣, 陈成, 邹红波, 2016. 对电路五版教材中几处问题的商榷[J]. 电气电子教学学报, 38(5) : 151-153.

吉培荣, 陈江艳, 郑业爽, 等, 2018. 电路原理学习与考研指导[M]. 北京: 中国电力出版社.

吉培荣, 李海军, 邹红波, 2015. 信号分析与处理[M]. 北京: 机械工业出版社.

吉培荣, 余小莉, 2016. 电路原理[M]. 北京: 中国电力出版社.

吉培荣, 粟世玮, 邹红波, 2013. 有源电路和无源电路术语的讨论[J]. 电气电子教学学报, 35(4) : 24-26.

吉培荣, 邹红波, 粟世玮, 2012. 理想运算放大器 "假短真断（虚短实断）" 特性与理想变压器传递直流特性分析[CD]. 电子电气课程报告论坛论文集 2012. 北京: 高等教育出版社/高等教育电子音像出版社.

捷米尔强, 卡洛夫金, 涅依曼, 等, 2011. 电工理论基础[M]. 4 版. 赵伟, 肖曦, 王玉祥, 等译. 北京: 高等教育出版社.

康华光, 2013. 电子技术基础（模拟部分）[M]. 6 版. 北京: 高等教育出版社.

刘海成, 刘静森, 杨冬云, 等, 2012. 信号处理与线性系统分析[M]. 北京: 中国电力出版社.

邱关源, 罗先觉, 2006. 电路[M]. 5 版. 北京: 高等教育出版社.

芮坤生, 潘孟贤, 丁志中, 2003. 信号分析与处理[M]. 2 版. 北京: 高等教育出版社.

王勇, 龙建忠, 方勇, 等, 2005. 电路理论基础[M]. 北京: 科学出版社.

吴宁, 2003. 电网络分析与综合[M]. 北京: 科学出版社.

杨育霞, 许珉, 廖晓辉, 等, 2007. 信号分析与处理[M]. 2 版. 北京: 中国电力出版社.

杨正瓴, 1990. 互容的定义和模型——互感的对偶化[J]. 科学通报, (12): 960.

杨正瓴, 1995. 关于 "互容" 概念的意义[J]. 电工教学, 17(4): 35-39.

杨志民, 马义德, 张新国, 2009. 现代电路理论与设计[M]. 北京: 清华大学出版社.

余成波, 陶红艳, 2007. 信号与系统[M]. 2 版. 北京: 清华大学出版社.

郑君里, 应启珩, 杨为里, 2011. 信号与系统[M]. 3 版. 北京: 高等教育出版社.

朱满座, 1991. 互容和部分电容的关系[J]. 科学通报, (17): 1349-1351.

俎云霄, 吕玉琴, 2007. 网络分析与综合[M]. 北京: 机械工业出版社.

俎云霄, 于歆杰, 2010. 忆阻元件的研究进展[J]. 电气电子教学学报, 32(6): 48-50.